高等学校消防专业系列教材

建筑消防安全

主　编　陶　昆
副主编　杨　晨　李　论
参　编　宋瑞明　杨　秸　杨　雁
董　淼　赵陈飞

机械工业出版社

本书从我国建筑消防安全管理的实际出发，阐述建筑防火管理的基础知识，概括了建筑消防安全管理各方面的职能和特点。全书共十一章，包括：建筑基本知识、建筑火灾与基本消防对策、建筑材料的火灾高温特性、建筑物耐火等级、建筑物总平面布局防火、防火分区与分隔、建筑安全疏散设计、建筑防排烟、建筑防爆设计、建筑装修及保温系统防火、建筑消防设施。

本书可作为高等院校消防管理专业的教材，也可作为建筑消防安全管理人员、企事业单位消防安全管理人员、建筑消防设施施工和使用人员的参考用书。

图书在版编目（CIP）数据

建筑消防安全/陶昆主编．—北京：机械工业出版社，2019.3（2024.2重印）
高等学校消防专业系列教材
ISBN 978-7-111-62112-6

Ⅰ．①建… Ⅱ．①陶… Ⅲ．①建筑物—消防—高等学校—教材 Ⅳ．①TU998.1

中国版本图书馆CIP数据核字（2019）第035738号

机械工业出版社（北京市百万庄大街22号 邮政编码100037）
策划编辑：常金锋 责任编辑：常金锋 于伟蓉
责任校对：杜雨霏 肖 琳 封面设计：陈 沛
责任印制：常天培
北京联兴盛业印刷股份有限公司印刷
2024年2月第1版第10次印刷
184mm×260mm・18印张・438千字
标准书号：ISBN 978-7-111-62112-6
定价：49.90元

电话服务
客服电话：010-88361066
010-88379833
010-68326294

网络服务
机 工 官 网：www.cmpbook.com
机 工 官 博：weibo.com/cmp1952
金 书 网：www.golden-book.com
机工教育服务网：www.cmpedu.com

前　言

随着我国经济建设和社会发展进入新时代，国家体制改革深入推进，消防技术不断发展，对消防管理提出了更高的要求，根据消防人才培养对教学的要求，我校组织相关教师依据《建筑设计防火规范（2018 版）》（GB 50016—2014）、《建筑内部装修设计防火规范》（GB 50222—2017）、《自动喷水灭火系统设计规范》（GB 50084—2017）等消防技术标准编写了本教材，以适应新形势的新变化。本教材以消防院校“教、训、战一体化教学”方针为编写思路，力求内容上能够及时反映消防工作的新理论、新技术和新标准，突出消防职业教育教学的实战性、创新性和拓展性；以满足当前消防工作和消防人才培养的新需要为目标，立足教学实际，注重学科专业体系化建设，注重知识内容的更新。教材结构安排和编写体例紧紧围绕基础理论知识和基本操作训练，突出案例教学，着重提高专业理论水平和实际工作技能。

本书共十一章，由陶昆担任主编，由杨晨、李论担任副主编，参加编写的人员分工如下：第一章由杨雁编写，第二章、第九章由杨秸编写，第三章、第五章由董淼编写，第四章、第六章由陶昆编写，第七章由宋瑞明编写，第八章由杨晨编写，第十章由赵陈飞编写，第十一章由李论编写。

由于编者学识水平有限，书中难免存在疏漏和错误之处，敬请读者和同行批评指正。

编　者

目 录

第一章　建筑基本知识

建筑是人类基本实践活动之一，是人类文明的产物。人类在其进化和文明发展过程中不断地用各种材料修建建筑，使人类赖以生存的条件得到改善。各式各样的建筑物不仅反映了人类本身所处时代的科学技术与文化艺术的水平和成就，同时还反映了当时社会的政治、经济、军事等方面的情况。本章主要介绍建筑发展情况及建筑基本知识。

建筑总是伴随着人类共存，建筑活动几乎与人类社会一样古老。恩格斯在《家庭、私有制和国家的起源》一书中说：在史前蒙昧时代的高级阶段，火和石斧通常已经使人能够制造独木舟，有的地方已经使人能够用木材和木板来建筑房屋了。建筑物最初是人类为了遮风避雨和防备野兽侵袭的需要而产生的，当初人们利用树枝、石块这样一些容易获得的天然材料，粗略加工，盖起了树枝棚、石屋等原始建筑物；同时，为了满足人们精神上的需要，还建造了石环、石台等原始的宗教和纪念性建筑物。随着社会生产力的不断发展，人们对建筑物的要求也日益多样和复杂，出现了许多不同的建筑类型，它们在使用功能、建筑材料、建筑技术和建筑艺术等方面都得到很大的发展。

第一节　建筑概述

【学习目标】

1. 了解民用建筑分类，各组成部分作用及要求。
2. 熟悉建筑物和构筑物的区别。
3. 掌握建筑物按结构、高度和层数、耐火极限的分类。

建筑业是指专门从事土木工程、房屋建设和设备安装以及工程勘察设计工作等生产活动，为国民经济各部门建造房屋和构筑物。建筑业的产品是各种工厂、矿井、铁路、桥梁、港口、道路、管线、住宅以及公共设施的建筑物、构筑物和设施。

学习建筑基础知识，熟悉建筑物的基本结构和构造，为进一步学习建筑预防火灾与扑救知识奠定基础。

一、建筑物和构筑物

“建筑”，通常认为是建筑物和构筑物的总称。建筑物又通称为“建筑”。一般是把供人们生活居住、工作学习、娱乐和从事生产的建筑称为建筑物，如住宅、学校、办公楼、影剧院、体育馆等。构筑物是指不具备、不包含或不提供人类居住功能的建筑，如水塔、蓄水池、烟囱、贮油罐等。

二、建筑物的分类

（一）按建筑物用途分类

1. 民用建筑

民用建筑是指供人们工作、学习、生活、居住用的建筑物。其包括居住建筑（住宅、宿舍、公寓等）和公共建筑（办公楼、教学楼、医院、图书馆、电影院、体育馆、展览馆、宾馆、商场、电视台、银行、航空港、公园、纪念馆等）。

2. 工业建筑

工业建筑是指为工业生产服务的生产车间及为生产服务的辅助车间、动力用房、仓储用房等。

3. 农业建筑

农业建筑是指供农（牧）业生产和加工用的建筑，如种子库、温室、畜禽饲养场、农副产品加工厂、农机修理厂（站）等。

农业建筑的大部分，其构造方法和设计原理与工业建筑、民用建筑相似，因此，人们又习惯把农业建筑划归到工业建筑和民用建筑两大类中。

（二）按建筑的高度和层数分类

民用建筑根据其建筑高度和层数，可分为单、多层民用建筑和高层民用建筑。高层民用建筑根据其建筑高度、使用功能和楼层的建筑面积可分为一类和二类。民用建筑按建筑高度和层数分类应符合表 1-1 中的规定。

表 1-1　民用建筑按建筑高度和层数分类

名　　称	高层民用建筑		单、多层民用建筑
	一类	二类	
住宅建筑	建筑高度大于 54m 的住宅建筑（包括设置商业服务网点的住宅建筑）	建筑高度大于27m，但不大于 54m 的住宅建筑（包括设置商业服务网点的住宅建筑）	建筑高度不大 27m 的住宅建筑（包括设置商业服务网点的住宅建筑）
公共建筑	1．建筑高度大于 50m 的公共建筑 2．建筑高度 24m 以上部分任一楼层建筑面积大于 $1000m^2$ 的商店、展览、电信、邮政、财贸金融建筑和其他多种功能组合的建筑 3．医疗建筑、重要公共建筑、独立建造的老年人照料设施 4．省级及以上的广播电视和防灾指挥调度建筑、网局级和省级电力调度建筑 5．藏书超过 100 万册的图书馆、书库	除一类高层公共建筑外的其他高层公共建筑	1．建筑高度大于 24m 的单层公共建筑 2．建筑高度不大于 24m 的其他公共建筑

注：1 表中未列入的建筑，其类别应根据本表类比确定。

2 除本规范另有规定外，宿舍、公寓等非住宅类居住建筑的防火要求，应符合本规范有关公共建筑的规定。

3 除本规范另有规定外，裙房的防火要求应符合本规范有关高层民用建筑的规定。

（三）按主要承重结构的材料分类

按主要承重结构材料的不同，建筑可以分为木结构、砖混结构、钢筋混凝土结构、钢结构和其他结构建筑。

1．木结构建筑

木结构建筑是指用木材制作房屋承重骨架的建筑，如图 1-1 所示。我国古代建筑大多采用木结构。木结构具有自重轻、构造简单、施工方便等优点，但木材易腐、易燃，又因我国森林资源缺少，现已很少采用。

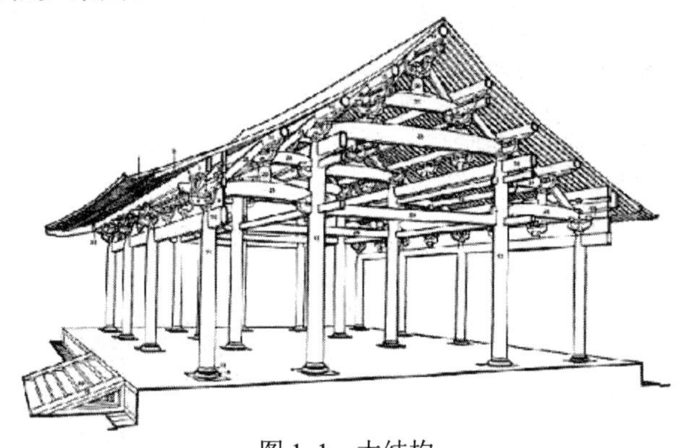

图 1-1　木结构

2．砖混结构建筑

砖混结构建筑是指以砖墙和混凝土构造的梁、板、柱为主要承重构件的建筑。这种结构便于就地取材，能节约钢材、水泥和降低造价，但抗震性能差，自重大，不宜用在地震区和地基软弱的地方。

3．钢筋混凝土结构建筑

钢筋混凝土结构建筑是指以钢筋混凝土构件作为承重构件的建筑。这种结构具有坚固耐久、防火和可塑性强等优点，故应用很广泛，发展前途最大。现代建筑中，多层与高层建筑常用的钢筋混凝土结构体系主要包括框架结构和剪力墙结构（包括框架-剪力墙结构、全剪结构和筒体结构）等几种。

（1）框架结构。框架结构是指由梁和柱以刚接或者铰接构成承重体系的结构，即由梁和柱组成框架共同抵抗使用过程中出现的水平荷载和竖向荷载，如图 1-2 所示。采用该结构的房屋墙体不承重，仅起到围护和分隔作用，一般采用预制的加气混凝土砌块和板材，膨胀珍珠岩砌块和板材，空心砖或多孔砖，浮石、蛭石、陶粒等轻质板材砌筑或装配而成。

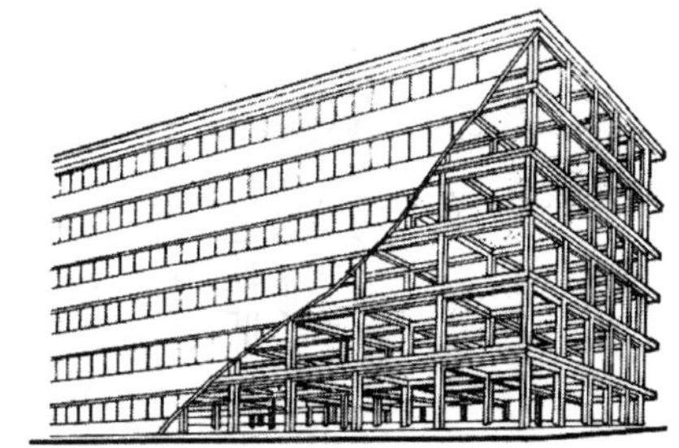

图 1-2　框架结构

（2）剪力墙结构。钢筋混凝土墙板代替框架结构中的梁柱，能承担各类荷载引起的内力，并能有效控制结构的水平力，这种结构称为剪力墙结构。“剪力墙”作为侧力构件用于高层建筑上，其主要功能在于提高房屋的抗侧力刚度。随着房屋高度的不断增加，所需抗侧力刚度的要求也逐渐增长，为了满足房屋在一定高度时对刚度的要求能够得以实现，就必须运用“剪力墙”。当前，剪力墙结构体系主要包括：框架-剪力墙结构（图 1-3）、剪力墙结构（图 1-4）、筒体结构（图 1-5）。

（3）筒体结构。筒体结构由框架-剪力墙结构与全剪力墙结构综合演变和发展而来。筒体结构将剪力墙或密柱框架集中到房屋的内部和外围而形成空间封闭式的筒体，如图 1-5、图 1-6 所示。其特点是剪力墙集中而获得较大的自由分割空间，多用于写字楼建筑。

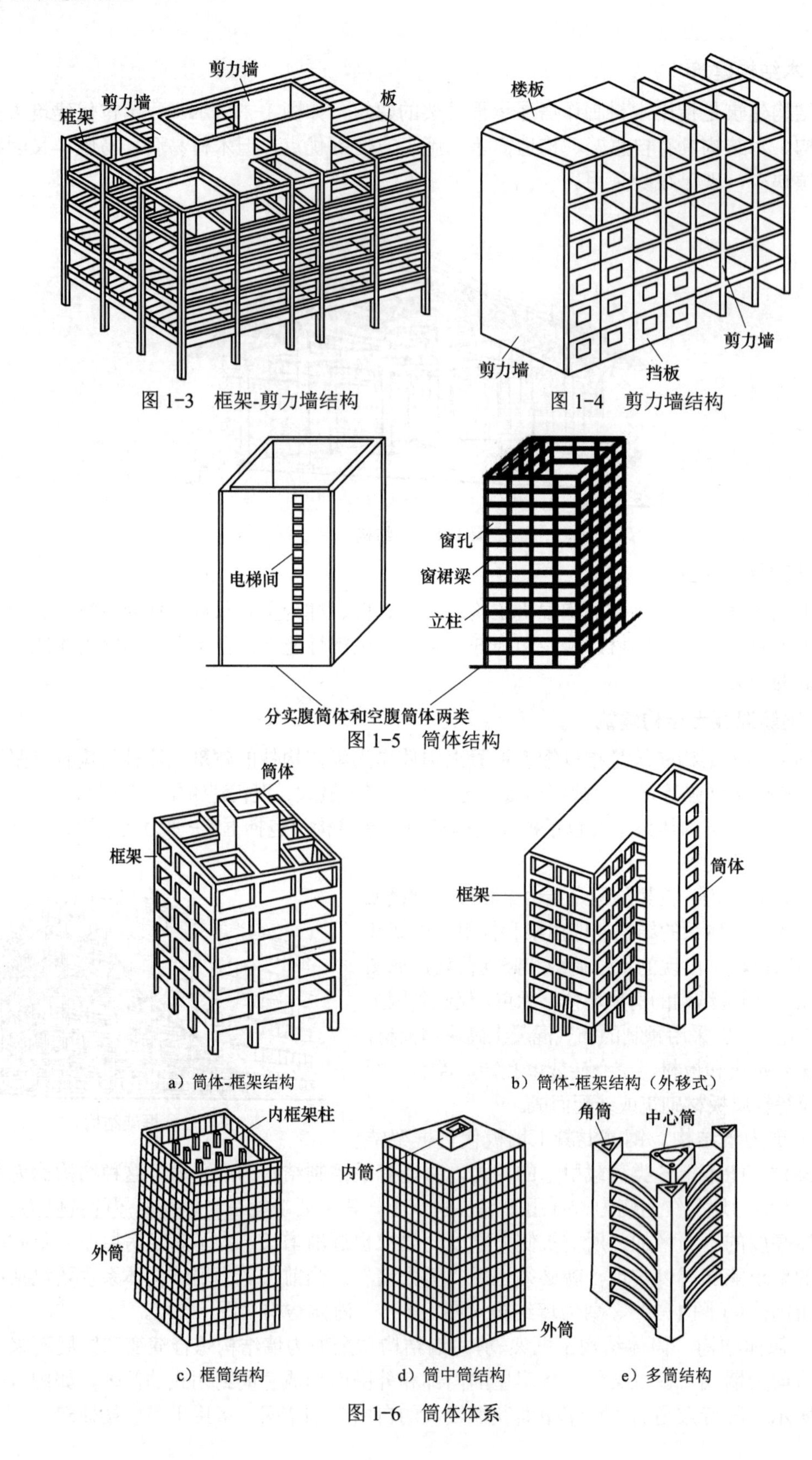

图 1-3　框架-剪力墙结构

图 1-4　剪力墙结构

图 1-5　筒体结构

a）筒体-框架结构

b）筒体-框架结构（外移式）

c）框筒结构

d）筒中筒结构

e）多筒结构

图 1-6　筒体体系

4. 钢结构建筑

钢结构建筑是指以型钢作为房屋承重骨架的建筑。钢结构力学性能好，便于制作和安装，结构自重轻，适用于超高层和大跨度建筑。随着我国高层、大跨度建筑的发展，钢结构建筑的应用正在增长。

5. 其他结构建筑

其他结构建筑主要有生土建筑、充气建筑和塑料建筑等。

（四）按建筑物的耐火等级分类

建筑物的耐火等级是衡量建筑物耐火程度的标准，根据《建筑设计防火规范（2018版）》（GB 50016—2014），建筑物的耐火等级分为一、二、三、四级，其中一级耐火等级建筑物的耐火性能最好，四级耐火等级建筑物的耐火性能最差。建筑物的耐火等级由建筑相应构件的耐火极限和燃烧性能两个因素来确定。

（五）按使用年限分类

建筑的使用年限主要指建筑主体结构的设计使用年限，即设计规定的结构或构件不需要进行大修即可按其预定目的使用的时期。《民用建筑设计通则》（GB 50352—2005）中将设计使用年限分为 4 个等级，见表 1-2。

表 1-2　建筑物等级

建筑物等级	建筑物性质	耐久年限（年）
一级	具有历史性、纪念性、代表性的重要建筑，如纪念馆、博物馆、国家会堂等	>100
二级	重要的公共建筑，如大型的体育馆、高层建筑、影视剧、国际宾馆、车站、候机楼等	50～100
三级	比较重要的公共建筑和居民建筑，如办公楼、教学楼、住宅楼等	25～50
四级	临时性建筑	<15

三、基本术语

（1）高层建筑：建筑高度大于 27m 的住宅建筑和建筑高度大于 24m 的非单层厂房、仓库和其他民用建筑。

（2）重要公共建筑：发生火灾可能造成重大人员伤亡、财产损失和严重社会影响的公共建筑。

（3）裙房：在高层建筑主体投影范围外，与建筑主体相连且建筑高度不大于 24m 的附属建筑。

（4）商业服务网点：设置在住宅建筑的首层或首层及二层，每个分隔单元建筑面积不大于 300m^2 的商店、邮政所、储蓄所、理发店等小型营业性用房。

（5）高架货仓：货架高度大于 7m 且采用机械化操作或自动化控制的货架仓库。

（6）防火隔墙：建筑内防止火灾蔓延至相邻区域且耐火极限不低于规定要求的不燃性墙体。

四、建筑高度和建筑层数的计算方法

（1）建筑高度的计算应符合下列规定：

1）建筑屋面为坡屋面时，建筑高度应为建筑室外设计地面至其檐口与屋脊的平均高度，如图 1-7 所示。

2）建筑屋面为平屋面（包括有女儿墙的平屋面）时，建筑高度应为建筑室外设计地面至其屋面面层的高度，如图 1-8 所示。

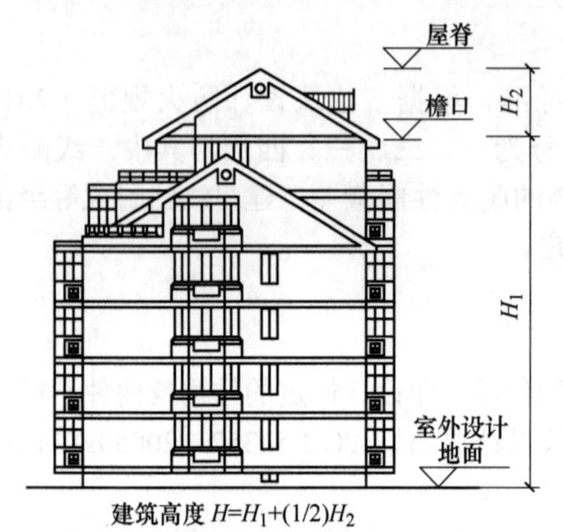

图 1-7　坡屋面建筑剖面图示意图

图 1-8　平屋面建筑高度示意图

3）同一座建筑有多种形式的屋面时，建筑高度应按上述方法分别计算后，取其中最大值，如图 1-9 所示。

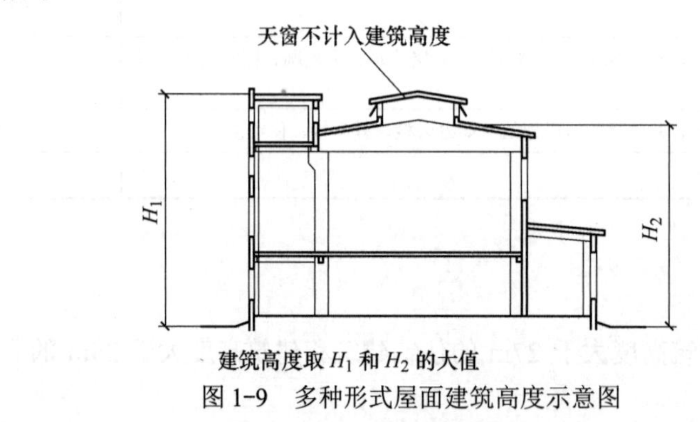

图 1-9　多种形式屋面建筑高度示意图

4）对于台阶式地坪，当位于不同高程地坪上的同一建筑之间有防火墙分隔，各自有符合规范规定的安全出口，且可沿建筑的两个长边设置贯通式或尽头式消防车道时，可分别计算各自的建筑高度。否则，应按其中建筑高度最大者确定该建筑的建筑高度，如图 1-10 所示。

5）局部突出屋顶的瞭望塔、冷却塔、水箱间、微波天线间或设施、电梯机房、排风和排烟机房以及楼梯出口小间等辅助用房占屋面面积不大于 1/4 者，可不计入建筑高度，如图 1-11 所示。

6）对于住宅建筑，设置在底部且室内高度不大于 2.2m 的自行车库、储藏室、敞开空间（图 1-12a），室内外高差或建筑的地下或半地下室的顶板面高出室外设计地面的高度不大于 1.5m 的部分（图 1-12b），可不计入建筑高度，如图 1-12 所示。

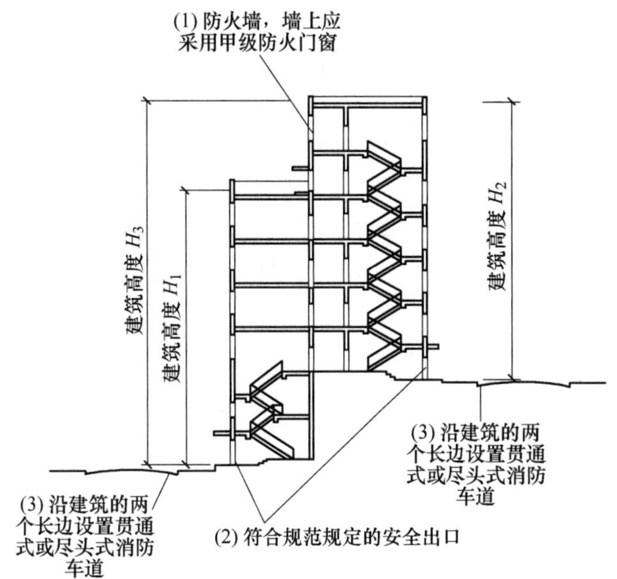

[示例] 同时具备 (1)、(2)、(3) 三个条件时可按 H_1、H_2 分别计算建筑高度；否则应按 H_3 计算建筑高度。

图 1-10　台阶式地坪建筑高度示意图

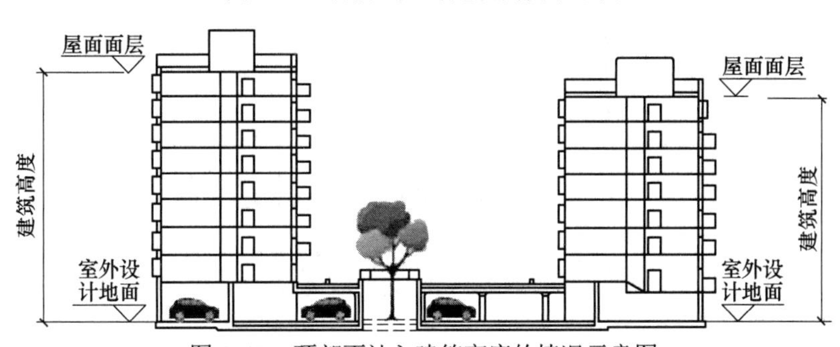

图 1-11　顶部不计入建筑高度的情况示意图

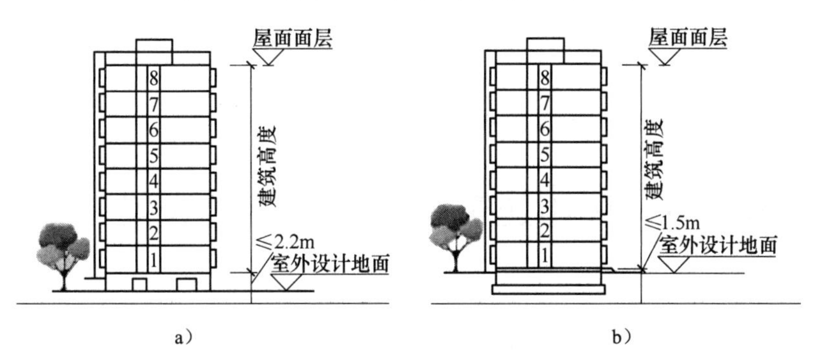

图 1-12　底部不计入建筑高度的情况示意图

（2）建筑层数应按建筑的自然层数计算（图 1-13），下列空间可不计入建筑层数；

1）室内顶板面高出室外设计地面的高度不大于 1.5m 的地下或半地下室。

2）设置在建筑底部且室内高度不大于 2.2m 的自行车库、储藏室、敞开空间。

3）建筑屋顶上突出的局部设备用房、出屋面的楼梯间等，如图 1-14 所示。

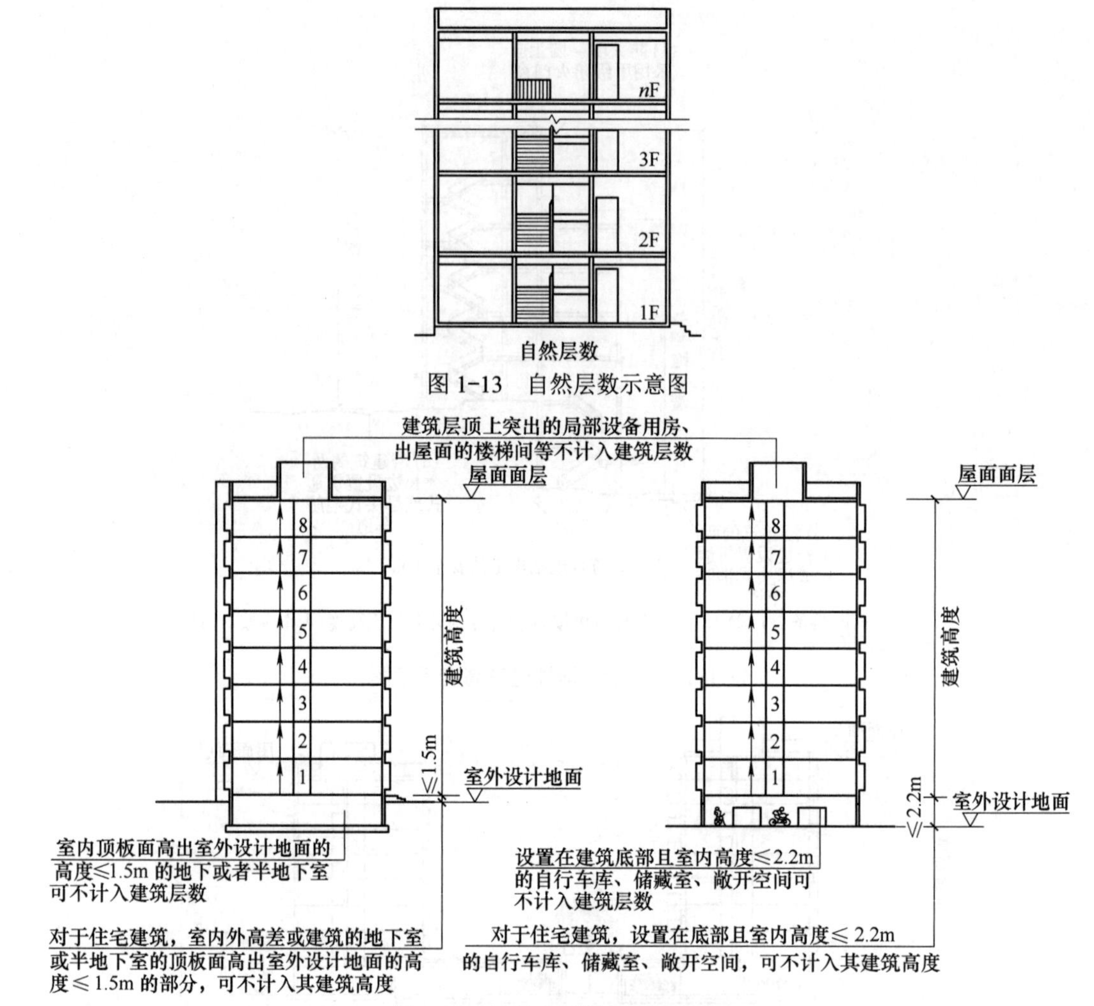

图 1-13　自然层数示意图

图 1-14　不计入层数情况示意图

【思考与练习题】

1．简述建筑物和构筑物的区别。

2．建筑按结构类型和耐火等级如何分类？

第二节　民用建筑的基本构造组成和分类

【学习目标】

1. 了解民用建筑的基本构造及分类。
2. 熟悉民用建筑中重要构、配件的位置、作用、分类、特点及材料使用要求。
3. 了解工业建筑的特点及分类。

建筑构造是一门专门研究建筑物各组成部分的构造原理和构造方法的学科。一幢建筑，一般是由基础、墙或柱、楼板、楼地面、楼梯、屋顶、隔墙、门、窗等组成，本节重点介绍这几部分的构造。有些建筑还设有阳台、雨篷、台阶、烟道、通风道等。图 1-15 所示为民用建筑立体图。在这些构造中，单栋建筑必须要有的构件称为建筑构件，主要有墙、柱、梁、楼板、屋架等承重构件；根据需要配置的构件称为建筑配件，主要有屋面、楼面、地面、门窗、栏杆、花饰、细部装修等。

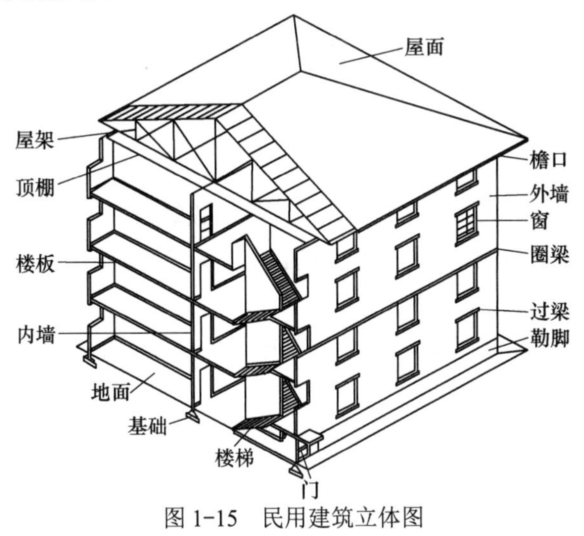

图 1-15　民用建筑立体图

一、民用建筑的基本构造组成

（一）基础和地下室

1. 基础与地基

（1）地基。地基是承受由基础传下来的荷载的土体或岩体。地基承受由基础传来的全部荷载，包括建筑物的自重和其他荷载。地基承受建筑物荷载而产生的应力和应变是随着土层深度的增加而减少的，在达到一定深度后就可以忽略不计。

（2）基础。基础是建筑物的一个组成部分，是墙或柱延伸到地下部分最下部的承重构件。它承受建筑物上部结构传下来的荷载，并把这些荷载连同本身的自重一起传给地基。

（3）基础与地基的关系。基础与地基是两个不同的概念，但又有不可分割的关系。基础是建筑物的组成部分，它承受建筑物的上部荷载，并将这些荷载传给地基；地基是基础以下的土层，它不是建筑物的组成部分，如图 1-16 所示。

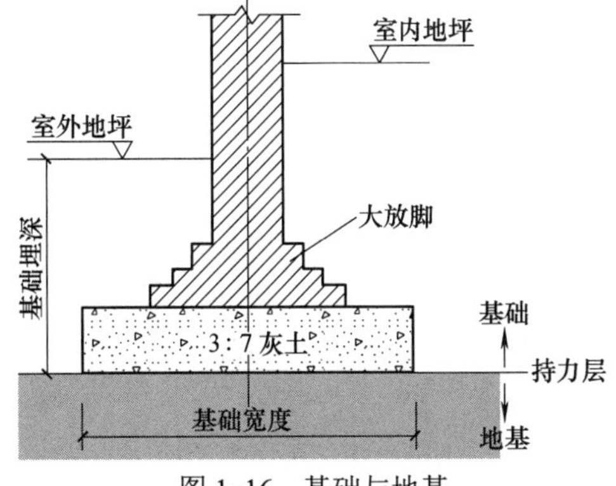

图 1-16　基础与地基

为保证建筑物的安全和正常使用，必须要求基础和地基都具有足够的强度和稳定性，同时应能抵御地下土层中各种有害因素的作用。基础的强度与稳定性既取决于基础的材料、形状、底面积的大小以及施工质量等因素，又与地基的性质有着密切的关系。地基的强度应满足承载力的要求，如果天然地基不能满足要求，应考虑采用人工地基。地基的变形应有均匀的压缩量，以保证有均匀的下沉，若地基下沉不均匀，建筑物上部就会产生开裂变形。地基的稳定性要求具有防止产生滑坡、倾斜方面的能力，必要时（特别是较大的高度差时）应加设挡土墙，以防止滑坡变形的出现。

地基有天然地基和人工地基之分。具有足够的承载能力，不需进行人工改善或加固便可作为建筑物地基的天然土层称为天然地基。承载力不能承受基础传递的全部荷载，需经人工处理后作为地基的土体称为人工地基。

基础按构造形式分为条形基础、独立柱基础、井格基础、片筏基础、箱形基础、桩基础、复合基础、满堂基础等（图 1-17）；按材料分为砖基础、毛石基础、混凝土基础和钢筋混凝土基础等；按埋置深度（图 1-18）分为浅基础（埋置深度小于 5m）、深基础（埋置深度大于或等于 5m）和不埋基础（在地表上）；按受力特点及材料性能分为刚性基础和柔性基础。

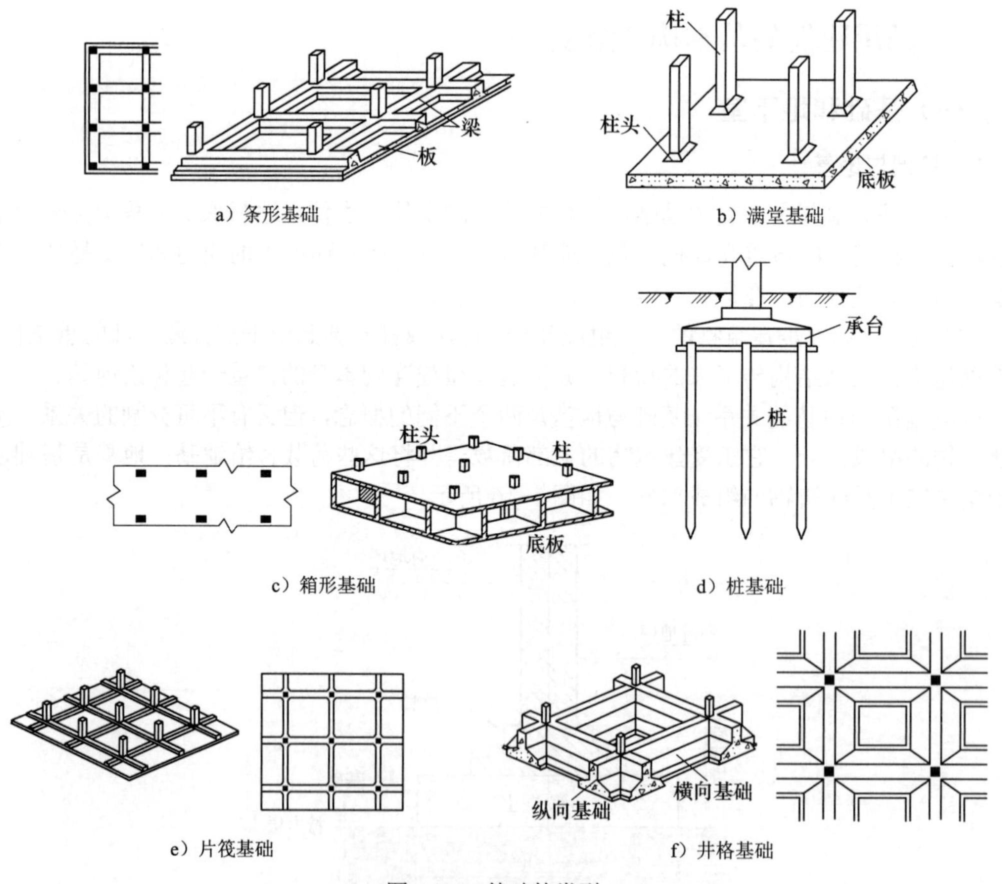

图 1-17　基础的类型

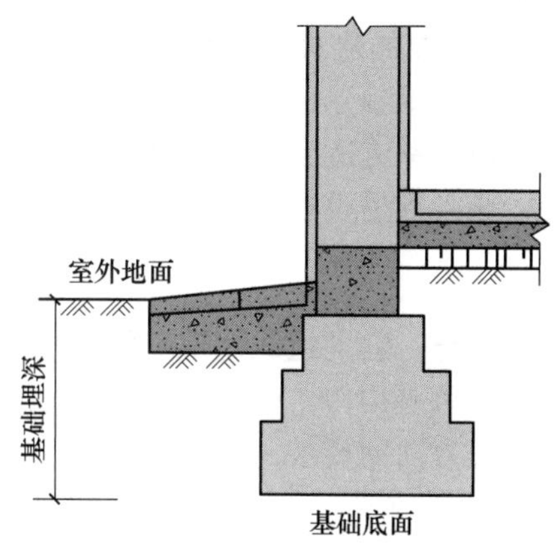

图 1-18 基础的埋置深度

2．地下室的构造组成及分类

在建设工程中，地下室的设计相当普遍，地下室是建筑物首层下面的空间，可用作储藏室、商场、车库以及人防工程等。地下室一般由墙身、底板、顶板、门窗、楼梯等部分组成。按埋入地下深度的不同可分为全地下室和半地下室（图 1-19）。全地下室是指地下室地面低于室外地坪的高度超过该房间净高的 1/2；半地下室是指地下室地面低于室外地坪的高度为该房间净高的 1/3～1/2。半地下室往往利用采光井采光，这类做法的实例较多。现代高层建筑大多都设有地下室。

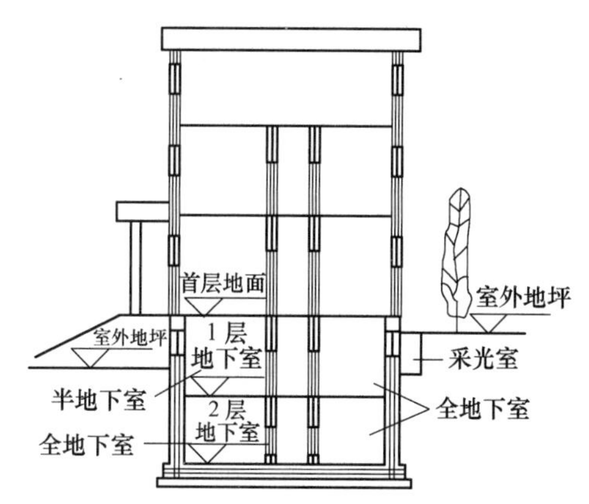

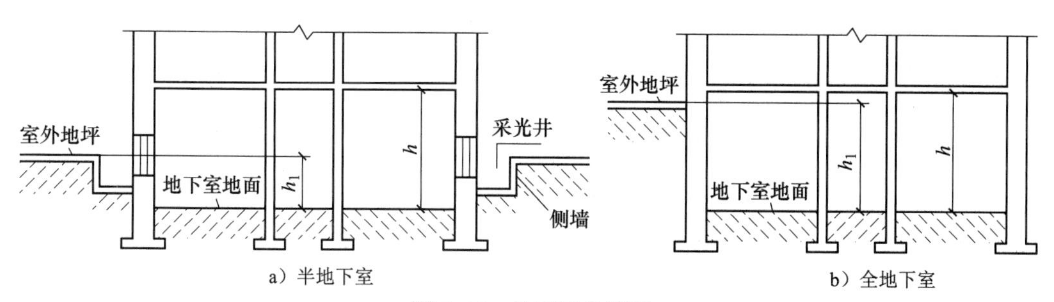

a）半地下室　b）全地下室

图 1-19 地下室的类型

h_1—地下室低于室外地面的高度　h—地下室的净高

地下室按功能分为普通地下室和人防地下室，按结构分为砖墙结构地下室和钢筋混凝土结构地下室。人防地下室多设于较重要的建筑物下面，由于其上的建筑物有一定的防护能力，又由于它与地面建筑物同时建造，与单独建造的人防工事相比，能降低造价，节约用地，便于施工，有利于平战结合。人防地下室可适当增加内墙以提高结构的抗力。其出入口除与地面建筑物的楼梯间结合设置外，还必须另设独立的出入口以保证疏散安全。

（二）墙体

墙是建筑物的一个重要组成部分，它是组成建筑空间的竖向构件，墙体的种类繁多，形式多样。墙在多数情况下也是垂直承重构件。在确定墙体材料和构造方法时，必须全面考虑使用、结构、施工、经济、安全等方面的要求。

1. 墙体的类型

建筑物的墙体按所在方向、位置、受力情况、构造方式、材料及施工方法的不同有如下几种分类方式：

（1）墙体按在房屋中所处方向不同分类。按墙体在平面上所处位置不同可分为外墙、内墙和纵墙、横墙。沿建筑物短轴方向布置的墙称为横墙，分为内横墙和外横墙，外横墙位于房屋两端也叫山墙。沿建筑物长轴方向布置的墙称为纵墙，分为内纵墙和外纵墙。对于一片墙来说，窗与窗之间和窗与门之间的墙称为窗间墙，窗台下面的墙称为窗下墙。墙体按方向分类如图 1-20 所示。

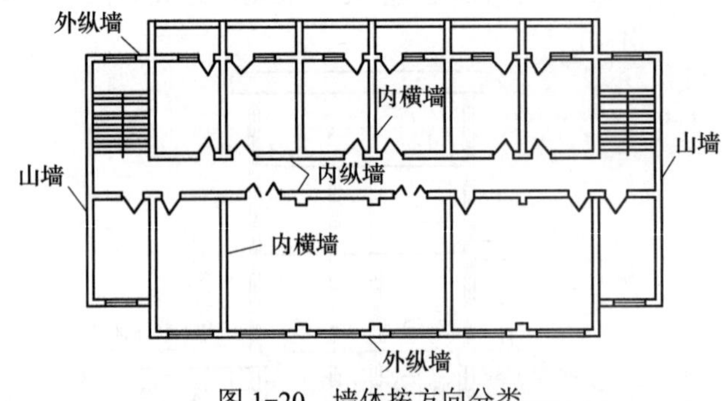

图 1-20　墙体按方向分类

（2）墙体按在房屋中所处位置不同分类。按墙体在房屋中所处位置不同，分为外墙和内墙。位于房屋周边的墙统称为外墙，它主要是抵御风、霜、雨、雪的侵袭和保温、隔热，起维护作用。位于房屋内部的墙统称为内墙，它主要起分隔房间的作用。窗与窗之间和窗与门之间的墙称为窗间墙，窗台下面的墙称为窗下墙，屋顶四周的矮墙称为女儿墙。墙体按位置分类如图 1-21 所示。

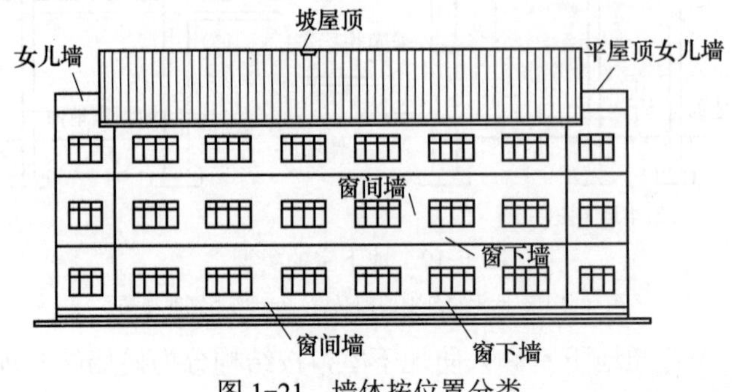

图 1-21　墙体按位置分类

（3）墙体按受力状况分类。墙体按结构受力情况分为承重墙和非承重墙两种，如图 1-22 所示。非承重墙又可分为自承重墙和隔墙两种。

1）自承重墙：不承受外来荷载，仅承受自身质量并将其传至基础的墙。

2）隔墙：仅起分隔房间的作用，不承受外来荷载，并把自身质量传给梁或楼板的墙，比如框架结构中的填充墙。

悬挂在建筑物外部的轻质墙体称为幕墙，包括金属幕墙和玻璃幕墙。

（4）墙体按材料分类。例如：砖墙、石墙、土墙、现浇或预制的钢筋混凝土墙、砌块墙。

（5）墙体按构造方式分类。按墙体构造方式分为实体墙、空体墙和复合墙，如图 1-23 所示。

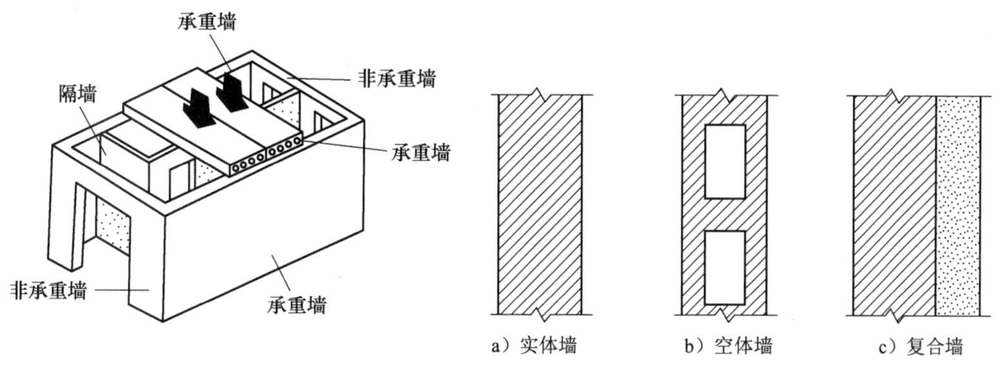

图 1-22　墙体按受力情况分类

图 1-23　墙体按构造方式分类

1）实体墙：是由实心砖或砌块砌筑，或由混凝土等材料浇筑而成的墙体。

2）空体墙：是由实心砖砌筑而成的空斗墙或由多孔砖砌筑或混凝土浇筑而成的空腔墙体。

3）复合墙：是由两种或两种以上的材料组合而成的墙体。由于建筑节能的需要，很多单一材料墙体本身导热系数较大，不能满足保温隔热的要求，因此用承重材料与高效保温材料进行复合，组成复合墙体。

（6）墙体按施工方法分类。墙体按施工方法，分为块材墙、板筑墙及板材墙。

1）块材墙：是用砂浆等胶凝材料将砖石块材组砌而成的墙。

2）板筑墙：是在现场立模板现浇而成的墙体，如现浇混凝土或钢筋混凝土墙。

3）板材墙：是构件在预制厂制作，在施工现场进行拼装的墙，这种墙体机械化程度高、施工速度快。

2．墙体的材料

墙体所用材料种类很多：用砖和砂浆砌筑的墙称为砖墙；用石块和砂浆砌筑的墙称为石墙；用土坯和黏土砂浆砌筑的墙或在模板内填充黏土夯实而成的墙称为土墙；此外，还有混凝土墙、砌块墙、玻璃幕墙、复合板樯等。现浇或预制的混凝土墙在多层和高层建筑中应用较多；利用工业废料制成各种砌块砌筑的砌块墙，则是墙体改革的新课题，它不但能废物利用，而且能降低施工成本，正在深入研发和推广中。

3．墙体的作用

（1）承重作用。在承重体系中，墙体承担其顶部的楼板或屋顶传递的荷载、墙体自重、风荷载、地震荷载等，并将它们传给基础。

（2）围护作用。墙体可以抵御自然界的风、雨、雪的侵袭，防止太阳辐射、噪声干扰及室内热量的散失，起保温、隔热、隔声、防水等作用。

（3）分隔作用。墙体还将建筑物室内空间与室外空间分隔开，并将建筑物内部划分为若干个房间或使用空间。

4．对墙的要求

不同性质和位置的墙，应分别满足或同时满足下列某项或某几项要求：

1）所有的墙都应有足够的强度和稳定性，以保证建筑物坚固耐久。

2）建筑物的外墙必须满足热工方面的要求，以保证房间内具有良好的气候和卫生条件。

3）要满足隔声方面的要求。

4）要满足防火要求。

5）要减轻自重，降低造价，不断采用新的墙体材料和构造方法。

6）要适应建筑工业化的要求，尽可能采用预制装配化构件和机械化施工方法。

5．砖墙构造

常用的实心砖墙是由普通黏土砖砌成的。普通黏土砖墙的厚度是按半砖的倍数确定的，标准砖的尺寸是240mm×115mm×53mm。如半砖墙（12 墙）、3/4 砖墙（18 墙）、一砖墙（24 墙）、一砖半墙（37 墙）、两砖墙（49 墙）等，相应的实际尺寸为115mm、178mm、240mm、365mm、490mm 等，习惯上以它们的标志尺寸来称呼。砖墙名称及尺寸见表 1-3。

表 1-3　砖墙名称及尺寸表

墙厚名称	习惯称呼	实际尺寸（mm）	墙厚名称	习惯称呼	实际尺寸（mm）
1/4 砖墙	6 厚墙	53	一砖墙	24 墙	240
半砖墙	12 墙	115	一砖半墙	37 墙	365
3/4 砖墙	18 墙	178	二砖墙	49 墙	490

墙厚与砖规格的关系如图 1-24 所示。

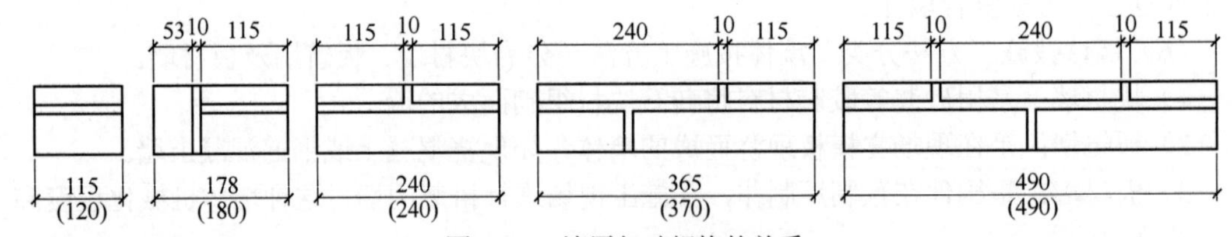

图 1-24　墙厚与砖规格的关系

注：（）内尺寸为标志尺寸

6．墙体细部构造

墙体的细部构造包括门窗过梁、窗台、勒脚、散水、明沟、变形缝、圈梁等。

（1）过梁。当墙体上开设门窗洞口时，洞口上的横梁称为过梁。过梁的作用是承受洞口上部砌体传来的各种荷载，并把这些荷载传给洞口两侧的墙体，保护门窗不被压坏，如图 1-25 所示。

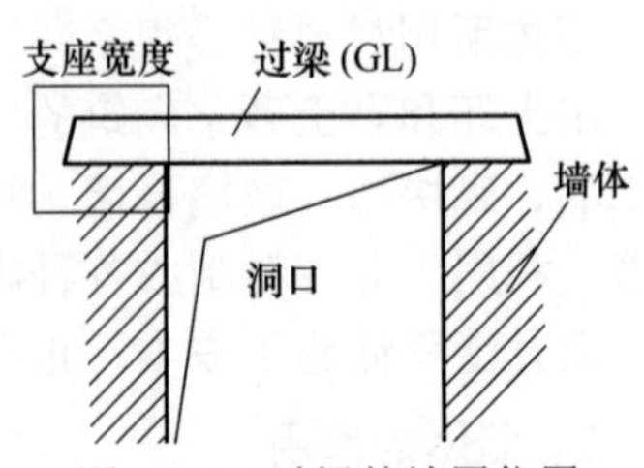

图 1-25　过梁的放置位置

过梁分为钢筋砖过梁和钢筋混凝土过梁。钢筋砖过梁用砖不低于 MU7.5，砌筑砂浆不低于 M2.5。一般在洞口上方先支木模，砖平砌，下设 3～4 根直径为 6mm 的钢筋，要求钢筋伸入两端墙内不少于 250mm，钢筋砖过梁净跨宜为 1.5～2m。门窗洞口跨度超过 1.5m，荷载较大，有可能产生不均匀沉降的建筑，应采用钢筋混凝土过梁。

（2）窗台。当室外雨水沿窗向下流淌时，为避免雨水积聚窗洞下部，并沿窗下框向室内渗透污染室内，常在窗洞下部靠室外一侧设置窗台。窗内有时也设置窗台，称为内窗台。窗台应向外形成一定坡度，以利排水。窗台有悬挑窗台和不悬挑窗台两种，各种材质的窗台如图 1-26 所示。

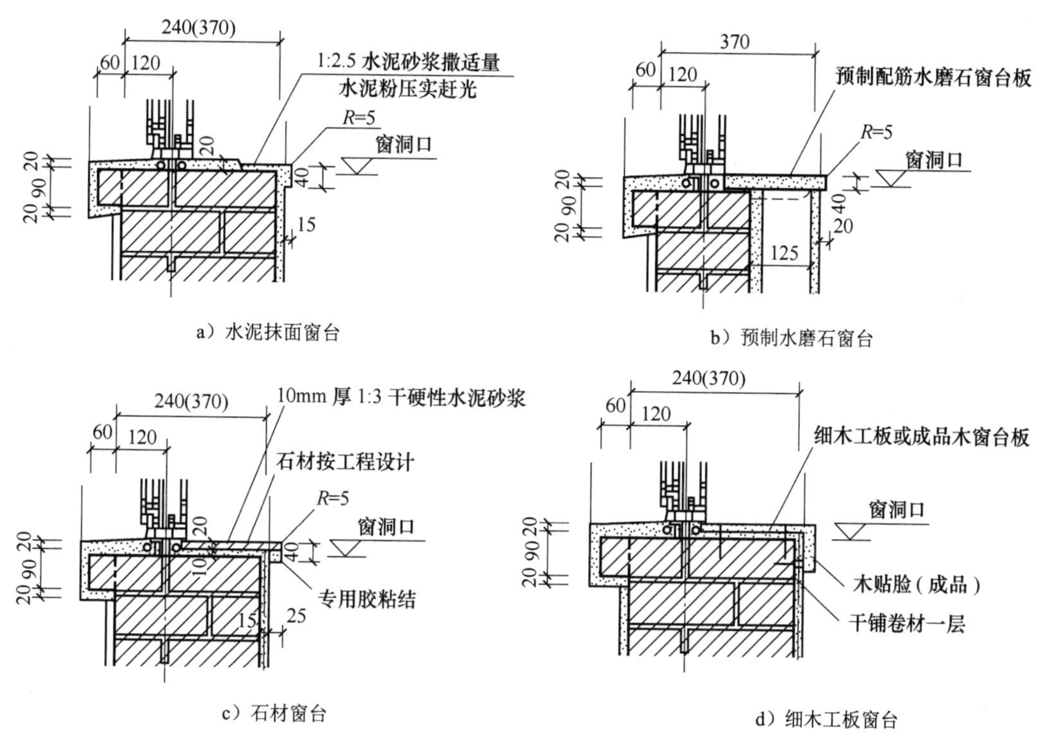

图 1-26 窗台

（3）勒脚。勒脚是墙身接近室外地面的部分（图 1-27），其高度一般指室内地坪与室外地面之间的高差部分，也有将底层窗台至室外地面的高度视为勒脚。由于砖砌体存在着无数小细孔，地表水和地下水容易沿着细孔渗入墙身，墙体会遭受冻融破坏，出现饰面发霉、剥落现象，加上外界的碰撞、雨雪的不断侵蚀，墙体极易被损坏。

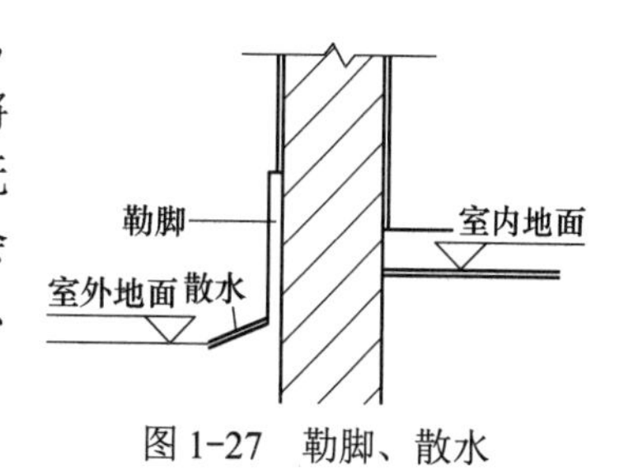

图 1-27 勒脚、散水

1）勒脚的主要作用有以下三点：

① 保护墙身接近地面部位免受雨水侵蚀，以免墙身潮湿和在冬季受冻导致破坏。

② 加固墙身，防止对墙身的各种机械性损伤。

③ 美观，对建筑物的立面处理产生一定的效果。

2）勒脚的一般处理方法如下：

① 在勒脚部位抹 20～30mm 厚 1:2（或 1:2.5）水泥砂浆，或做水刷石，如图 1-28a 所示。

② 勒脚部位墙身加厚 60～120mm，再抹水泥砂浆或做水刷石，如图 1-28b 所示。

③ 在勒脚部位镶贴天然石材等防水和耐久性好的材料，如图 1-28c 所示。

④ 用天然石材砌筑勒脚，如图 1-28d 所示。

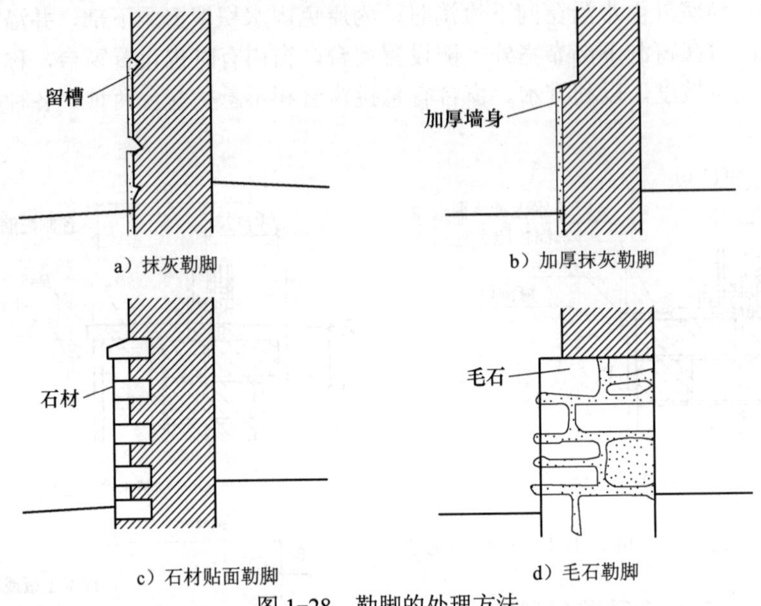

图 1-28 勒脚的处理方法

（4）墙身防潮层。

1）墙身防潮层的作用：阻断毛细水上升，使墙身保持干燥。由于地表水的渗透和地下水的毛细管作用，土壤中存在着毛细水，毛细水经墙基侵入墙身，使墙身受潮。为了防止地下潮气及地表积水对墙体侵蚀，必须对墙身进行防潮处理。

2）墙身防潮层的位置。防潮层按构造形式分为水平防潮层和垂直防潮层。防潮层应在所有设有基础的墙中设置，其位置与所在的墙及地面情况有关。

当室内地面为实铺构造，地面材料为不透水性材料时，防潮层应设置在室内地面以下 60mm 处，如图 1-29a 所示。当地面材料为透水性材料时，防潮层设置在室内地面以上 60mm 处，如图 1-29b 所示。当室内地面两侧有高差时，防潮层应分别设在两侧地面以下 60mm 处，并在防潮层间墙靠土一侧加设垂直防潮层，如图 1-29c 所示。防潮层应在墙中连续设置。

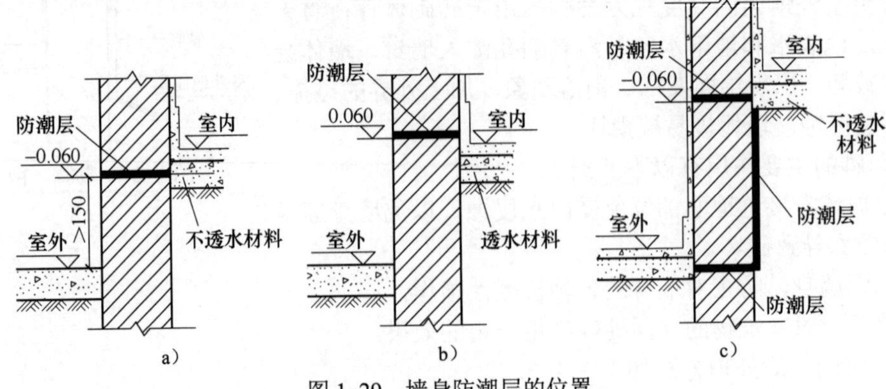

图 1-29 墙身防潮层的位置

（5）散水与明沟。

1）散水。为防止雨水对墙基的侵蚀，常在外墙四周将地面做成倾斜的坡面，以便将雨水散至远处，这一结构即为散水。散水的通常做法是在夯实土上浇混凝土、砌砖、砌块石、抹水泥砂浆等做面层，以利于排水。散水的一般宽度为 0.6～1m，应比屋檐挑出的宽度大 150～200mm，并应向外做 3%～5%的坡度，以利将雨水排走。散水具体做法如图 1-30 所示。

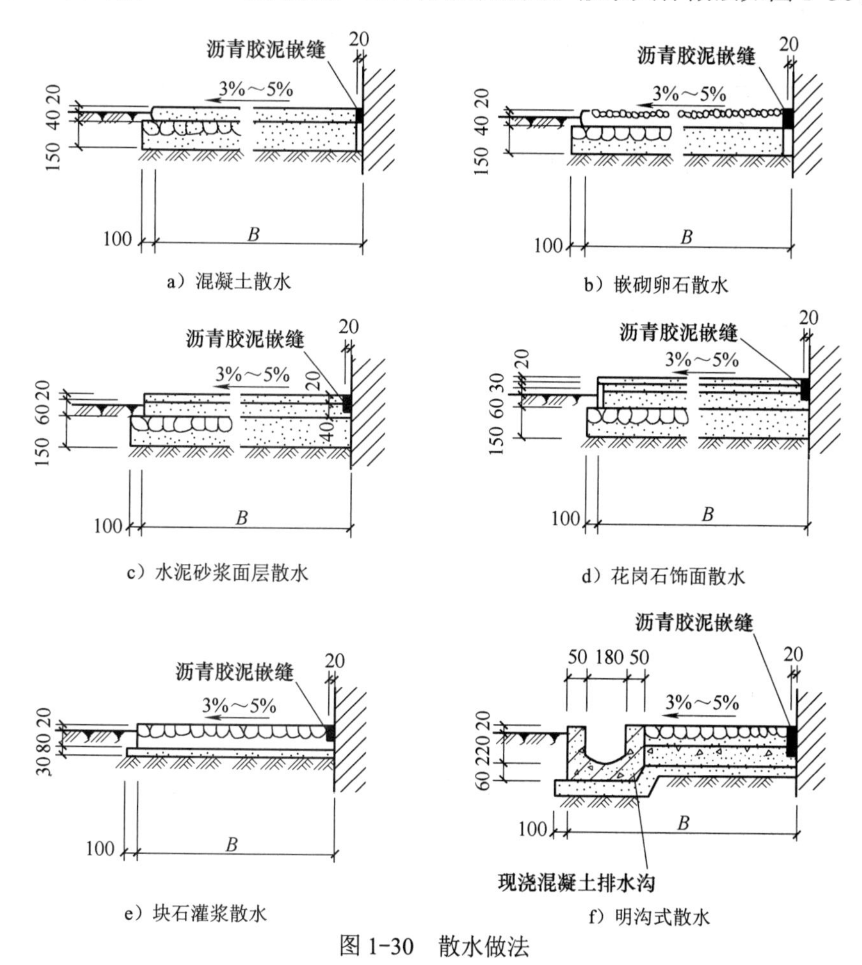

a）混凝土散水

b）嵌砌卵石散水

c）水泥砂浆面层散水

d）花岗石饰面散水

e）块石灌浆散水

f）明沟式散水

图 1-30　散水做法

2）明沟。明沟又称为排水沟，是设置在外墙四周的排水沟，它将屋面落水和地面积水有组织地导向地下排水井，保护外墙基础。明沟可用砖砌、石砌、混凝土现浇。明沟的宽度为 220～350mm，沟底应做 0.3%～0.5%的坡度。明沟一般设置在墙边，当屋面为自由落水时，明沟外移，其中心线与屋面檐口对齐。明沟具体做法如图 1-31 所示。

（6）变形缝。建筑物由于温度变化、地基不均匀沉降以及地震等因素的影响，结构内部产生了附加应力和变形，这些应力和变形易使建筑物破坏、产生裂缝甚至倒塌。为减少对建筑物的破坏，预先在变形敏感的部位将结构断开，预留缝隙，以保证建筑物有足够的变形宽度而不使建筑物破损。这种将建筑物垂直分割的预留缝称为变形缝。变形缝有伸缩缝、沉降缝、防震缝三种。

1）伸缩缝。伸缩缝又称为温度缝，是在长度或宽度较大的建筑物中，为避免由于温度变化引起材料的热胀冷缩导致构件开裂，而沿建筑物的竖向将基础以上部分全部断开的预留人工缝，如图 1-32 所示。伸缩缝应沿建筑物的竖向将基础以上部分全部断开，其间距一般为 50～75m，宽度一般为 20～40mm，以保证缝两侧的建筑构件能在水平方向自由伸缩。

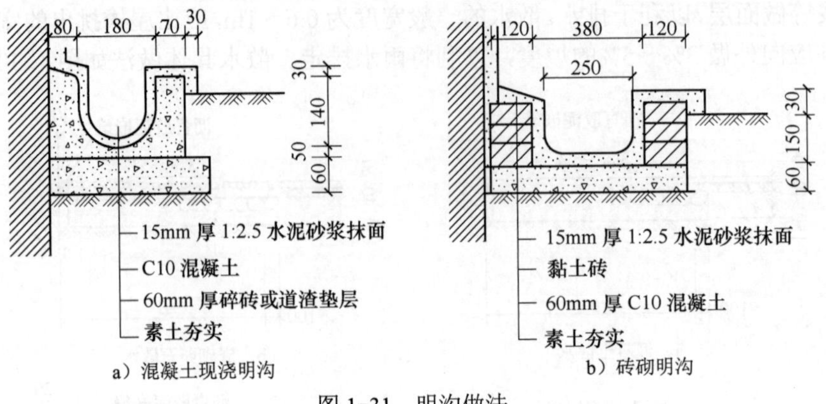

图 1-31　明沟做法

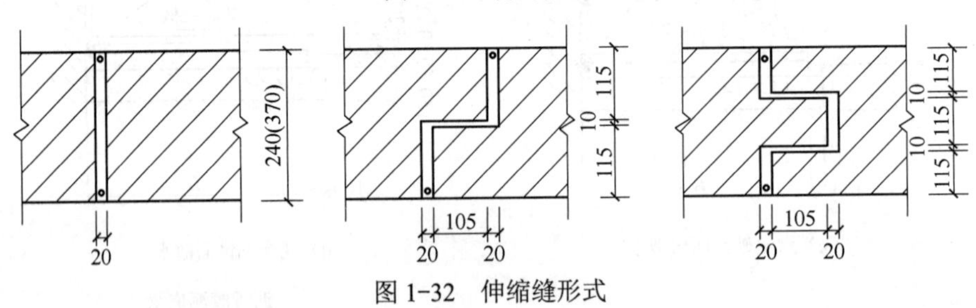

图 1-32　伸缩缝形式

2）沉降缝。在同一幢建筑中，由于其高度、荷载、结构及地基承载力的不同，建筑物各个部分沉降并不均匀，墙体易被拉裂。故在建筑物某些部位设置从基础到屋面全部断开的垂直预留缝，把一幢建筑物分成几个可自由沉降的独立单元。这种为减少地基不均匀沉降对建筑物造成危害的垂直预留缝称为沉降缝，如图 1-33 所示。

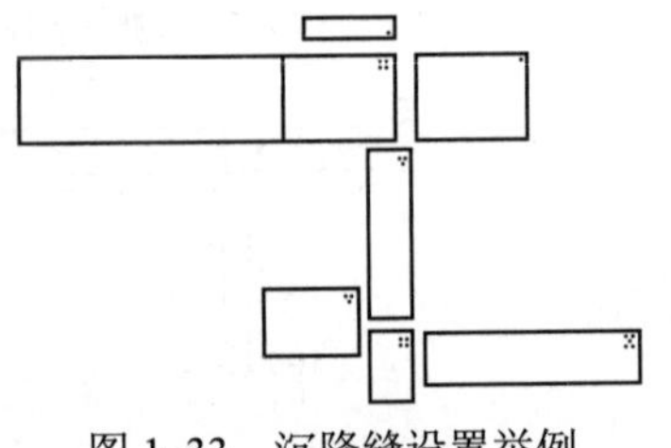

图 1-33　沉降缝设置举例

沉降缝可作伸缩缝使用。沉降缝的缝宽与地基情况和建筑物高度有关，地基越软弱，建筑物越高大，宽度也就越大，一般为 30～70mm。

3）防震缝。地震烈度≥8 度的地区，为防止建筑物各部分由于地震引起房屋破坏所设置的垂直缝称为防震缝。防震缝从基础顶面断开，并贯穿建筑物全高。缝的两侧应有墙，将建筑物分为若干体形简单、结构刚度均匀的独立单元。在地震设防区，当建筑物需设置伸缩缝或沉降缝时，应统一按防震缝对待。

（7）砖墙抗震构造。由于墙身承受集中荷载，墙体的稳定性受开设门窗洞口及地震等因素的影响，必须在墙身采取加固措施，通常采用以下办法：

1）圈梁。圈梁是在房屋外墙和部分内墙中设置的连续而封闭的梁（图 1-34）。圈梁的主要作用是增加房屋的整体刚度，防止地基不均匀沉降引起墙体开裂，提高房屋的抗震能力。圈梁的数量和位置与房屋的高度、层数、地基状况和地震烈度有关。圈梁可分为钢筋混凝土圈梁（图 1-35a、b）和钢筋砖圈梁（图 1-35c）。

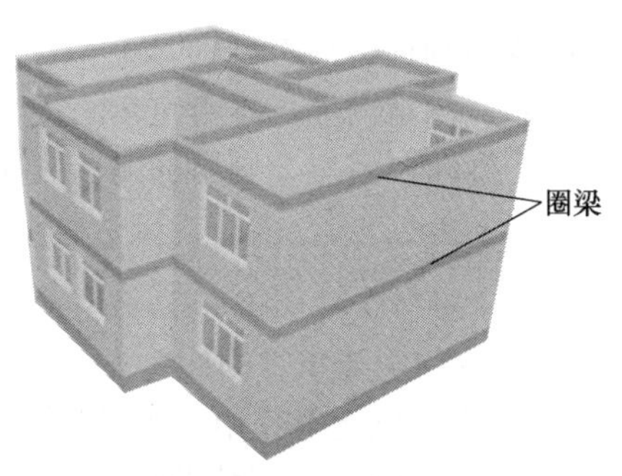

图 1-34 圈梁的位置

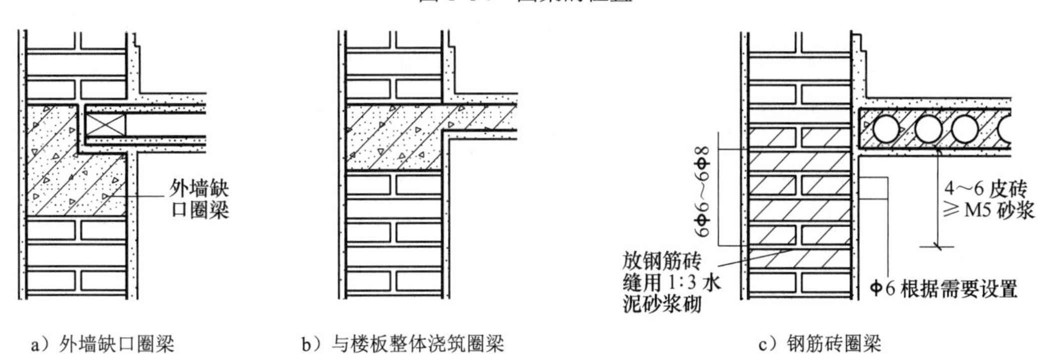

图 1-35 圈梁的类型

2）构造柱。钢筋混凝土构造柱是从构造角度考虑设置的，一般设在建筑物四角、内外墙交接处、楼梯间、电梯间以及某些较长墙体中部，以加强墙体的整体性。构造柱必须与圈梁及墙体紧密相连。圈梁在水平方向将楼板和墙体箍住，而构造柱则从竖向加强层间墙体的连接，与圈梁一起构成空间骨架，从而加强建筑物的整体刚度，提高墙体抗变形的能力，即使开裂也不倒塌。构造柱的设置部位如图 1-36、图 1-37 所示。

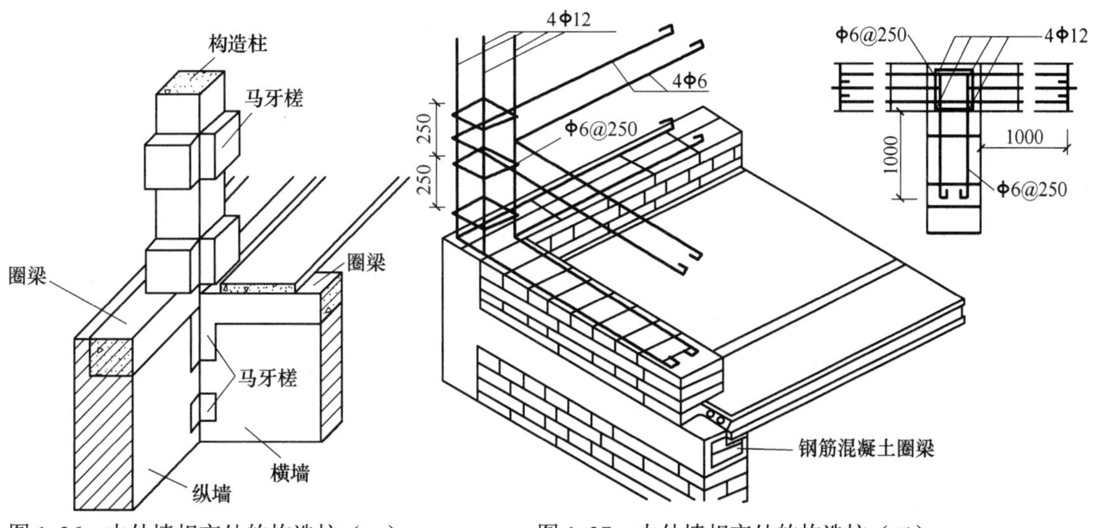

图 1-36 内外墙相交处的构造柱（一）

图 1-37 内外墙相交处的构造柱（二）

7. 隔墙与隔断

隔墙与隔断是分隔建筑物内部空间的非承重构件。

隔断与隔墙是有区别的，前者不到顶，后者到顶。

隔墙是分隔建筑物内部空间的非承重内墙，本身重量由楼板或梁来承担。隔墙自重轻，厚度薄，有隔声和防火性能，便于拆卸，浴室、厕所的隔墙应能防潮、防水。

8．墙面装修

（1）墙面装修的作用。

1）保护墙体。墙体不仅是建筑物的主要承重构件之一，还是建筑物的主要围护构件，起遮风挡雨、保温隔热、防止噪声以及保证安全等作用。外墙面装饰在一定程度上保护墙体不受外界的侵蚀和影响，提高墙体防潮、抗腐蚀、抗老化的能力，提高墙体的耐久性和坚固性。

2）改善墙体的使用功能。通过对墙面装饰处理，可以弥补和改善墙体材料在功能方面的不足。经过装饰墙体厚度加大，或者通过使用一些有特殊性能的材料，墙体的保温、隔热、隔声等功能能够得到提高。

3）提高建筑的艺术效果，美化环境。建筑物的立面是人们能观赏到的一个主要面，所以外墙面的装饰处理对构成建筑总体艺术效果具有十分重要的作用。

（2）墙面装修的分类。墙面装修有抹灰类、贴面类、涂料类、裱糊类和铺钉类等几种，具体分法见表 1-4。

表 1-4　墙面装修分类表

类　别	室外装饰	室内装修
抹灰类	水泥砂浆、混合砂浆、聚合物水泥砂浆、拉毛、水刷石、干粘石、斩假石、拉假石、假面砖、喷涂、辊涂等	纸筋灰、麻刀灰粉面、石膏粉面、膨胀珍珠岩灰浆、混合砂浆、拉毛、拉条等
贴面类	外墙面砖、陶瓷锦砖、玻璃锦砖、人造水磨石板、天然石板等	釉面砖、人造石板、天然石板等
涂料类	石灰浆、水泥浆、溶剂型材料、乳液涂料、彩色胶砂涂料、彩色弹涂等	大白浆、石灰浆、油漆、乳胶漆、水溶性涂料、弹涂等
裱糊类		塑料墙纸、金属面墙纸、木纹壁纸、花纹玻璃纤维布、纺织面墙纸及锦缎等
铺钉类	各种金属饰面板、石棉水泥板、玻璃	各种木夹板、木纤维板、石膏板及各种装饰面板等

（三）楼板

楼板是分隔建筑竖向空间的水平承重构件。它一方面承受着楼板层上的全部活荷载和恒荷载，并把这些荷载合理有序地通过梁传给墙或柱；另一方面对墙起着水平支撑作用，以减少风和地震产生的水平力对墙体的影响，加强建筑物的整体刚度；此外，楼板还应具备一定的隔声、防火、防水、防潮等能力。

1．楼板的基本组成

为了满足使用功能的要求，楼板被做成了多层构造，而且其总厚度取决于每一构造层的厚度。通常楼板由以下几个基本部分组成，如图 1-38 所示。

（1）楼板面层。楼板面层又称为楼面，位于楼板层的最上层，起着保护楼板层、分布荷载和绝缘的作用，同时对室内起美化装饰作用。由于面层直接与人、家具、设备等接触，故要求面层必须具有光滑平整、坚固耐磨、防水等性质。

（2）楼板结构层。楼板结构层位于楼板层的中部，是承重构件（包括板和梁）。其主要功能在于承受楼板层上的全部荷载并将这些荷载传给墙或柱；同时还对墙身起水平支撑作用，以加强建筑物的整体刚度。

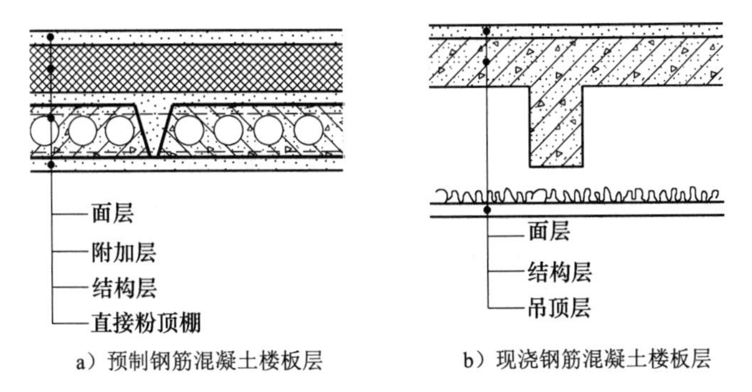

a）预制钢筋混凝土楼板层　　b）现浇钢筋混凝土楼板层

图 1-38　楼板层的基本组成

（3）附加层。附加层又称为功能层，根据楼板层的具体要求而设置，主要作用是隔声、隔热、保温、防水、防潮、防腐蚀、防静电等。根据需要，有时与面层合二为一，有时又与顶棚合为一体。

（4）楼板顶棚层。楼板顶棚层又称为吊顶层，位于楼板层最下层，根据不同建筑物的使用需要，可直接在楼板底面粉刷，也可在楼板下部做吊顶。其主要作用是保护楼板、安装灯具、遮挡各种水平管线，改善室内光照条件，装饰美化室内空间。

2．楼板的材料类型

根据所用材料不同，楼板可分为木楼板、砖拱楼板、钢筋混凝土楼板和压型钢板组合楼板等多种类型，如图 1-39 所示。

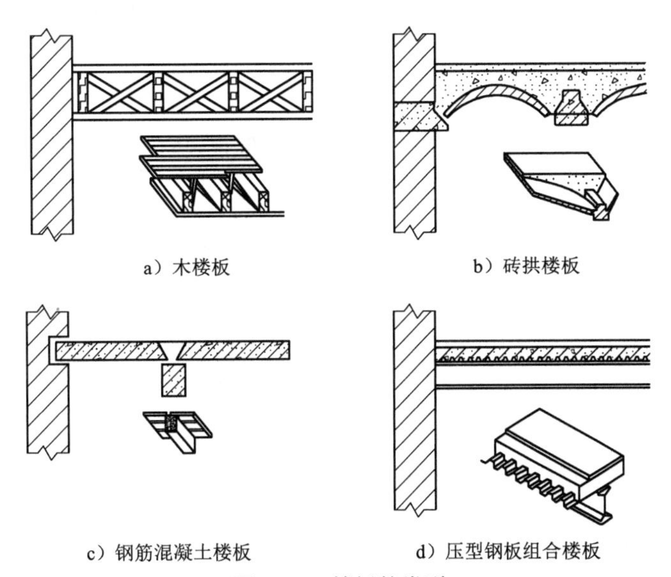

a）木楼板　　b）砖拱楼板

c）钢筋混凝土楼板　　d）压型钢板组合楼板

图 1-39　楼板的类型

（1）木楼板。木楼板是在木格栅之间设置剪刀撑，形成有足够整体性和稳定性的骨架，并在木格栅上下铺钉木板所形成的楼板。这种楼板构造简单、自重轻、导热系数小，但耐久性和耐火性差，耗费木材量大，除木材产区外较少用。

（2）砖拱楼板。砖拱楼板是先在墙或柱上架设钢筋混凝土小梁，然后在钢筋混凝土小梁之间用砖砌成拱形结构所形成的楼板。砖拱楼板可节约钢材、水泥、木材，造价低，但承载能力和抗震能力差，结构层所占的空间大，顶棚不平整，施工复杂，所以现在基本不用。

（3）钢筋混凝土楼板。钢筋混凝土楼板的强度大、刚度大、可塑性好、耐久性和耐火性好，便于工业化生产，是目前应用最广泛的楼板类型。

（4）钢楼板。钢楼板自重轻、强度高、整体性好、易连接、施工方便、便于建筑工业化，但用钢量大，造价高、易腐蚀、维护费用高、耐火性能比钢筋混凝土差。一般用于工业建筑。

（5）压型钢板组合楼板。组合楼板是用压型钢板做衬板，用混凝土浇筑在一起，支撑在钢梁上形成的楼板，其刚度大、整体性好、可简化施工程序，但需经常维护。

3．楼板的细部构造

（1）楼板与隔墙。当房间内设有重质块材隔墙和砌筑隔墙且重量由楼板承重时，必须考虑结构的稳定、承重等因素。

（2）楼面变形缝。楼面变形缝的位置和大小应与墙体、屋面变形缝一致。在构造上要求面层与结构层完全脱开，在上下表面做盖缝条，盖缝条应能保证缝两侧构件自由变形，且能满足防水要求。缝内填塞有弹性的松软材料，用金属调节片封缝。

（3）顶棚构造。顶棚又称为平顶或天花板，是楼板层的最下面部分，也是室内饰面之一。作为顶棚则要求表面光洁，美观，能反射光线，改善室内照度。某些有特殊要求的房间，还要求顶棚具有隔声、保温、隔热等方面的功能。

4．楼地面构造

（1）地坪层构造。地坪是指建筑物最底层房间与土壤相交接处的水平构件。与楼板层一样，它承受着地坪上的荷载，并把这些荷载均匀地传给地坪以下的土壤。地坪的基本组成部分有面层、垫层和基层三部分，对有特殊要求的地坪，常在面层和垫层之间增设一些附加层。

常见地面的类型详见表 1-5。

表 1-5　地面的类型

地 面 类 型	实　例
整体类地面	水泥砂浆地面、细石混凝土地面、沥青砂浆地面、水磨石地面
块材类地面	砖铺地面、墙地砖等面砖地面、天然石板及人造石板地面、木地面
卷材类地面	塑料地板、橡胶地毯、化纤地毯、无纺地毯、手工编制地毯
涂料类地面	多种水溶性、水乳性、溶剂性涂布地面

（2）楼地面细部构造。

1）变形缝构造。一般民用建筑的地面变形缝设置位置与楼板层变形缝位置一致，构造上也比较简单，一般只需将面层与垫层断开，在缝隙中填塞沥青麻丝或沥青木丝板等有弹性的松软材料，面上用油膏嵌缝或用板材盖缝。

2）踢脚板、墙裙。踢脚板是楼地面与墙体相交处的构造处理。踢脚板面层一般与楼地面面层相同。踢脚板的作用是保护墙面的清洁，在清扫地面时不致污染墙身。常用踢脚板有水泥、水磨石、地砖和木板等，如图 1-40 所示。

墙裙是踢脚板的延伸，高度一般为 900～1800mm，按需要确定。在厕所、浴室、盥洗室等房间，墙身容易污染因而需要经常洗刷，应做墙裙。在一些标准较高的会议厅、餐厅等房间常做木墙裙。其他常用的墙裙有水泥、水磨石、地砖、木制品和油漆等，如图 1-41 所示。

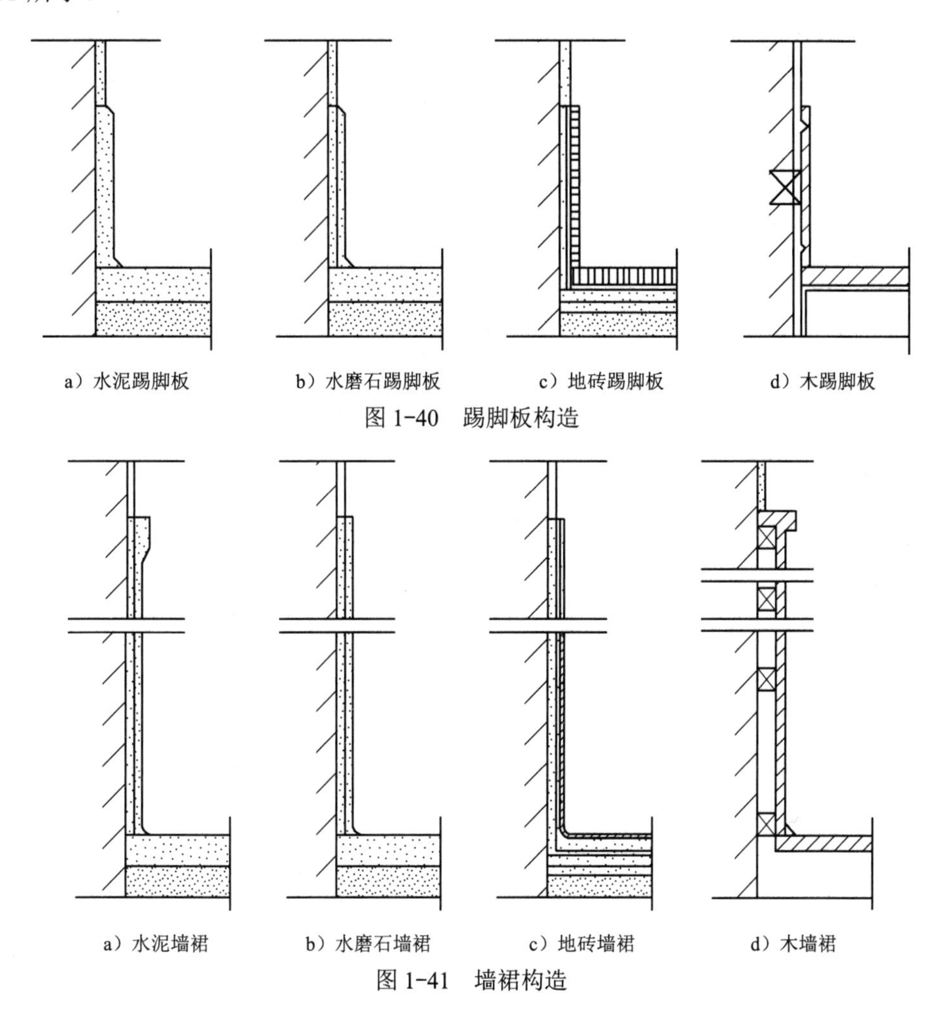

图 1-40　踢脚板构造

图 1-41　墙裙构造

（四）阳台、雨篷和露台

阳台和雨篷都属于建筑物上的悬挑构件。

1．阳台

阳台悬挑于建筑物每一层的外墙上，是连接室内的室外平台。阳台给居住在多（高）层建筑里的人们提供了一个舒适的室外活动空间，让人们足不出户就能享受到大自然的新鲜空气和明媚阳光。阳台还可以起到观景、纳凉、晒衣、养花等多种作用，改变单元式住宅给人们造成的封闭感和压抑感，是多层、高层住宅和旅馆等建筑中不可缺少的一部分。

阳台按其与外墙面的关系分为挑阳台、凹阳台、半挑半凹阳台，如图 1-42 所示；按其在建筑中所处的位置可分为中间阳台和转角阳台；按使用功能不同分为生活阳台（靠近卧室或客厅）和服务阳台（靠近厨房）。

阳台深度约 1m 左右，宽度一般与房间的开间相同。有些建筑将几个相邻的阳台连在一起，分隔使用。阳台栏板（杆）高度一般不低于 1m。

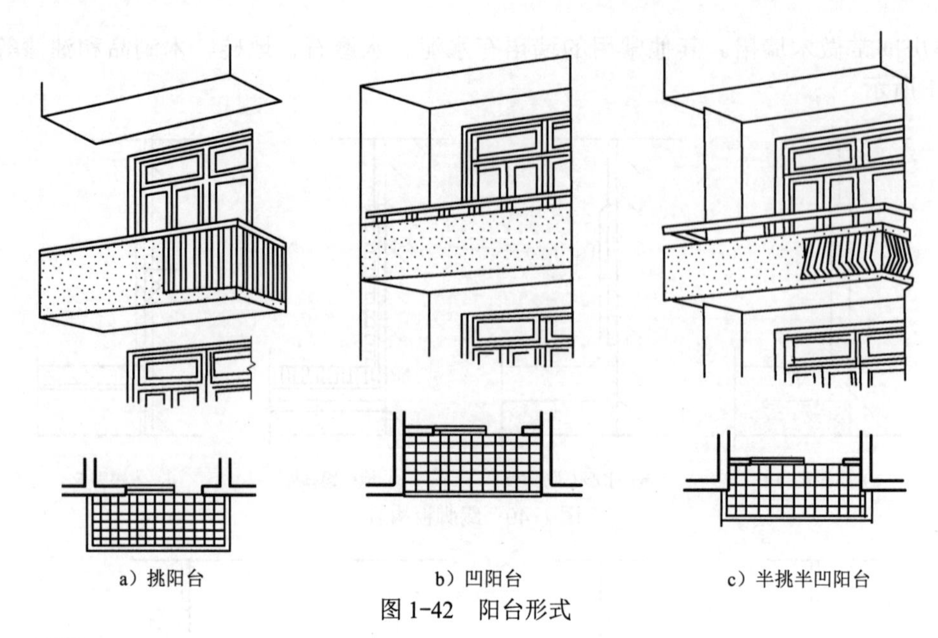

图 1-42　阳台形式

2．雨篷

雨篷位于建筑物出入口的上方，用来遮挡雨雪，保护外门免受侵蚀，并给人们提供一个从室外到室内的过渡空间。雨篷有悬板式和梁板式两种，如图 1-43 所示，前者多用于次要出入口，后者多用于主要出入口。雨篷应做好防水和排水处理，如图 1-44 所示。

3．露台

露台一般是指建筑物中的屋顶平台或由于建筑结构需求而在其他楼层中做出大阳台，由于它面积一般均较大，上边又没有屋顶，所以称为露台。现代的露台则成为常规建筑物之一，是室内和室外的交汇点。

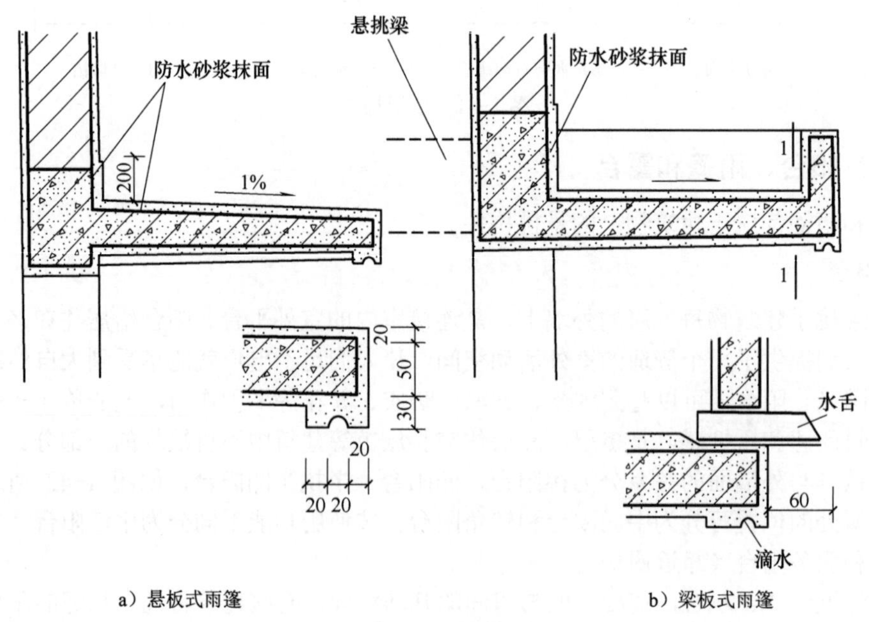

图 1-43　雨篷

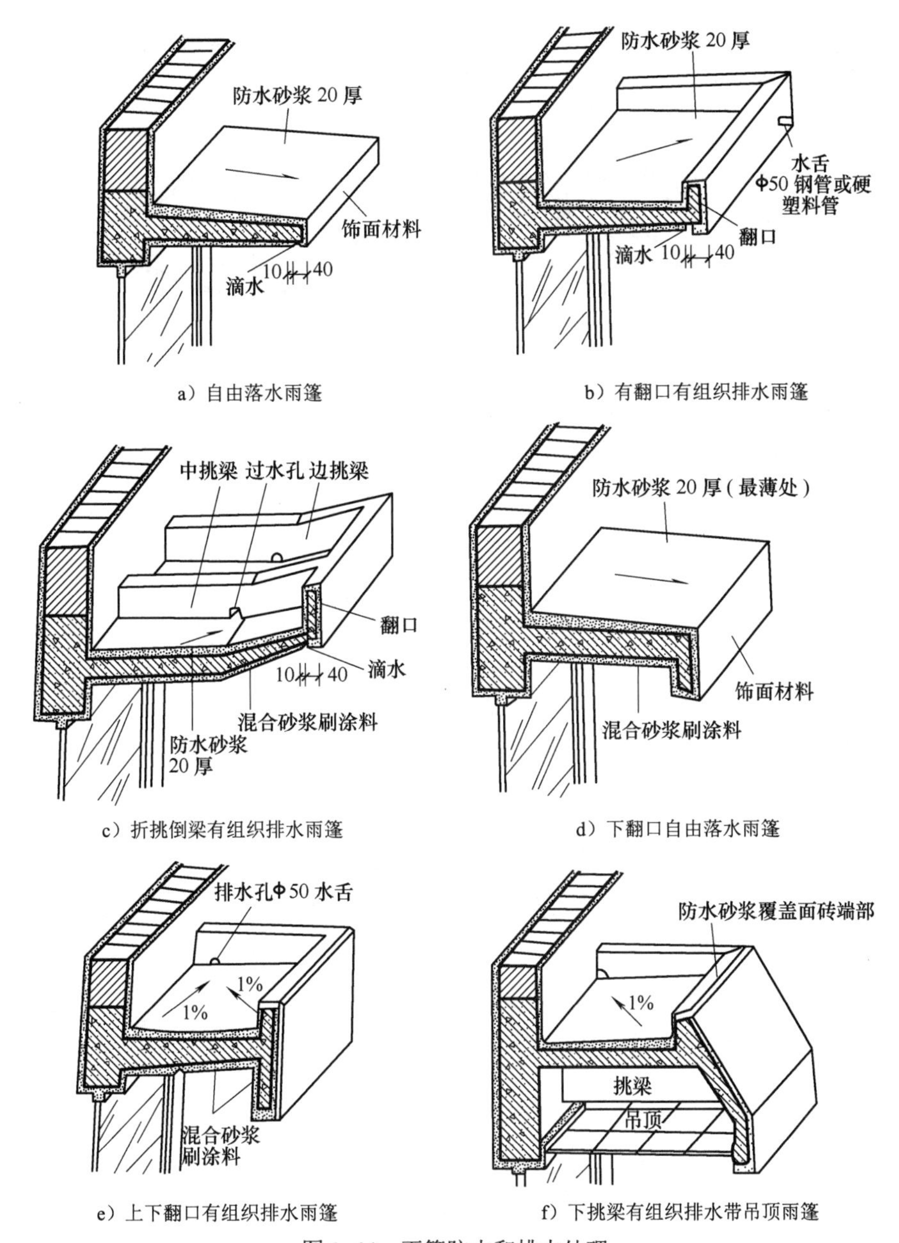

图 1-44　雨篷防水和排水处理

（五）屋顶

1．屋顶的功能与组成

屋顶是建筑物最上层的覆盖部分，它承受屋顶的自重、风雪荷载以及施工和检修屋面的各种荷载，并抵抗风、雨、雪的侵袭和太阳辐射的影响，同时屋顶的形式在很大程度上影响到建筑造型。因此，屋顶主要的功能是承重、围护（即排水、防水和保温隔热）和美观。屋顶主要由屋面、承重结构、保温或隔热层和顶棚四部分组成，如图 1-45 所示。

屋面是屋顶的面层，它暴露在大气中，直接承受自然界的影响，因此要求所用材料应有较好的防水性能，并具有一定的强度和耐久性。屋顶承重结构用以承受屋顶的全部荷载，为保证建筑物坚固耐久，应具有足够的强度和刚度。顶棚层则根据屋顶形式及使用功能的要求采用直接式顶棚或悬吊式顶棚。

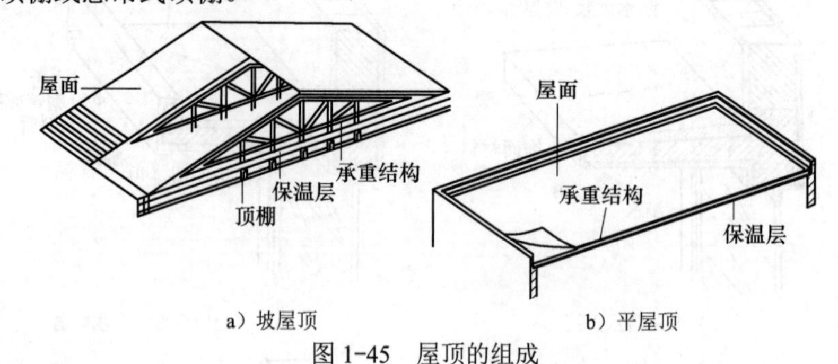

图 1-45　屋顶的组成

2．屋顶的类型

（1）屋顶按坡度和类型分为平屋顶、坡屋顶和其他形式的屋顶三大类，如图 1-46 所示。

1）平屋顶：通常是指排水坡度小于 5%的屋顶，常用坡度为 1%～3%。

2）坡屋顶：屋顶坡度大于 5%，常用的有单坡、双坡、四坡、歇山等。

3）其他形式屋顶：如拱屋顶、折板屋顶、薄壳屋顶，悬索屋顶，网架屋顶等。

（2）屋顶按结构传力特点不同分为有檩屋顶和无檩屋顶。

（3）屋顶按保温隔热要求不同分为保温屋顶、不保温屋顶、隔热屋顶。

（4）屋顶按材料与结构不同，出现了许多新型屋顶结构形式，如拱结构、薄壳结构、悬索结构、网架结构屋顶等，这些屋顶多用于较大跨度的公共建筑。

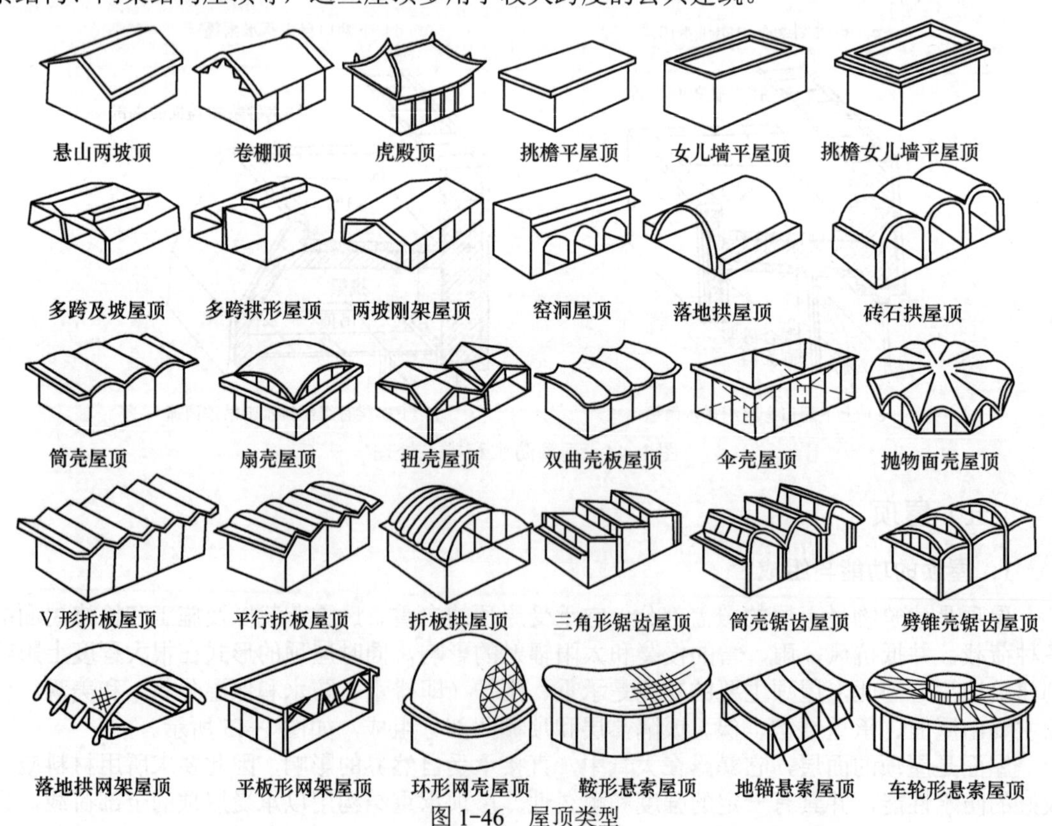

图 1-46　屋顶类型

3．屋顶的排水方式

屋顶的排水方式主要有无组织排水和有组织排水（图 1-47）。

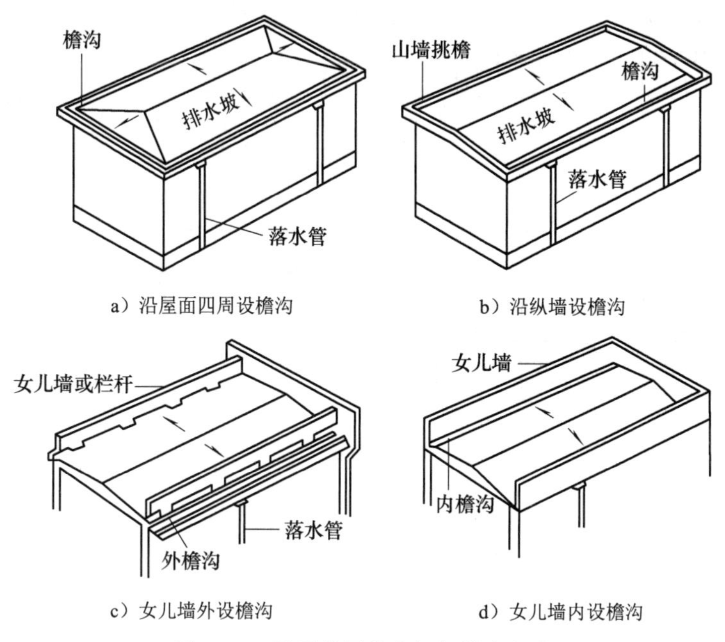

a）沿屋面四周设檐沟　　b）沿纵墙设檐沟

c）女儿墙外设檐沟　　d）女儿墙内设檐沟

图 1-47　屋顶常用的有组织排水方式

（六）楼梯和电梯

1．楼梯的作用

楼梯作为建筑物垂直交通设施之一，首要的作用是联系上下交通通行；其次是作为建筑物主体结构，起承重的作用；除此之外，楼梯还具有安全疏散、美观装饰等功能。设有电梯或自动扶梯等垂直交通设施的建筑物也必须同时设置楼梯。在设计中，楼梯要坚固、耐久、安全、防火；做到上下通行方便，便于搬运家具、物品，有足够的通行宽度和疏散能力。楼梯透视图如图 1-48 所示。

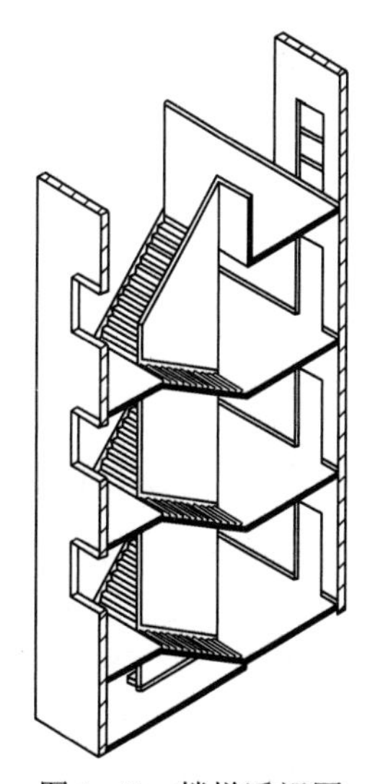

图 1-48　楼梯透视图

2．楼梯的类型

（1）楼梯根据结构材料的不同，可分为木楼梯、钢楼梯和钢筋混凝土楼梯。钢筋混凝土楼梯因具有坚固、耐久、防火的性能，得到了普遍的应用。

（2）楼梯根据其布置方式和造型的不同，可分为直上式楼梯、双折式楼梯、曲尺式楼梯、三跑式楼梯、多跑式楼梯、剪刀式楼梯、弧形楼梯和螺旋式楼梯等，如图 1-49 所示。

楼梯的形式是根据建筑的平面功能要求来决定的。有时也根据室内设计的美观来选型，如大厅中的主要楼梯，常做成双分式、双合式楼梯，也可做成弧形楼梯或螺旋式楼梯。

（3）楼梯根据其位置不同，分为室内楼梯和室外楼梯。

（4）楼梯间根据其平面形式分为敞开式楼梯间、封闭式楼梯间和防烟楼梯间。

（5）楼梯根据其使用性质分为主要楼梯、辅助楼梯、安全楼梯和消防楼梯。

（6）楼梯根据其施工方法分为现浇钢筋混凝土楼梯和预制装配式钢筋混凝土楼梯。

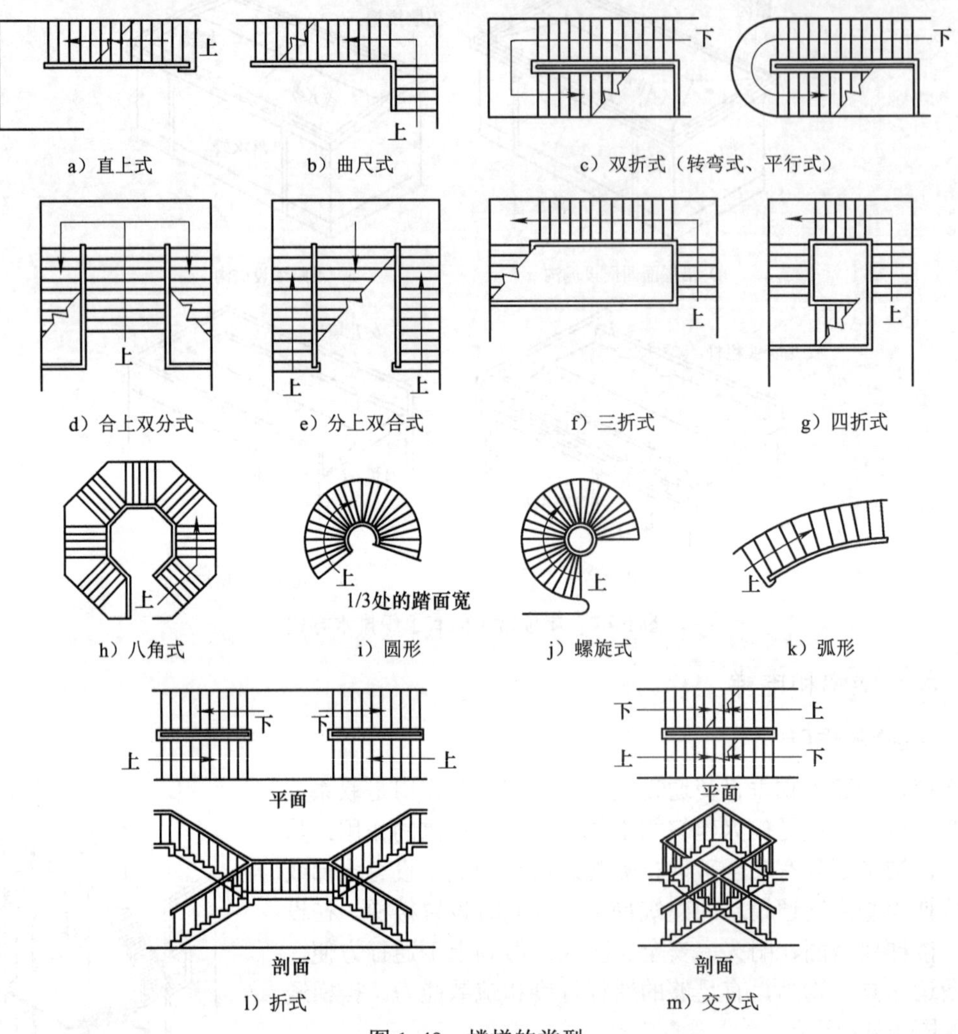

图 1-49　楼梯的类型

3．楼梯的组成和尺寸

（1）楼梯的平面组成与尺寸。楼梯由楼梯段、平台、栏杆扶手三部分组成，如图 1-50 所示。楼梯的尺寸决定于疏散的人流量。

1）楼梯段的宽度。楼梯段是楼梯的主要组成部分，必须满足上下人流及搬运物品的需要。为确保安全，楼梯段宽度供单人通行时不小于 850mm，供双人通行时为 1100～1200mm，供三人通行时为 1500～1800mm，如图 1-51 所示。楼梯的宽度、数量和间距除满足使用要求外，还应满足防火规范的有关要求。

2）平台的宽度。平台是指两楼梯段之间的水平板，有楼层平台、中间平台之分。楼梯间通常由两个或两个以上的梯段构成，两个梯段的连接部分称为中间平台，中间平台让人们缓解疲劳，在连续上楼时可在平台上稍加休息，故又称为休息平台。同时，平台还是梯段之间转换方向的连接处。在楼层上下楼梯的开始部位，也有一段平台，利于人流的缓冲，称为楼层平台。中间平台的净宽不应小于楼梯段的宽度。

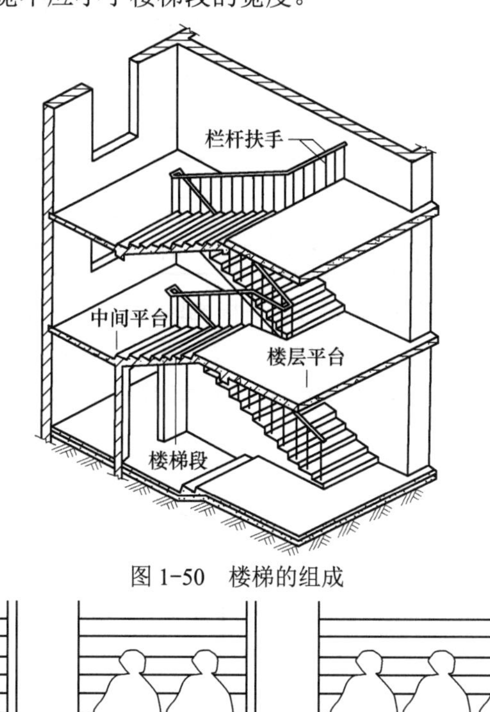

图 1-50　楼梯的组成

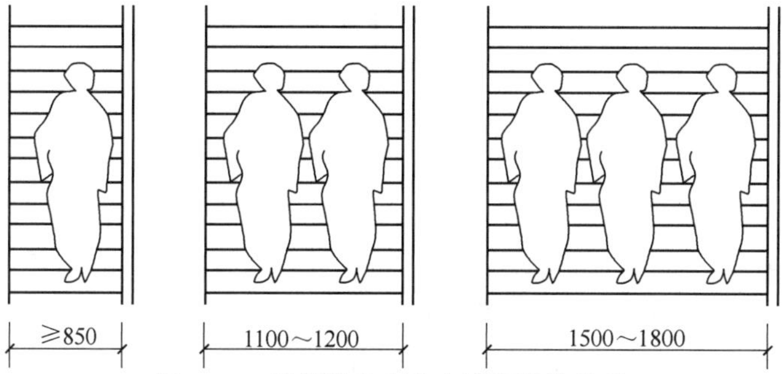

≥850　　1100～1200　　1500～1800

图 1-51　楼梯段宽度和人流股数的关系

3）栏杆扶手的高度。栏杆或栏板是楼梯段的安全措施，一般设在梯段的边缘和平台临空的一边，要求坚固、可靠，并有足够的安全高度。栏杆和拦板上安装扶手，使人们能依扶着上、下楼梯。当梯段宽度大于 1400mm 时，还要设靠墙扶手。楼梯段宽度超过 2200mm 时，还应设中间扶手。扶手的高度在 30° 左右的坡度下常采用 900mm；儿童使用的楼梯扶手一般为 600mm，如图 1-52a 所示；顶层平台的水平安全栏杆扶手高不小于 1000mm，栏杆之间的水平距离不大于 120mm，如图 1-52b 所示。

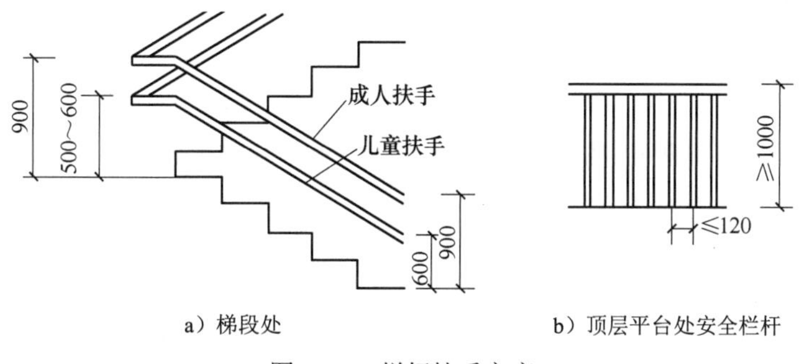

a）梯段处　　b）顶层平台处安全栏杆

图 1-52　栏杆扶手高度

（2）楼梯的剖面组成和尺寸。

1）楼梯坡度和踏步尺寸。楼梯坡度一般以 20°～45° 为适宜，小于 20° 时设计为坡道，大于 45° 时设计为爬梯，踏步的高宽比决定了楼梯的坡度。踏步的宽度越大，高度越小，则坡度越小，行走越舒适，但楼梯所占的面积也就越大。一般楼梯的踏步尺寸参见表 1-6。

表 1-6 楼梯踏步尺寸 （单位：mm）

名 称	住 宅	学校办公楼	剧院、会堂	医院（病人用）	幼 儿 园
踏步高	156～175	140～160	120～150	150	120～150
踏步宽	250～300	280～340	300～350	300	250～280

2）楼梯的净空高度。楼梯的净空高度是指梯段的任何一级踏步至上一层平台梁底的垂直高度；或底层地面至底层平台（或平台梁）底的垂直距离；或下层梯段与上层梯段间的高度。为保证人行畅通或搬运物件时不受影响，楼梯的净空高度在平台处通常应大于 2m，公用建筑楼梯的净空高度应大于 2.2m（图 1-53），在人流少或次要部位不少于 1.9m。

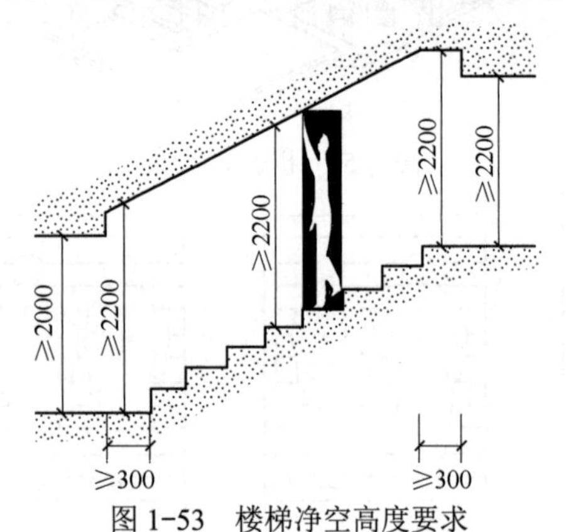

图 1-53 楼梯净空高度要求

3）楼梯井的尺寸。楼梯井是指两个梯段之间的空隙，其宽度一般为 100mm。当梯井宽度大于 110mm 时，必须采取防止儿童攀滑的措施。

4．楼梯的细部构造

（1）踏步的踏面与踢面。楼梯梯段是由若干踏步组成，每个踏步由踏面和踢面组成。楼梯踏步的面层构造一般与地面相同，要求面层耐磨，便于清洁。常见的踏步面层有水泥砂浆面层，水磨石面层，缸砖贴面，大理石、花岗石等天然石材面层，此外还有塑料面层、地毯等。

（2）栏杆、栏板和扶手。楼梯的栏杆、栏板和扶手是在梯段上设的安全措施，其位置可在梯段的一侧或两侧或梯段中间，视梯段宽度而定。总的要求是安全、坚固、美观、舒适、构造简单、施工和维修方便等。

扶手供行走时依扶之用。当梯段宽度超过两股以上人流时，靠墙一侧有必要时可设靠墙扶手；当梯段宽度超过四股或五股人流时，应在梯段中央加设扶手。楼梯扶手可用硬木、钢管、水泥砂浆、水磨石、塑料、大理石或花岗石等制成。

5．室外台阶与坡道

（1）室外台阶。室外台阶是联系室内地面与室外地面的交通设施。室外台阶的坡度应比楼梯小，室外台阶踏步每步高 100～150mm，踏面宽 300～500mm。台阶与建筑出入口应留有一定宽度的缓冲平台，平台长度应大于门洞口的尺寸，平台宽度至少应保证在门开启后还有站立一个人的位置，平台表面做坡向室外 1%～4%的流水坡。为了防潮、防水，一般底层室内地面均比室外地面高几十厘米，按高差大小可设置一个或几个踏步。

台阶的材料应采用耐久性、抗冻性、耐磨性好的材料，如天然石材、混凝土、缸砖等。砖砌台阶表面容易剥落。台阶上部可设雨篷或加门廊。

（2）坡道。室外门前为便于车辆进出常做坡道。坡道的坡度不宜大于 1:10，无障碍坡道的坡度为 1:12，坡道的宽度不应小于 0.9m。在不适合做踏步式台阶的地方，可改设坡道，也可与台阶同时设置，正面做台阶，两侧做坡道，坡度约为 1:5～1:10。安全疏散门口的外面必须设坡道，而不允许设台阶。为了防滑，坡道面层可做成锯齿形。坡道材料一般为抗冻性好和表面结实的材料，如混凝土、天然石等，也应注意建筑主体的沉降问题。在寒冷、严寒冻胀土地区，室外台阶、坡道应与主体承重结构断开，以确保冻胀时主体结构不受影响，大台阶可采用架空台阶。

常用台阶、坡道式样如图 1-54 所示。

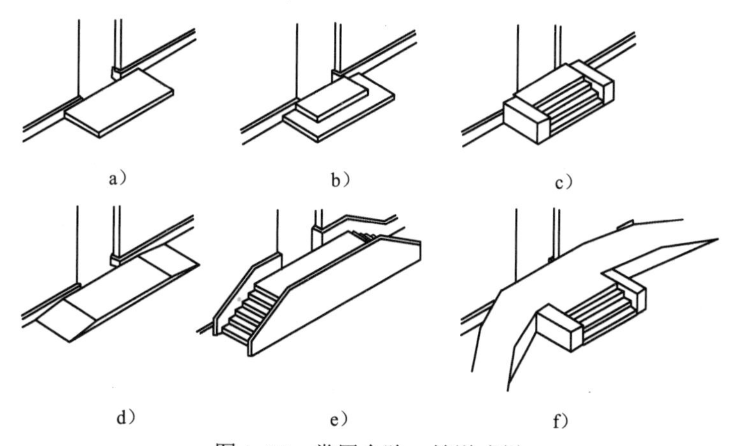

图 1-54　常用台阶、坡道式样

6．电梯及自动扶梯

（1）电梯的分类。在高层建筑及某些多层建筑中（如多层厂房、医院、商店等），常设有电梯作为垂直交通工具。

1）电梯按用途分为客梯、货梯、客货两用电梯、医用电梯、观光电梯、消防电梯等。

① 客梯：为运送乘客设计的电梯，要求有完善的安全设施以及一定的轿内装饰。

② 货梯：为运送货物而设计的电梯，通常有人伴随。

③ 医用电梯：为运送病床、担架、医用车而设计的电梯，轿厢具有长而窄的特点。

④ 观光电梯：轿厢壁透明，供乘客观光用的电梯。

2）电梯按行驶速度分为低速电梯、中速电梯、高速电梯和超高速电梯等。

3）电梯按拖动方式分为交流电梯、直流电梯、液压电梯、齿轮齿条电梯、直线电动机驱动的电梯等。

4）电梯按能够载重量分为 800kg、1000kg、2000kg 等。

（2）电梯的组成。电梯通常由轿厢（电梯厢）、电梯井道及运载设备（机房）三部分构成，如图 1-55 所示。电梯轿厢供载人或载货之用，要求造型美观，经久耐用，轿厢沿导轨滑行。电梯井道内的平衡锤由金属块叠合而成，用吊索与轿厢相连保持轿厢平衡。运载设备包括动力、传动及控制系统三部分。

（3）自动扶梯。自动扶梯是建筑物楼梯层间运输效率最高的垂直交通设施，承载力大，安全可靠，被广泛用于大量人流上下的公共场所，如车站、商场、地铁车站等。自动扶梯可正逆两个方向运行，可作提升及下降使用，机器停转时可作普通楼梯使用。自动扶梯由机架、踏步板、扶手带和机房组成，机房悬挂在楼板下面。上行时，行人步入运行的水平踏步板，扶手带与踏步板同步运行。临近下梯时，踏步板逐渐趋近水平，最后步入上一层楼，如图1-56所示。

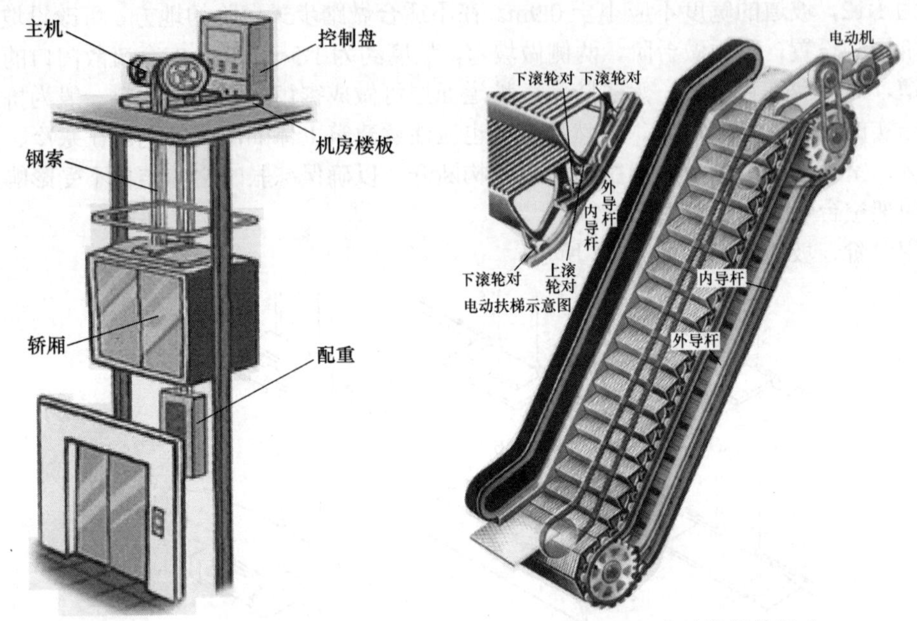

图1-55　电梯的组成

图1-56　自动扶梯的组成

自动扶梯的角度一般为30°。当坡度较小时，可将台阶形的踏步形成一字形倾斜踏步板，即成为自动坡度；将一字形踏步板设成水平状，即成为自动走廊，特别适用于机场和大型商场。自动扶梯的宽度一般为600mm、800mm、1000mm。

（七）窗和门

现代化的建筑物，要求门窗通风明亮且经济适用。门和窗是房屋围护结构中的两个配件。门主要用作交通联系，兼采光和通风。窗主要用作采光通风及眺望。同时门和窗在不同情况下还具有分隔、保温、隔声、防水、防火等围护功能，也具有重要的建筑造型和装饰作用。

1．窗的种类

（1）窗按所用材料的不同划分为木窗、钢窗、钢筋混凝土窗、塑料窗、铝合金窗、塑钢窗等。木窗主要由不易变形的木材制作。

（2）窗按镶嵌材料不同可分为玻璃窗、纱窗、百叶窗等。

（3）窗按开启方式的不同可分为固定窗、平开窗、上悬窗、下悬窗、立转窗、推拉窗等，可根据使用要求选用。各类建筑广泛采用平开窗，一般为单层或双层平开玻璃窗。平开窗又有内开和外开之分。窗的开启方式如图1-57所示。

1）平开窗：在民用建筑中应用得最为广泛。

2）悬窗：多用于工业建筑。

3）立转窗：多用于工业建筑。

4）固定窗：仅供采光和眺望使用。

5）百叶窗：常用于通风换气但不需要采光的部位。

6）推拉窗：适用于铝合金窗和塑钢窗。

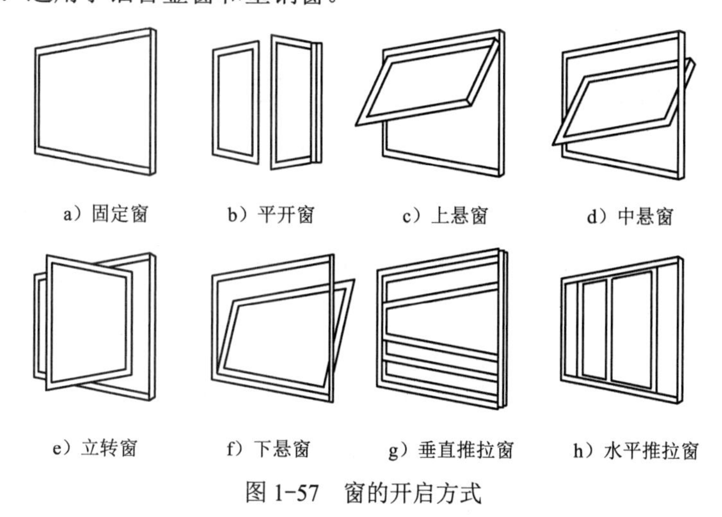

图 1-57　窗的开启方式

2．窗的组成

一般由窗框、窗扇、五金零件及附件四部分组成。木窗加工方便，使用普遍，但木窗易于损坏。钢窗坚固、耐久、防火、挡光少。塑料在建筑中的应用较为广泛。塑料可以直接做成窗框、窗扇，也可以包覆木材或金属的窗框、窗扇。

窗洞口的宽度和高度取决于使用功能及建筑立面的要求，均采用 300mm 的扩大模数。

3．门的种类

（1）门按所用材料不同分为木门、钢门、钢筋混凝土门、塑料门及铝合金门等。

（2）门按门扇的用料和做法的不同分为拼板门、镶板门（装板门）、胶合板门（贴板门）、玻璃门、纱门、百叶门等。

（3）门按开启方式分为平开门、弹簧门、推拉门、折叠门、旋转门、卷帘门等，如图 1-58 所示，此外还有上翻门、升降门等，可根据使用要求选用。

1）平开门：使用最广泛的一种门。

2）弹簧门：常用于公共建筑中人流频繁和有自动关闭要求的场所，常在门扇上部安装玻璃。

3）推拉门：常用在家庭装潢的卫生间和厨房。

4）旋转门：常用作有采暖和空调的公共建筑的外门，通常为全玻璃。

5）折叠门：一般用作商业建筑的外门。

6）上翻门：常用作工厂、车库的大门。

7）升降门：用作重要的军事设施和科研机构的外门。

8）卷帘门：常用作商业建筑的外门和厂房大门。

（4）为了满足建筑上的特殊需要还有保温门、隔声门、防风沙门、防火门、防 X 射线门、防爆门等。

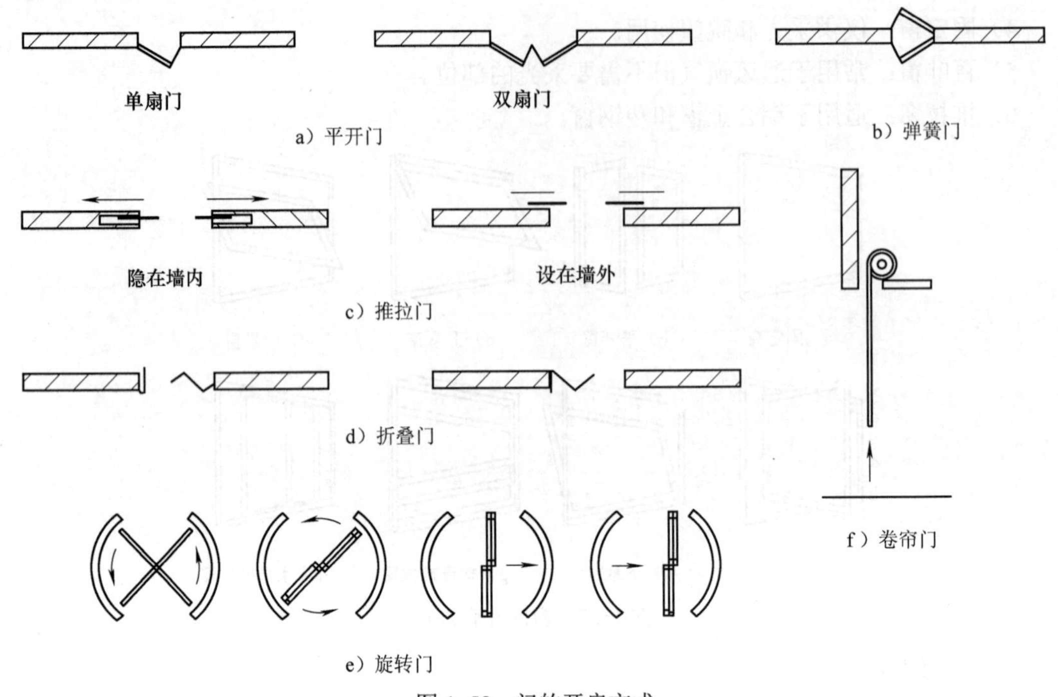

图 1-58 门的开启方式

4．特殊门窗

普通窗扇的玻璃厚度小、缝隙多、密闭性差，在不能满足室内保温、隔热、隔声等要求时，在构造设计中应进行特殊处理，即增大热阻或隔声量，减少堵塞传热或传声的缝隙，以形成防风型和防严寒型门窗。

（1）保温门。保温门扇采用双面钉木拼板，内充玻璃棉毡，棉毡和木板之间铺一层 200 号油纸，以防潮气进入棉毡，影响保温效果。在门扇下部，下冒头的底面安装橡皮条或设门槛密封。保温门可减小室外气候的影响，保持室内恒温。

（2）隔声门窗。隔声门窗常用于室内噪声允许级较低的房间中。隔声效果取决于隔声材料、门框与门扇间的密闭程度等，材料容重越大，越密实，接缝密闭越严，则隔声能力越强。例如采用玻璃间距为 80～100mm 的不同厚度的双层玻璃窗隔声。

（3）防火门。防火门是指在一定时间内能满足耐火稳定性、完整性和隔热性要求的门。它是设在防火分区间、疏散楼梯间、垂直竖井等具有一定耐火性的防火分隔物。根据国家标准《防火门》规定（GB 12955—2008），防火门耐火试验法测试合格，并取得经济部标准检验局核发验证登录证书及授权标识者，称为防火门。防火门具有表面光滑平整、美观大方、开启灵活、坚固耐用、使用方便、安全可靠等特点。

防火门按材料分类，有木质防火门、钢质防火门、钢木防火门、其他防火门等；按功能分类，有常开防火门、常闭防火门、遇火灾快开防火门、高温防爆防火门、快速闭锁防火门、活动防火门等；按安装闭门器方式分类，有外置闭门器防火门和内置闭门器防火门；按防火门的耐火性能分类，有隔热防火门（A 类）、部分隔热防火门（B 类）和非隔热防火门（C 类）等。

5．门窗的基本要求

1）作为围护结构构件时，门窗的材料、构造和施工质量均应满足保温、隔热、隔声、防风沙、防雨淋等要求。

2）作为交通设施和采光通风等构件时，门窗的设置位置、开启方式、开启方向等应力求满足方便简洁、少占面积、开关自如和减少交叉等要求。

3）起美观作用时，门的大小、形状、色彩等应与窗协调，共同体现建筑风格。

6．门窗洞口尺寸与编号

（1）门洞口尺寸与编号。

1）门洞口高度。考虑到人平均身高和搬运物体的需要，一般将民用建筑的门洞高度定为2000mm。当门高超过2200mm时，门头上方应设亮子。

2）门洞口宽度。门的宽度要根据人流量、搬运物体的需要来考虑。

3）门的编号。关于门的编号，各地区都有相应的图集可供参考，现结合《西南地区建筑标准设计通用图》（西南11J611）的规定对木门类别及代号进行介绍，如图1-59所示。

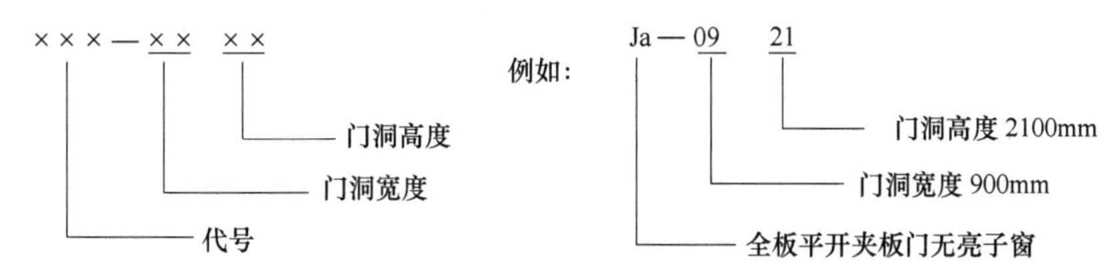

图1-59　门的编号示例

（2）窗洞口尺寸与编号。

1）窗洞口尺寸。窗洞口尺寸的确定取决于采光系数。采光系数又称为窗地比，即采光面积与房间地面面积之比。不同房间根据使用功能的要求，有不同的采光系数。例如，居室为1/8～1/10，教室为1/4～1/5，会议室为1/6～1/8，走廊、储藏室、楼梯间为1/10以下。

2）窗的编号。关于门的编号，各地区都有相应的图集可供参考，现结合国家建筑标准设计图集《铝合金门窗》（02J603-1）的规定对铝合金门窗代号进行介绍，如图1-60所示。

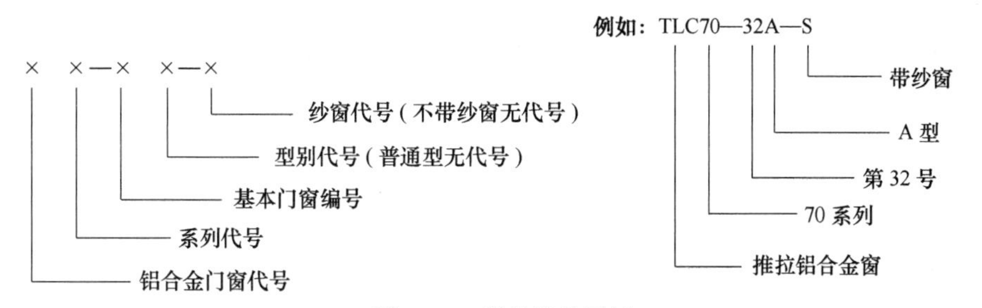

图1-60　窗的编号示例

二、建筑在总平面中的布置

在工程项目中，无论是对单栋建筑物还是对多栋建筑物的设计，都会牵涉到在基地上如何布置的问题。建筑物在基地总平面中的布置，既影响到建成后环境的整体效果，又反过来成为建筑物的单体在设计之初时所必须考虑的外部条件。

（一）建筑物与基地红线的关系

基地红线是工程项目立项时，规划部门在下发的基地蓝图上所圈定的建筑用地范围的规划控制线。如果基地与城市道路接壤，其相邻处的红线应该为城市道路红线，而其余部分的红线即为基地与相邻的其他基地的分界线。如图 1-61 所示为某 220kV 变电站及配套工程红线图。

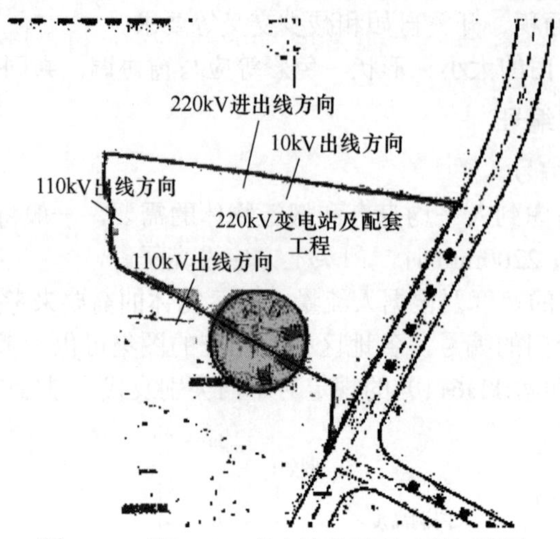

图 1-61　某 220kV 变电站及配套工程红线图

（1）建筑物与基地红线的主要关系

1）建筑物应该根据城市规划的要求，将其基底范围，包括基础和除去与城市管线相连接部分以外的埋地管线，都控制在红线的范围之内。如果城市规划主管部门对建筑物退界距离还有其他要求，也应一并遵守。

2）建筑物与相邻基地之间，应在边界红线范围以内留出防火通道或空地。当建筑物前后都留有空地或道路，并符合消防规范的要求时，才能与相邻基地的建筑毗邻建造。

3）建筑物的高度不应影响相邻的建筑物的最低日照要求。

4）建筑物的台阶、平台不得突出于城市道路红线之外。其上部的突出物也应在规范规定的高度以上和范围之内，才允许突出于城市道路红线之外。

5）紧接基地红线的建筑物，除非相邻地界为城市规划规定的永久性空地，否则不得朝向邻地开设门窗洞口，不得设阳台、挑檐，不得向邻地排泄雨水或废气。

（2）常见术语

1）层高：指该层楼面（或地面）上表面到上一层楼面上表面的垂直距离。

2）净高：指楼地面到结构层（梁、板）底面或顶棚下表面之间的距离。

3）建筑朝向：建筑的最长立面及主要出口部位的朝向。

4）建筑面积：指建筑物外包尺寸的乘积再乘以层数，由使用面积、交通面积和结构面积组成。

5）使用面积：指主要使用房间和辅助房间的净面积。

6）交通面积：指走道、楼梯间和门厅等交通设施的净面积。

7）结构面积：指墙体、柱子等所占的面积。

（二）建筑物与周边物质环境的关系

建筑物与周边物质环境的关系，主要表现在室外空间的组织是否舒适合理，建筑物的排列是否井然有序，有关的基本安全性能是否能够得到保证等。另外，消防问题也是不可忽略的安全问题。从人与自然和谐共存的角度来看，我们所建造的供生产、生活的人工环境一定要纳入自然生态环境良性循环的系统。

1．朝向、日照与建筑的间距

根据我国大部分地区的日照要求，朝南或略偏东、西，是我国住宅建筑的主要朝向。布置住宅时，为了保证一定的日照时间，必须使后排住宅的底层居室窗口不致为前排住宅的阴影所遮挡。为此，就要定出建筑物的高度与间距之间的合适比率。当住宅南北向布置时，以冬至的太阳高度角为准（因为冬至这一天太阳高度角最小，如能满足日照要求，则其他时间也能满足要求），如图 1-62 所示，我国大部分地区的日照最小间距（图 1-63），可按下面比数确定

$$H:L=1:1.1\sim1:1.2$$

式中 H——建筑物的檐部与后一幢住宅底层窗台的高度差；

L——两相邻住宅之间的净距。

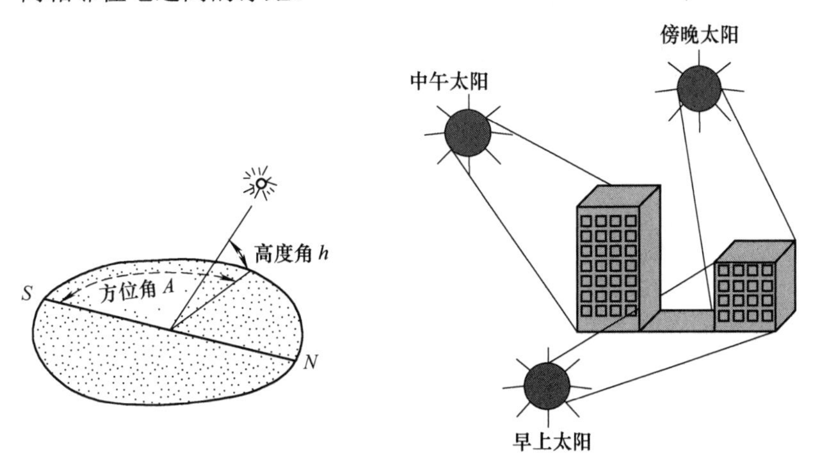

图 1-62 太阳高度角和方位角与日照的关系

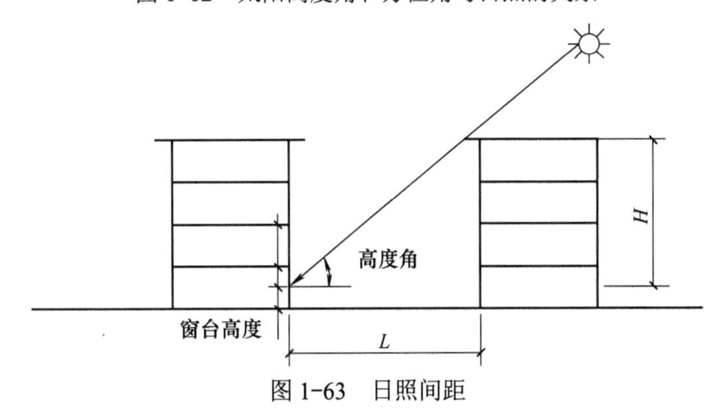

图 1-63 日照间距

2．通风与建筑的间距

通风状况是否良好也是建筑设计要考虑的重要标准。为了满足卫生、舒适、节能的需求，除了建筑物的室内最好能够通过开窗的位置和方式组织自通风外，整个基地上建筑物的布置都应该有利于形成良好的气流，并且不要对周边环境造成不良影响。图 1-64 所示是建筑设计中常用的风玫瑰图，它表示根据气象资料总结的当地常年及夏季的主导风向及其出现的频率。参照风玫瑰图可以帮助解决建筑物之间高低错落的关系。

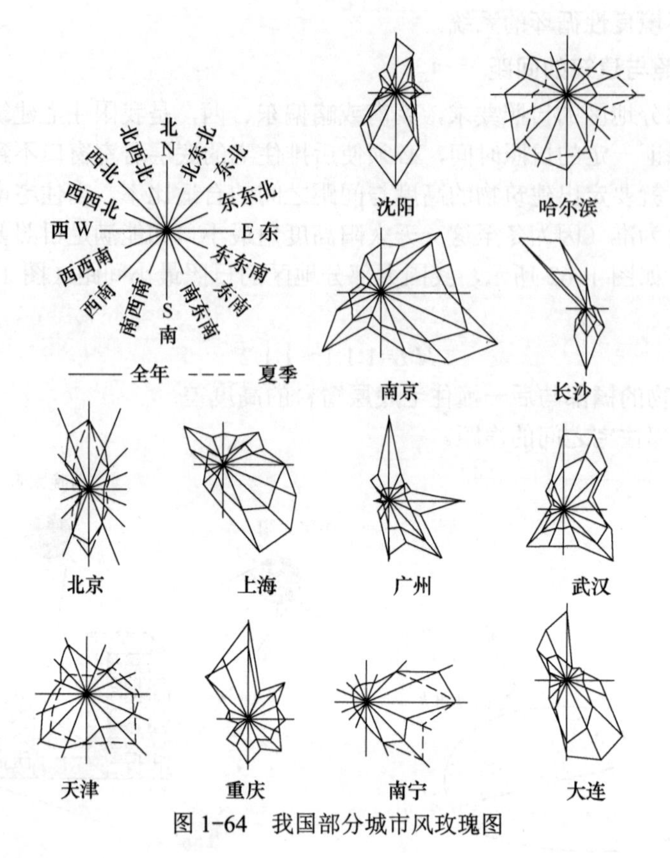

图 1-64 我国部分城市风玫瑰图

3．绿化与建筑的关系

绿化是在人工环境中求得生态平衡的重要手段。在建筑总平面布局中，留出绿化面积很重要，为绿色植物的生长提供有力的环境也很重要。绿化为改良城市生态环境起到了不可低估的作用。

三、民用建筑的基本形式

各类建筑物的使用性质和组成类型不尽相同。但无论何种建筑物，从组成平面各部分的使用性质来分析，均可归纳为使用部分和交通联系部分。使用部分是指各类建筑物中的主要使用房间和辅助使用房间。交通联系部分是建筑物中各房间之间、楼层之间和室内与室外之间的联系空间。建筑物的平面组合主要是指人们通过对建筑空间或环境的分析，即对使用、交通流线，采光、通风、朝向、安全、技术、艺术及环境等的分析，研究几个部分的特征和相互关系，以及平面与周围环境的关系，在各种复杂的关系中找出平面组合的规律，使建筑物满足功能、经济、技术、美观的要求。具体要求为：

1）功能合理、紧凑。

2）结构经济合理。

3）设备管线布置简洁、集中。

4）体形简洁、构图完整。

（一）居住建筑

居住建筑包括宿舍、公寓、住宅等。其中，住宅由居住和辅助两部分组成。居住部分包括起居室和卧室，这类房间统称为居室。辅助部分包括厨房、卫生间（浴室、厕所）、走廊、楼梯以及储藏室等。

1. 住宅的平面组合

住宅的平面组合，以户为基本单位。户是由居室、厨房、厕所等组成的。根据每个居室大小和数量不同，可有各种不同的户型。由几个相同或不同的户型，结合楼梯、走廊等交通面积组合成单元，再根据总建筑面积和地形等条件，将几个单元拼凑成一幢住宅，如图 1-65 所示。

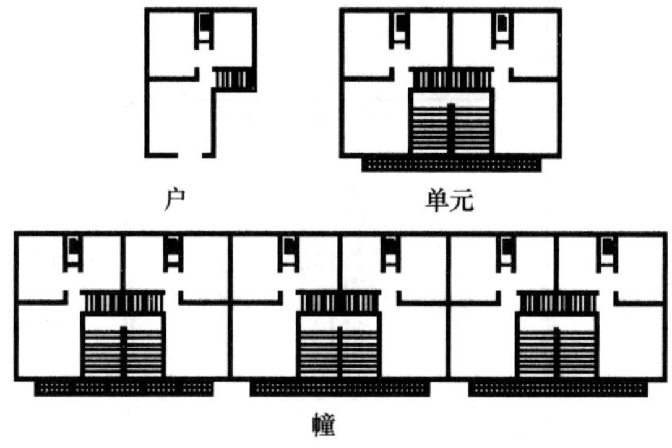

图 1-65 住宅平面组合图

在平面组合过程中，应将单元设计成尽端单元和中间单元（又称为标准单元），这样才能组合成一幢完整的住宅平面。单元平面大多设计成直条形，少数为转角形或其他形状，可根据需要拼接组合成各种平面形状的住宅，如图 1-66 所示。

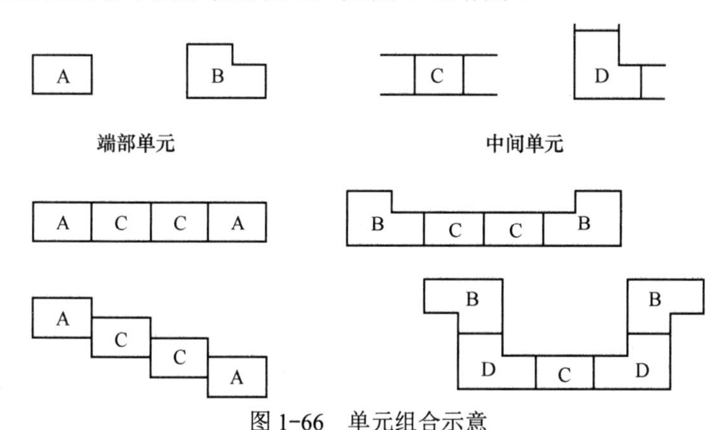

图 1-66 单元组合示意

2. 单元住宅的平面类型

（1）内廊式。内廊式住宅有长内廊与短内廊之分。长内廊的楼梯服务户数多，干扰大，朝向与分户都较难处理，故在住宅设计中很少采用。采用较多的是短内廊式住宅，即一座楼梯服务 2～4 户。

短内廊住宅的特点是：单元内各户集中紧凑，平面利用率高，建筑物进深大，防寒、保温好，因此更适合于北方地区。一梯两户短内廊住宅平面如图 1-67 所示。

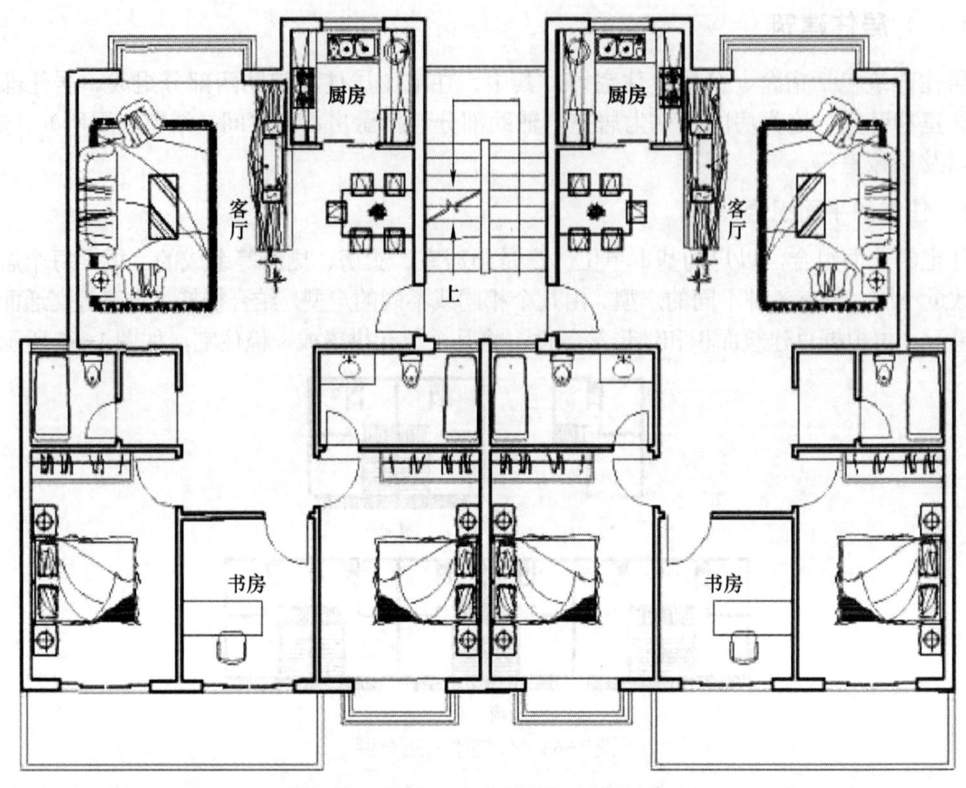

图 1-67　短内廊住宅平面（一梯两户）

（2）外廊式。外廊式住宅容易做到独门独户，有利于组织穿堂风，建筑朝向处理较自由，适合于南方地区。在北方由于气候寒冷，冬天容易出现破冰开门的现象，不利于防寒保暖。外廊式住宅也有长外廊与短外廊之分。

长外廊住宅的楼梯服务户数较多，干扰较大，其长度应考虑建筑物防火和安全疏散等方面的有关要求。长外廊式住宅的楼梯间位置如图 1-68 所示。

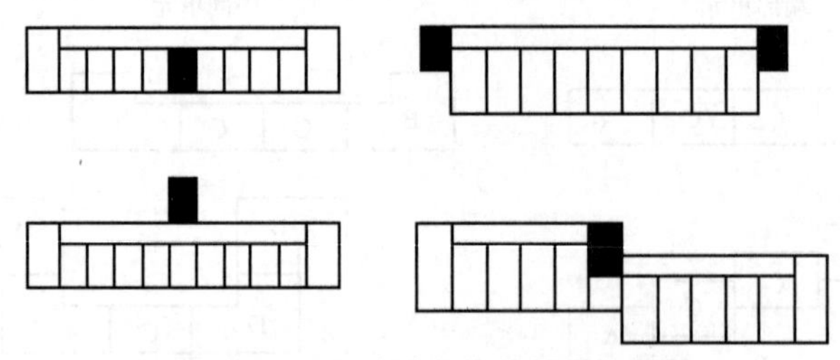
图 1-68　长外廊式住宅的楼梯间位置

将每座楼梯的服务户数限制在 3～5 户，并组成一个单元，即成通常所称的短外廊式住宅。它除了具有外廊式的许多优点外，还改善了住户多、干扰大这一缺点，故采用的较为普遍。

（3）内天井式。加大住宅平面进深，有利于提高建筑物密度，节约用地，但会使部分房间的采光和通风不好处理，为此，可在单元内设置天井。天井有较好的拔风效果，对住宅的通风降温有利。缺点是容易造成声音和视线的干扰，有一部分住户的朝向不好，天井底部比较潮湿，下水处理也较麻烦。内天井式住宅如图 1-69 所示。

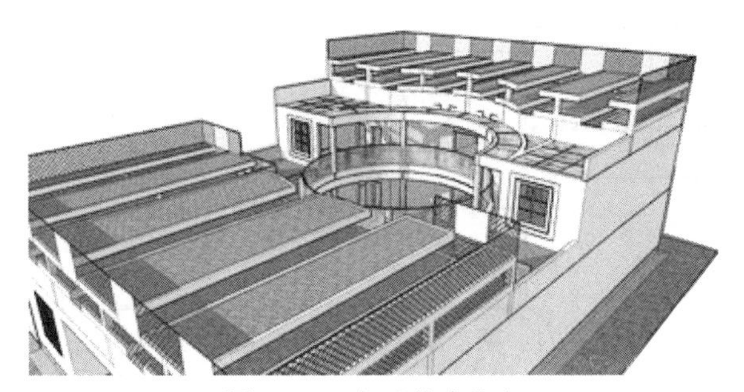

图 1-69 内天井式住宅

3．点式

平面短而深且只有一个单元的住宅，称为点式住宅。高层点式住宅又称为塔式建筑，点式住宅可以充分利用零星土地，提高建筑密度，丰富建筑群体的空间造型，美化城市街景。点式住宅平面如图 1-70 所示。

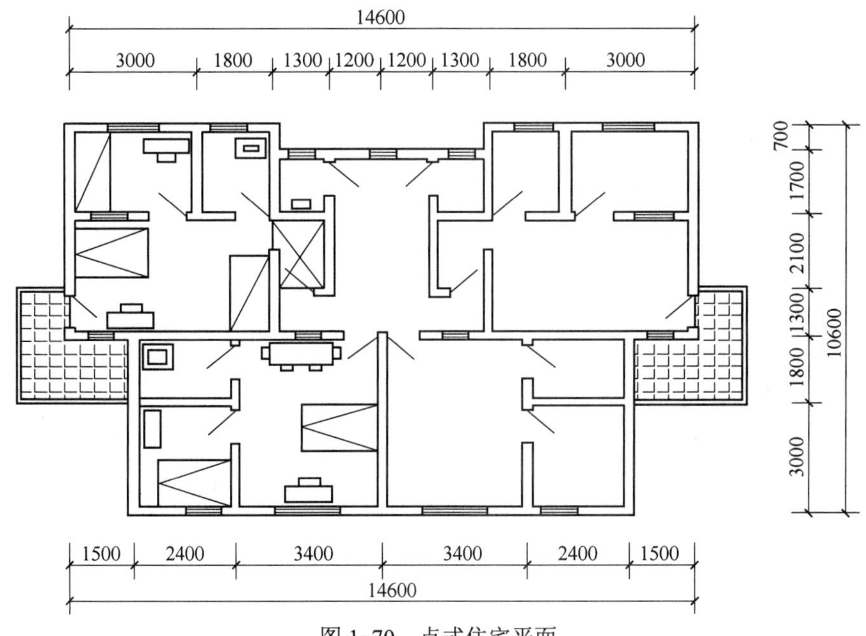

图 1-70 点式住宅平面

（二）公共建筑

平面组合就是根据使用功能特点及交通路线的组织，将不同房间组合起来，常见的公共建筑平面组合基本形式如下。

1．走道式组合

走道式组合的特点是使用房间与交通联系部分明确分开，各房间沿走道一侧或两侧并列布置，房间门直接开向走道，通过走道相互联系。这种形式可以保证使用房间的安静和不受干扰，结构简单，施工方便，因此，如教学楼、办公楼或医院住院部等一般都采用这种形式。例如，图 1-71 所示的某小学平面即采用这种形式。

走道式的平面布置分为两种：靠走道两侧布置房间的称为中间走道式，靠走道一侧布置房间的称为单面走道式，如图 1-72 所示。

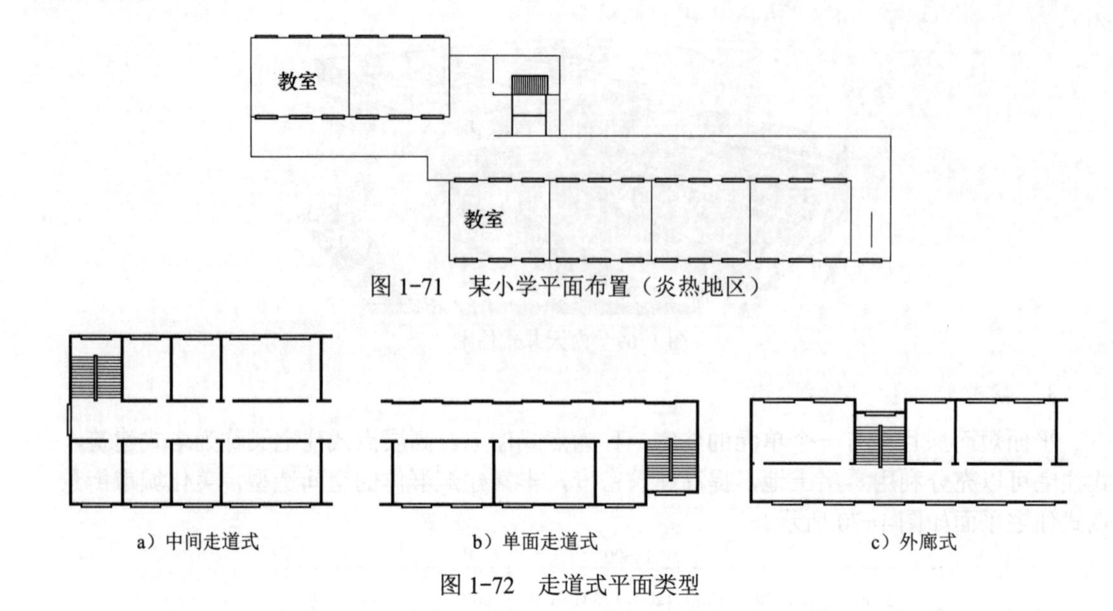

图 1-71　某小学平面布置（炎热地区）

a）中间走道式　　b）单面走道式　　c）外廊式

图 1-72　走道式平面类型

2．穿套式组合

有些建筑物要求各房间连续使用，具有明确简捷的流程，常采用穿套式的布置方式。这种方式将房间按使用顺序串联起来，可以提高效用，节省交通面积。穿套式平面的人流路线应合理安排，要避免交叉造成使用上的混乱。展览馆、商店等公共建筑常采用这种布置方式，如图 1-73 所示。

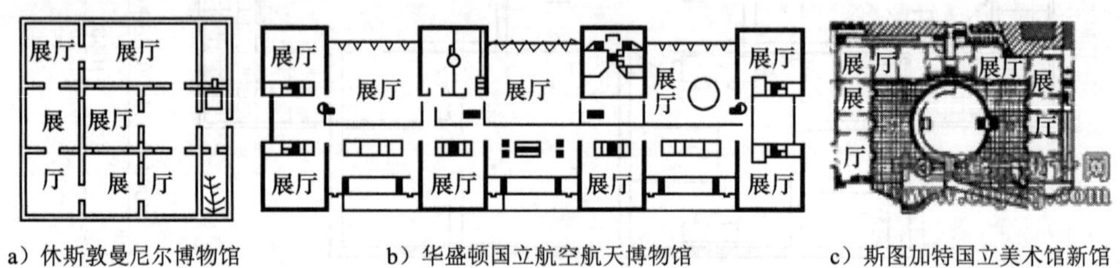

a）休斯敦曼尼尔博物馆　　b）华盛顿国立航空航天博物馆　　c）斯图加特国立美术馆新馆

图 1-73　穿套式空间布置的基本形式示例

3．大厅式组合

当建筑物以一个大厅为主要房间，其他为辅助房间时，常将其他房间围绕着大厅进行布置，形成环绕大厅的平面布置。如电影院、剧场和体育馆等建筑，就是以观众厅为中心，围绕观众厅布置门厅、休息厅、厕所和其他辅助房间，如图 1-74 所示为大厅式组合的剧院。

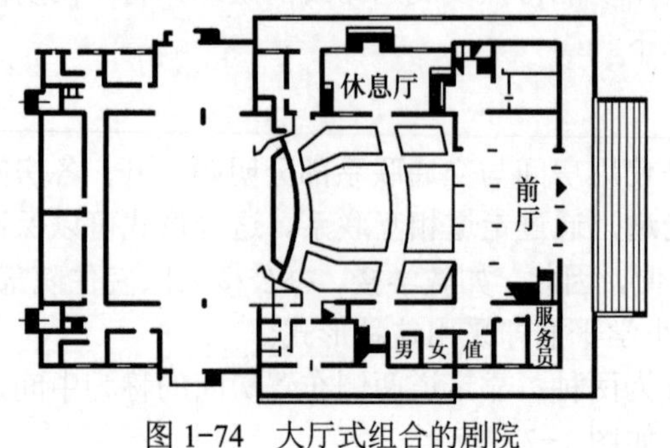

图 1-74　大厅式组合的剧院

4．单元式组合

单元式组合是将关系密切的房间组合在一起形成一个相对独立的单元，并用水平交通或垂直交通联系各个单元的组合形式。它的最大特点是：功能分区明确，平面布置紧凑，布局灵活，能适应不同的地形，满足朝向要求，可形成多种不同组合形式。因此，单元式组合广泛用于如学校、幼托、医院等类型的建筑，如图 1-75 所示为某幼儿园平面布置图。

5．混合式组合

由于建筑功能的复杂性，除少数功能单一的建筑只需要采用一种形式外，大多数建筑都是以一种组合形式为主，采用两种以上的混合式平面组合形式，如图 1-76 所示。

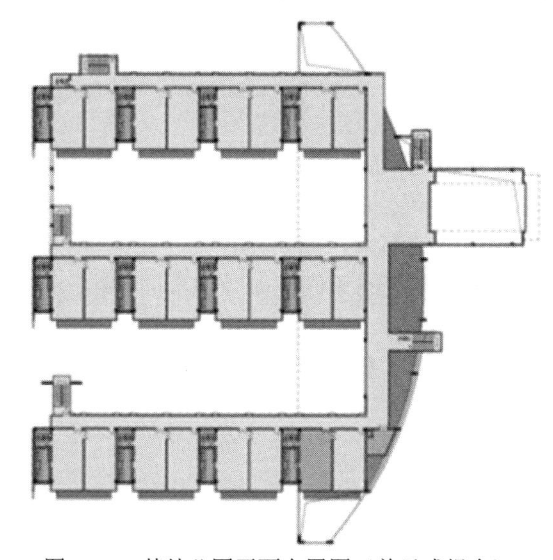

图 1-75　某幼儿园平面布置图（单元式组合）

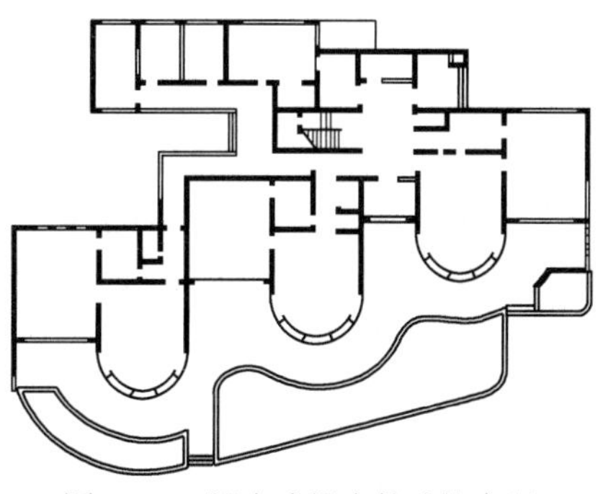

图 1-76　混合式组合的建筑实例

四、工业建筑的特点、分类

工业建筑是指各类工厂为了工业生产需要而建造的各种不同用途的建筑物和构筑物的总称。通常把生产用的建筑物称为工业厂房，在工业厂房内按生产工艺的要求完成某些工序或单独生产某些产品的生产单位称为生产车间。工业厂房除了必须满足生产工艺要求，能够布置和保护生产设备外，还必须创造良好的生产环境和劳动保护条件，以保证产品质量，保护工人的身体健康，提高劳动效率。

（一）工业建筑的特点

1．工艺流程要求决定着厂房的平面布置和形式

生产工艺流程的要求是确定厂房的平面布置和形式的主要依据之一。如重型机械、冶金类厂房，大量的原材料、半成品、成品运输量大，体积和质量大，就要求以水平交通为主的单层的平面形式；如电子工业，产品体积相对较小，质量轻，适合于多层厂房的形式。

2．生产设备的要求决定着厂房的空间尺度

厂房内一般都有笨重的机器设备、起重运输设备（吊车）等，这就要求厂房内有较大的

面积和宽敞的空间。

3．厂房的荷载决定厂房结构

工业建筑由于生产上的需要，要承受较大的静荷载、动荷载、振动或撞击力等，故厂房的结构往往大而重，技术要求高，常采用由大型的承重构件组成的钢筋混凝土结构或钢结构。

4．厂房的功能要求不同使厂房的构造复杂

不同的生产工艺对厂房提出的功能要求不同，因此，厂房在采光、通风、防水排水等构造处理比较复杂。如冶金和机械加工车间，除了根据设计要求选择侧窗及天窗形式外，还应确定合理的构造做法以满足生产的需要；对有恒温恒湿要求的生产车间，则根据产品的需要制定保温、隔热等构造措施。

（二）工业建筑的分类

1．按内部生产环境分

（1）热加工厂房：在高温或熔化状态下进行生产的车间，在生产中产生大量的热量及有害气体、烟尘，如冶炼、铸造、锻造和轧钢等车间。

（2）冷加工厂房：在正常温湿度状况下进行生产的车间，如机械加工、装配车间等。

（3）恒温恒湿厂房：在稳定的温湿度状态下进行生产的车间，如纺织车间和精密仪器等车间。

（4）洁净厂房：为保证产品质量，在无尘无菌、无污染的洁净状况下进行生产的车间，如集成电路车间，医药工业、食品加工的一些车间。

（5）有侵蚀性介质作用的厂房。

2．按层数分

（1）单层厂房：广泛应用于机械、冶金等工业，适用于有大型设备及加工件、有较大动荷载和大型起重运输设备、需要水平方向组织工业流程和运输的生产项目。

（2）多层厂房：用于电子、精密仪器、食品和轻工业，适用于设备、产品较轻，竖向布置工艺流程的生产项目。

（3）组合式厂房：同一厂房内既有多层也有单层，单层或跨层内设置大型生产设备，多用于化工和电力工业。

3．按用途分

（1）主要生产厂房：用于完成产品从原料到成品的加工主要工艺过程的各类厂房。例如：机械厂的铸造、锻造、热处理、铆焊、冲压、机械加工和装配车间。

（2）辅助生产厂房：为主要生产车间服务的各类厂房，如机修和工具等车间。

（3）动力用厂房：为工厂提供能源和动力的各类厂房，如发电站、锅炉房等。

（4）仓储类建筑：储存各类原料、半成品的仓库，如材料库、成品库等。

（5）运输工具用房：停放、检修各种运输工具的库房，如汽车库和电瓶车库等。

4．按承重骨架的材料分

厂房按承重骨架的材料分为砖石结构厂房、钢筋混凝土结构厂房、钢结构厂房以及组合结构的厂房。

5．科研、生产、储存综合建筑（体）

在同一建筑里既有行政办公、科研开发，又有工业生产、产品储存的综合性建筑，是现代化高新产业界出现的新型建筑。例如，某企业一栋近30000m^{2}的综合体内，设有行政办公区、产品研发设计区和生产车间，并在车间隔离出自动化高架仓库，用以储存产品。

近年来，我国钢材供应逐步增加，特别是随着压型彩色钢板等的推广运用，我国单层厂房中越来越多地采用钢结构或轻钢屋盖结构等。在实际工程中，钢筋混凝土结构、钢结构等可以组合应用，也可采用网架、折板、壳体等屋盖结构。

【思考与练习题】

1．楼梯按布置形式可以分为哪几种？
2．简述全地下室和半地下室的区别。
3．楼梯由哪几部分组成？
4．简述墙体应满足的要求及作用。
5．简述过梁、圈梁的作用。
6．变形缝有哪三种形式？
7．楼梯平台的宽度如何确定？
8．什么是点式住宅？
9．住宅有哪些布置形式？
10．公共建筑有哪些布置形式？请分别举例。
11．简述工业建筑的分类？

第二章　建筑火灾与基本消防对策

火灾是指在时间或空间上失去控制的燃烧所造成的灾害。当今，火灾是世界各国面临的一个共同的灾难性问题。据联合国“世界火灾统计中心”提供的资料介绍，发生火灾的损失，美国平均不到7年翻一番，日本平均16年翻一番，我国平均12年翻一番。全世界每天发生火灾一万多起，造成数百人死亡。近几年来，我国每年发生火灾约20万起，死2000多人，伤3000～4000人，火灾每年造成的直接财产损失10多亿元，尤其是造成几十人、几百人死亡的特大恶性火灾时有发生，给国家和人民群众的生命财产造成巨大的损失。严峻的现实表明，火灾是当今世界上多发性灾害中发生频率较高的一种灾害，必须加以严格防控。

火灾可分为建筑火灾、石油化工火灾、交通工具火灾、矿山火灾、森林草原火灾等。其中建筑火灾发生的起数和造成的损失、危害居于首位。根据我国20世纪90年代的火灾统计，建筑火灾次数占火灾总数的75%以上，所造成的人员死亡和直接财产损失占总损失的90%和85%。建筑火灾具有空间上的广泛性、时间上的突发性、成因上的复杂性、防治上的局限性等特点，其发生也是在人类生产生活活动中，由自然因素、人为因素、社会因素的综合效应而造成的非纯自然的灾害事故。随着经济社会的发展，科学技术的进步，建筑呈现向高层、地下发展的趋势，建筑功能日趋综合化，建筑规模日趋大型化，建筑材料日趋多样化，一旦发生火灾容易造成严重危害。新疆克拉玛依友谊馆、辽宁阜新艺苑歌舞厅、河南洛阳东都商厦、吉林吉林中百商厦、湖南常德桥南市场等特大火灾，损失惨重，教训深刻。为避免、减少建筑火灾发生，我们就必须研究它的发生、发展规律，总结火灾教训，采取消防措施，防患于未然。

第一节　建筑火灾的成因及危害

【学习目标】

1. 熟悉建筑火灾成因。
2. 了解建筑火灾的危害性。

建筑火灾是指烧毁（损）建筑物及其容纳物品，造成生命财产损失的灾害。为了避免、减少建筑火灾的发生，必须了解建筑火灾的成因、危害性及特点，研究其发生、发展的规律，总结火灾教训，这样才能更好地进行防火设计，采取防火技术防患于未然，并指导消防救援人员更好地开展灭火救援，保障生命和财产安全。

据统计，我国2000—2009年10年间共发生火灾约180万起，平均每年的火灾直接经济损失近13亿元，死亡2149人，详见图2-1。

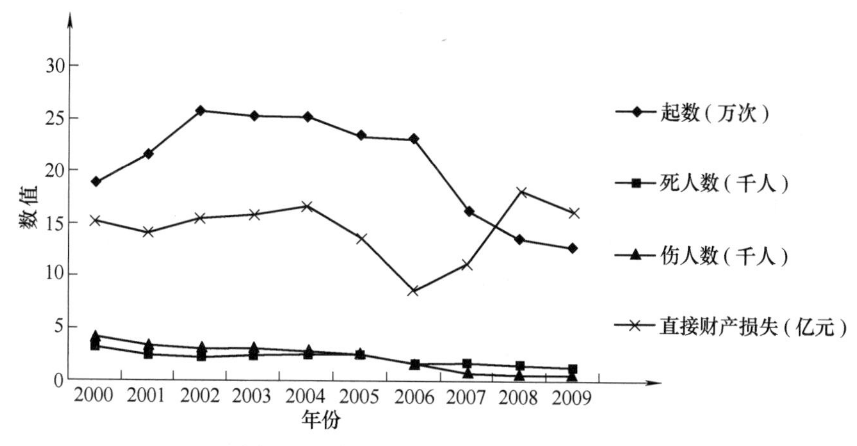

图 2-1 我国 2000—2009 年情况统计

随着我国经济的不断发展，工业化、城市化、市场化进程不断加快，各种致灾因素增多，使得建筑物火灾的危险性和复杂性增加，预防和扑救难度加大，造成的危害加重。各类超大规模的工业建筑和特殊的民用建筑大量涌现，特别是超高层建筑、地下大型建筑和石油化工易燃易爆场所迅速增多。这些建筑规模巨大、结构复杂，含有的可燃物品种类多、数量大，而且人员十分密集，极易发生大面积立体火灾；一旦发生火灾，扑救十分困难，很容易蔓延发展成群死群伤火灾并造成重大财产损失，由图 2-1 可见，火灾直接经济损失在 2006—2008 年间出现了较为明显的上升。同时，随着科学技术的发展，各种新材料、新能源、新工艺、新技术投入使用，又带来了许多新的火灾问题。综上所述，2000 年以后，我国火灾“四项指标”虽稳中有降，但各项指标基数较高，火灾对经济的破坏作用巨大，火灾形势依然不容乐观，这就对火灾的预防和管理提出了更高的要求。

要从根本上防止和减少建筑火灾的发生，分析建筑火灾发生的原因就变得尤为重要，它是研究建筑防火的基础。

一、建筑火灾成因

事故都有起因，火灾也是如此。分析起火原因，了解火灾发生的特点，是为了更有针对性地运用技术措施，有效控火，防止和减少火灾危害。

（一）电气

据有关资料显示，近年来我国发生的电气火灾事故一直居高不下，每年都在 10 万起以上，占全年火灾总数的 30%左右，在各类火灾原因当中居首位，导致人员伤亡 1000 多人，直接财产损失超过 18 亿元。近几年，在全国范围内造成较大社会影响的几起火灾事故，如 2012 年 6 月 30 日天津市蓟县莱德商厦火灾，2013 年 6 月 3 日吉林德惠市宝源丰禽业有限公司火灾，2014 年 1 月 11 日云南省迪庆州香格里拉县独克宗古城如意客栈火灾，2014 年 11 月 16 日山东寿光龙源食品公司火灾，2015 年 5 月 25 日河南省平顶山市鲁山县康乐园老年公寓火灾等，均因电气设备使用不当或电气线路故障而引发。电气火灾原因复杂，既涉及电气设备的设计、制造及安装，也与产品投入使用后的维护管理、安全防范相关。由于电气设备故障、电气设备设置或使用不妥、电气线路敷设不当及老化等造成的设备过负荷、线路接头接触不良、线路短路等是引起电气火灾的直接原因。例如，一些电子设备长期处于工作或通电状态，因散热不力，最终可能因过热导致内部故障而引发火灾。

（二）吸烟

点燃的香烟和未熄灭的火柴梗的温度可达到 800℃，能引起许多可燃物质燃烧，在起火原因中，占有相当的比重。例如，将没有熄灭的烟头和火柴杆扔在可燃物中引起火灾；躺在床上，特别是醉酒后躺在床上吸烟，烟头掉在被褥上引起火灾；在禁止火种的火灾高危场所，因违章吸烟引起火灾。2004 年 2 月 15 日，吉林省吉林市中百商厦特大火灾，就是由掉落在仓库内的烟头引发的，并且最终导致 54 人死亡。2015 年，全国因吸烟引发的火灾占到了火灾总数的 5.6%。

（三）生活用火不慎

城乡居民家庭由于生活用火不慎可能引发火灾。如炊事用火中炊事器具设置不当，安装不符合要求，在炉灶的使用中违反安全技术要求等引起火灾；家中烧香祭祀过程中无人看管，造成香灰散落引发火灾等。2015 年，全国因生活用火不慎引发的火灾占到了火灾总数的 17.6%。

（四）生产作业不慎

生产作业不慎主要是指违反生产安全制度引起火灾。例如，在易燃易爆的车间内动用明火，引起爆炸起火；将性质相抵触的物品混存在一起，引起燃烧爆炸；在用电焊焊接或切割时，因未采取有效的防火措施，飞迸出的大量火星熔渣引燃周围可燃物；在机器运转过程中，不按时加油润滑，或者没有清除附在机器轴承上面的杂质、废物，使机器由于摩擦发热，引起附着物起火；化工生产设备失修，出现可燃气体，以及易燃、可燃液体跑、冒、滴、漏，遇到明火燃烧或爆炸等。2010 年，重庆市北部新区石桥铺赛博数码广场裙楼因焊割作业时掉落的高温焊渣引燃可燃物导致火灾，烧毁大量计算机、手机等电子产品，直接财产损失 9800 万元。2015 年，全国因生产作业不慎引发的火灾占到了火灾总数的 2.9%。

（五）玩火

未成年人因缺乏看管，玩火取乐，也是造成火灾发生常见的原因之一。2010 年 7 月 19 日，新疆乌鲁木齐市河北东路居民自建房内因儿童玩火导致火灾发生，致使 12 人死亡。此外，燃放烟花爆竹也属于“玩火”的范畴。被点燃的烟花爆竹本身即是火源，稍有不慎，就会引发火灾，还会造成人员伤亡。我国每年春节期间火灾频繁，其中有 70%～80%是由燃放烟花爆竹引起的。2009 年 2 月 9 日中央电视台电视文化中心及 2011 年 2 月 3 日辽宁沈阳皇朝万鑫国际大厦两起超高层建筑火灾，均由燃放礼花所引发，损失巨大。2015 年，全国因玩火引发的火灾占到了火灾总数的 3.3%。

（六）放火

放火主要是指由人为放火引起的火灾。一般是当事人以放火为手段达到某种目的。这类火灾为当事人故意为之，通常经过一定的策划准备，因而往往缺乏初期救助，火灾发展迅速，后果严重。2013 年 6 月 7 日，福建省厦门市快速公交车火灾就是人为放火引发，造成 47 人死亡。同年 7 月 26 日，黑龙江海伦市联合敬老院也因人为放火造成 11 人死亡。2015 年，全国因放火引发的火灾占到了火灾总数的 1.7%。

（七）雷击

雷电导致的火灾原因大体上有三种：一是雷电直接击在建筑物上发生热效应、机械效应等；二是雷电产生静电感应作用和电磁感应作用：三是高电位雷电波沿着电气线路或金属管道系统侵入建筑物内部。在雷击较多的地区，建筑物上如果没有设置可靠的防雷保护设施，便有可能发生雷击起火。2010 年 4 月 13 日，上海东方明珠广播电视塔顶部发射架遭受雷击起火，虽未造成人员伤亡，但灭火过程十分困难。此外，一些森林火灾往往是由雷击而引起的。2015 年，全国因雷击引发的火灾约占到了火灾总数的 0.1%。

（八）不明火灾原因或其他

因建筑火灾成因上的复杂性，部分火灾原因在勘查条件被破坏、认定证据不充分、现有技术条件下无法认定，这种情况下的火灾可归为不明原因火灾。

二、建筑火灾的危害性

随着城市日益扩大，各种建筑越来越多，建筑布局及功能日益复杂，用火、用电、用气和化学物品的应用日益广泛，建筑火灾的危险性和危害性大大增加。

（一）危害生命安全

建筑物火灾会对人的生命安全构成严重威胁。一场大火，有时会吞噬几十人甚至几百人的生命。2000 年 12 月 25 日，河南省洛阳东都商厦火灾，致 309 人死亡。2013 年 6 月 3 日，吉林省德惠市宝源丰禽业有限公司厂房火灾，造成 121 人遇难、76 人受伤。建筑火灾对生命的威胁主要来自以下几个方面。首先，建筑采用的许多可燃性材料或高分子材料，在起火燃烧时，会释放出一氧化碳、氰化物等有毒烟气，当人们吸入此类烟气后，将产生呼吸困难、头痛、恶心、神经系统紊乱等症状，严重时甚至威胁生命安全。据统计，在所有火灾死亡的人中，约有 3/4 的人系吸入有毒有害烟气后直接死亡。其次，建筑火灾所产生的高温高热对人的肌体造成严重伤害，甚至致人休克、死亡。据统计，因燃烧热造成的人员死亡约占整个火灾死亡人数的 1/4。同时，火灾产生的浓烟将阻挡人的视线，进而对建筑内人员疏散和消防队员扑救带来严重影响，这也是导致火灾时人员死亡的重要因素。此外，因火灾造成的肉体损伤和精神伤害将导致受害人长期处在痛苦之中。再次，建筑物经燃烧，达到甚至超过了承重构件的耐火极限，导致建筑整体或部分构件坍塌，造成人员伤亡。2003 年 11 月 3 日，湖南省衡阳市衡州大厦火灾，由于燃烧时间长，建筑构件本身存在问题，最终建筑物坍塌，造成 20 名消防员壮烈牺牲。

（二）造成经济损失

据统计，在各类场所火灾造成的经济损失中，建筑火灾造成的经济损失居首位。建筑火灾造成经济损失的原因主要有以下几个方面。首先，建筑火灾使财产化为灰烬，甚至因火势蔓延而烧毁整幢建筑内的财物。2004 年 12 月 21 日，湖南省常德市鼎城区桥南市场因一门面内电视机内部故障引发特大火灾，大火蔓延，烧毁 3220 个门面、3029 个摊位、30 个仓库，过火建筑面积 83276m²，直接财产损失 1.876 亿元，受灾 5200 余户，整个市场烧毁殆尽。其次，建筑火灾产生的高温高热，将造成建筑结构的破坏，甚至引起建筑物整体倒塌。2001 年 9 月 11 日美国纽约世贸大厦火灾，2003 年 11 月 3 日湖南省衡阳市衡州大厦火灾等，最终都导致建筑物坍塌。第三，建筑火灾产生的流动烟气，将使远离火焰的物品特别是精密仪器、纺织物等受到侵蚀，甚至无法再使用。第四，扑救建筑火灾所用的水、干粉、泡沫等灭火剂，不仅本身是一种资源损耗，而且会使建筑内的财物因遭受水渍、污染等产生损失。第五，建筑火灾发生后，建筑修复重建、人员善后安置、生产经营停业等，又会造成巨大的间接经济损失。

（三）破坏文明成果

历史保护建筑、文化遗址一旦发生火灾，除了会造成人员伤亡和财产损失外，还会损坏大量文物、典籍、古建筑等诸多的稀世瑰宝，对人类文明成果造成无法挽回的损失。1923 年 6 月 27 日，原北京紫禁城（现为故宫博物院馆）内发生火灾，将建福宫一带清宫贮藏珍宝最多的殿宇楼馆烧毁，据不完全统计，共烧毁金佛 2665 尊，字画 1157 件，古玩 435 件，古书 11 万册，损失难以估量。1997 年 6 月 7 日，印度南部泰米尔纳德邦坦贾武尔镇一座神庙发生火灾，使这座建于公元 11 世纪的人类历史遗产付之一炬。1994 年 11 月 15 日，吉林省吉林市银都夜总会发生火灾，蔓延到相邻的博物馆，使 7000 万年前的恐龙化石以及大批珍贵文物付之一炬。

（四）影响社会稳定

事实证明，当学校、医院、宾馆、办公楼等人员密集场所发生群死群伤恶性火灾，或涉及粮食、能源、资源等有关国计民生的重要工业建筑发生大火时，极可能在民众中造成心理恐慌，进而影响社会的稳定。2009 年 2 月 9 日，正值元宵节，在建的中央电视台电视文化中心（又称央视新址北配楼）发生特大火灾，大火持续燃烧了数小时。全国乃至世界范围内的主流媒体第一时间进行了报道，火灾事故的认定及责任追究也受到了广泛的关注，引起了很大的社会反响。家庭是社会细胞，普通家庭生活遭受火灾的危害，也将在一定范围内造成负面影响，损害群众的安全感，影响社会的稳定。

（五）破坏生态环境

火灾的危害不仅表现为毁坏财物、残害人类生命，而且还会破坏生态环境。2005 年 11 月 13 日，中石油吉林石化公司双苯厂发生火灾爆炸事故，由于生产装置及部分循环水系统遭到严重破坏，致使苯、苯胺和硝基苯等 98t 残余物料通过废水排水系统流入松花江，引发特别重大的水污染事件。事发后，松花江下游沿岸的哈尔滨、佳木斯以及俄罗斯哈巴罗斯克等城市面临严重生存危机，哈尔滨停止供水 4 天。再如，森林火灾的发生，会使大量的动物和植物灭绝，环境恶化，气候异常，干旱少雨，风暴增多，水土流失，导致生态平衡被破坏，引发饥荒和疾病的流行，严重威胁人类的生存和发展。

【思考与练习题】

1．建筑火灾的成因有哪些？

2．建筑火灾的危害性有哪些？

第二节　建筑火灾的发展蔓延

【学习目标】

1. 熟悉建筑火灾蔓延形式；建筑火灾发展的一般规律及特点；建筑火灾蔓延的途径；高层建筑、大跨度建筑、地下建筑的火灾特点。

2. 掌握火灾初期增长阶段、发展阶段的特点及相应的建筑防火措施；火灾熄灭阶段的特点及熄灭阶段灭火时应注意的事项。

建筑火灾的发展与其他事物一样具有一定的规律及特点。研究不同建筑火灾的发展规律及蔓延特点，进而有针对性地采取一系列建筑防火对策，最大限度地降低建筑火灾损失和人员伤亡，是建筑防火的重要措施。

本节所讲述的建筑火灾，指的是起火点在室内的建筑火灾。

一、建筑火灾的发展过程、特点及相应防火措施

建筑火灾与其他类型火灾一样，在通常情况下，都有一个由小到大、由发展到熄灭的过程。与可燃液体和可燃气体火灾相比，建筑火灾阶段区别更明显，特点更突出。

建筑火灾最初都发生在室内的某个房间或某个部位，然后由此蔓延到相邻的房间或区域，以及整个楼层，最后蔓延到整个建筑物。根据室内火灾温度随时间的变化特点，可以将建筑火灾发展过程分为三个阶段（图 2-2），它们分别是初期增长阶段、充分发展阶段、衰减阶段。火灾发展三个阶段各自持续时间的长短，温度变化的快慢，都是由当时的燃烧条件所决定，是千差万别的，但每一阶段都有其自身的规律及特点。

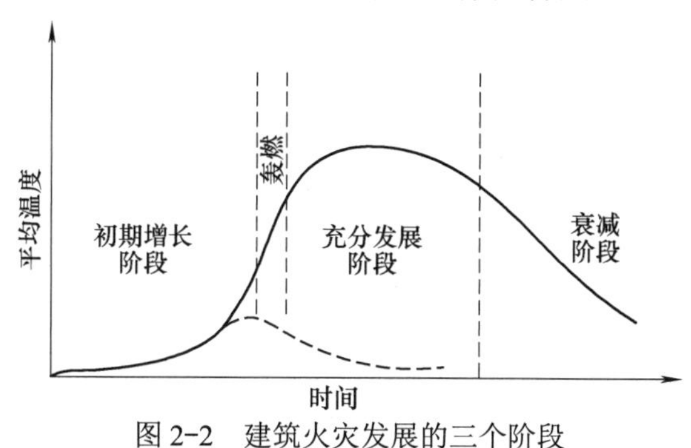

图 2-2　建筑火灾发展的三个阶段

（一）建筑火灾的初期增长阶段及防火措施

1. 火灾初期增长阶段的发展过程及特点

室内发生火灾后，最初只是起火点周围的可燃物着火燃烧，这时燃烧就好比在敞开的空间里进行一样，起火点处局部温度较高，燃烧面积不大，室内各点的温度极不平衡，燃烧大多比较缓慢。由于受到室内可燃物的燃烧性能、分布以及建筑通风、散热等条件的影响，初期增长阶段的燃烧有可能形成灾害，也有可能中途自行熄灭，一般会出现下列三种情况之一：

1）最初着火的可燃物质烧完，而未延及其他的可燃物质，燃烧自动终止，这种情况多

半出现在初始着火的可燃物处于隔离的情况下。

2）如果通风不足，则火灾可能由于缺氧而自行熄灭，或受到通风供氧条件的支配，以很慢的燃烧速度继续燃烧。

3）如果存在足够的可燃物质，而且具有良好的通风条件，则火灾迅速发展到整个房间，使房间中所有可燃物（家具、衣服、可燃装修等）卷入燃烧之中，从而使室内火灾进入充分发展的猛烈燃烧阶段。

概括起来，火灾初期增长阶段的特点主要是燃烧范围不大，火灾仅限于初始起火点附近；室内温度差别大，平均温度低，在燃烧区域及其附近温度较高，其他部位温度低；火灾发展速度较慢，火势不稳定；火灾持续时间因起火原因、可燃物质的性质和分布、建筑物通风条件等的影响而长短有别。

2．相应建筑防火措施

（1）严控建筑材料关。在火灾初期增长阶段，起火点的燃烧是否能发展成为灾害，与可燃物的燃烧性能、数量及分布有着极大的关系。因此在选择建筑材料时，应严格把关，尽可能选择不燃或难燃的建筑材料，少采用可燃或易燃的建筑材料。当选择了少量可燃或易燃性建筑材料时，应采取相应的防火处理措施，变可燃、易燃材料为难燃建筑材料。对于建筑室内的可燃或易燃物品，要采取一定的防火隔离措施，控制火灾燃烧范围。

（2）适当设置建筑消防设施。由火灾初期增长阶段的特点可见，该阶段是灭火的最有利时机。如果能在火灾初期增长阶段及时发现并控制火灾，火灾损失就会大大降低。为此，应在一些建筑物内设置火灾自动报警系统，保证及时发现火灾；另外，还应根据建筑物的火灾危险性及重要性程度，适当在建筑物内设置相应的灭火设施，如消防水喉、灭火器、室内外消火栓、自动灭火设施等，使火灾在初期增长阶段就得到控制或扑灭。

（3）完善建筑疏散设施。火灾初期增长阶段，燃烧范围小，火灾产生的温度不高，烟雾也较少，所以此阶段也是人员疏散的最有利时机。如果火灾时人员在初期增长阶段不能及时疏散，那么生命就会受到火势威胁，安全难以得到保障。为使人员在火灾发生时能安全迅速地撤离火灾现场，到达安全区域，建筑应有较完善的疏散设施。建筑防火设计时，应按照《建筑设计防火规范（2018 版）》（GB 50016—2014）严格控制疏散距离，合理设置安全出口的数量和宽度，对一些建筑还应按要求设置疏散指示标志、应急照明、应急广播、避难层及避难区等。

（二）建筑火灾的充分发展阶段

1．火灾充分发展阶段的发展过程及特点

建筑室内火灾持续燃烧一定时间后，燃烧范围不断扩大，温度升高，室内的可燃物在高温的作用下，不断分解释放出可燃气体，当房间内温度达到 400～600℃时，室内绝大部分可燃物起火燃烧，这种在限定空间内可燃物的表面全部卷入燃烧的瞬变状态，即为轰燃。轰燃的出现是燃烧释放的热量在室内逐渐累积与对外散热共同作用、燃烧速率急剧增大的结果。影响轰然发生的最重要的两个因素是辐射和对流情况，即建筑室内上层烟气的热量得失。通常，轰然的发生标志着室内火灾进入充分发展阶段。

轰燃发生后，室内可燃物出现全面燃烧，可燃物热释放速率很大，室温急剧上升，并出现持续高温，温度可达 800～1000℃。然后，火焰和高温烟气在火风压的作用下，会从房间的门窗、孔洞等处大量涌出并向上蔓延。轰燃的发生标志了房间火势的失控，同时，产生的高温会对建筑物的材料及结构造成严重影响。但不是每个火场都会出现轰燃，大空间建筑、

比较潮湿的场所就不易发生。

火灾充分发展阶段的特点为：

（1）轰燃现象出现，温度接近直线上升，并达到最高值。轰燃现象发生后，房间内所有可燃物都在猛烈燃烧，放热速度加快，因而房间内温度升高很快，火场温度接近直线上升，并达到最高点，最高温度可达 1100℃。

（2）燃烧稳定，可燃物燃烧速度接近不变。可燃物燃烧速度指的是单位时间内烧掉的可燃物数量（重量减少量）。在我国，城镇建筑绝大多数都为钢筋混凝土结构建筑，耐火程度都比较高。房间起火后，由于其四周墙壁、楼板、地面等建筑构件坚固，耐火极限较高，一般不会被烧穿，因而发生火灾时房间通风开口面积大小并没有多大变化。火灾充分发展阶段的燃烧速度主要是由门窗洞口等开口面积的大小控制，通风开口面积变化不大，单位时间内从室外补充进来的空气量接近不变，所以此阶段室内火灾燃烧稳定，可燃物燃烧速度（单位时间内重量减少量）接近不变。

（3）持续时间长短与起火原因无关。火灾充分发展阶段持续时间长短主要由可燃物的数量、燃烧速度决定，由建筑通风情况控制，而与起火原因无关。在可燃物数量一定的情况下，如果建筑开口面积较大，通风良好，可燃物燃烧速度较快，火灾持续时间就短；反之，火灾持续时间就长。在火灾充分发展阶段，由于燃烧猛烈，可燃物燃烧速度都比其他两个阶段快，所以此阶段烧掉的可燃物数量所占比例很大，约占整个火灾烧掉总数的 80%以上。

2．相应建筑防火措施

为了减少火灾损失，针对火灾充分发展阶段的特点，在建筑防火设计中应采取的主要措施是：在建筑物内设置具有一定耐火性能的防火分隔物（如防火墙、防火卷帘、消防水幕等），划分防火分区，把火灾控制在一定的范围之内，防止火灾大面积蔓延；选用耐火程度较高的建筑结构作为建筑物的承重体系，确保建筑物发生火灾时不倒塌破坏，为火灾时人员疏散、消防队扑救火灾、火灾后建筑物修复继续使用创造条件，使火灾损失降低到最低限度。

（三）建筑火灾的衰减阶段

1．火灾衰减阶段的发展过程及特点

在火灾充分发展阶段后期，随着室内可供燃烧的可燃物数量不断减少，火灾燃烧速度缓慢递减，温度逐渐下降，当火场平均温度下降到最高温度的 80%时，标志着火灾发展进入了衰减阶段。随后，房间温度下降明显，当房间内全部可燃物被烧光，室内与室外温度达到相同时，宣告火灾结束。

虽然火灾衰减阶段燃烧没有发展阶段那样猛烈，但从火灾发展的整个过程来看，火场仍存有大量未熄灭的灰烬，使得火场在一定时间内依然保持着高温状态，热辐射也强，同样存在着建筑物遭受坍塌破坏和火灾向其他部位蔓延的危险。

火灾衰减阶段温度下降速度与前两个阶段的火灾持续时间有关。前两个阶段火灾持续时间长，温度下降速度慢；反之，温度下降速度快。根据火灾试验表明，持续时间在 1h 以下的，火灾温度下降速度大约是每分钟 12℃；持续时间在 1h 以上的，火灾温度下降速度大约是每分钟 8℃。

火灾充分发展阶段和衰减阶段是通风良好情况下室内火灾的自然发展过程。实际上，一旦室内发生火灾，常常伴有人为的灭火行动或自动灭火设施的启动，因此会改变火灾的发展过程。不少火灾尚未发展就被扑灭，这样室内就不会出现破坏性的高温。如果灭火过程中，

可燃材料中的挥发成分并未完全析出，可燃物周围的温度在短时间内仍然较高，易造成可燃挥发成分再度析出，一旦条件合适，可能会出现死灰复燃的情况，这种情况不容忽视。

2．衰减阶段灭火时应注意的事项

衰减阶段前期，燃烧仍十分猛烈，火灾温度依然很高。因此，灭火时，强调注意以下两个方面：

1）防止建筑构件因长时间受高温作用和灭火射水的冷却作用而使建筑构件出现裂缝、下沉、倾斜甚至倒塌破坏，这些破坏会威胁消防人员的人身安全。

2）全面清除火场余火，防止死灰复燃，防止向相邻建筑蔓延。

（四）影响建筑火灾严重性的因素

建筑火灾严重性是指在建筑中发生火灾的大小及危害程度。火灾严重性取决于火灾达到的最高温度和在最高温度下燃烧持续的时间，它表明了火灾对建筑结构或建筑造成损坏和对建筑中人员、财产造成危害的程度。

火灾严重性与建筑的可燃物或可燃材料的数量、材料的燃烧性能以及建筑的类型、构造等有关。影响火灾严重性的因素大致有以下6个方面：

1）可燃材料的燃烧性能。

2）可燃材料的数量。

3）可燃材料的分布。

4）房间开口的面积和形状。

5）着火房间的大小和形状。

6）着火房间的热性能。

前三个因素主要与建筑及容纳物品的可燃材料有关，而后三个因素主要涉及建筑的布局。影响建筑火灾严重性的各种因素是相互联系、相互影响的，如图2-3所示。从建筑结构耐火而言，减小火灾严重性就是要限制火灾发生、发展和蔓延成大火的因素，根据各种影响因素合理选用材料、布局、结构设计及构造措施，达到限制发生重大火灾的目的。

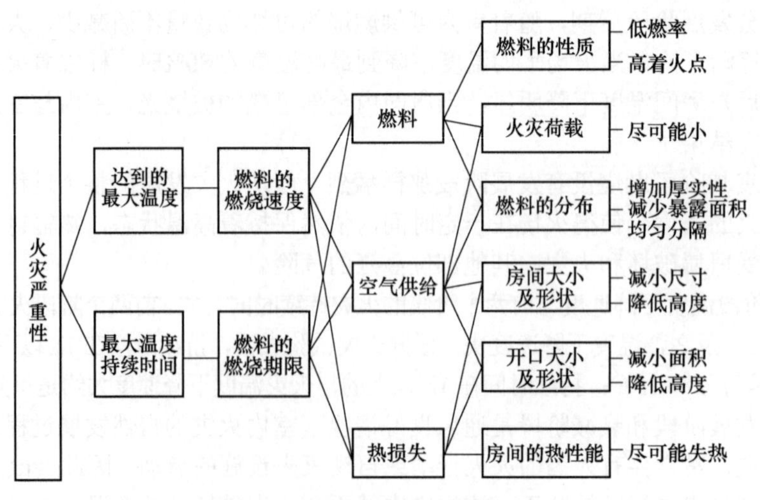

图2-3 影响火灾严重性的因素

二、建筑火灾蔓延的形式及途径

火灾蔓延的实质是热的传播。建筑火灾蔓延的形式和途径都比较复杂。

（一）建筑火灾蔓延的形式

热量传递有三种基本方式，即热传导、热对流和热辐射。建筑火灾中，燃烧物质所放出的热量通常是以上述三种方式来传播，并影响火势蔓延和扩大的。热量传播的形式与起火点、建筑材料、物质的燃烧性能和可燃物的数量等因素有关。

1．热传导

热传导又称为导热，属于接触传热，是连续介质就地传递热量而又没有各部分之间相对的宏观位移的一种传热方式。从微观角度讲，之所以发生导热现象，是由于微观粒子（分子、原子或它们的组成部分）的碰撞、转动和振动等热运动而引起能量从高温部分传向低温部分。在固体内部，只能依靠导热的方式传热；在流体中，尽管也有导热现象发生，但通常被对流运动掩盖。不同物质的导热能力各异，通常用热导率，即单位温度梯度时的热通量来表示物质的导热能力。同种物质的热导率也会因材料的结构、密度、湿度、温度等因素的变化而变化。常用材料的热导率见表 2-1。

表 2-1　常用材料的热导率

材　料	热导率κ [W/（m·K）]	密度ρ （kg/m^3）	材　料	热导率κ [W/（m·K）]	密度ρ （kg/m^3）
铜	387	8940	黄松	0.14	640
（低碳）钢	45.8	7850	石棉板	0.15	577
混凝土	0.8～1.4	1900～2300	纤维绝缘板	0.041	229
玻璃（板）	0.76	2700	聚氨酯泡沫	0.034	20
石膏涂层	0.48	1440	普通砖	0.69	1600
有机玻璃	0.19	1190	空气	0.026	1.1
橡木	0.17	800			

对于起火的场所，热导率大的材料，由于受到高温作用能迅速加热，又会很快地把热能传导出去，在这种情况下，就可能引起没有直接受到火焰作用的可燃物质发生燃烧，利于火势传播和蔓延。建筑中各种物质的导热性能不同，一般金属都是热的良导体，玻璃、木材、棉毛制品、羽毛、毛皮以及液体和气体都是热的不良导体，石棉的导热性能极差，常作为绝热材料。建筑中间隔墙一侧着火，钢筋混凝土楼板下面着火或通过管道及其他金属容器内部的高热，会将热量由墙、楼板、管壁等的一侧表面传到另一侧表面，使靠近墙、管壁或堆放在楼板上的可燃物升温自燃，造成火灾蔓延。

2．热对流

热对流是液体或气体中较热部分和较冷部分之间通过循环流动使温度趋于均匀的过程。对流是液体和气体中热传递的特有方式，气体的对流现象比液体明显。对流可分为自然对流和强迫对流两种。自然对流往往自然发生，是由于温度不均匀而引起的。强迫对流是由于外界的影响对流体搅拌而形成的。加大液体或气体的流动速度，能加快对流传热。火灾条件下，室内的热烟气与室外空气密度不同，热烟气轻，室外空气重，形成压力差，产生一种浮力，热烟气向上升腾，由窗口上部流出室外，室外空气则由窗口下部补充进室内，新鲜空气经燃烧、受热膨胀后，又向上升腾，这样不断循环，形成热对流现象。热对流会引起热烟气所经路线上的可燃物着火。

建筑发生火灾过程中，一般来说，通风孔洞面积越大，热对流的速度越快；通风孔洞所处位置越高，对流速度越快。热对流对初期火灾的发展起重要作用。

3．热辐射

物体因自身的温度而具有向外发射能量的本领，这种热传递的方式称为热辐射。热辐射虽然也是热传递的一种方式，但它与热传导、热对流不同，它能不依靠媒介质把热量直接从一个系统传给另一系统。热辐射以电磁辐射的形式发出能量，温度越高，辐射越强。辐射的波长分布情况也随温度而变：在温度较低时，主要以不可见的红外光进行辐射；在 500℃甚至更高的温度时，则顺次发射可见光以至紫外光辐射。热辐射是远距离传热的主要方式。建筑中室内着火点附近的可燃物，虽然没有与火焰直接接触，也没有中间导热体作媒介，但通过热辐射也能着火燃烧。

火场上的火焰、烟雾都能辐射热能，辐射热能的强弱取决于燃烧物质的热值和火焰温度。物质热值越大，火焰温度越高，热辐射也越强。辐射热作用于附近的物体上，能否引起可燃物质着火，要看热源的温度、距离和角度。

（二）建筑火灾蔓延的途径

建筑物内某一房间发生火灾，刚开始往往只是局部燃烧，随着火势增大，发展到轰燃以后，火灾就会通过建筑物的薄弱环节突破该房间的限制向其他空间蔓延，甚至蔓延到整个楼层。如果建筑物之间间距较小，火灾还会由一幢建筑物蔓延到其他相邻建筑物，形成大面积火灾。

建筑物内发生火灾，会因未设防火分区、洞口分隔不完善或通过可燃的隔墙、顶棚等使热烟气流沿水平方向蔓延，或通过楼梯间、管道竖井、外墙窗口进行竖向蔓延，也可能通过空调系统管道蔓延。建筑火灾蔓延途径如图 2-4 所示。

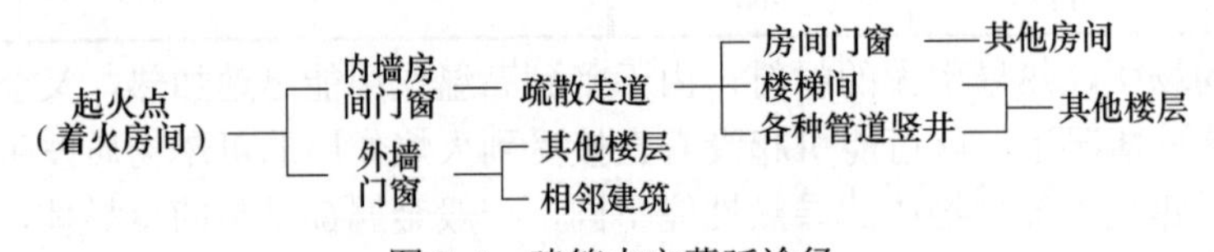

图 2-4　建筑火灾蔓延途径

大量火灾实例表明，火灾从起火部位向其他部位蔓延的途径主要有以下几个方面。

1．内墙门

着火的房间，开始时往往只有一个，而火最后蔓延到整个楼层，甚至整幢建筑物，其原因大多是因为内墙的门没有能把火挡住，火烧穿内墙门，蹿到走廊，再通过相邻房间的门进入邻间引起燃烧。通常走廊内即使没有可燃物，高温热气流和未完全燃烧产物的扩散，仍能把火灾蔓延到相距较远的房间。

2．房间隔墙

房间隔墙如果采用可燃材料建造，或者虽然采用了不燃、难燃材料建造，但耐火性能较差，火灾时易被烧穿或无法隔火，相邻房间靠墙的可燃物，可能会因为火焰接触燃烧或墙的导热及辐射而自燃着火，使火势蔓延到相邻房间。

图 2-5　楼梯间蔓延火灾

3．楼板孔洞

由于使用功能的需要，建筑物中设有许多竖向管井和开口部位，如楼梯井、电梯井、管道井、电缆井、垃圾井、通风和排烟井等。这些竖井管道和开口部位贯穿若干楼层，甚至整幢大楼。建筑物发生火灾时，会产生烟囱效应，据测定，高温烟气在竖向管井中向上蔓延的速度可达 3～5m/s，造成火势在短时间内迅速向上层蔓延，甚至引起立体燃烧。楼梯间蔓延火灾如图 2-5 所示。

4．穿越楼板、墙壁的管道和缝隙

室内发生火灾，物质燃烧后形成的正压，会促使火焰和热气流通过该室内的任何孔洞缝隙，如玻璃幕墙缝隙，各类管道穿越楼板、墙壁的缝隙等，将火势蔓延出去。此外，穿过房间的干式金属管道在火灾高温作用下，有时也会因热传导而将热量传到相邻或上层房间的一侧，引起相邻或上层房间着火。

5．闷顶

建筑闷顶内着火，或火势通过闷顶的人孔、住人闷顶的楼梯等开口部位进入闷顶内部时，由于闷顶内往往没有防火分隔，空间较大，很容易使火势沿水平方向蔓延，并通过闷顶内的孔洞向四周及下部的房间蔓延，且在蔓延的过程中不易被发现。

6．外墙窗口

室内火灾进入到充分发展阶段，会有大量的高温烟气和火焰喷出窗口，能将上层窗口烧穿或直接通过打开的上层窗口引燃室内可燃物，造成火势向上层蔓延。外墙窗口喷出的高温烟气、火焰除了造成建筑物层间蔓延之外，高温火焰的热辐射还对相邻建筑物及其他可燃物构成威胁，如图 2-6 所示。

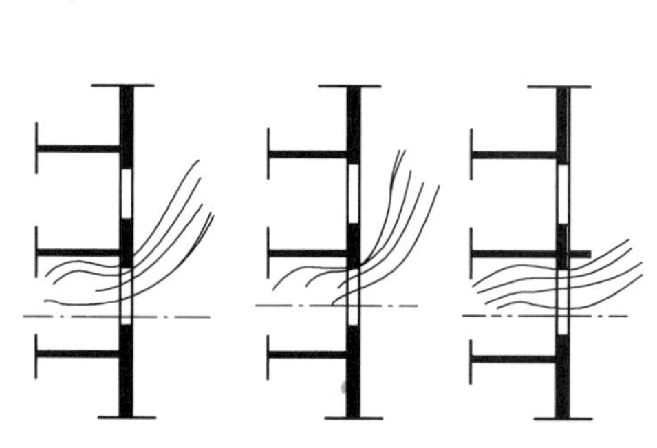

a）窗口上缘较低，距上层窗台远　b）窗口上缘较高，距上层窗台近　c）窗口上缘有挑出雨篷，使气流偏离上层窗口

d）实例图片

图 2-6　火由外墙窗口向上蔓延

（三）烟气流动的驱动力

建筑发生火灾时，烟气流动的方向通常是火势蔓延的一个主要方向。一般 500℃以上热烟所到之处，遇到的可燃物都有可能被引燃起火。

烟气流动的驱动力包括室内外温差引起的烟囱效应、外界风的作用、通风空调系统的影响等。

1．烟囱效应

当建筑物内外的温度不同时，室内外空气的密度随之出现差别，这将引发浮力驱动的流动。如果室内空气温度高于室外，则室内空气将发生向上运动，建筑物越高，这种流动越强。竖井是发生这种现象的主要场合，在竖井中，由于浮力作用产生的气体运动十分显著，通常称这种现象为烟囱效应。在火灾过程中，烟囱效应是造成烟气向上蔓延的主要因素。

2．火风压

火风压是指建筑物内发生火灾时，在起火房间内，由于温度上升，气体迅速膨胀，对楼板和四壁形成的压力。火风压的影响主要在起火房间，如果火风压大于进风口的压力，则大量的烟火将通过外墙窗口，由室外向上蔓延；若火风压等于或小于进风口的压力，则烟火便全部向内部蔓延，当烟火进入楼梯间、电梯井、管道井、电缆井等竖向孔道以后，会大大加强烟囱效应。

烟囱效应和火风压不同，它能影响全楼。多数情况下，建筑物内的温度大于室外温度，所以室内气流总的方向是由下而上的，即正烟囱效应。起火层的位置越低，影响的层数越多。在正烟囱效应下，若火灾发生在中性面（室内压力等于室外压力的一个理论分界面）以下的楼层，火灾产生的烟气进入竖井后会沿竖井上升，一旦升到中性面以上，烟气不但可由竖井上部的开口流出来，也可进入建筑物上部与竖井相连的楼层；若中性面以上的楼层起火，当火势较弱时，由烟囱效应产生的空气流动可限制烟气流进竖井，如果着火层的燃烧强烈，则热烟气的浮力足以克服竖井内的烟囱效应，仍可进入竖井而继续向上蔓延。因此，对高层建筑中的楼梯间、电梯井、管道井、天井、电缆井、排气道、中庭等竖向孔道，如果防火处理不当，就形同一座高耸的烟囱，强大的抽拔力将使火沿着竖向孔道迅速蔓延。

3．外界风的作用

风的存在可在建筑物的周围产生压力分布，而这种压力分布能够影响建筑物内的烟气流动。建筑物外部的压力分布受到多种因素的影响，其中包括风的速度和方向、建筑物的高度和几何形状等。风的影响往往可以超过其他驱动烟气运动的力（自然和人工）。一般来说，风朝着建筑物吹过来会在建筑物的迎风侧产生较高滞止压力，这可增强建筑物内的烟气向下风方向的流动。

三、各类型建筑的火灾蔓延特点

（一）不同用途建筑的火灾蔓延特点

建筑物按用途的不同可分为民用建筑和工业建筑两大类。

民用建筑室内存放的物品一般多为生活物品、办公物品与装修、装饰物品，绝大多数都是有机可燃物品，其燃烧时表现出来的高温性能基本相似。因此，民用建筑发生火灾时一般都会明显地经历火灾初期增长阶段、充分发展阶段和衰减阶段，表现出单一性的火灾特点。

工业建筑主要包括厂房和库房（仓库）两大类。厂房的火灾特点主要取决于生产过程中所使用的原材料、生产加工的产品种类的火灾危险性大小以及其生产工艺流程。如石油化工生产，大多是在高温高压状态下进行的各种理化反应，一旦发生火灾，通常是先爆炸后着火，有时则是先着火后爆炸，甚至发生多次爆炸。库房的火灾特点主要取决于库房内储存物资的数量和性质。当库房内存放的是难燃或不燃物资时，其火灾危险性就比较小，一般不易起火，或是即使起火了也比较容易控制；当库房内存放的是可燃物资时，其火灾特点与民用建筑基本相似，一般都要经历火灾的三个阶段，只是可燃物数量大时火灾蔓延速度快、燃烧猛烈、火场温度高、建筑会被烧得严重变形而倒塌；当库房内存放的是易燃易爆化学危险物品时，其火灾则表现出燃烧伴随爆炸、爆炸伴随燃烧的特点，这种火灾一般比较难控制，扑救难度大，火灾产生的破坏力极强，建筑往往会遭受到毁灭性的破坏，火灾损失极大。从以上分析可以看出，相比较民用建筑而言，工业建筑火灾表现出了多样性的特点。

（二）不同形式建筑的火灾蔓延特点

1. 高层建筑的火灾蔓延特点

高层建筑火灾除具有一般建筑火灾的典型特征外，还具有其突出特点，主要表现为以下三点：

（1）火势发展过程特征明显，易形成立体火灾。高层建筑火灾的发展和蔓延特点突出，一般具有火灾初期增长、充分发展和衰减三个阶段，而且由于火势蔓延途径多，影响火势蔓延的因素复杂，如在初期增长阶段火势得不到有效控制，极易形成立体火灾。随着燃烧时间的持续，高层建筑房间的室温不断升高，当其室内上层气温达到400～600℃时，会发生轰燃，使火灾进入充分发展阶段。在这一阶段，室内可燃物全部着火，房间或防火分区内充满浓烟、高温和火焰。在火风压作用下，浓烟、高温和火焰从开口处喷出，沿走道迅速向水平方向蔓延扩散；同时，由于烟囱效应的作用，火势通过电梯井、共享空间、玻璃幕墙缝隙等途径迅速向着火层的上层蔓延，甚至出现跳跃式燃烧。另外，火势还会突破外窗向上层延烧。

（2）影响火灾蔓延因素复杂，火灾持续时间长。影响高层建筑火灾发展蔓延的因素有火风压、烟囱效应、热对流、热辐射、轰燃、风力等。这些因素的存在使高层建筑火灾发展蔓延迅速，且火势难以控制。同时，高层建筑，尤其是超高层建筑，一般都处于城市的黄金地段，是城市的标志性建筑。这样的建筑装修考究，室内大量采用了可燃、易燃装修材料，燃烧物质较多，一旦发生火灾持续时间较长。

（3）人员疏散和火灾扑救困难。因为高层建筑楼层多、垂直距离大，被困人员疏散距离长，所用的疏散时间长，而高层建筑的火灾蔓延又比较迅速，火灾初期增长阶段一般较短，所以高层建筑发生火灾时人员疏散困难；同样因为高层建筑楼层多、垂直距离大，凭我国现有的灭火技术装备很难做到有效地控制火灾，火灾扑救工作难度大，特别是当火灾发生在上部楼层时，这一问题就变得更为突出。

2．地下建筑的火灾蔓延特点

地下建筑处于室外地面以下，仅通过通道和出入口与地面连接，通风条件差，火灾时烟雾很快充满地下空间并难以排出，表现出难排烟、难排热的特点。因为难排烟，大量烟雾就会遮挡人的视线，并使人中毒；因为难排热，高温会使人的生理机能下降，行动缓慢，所以地下建筑火灾易造成大量人员伤亡。地下建筑出入口的布置形式和数量、内部空间的大小、通过设施的完善状况等因素决定着地下建筑内风的流动状态和火势发展蔓延的快慢。上述因素也造成地下建筑火势发展蔓延情况复杂，发生火灾时人员疏散、火灾扑救异常困难。

3．大跨度建筑的火灾蔓延特点

大跨度建筑，如影剧院、礼堂、体育馆、大型工业厂房等，一般都采用钢结构作为承重结构。钢材虽为不燃性建筑材料，但其强度会随着温度的升高而迅速降低。试验证明，当温度达到 400℃时，钢材的强度会下降至原来的一半；而当温度达到 800℃时，其强度就会完全消失。一般情况下，火灾现场的温度一般都在 800℃甚至 1000℃以上，在这样高的温度下钢结构的承载能力会迅速下降，致使钢结构产生过大变形而坍塌破坏，并且这种坍塌往往没有任何预兆。故大跨度钢结构建筑在火灾时表现出了突发性坍塌破坏的特点。

四、火灾中建筑结构的倒塌与破坏

（一）建筑结构倒塌破坏的原因

1．高温作用

在火灾情况下，木质结构表面炭化，削弱了承载截面；钢结构因受热产生塑性变形；硅酸盐砌块因内部热分解而松散；预应力钢筋混凝土结构因受热失去预加应力；钢筋混凝土因受热造成抗拉、抗压强度下降，特别是保护层因受热发生剥落，甚至出现钢筋与混凝土剥离现象等：这些情况都会导致构件的承载力降低。

2．爆炸作用

火灾时，建筑物内发生爆炸，其产生的冲击波、压力波和震动会破坏建筑物的主要承重构件和结构的稳定性，导致建筑物发生局部破坏和整体倒塌。

3．附加荷载

上部结构局部倒塌后重压在下部楼板上；灭火时用水过量，楼层内大量积水未能及时排除；室内储存物品，如棉花、纸张等，大量吸收灭火用水；进入着火建筑物内的人员过多等：这些情况都能导致建筑物活荷载加大，当超过建筑物构件的承载能力时，建筑结构便会发生倒塌。

4．冷热骤变

处于高温状态下的建筑结构材料，在消防射流的作用下，会造成结构表面收缩开裂或变形，特别是钢结构构件局部过热遇水骤冷时会发生较大变形，使钢结构失去静态平衡稳定性，导致结构整体倒塌失效。

5．外力冲击

火场上使用大口径水枪（炮）对承重构件进行直接冲击，或使用大型机械设施疏散重要物资和清理现场时，若意外冲（撞）击了承重柱或承重墙，则可能会导致建筑结构局部或整体倒塌。

（二）建筑结构倒塌破坏的规律

根据对火灾情况下建筑结构倒塌破坏的大量调查研究和分析，建筑结构倒塌破坏有其自身的规律。

1）建筑结构倒塌破坏的次序一般是先顶棚，后屋顶，最后是墙柱。

2）木结构和钢结构建筑都易于发生倒塌破坏，而且破坏来得早，来得突然。

3）木结构屋顶一般很少发生整体坍塌，大多是局部破坏；钢结构屋顶易发生整体坍塌或大部分破坏。

4）在结构形式中，简支结构件、悬梁构件等静定结构比连续梁等超静定结构易于发生倒塌破坏；三铰薄壳结构屋顶的坍塌破坏大多是整片的；桁架结构在火灾条件下不仅破坏发生得早，而且往往是大面积破坏。

5）预制楼板、砖墙的混合结构，装配式钢筋混凝土结构，现浇混凝土无梁的板柱结构，以及单跨单层的砌体且缺乏横墙的结构等，易发生连续倒塌。

（三）建筑结构倒塌破坏的征兆

建筑结构倒塌除了由于爆炸所引起、发生的瞬间外，一般都要经过一定的燃烧时间，室内也必然存在着较高的温度。因此，建筑结构坍塌破坏前会出现一些征兆。

1. 结构变形

建筑结构变形，表明建筑物正在逐步失去原有的承载能力和稳定性。如建筑结构部分或整体倾斜、承重钢构件大幅度弯曲、承重墙墙面外鼓或出现较大裂缝、楼板下沉、墙体或楼板变形造成玻璃幕墙成片破碎等，这些都是建筑物发生倒塌破坏前的重要征兆。

2. 异常声响

建筑结构倒塌破坏前，一般会发出咔嚓咔嚓或叽叽嘎嘎的声响，且声音由小到大，直到倒塌破坏发生。

火场上，一旦发生上述异常情况，要及时采取有力措施，包括采取紧急撤退行动等，以避免人员伤亡。

【思考与练习题】

1. 建筑火灾的蔓延形式有哪些？
2. 火灾在建筑物内的蔓延途径主要有哪些？
3. 建筑火灾初期增长阶段的相应防火措施是什么？
4. 建筑火灾发展阶段的相应防火措施是什么？
5. 高层建筑火灾蔓延的特点是什么？
6. 地下建筑火灾蔓延的特点是什么？
7. 大跨度建筑的火灾蔓延特点是什么？
8. 建筑结构倒塌破坏的规律和主要征兆是什么？

第三节　建筑火灾的基本消防对策

【学习目标】

1. 熟悉建筑防火技术措施的分类。
2. 掌握积极防火对策、消极防火对策的主要措施。

在研究建筑火灾的发生、发展、扩大蔓延规律的基础上，采取相应的防控技术措施，阻止火势蔓延，把火灾控制在最小范围内，最大限度地减少人员伤亡和火灾损失，是当前设计、施工单位以及监督部门亟待研究和解决的新课题。

一、建筑防火措施技术的分类

建筑防火是一门研究如何预防、控制建筑火灾危害的学问，是人类在长期与火灾的斗争中，在建筑设计时采用的防火技术措施的总结。这些防火技术措施总体可归纳为防火技术、避火（逃生、疏散）技术、控火技术、耐火技术。在设计过程中依靠建筑设计、结构设计、采暖通风设计和电气设计等相关专业人员共同完成。

（1）防火技术：防止火灾发生的技术，如建造中采用非燃性建筑材料，易燃易爆场所设置防爆电气、防火地面，电气线路的连接和电气设备的安全要求，各种热流装置的控制要求等。

（2）避火技术：在火灾发生时，人员安全脱离火场的技术，例如，火灾的探测，合理设置疏散通道、疏散设施和安全出口，设置声光警报等。避火技术为火灾时人员逃生创造安全条件。

（3）控火技术：一是把火灾控制在初期增长阶段，如安装火灾自动报警器、自动灭火系统，进行初期有效的扑救；二是把火灾控制在较小范围，如在建筑物平面和竖向设置防火分隔，划分防火分区，在建筑物之间留有一定防火间距，切断火灾蔓延的途径，减少成灾面积。

（4）耐火技术：即加强建筑构件的耐火稳定性，使其在火灾中不致失效，尤其是不能发生整体倒塌。

随着建筑火灾的发展，要采取相应的防火措施加以控制。

二、建筑消防措施

（一）被动防火措施

1．按要求设置防火间距

防火间距是指两幢建（构）筑物之间，保持适应火灾扑救、人员安全疏散和降低火灾时热辐射等的必要间距。为了防止建筑物间的火势蔓延，各幢建筑物之间留出一定的距离是非常必要的。这样能减少辐射热的影响，避免相邻建筑物被烤燃，并可为疏散人员和灭火提供必要场地。影响防火间距的主要因素有：①热辐射；②热对流；③建筑物外墙开口面积；④建筑物内可燃物的性质、数量和种类；⑤风速；⑥相邻建筑物的高度；⑦建筑物内消防设施的水平；⑧灭火时间。

2．满足耐火等级要求

为了保证建筑物的安全，应使建筑具有一定的耐火性，即使发生火灾，也不至于造成太大的损失。通常用耐火等级来表示建筑物所具有的耐火性。一幢建筑物的耐火等级不是由一两个构件的耐火性决定的，而是由组成建筑物的所有构件的耐火性决定的，即由组成建筑物的墙、柱、梁、楼板等主要构件的燃烧性能和耐火极限决定的。

3．设置防火分区

防火分区是指采用防火分隔措施划分出的、能在一定时间内防止火灾向同一建筑的其余部分蔓延的局部区域（空间单元），主要通过建筑面积确定。通过划分防火分区这一措施，一旦建筑物发生火灾，可以有效地把火势控制在一定的范围内，减少火灾损失，同时可以为人员安全疏散、消防扑救提供有利条件。防火分区主要是通过在一定时间内阻止火势蔓延，且把建筑物的内部空间分隔成若干较小防火空间的防火分隔设施来实现的。常用的防火分隔设施有防火墙、防火门、防火卷帘等。

4．确保消防扑救条件

建筑的消防扑救条件可根据消防通道和消防扑救面的实际情况进行衡量。消防通道的衡量标准包括有无穿越建筑的消防通道、环形消防车道以及消防电梯等。消防通道的畅通及完备可以保证火灾时消防车辆能够顺利到达火场，使消防员能迅速开展灭火，及时扑灭火灾，最大限度地减少人员伤亡和火灾损失。在实际建筑中，消防车道一般可与交通道路、桥梁等结合布置。消防扑救面是指登高消防车能靠近主体建筑，便于消防车辆作业和消防员进入建筑进行抢救人员和扑灭火灾的建筑立面。

5．设置防火分隔设施

如前所述，常用的防火分隔设施有防火墙、防火门、防火卷帘等。在通过消防设计审核和验收之后，防火墙基本上就不会发生变化。而防火门和防火卷帘即使在消防设计审核和验收之后，在实际运行时也有可能出现一些问题。包括：常闭防火门未关闭或关闭不严，防火门损坏；防火卷帘下方堆放物品，或维护保养不及时致使滑轨锈蚀，造成防火卷帘无法达到预定位置；常开防火门由于控制系统损坏或出现故障，紧急情况下无法关闭。如果出现上述问题，防火分区将不能达到预定的消防设计要求，也就无法达到发生火灾时防止火灾蔓延的目的。

（二）主动防火措施

1．设置灭火器材

灭火器材在很大程度上相当于一线卫士，担负着扑灭或控制初期火灾的重任。灭火器材的配置是否符合要求，是否及时维护以保持其完好可用，都将决定着潜在火势的发展状况。根据《建筑灭火器配置设计规范》（GB 50140—2005），民用建筑灭火器配置场所的危险等级，根据其使用性质、火灾危险性、可燃物数量、火灾蔓延速度以及扑救难易程度等因素，划分为以下三级：

（1）严重危险级：功能复杂、用电用火多、设备贵重、火灾危险性大、可燃物多、起火后蔓延迅速或容易造成重大火灾损失的场所。

（2）中危险级：用电用火较多、火灾危险性较大、可燃物较多、起火后蔓延迅速的场所。

（3）轻危险级：用电用火较少、火灾危险性较小、可燃物较少、起火后蔓延较慢的场所。

2．设置消防给水系统

消防给水系统完善与否，直接影响火灾扑救的效果。据火灾统计，在扑救成功的火灾案例中，93%的火场消防给水条件较好，水量、水压有保障；而在扑救失利的火灾案例中，81.5%的火场消防供水不足。许多大火失去控制，造成严重后果的情况，都与消防给水系统不完善、火场缺水有密切关系。

3．设置火灾自动报警系统

火灾自动报警系统是一套不需要人工操作的智能化系统。一旦建筑物内某个部位发生火灾，火灾探测器就可以检测到现场的火焰、烟雾、高温和特有气体等信号，并转换成电信号，经过与正常状态阈值比较后，给出火灾的报警信号，并通过自动报警控制器上的报警显示器显示出来，告知值班人员哪个部位失火，同时通过自动报警控制器启动报警装置报警。火灾探测器是火灾自动报警系统的重要组成部分，它分为感烟火灾探测器、感温火灾探测器、气体火灾探测器、感光火灾探测器四种。在实际应用中，根据火灾的特点、安装场所的环境特征、房间高度等因素选择合适的探测器，以达到及时、准确报警的目的。

4．设置防烟排烟系统

防烟、排烟的目的是及时排除火灾产生的大量烟气，阻止烟气向防烟分区外扩散，确保建筑物内人员的顺利疏散和安全避难，并为消防救援创造有利条件。建筑物内的防烟、排烟系统是保证建筑物内人员安全疏散的必要条件。排烟方式主要有机械排烟和自然排烟两种；防烟方式主要有固体防烟、加压送风防烟和空气流防烟三种。在进行排烟的同时还必须进行补风，因为排烟过程是烟气与空气对流转换的过程。补风口的面积必须足够大，且应分布合理，否则还容易造成烟气与空气的掺混，达不到预定的排烟效率。另外，如果补风口过于靠近火源，还可能造成燃烧强度的增大。

5．设置自动灭火系统

此处的自动灭火系统主要是指水自动灭火系统，是以水为主要灭火介质的灭火系统。它具体包括自动喷水灭火系统、水喷雾灭火系统、细水雾灭火系统和水炮灭火系统。同样，随着建筑领域的巨大变化，相应灭火系统的选择也更加多样化，设计者必须根据建筑物的功能、布局、结构特点，选择高效、经济、合理的灭火系统，才能有效地扑灭火灾。

6．设置疏散设施

疏散设施的目的主要是使人员能从发生事故的建筑物中迅速撤离到安全部位（室外或室内避难层、避难间等），及时转移室内重要的物资和财产，同时，尽可能地减少火灾造成的人员伤亡与财产损失，并为消防人员提供有利的灭火救援条件等。因此，保证安全疏散是十分必要的。建筑物中的安全疏散设施，如楼梯、疏散走道和门等，是依据建筑物的用途、人员的数量、建筑物面积的大小以及人们在火灾时的心理状态等因素综合考虑设计的。因此，要确保这些疏散设施的完好有效，从而保障建筑物内的人员和物资安全疏散，减少火灾造成的人员伤亡与财产损失。根据建筑消防设计规范，公共建筑安全出口的数目通常不应少于两个。出口不少于两个的规定，是考虑到当其中一个疏散出口被烟火封堵时，人员可以通过另一个疏散出口逃生。设计规范对疏散的距离也做了相应的规定，根据建筑物的耐火等级不同，疏散距离也会有所变化。此外，应急照明和疏散指示标志的设置及是否合理，对人员安全疏散也具有重要作用。应在疏散门上方、走廊下方、楼梯前室以及走廊转弯处等重要部位设置疏散方向标志和照明灯具。停电时备用消防电源须能自动切换以保证照明，帮助疏散。

三、建筑消防对策

根据对建筑火灾成因及建筑火灾发生发展规律的分析，目前世界各国普遍采用的建筑消防基本对策主要有两种。一是积极防火对策，即防止建筑起火，及在起火后积极控制、消灭火灾的措施；二是消极防火对策，即控制建筑火灾损失的措施。

（一）积极防火对策

积极防火对策是指在建筑设计与使用过程中，最大限度地破坏火灾构成条件，阻止火灾发生；一旦发生火灾，积极采取主动有效措施发现火灾、消灭火灾，确保人员安全和财产安全的措施。以积极防火对策进行防火，可以减少火灾的发生次数，但却不能从根本上杜绝火灾发生。

积极防火对策在建筑设计过程中表现为要严格按照《建筑设计防火规范（2018 版）》（GB 50016—2014）进行科学、合理地设计，排除建筑先天性火灾隐患，最大限度地降低火灾发生的概率。积极防火对策在建筑使用过程中主要表现为对“人与物”的管理，积极排除人的不安全因素和物的不安全因素，尽可能破坏火灾构成条件。

1．加强管理，预防人为因素引发火灾

加强人员培训、宣传教育，提高员工安全意识，教育人员遵守安全规定和操作规程。

2．严格设施设备的设计要求，消除各种设施设备安全隐患，预防火灾发生

严格执行国家各项设计规程的要求，提高设备、设施的安全系数，降低各项设施、设备系统发生火灾的概率，加强对新工艺、新设备安全方面的研究，特别是用火、用电和易燃、易爆设备的安全问题。

3．科学设计安全疏散系统

人为安全是消防安全工作的重中之重。首先要科学合理地设计疏散通道、疏散设施、安全出口、防排烟设施等，为受灾区域人员安全逃生创造条件。其次要加强安全疏散系统的管理，确保火灾时完整好用。

4．合理设置火灾自动报警系统

在火灾的初期阶段，往往会有不少特殊现象或征兆，如发热、发光、散发出烟雾等。这些早期特征是物质燃烧过程中物质转换和能量转换的结果。这就为发现火灾苗头，进行火灾探测提供了信息和依据。火灾自动报警系统是早期发现火灾控制火灾的重要技术手段，其往往与自动灭火系统联动，实现阻止火势扩大的目的，同时有利于人员疏散。

5．合理设置自动灭火系统和消火栓系统

自动灭火系统是建筑火灾早期扑救的主要力量，是全天候的消防员，它的诞生使建筑火灾的控制得到质的飞跃。随着我国经济的发展，它得到了广泛的使用，有力地保障了建筑的安全。据统计，80%的火灾一般开启 1～4 个喷头就能得到有效的控制。

6．合理设置防排烟系统

烟气是导致建筑火灾人员伤亡的最主要原因。有效地控制火灾时烟气的流动，对于保证安全疏散以及火灾救援行动的开展起着重要的作用。

（二）消极防火对策

消极防火对策是指针对可预见的建筑火灾而采取的设法及时控制火灾与消灭火灾的一系列措施。从定义可以看出，消极防火对策主要体现在“控”字上。“控”就是要控制火灾的燃烧范围，防止火灾扩大蔓延而增加火灾损失。

1．合理设定建筑的耐火等级，确保建筑具有良好的抗火能力

建筑的耐火等级主要涉及建筑结构构件的耐火性能。建筑结构负载着整个建筑荷载，也包含了人员的生命，一旦结构在火中出现垮塌，那么人员生命也将受到伤害，所以建筑结构的抗火能力就成了保护建筑安全和人员生命安全的最后一道屏障（防线）。因此，要根据不同建筑的特点（包括结构特点）、使用特点、火灾危险性，正确选择建筑的耐火等级，确保建筑的安全和人员生命的安全。

2．合理确定建筑防火分区，有效控制火灾蔓延

在建筑物内实行防火分区和防火分隔，可有效地控制火势的蔓延，有利于人员疏散和火灾扑救，达到减少火灾损失的目的。

3．合理确定建筑的防火间距，防止火灾在建筑之间蔓延

建筑物发生火灾后，往往会因热辐射等作用，而将火灾蔓延到相邻建筑，形成大面积燃烧。因此，要根据相邻建筑物的具体情况合理确定防火间距。

以上论述可以推出，消极防火措施是一种被动的保护措施，是建筑安全的最后一道屏障，通常一种措施单独使用的效果都不会太理想，既无法保障人员安全，经济上也不合算。只有综合使用积极防火对策和消极防火对策才能取得最佳效果。

【思考与练习题】

1．建筑防火技术措施主要有哪几个方面？

2．积极防火对策主要有哪些？

3．消极防火对策主要有哪些？

第三章　建筑材料的火灾高温特性

建筑材料是建筑事业的物质基础，它直接关系到建筑形式、建筑质量和建筑防火。新材料的出现，促使建筑形式的变化、结构设计方法的改进和建筑防火技术的更新。现代材料科学技术的进步对建筑学和建筑防火技术的发展提供了新的可能。

不耐火的建筑构件和可燃装修材料会导致建筑火灾的蔓延扩大。2009 年 2 月 9 日北京中央电视台新址及 2010 年 11 月 15 日上海静安公寓等建筑火灾，造成了不同程度的人员伤亡和不良社会影响。2017 年 6 月 14 日，英国伦敦一座 24 层公寓大楼由于 4 层房间内一台冰箱自燃引发火灾，起火后，因缺乏安全疏散和固定消防设施，加之建筑外墙材料可燃，火势快速蔓延扩大，导致至少 79 人丧生。由此可见，建筑材料的燃烧性能和建筑构件的耐火极限是影响建筑火灾的重要因素。随着现代建筑科学技术的发展，新型建筑材料越来越多地得到广泛的应用。建筑材料种类繁多，使建筑材料的燃烧性能更趋复杂。基于对建筑物的经济性和居住者的生命安全考虑，必须对建筑材料的火灾高温特性进行准确的判断和评估。

第一节　建筑材料及其火灾高温特性概述

【学习目标】

1. 了解什么是建筑材料。
2. 熟悉建筑材料的分类。
3. 掌握不同建筑材料火灾高温特性。

建筑材料在火灾高温下的特性直接关系到建筑物的火灾危险性大小、火势蔓延扩大的速度及建筑物的安全。因此，必须研究建筑材料在火灾高温下的各种特性，在建筑防火设计中科学合理地选用建筑材料，以减少火灾损失。

一、建筑材料

建筑材料是指建造建筑物时使用的材料。建筑材料品种繁多，为便于了解和对其防火性能进行研究，一般按建筑材料的化学构成把建筑材料分为三大类，见表 3-1。

表 3-1　建筑材料化学构成分类

分类名称	材料举例
无机材料	混凝土、胶凝材料类 砖、天然石材与人造石材类 建筑陶瓷、建筑玻璃类 石膏制品类 无机涂料类 建筑金属、建筑五金类 各种功能性材料等

（续）

分类名称	材料举例
有机材料	建筑木材类 建筑塑料类 装修及装饰性材料类 有机涂料类 各种功能性材料等
复合材料	各种功能性复合材料等

除按材料的化学构成区分外，根据材料的物理力学特性、外观和用于建筑物的不同部位，还可将材料分为结构材料、装饰材料和功能材料。结构材料包括木材、石材、水泥、混凝土、金属、砖瓦、陶瓷、玻璃、工程塑料、复合材料等。装饰材料包括各种涂料、油漆、镀层、贴面、墙纸、各色瓷砖、具有特殊效果的玻璃等。功能材料包括用于防水、防潮、防腐、防火、阻燃、隔声、隔热、保温、密封等特殊功能的材料。建筑材料在选择和使用时，要根据建筑物的功能要求，以及材料在建筑物中的作用和其受到各种外界因素的影响等，考虑材料所应具备的性能。

目前我国对绝大部分建筑材料，均制定有技术标准。生产单位按技术标准生产合格的产品，使用部门参照标准和产品目录，根据需求量材选用。

二、建筑材料的火灾高温特性

建筑材料的火灾高温特性主要有燃烧性能、力学性能、变形性能、毒性、发烟性、隔热性能六个方面。在火灾高温作用下，建筑中不燃材料（无机材料）主要研究其力学性能、变形性能、隔热性能，建筑中燃烧材料（有机及复合材料）主要研究其燃烧性能、发烟性、毒性。

（一）建筑材料的燃烧性能

1．燃烧性能的概念

建筑材料的燃烧性能是指当建筑材料燃烧或遇火时所发生的一切物理和（或）化学变化。这项性能由材料表面的着火性和火焰传播性、发热、发烟、炭化、失重以及毒性生成物的产生等特性来衡量，影响因素主要有建筑材料的化学成分及其生成热、形状、密度、表面积等。

2．燃烧性能的分级

我国建筑材料及制品的燃烧性能分级按照国家标准《建筑材料及制品燃烧性能分级》（GB 8624－2012）执行，该标准将建筑材料及制品的燃烧性能等级划分为A（不燃匀质材料或不燃复合夹芯材料）、B_1（难燃材料）、B_2（可燃材料）、B_3（易燃材料）四个级别，见表3-2。

表3-2　建筑材料及制品的燃烧性能等级

燃烧性能等级	名　称
A	不燃材料（制品）
B_1	难燃材料（制品）
B_2	可燃材料（制品）
B_3	易燃材料（制品）

《建筑材料及制品燃烧性能分级》（GB 8624—2012）将建筑材料分为平板状建筑材料、铺地材料和管状绝热材料三大类；将建筑用制品分为四大类，分别是窗帘幕布、家居制品装

饰用织物；电线电缆套管、电气设备外壳及附件；电器、家具制品用泡沫塑料；软质家具和硬质家具。

（二）建筑材料高温力学性能

根据外力作用方式的不同，材料强度有抗拉、抗压、抗剪、抗弯（抗折）等。建筑防火研究在高温下，材料因抵抗外力作用而产生各种变形和应力，以及其力学性能（尤其是强度性能）随温度的变化关系。对用于承重的木材、砖、石、混凝土、钢材等结构材料，在火灾高温作用下保持一定的强度对于人员疏散、火灾扑救工作及灾后修复使用都具有至关重要的意义。

（三）建筑材料高温变形性能

建筑材料在火灾高温作用下，发生缓慢塑性变形的现象称为蠕变。蠕变的另一种表现形式是应力的松弛。它是指承受弹性变形的构件，在工作过程中总变形量保持不变，但随时间的延长工作应力自行逐渐衰减的现象。例如，高温作用下紧固件因应力的松弛而失效。

（四）建筑材料燃烧时的毒性

建筑材料燃烧时的毒性是指建筑材料在火灾中受热发生分解释放出的分解产物和燃烧产物对人体的毒害作用，它除了对人身造成危害之外，还严重妨碍人员的疏散行动和消防扑救工作。统计资料表明，火灾中的人员死亡，主要是中毒所致，或先中毒昏迷而后烧死，直接烧死的只占少数。特别是建筑内部装修材料，因为采用大量塑料等高分子合成材料，火灾中会分解产生很多毒性气体。火场中常见有毒气体有CO、CO_2、HCN、$COCl_2$、Cl_2、H_2S、SO_2、HF、NO_2等。

表3-3 火场常见有毒气体中毒症状

名称	毒性	中毒症状（随浓度不同）
CO	剧毒	头痛，软弱无力，视线模糊，眩晕、恶心呕吐，虚脱
CO_2	酸中毒	头痛、头晕、注意力不集中，惊厥、昏迷、呕吐、咳白色或血性泡沫痰、大小便失禁、抽搐、四肢强直
HCN	剧毒	头痛，眩晕，胸闷，恶心无力，呕吐，呼吸急促，皮肤黏膜呈鲜红色或苍白，意识丧失，乏力，强直性或阵发性惊厥，全身肌肉松弛，反射消失，呼吸及心脏停止
$COCl_2$	剧毒	眼痛、流泪、咳嗽、胸闷气憋、呼吸率改变、头痛、头晕、乏力、恶心、呕吐、上腹疼痛
Cl_2	剧毒	剧烈咳嗽，咽痛、呛咳、咳少量痰、气急、胸闷或咳粉红色泡沫痰、呼吸困难，发生咽喉炎、支气管炎、肺炎或肺水肿
H_2S	剧毒	呼吸道及眼刺激症状，可麻痹嗅觉神经，虚脱、休克，能导致呼吸道发炎、肺水肿，并伴有头痛、胸部痛及呼吸困难。
SO_2	有毒	头痛、头晕，视线不清、畏光，鼻、咽、喉灼烧感及疼痛，出现溃疡和肺水肿直至窒息死亡，呼吸道慢性疾病
HF	剧毒	眼部剧烈疼痛，角膜损伤、穿孔，呼吸道黏膜刺激症状，可发生支气管炎、肺炎或肺水肿，反射性窒息，灼伤皮肤
NO_2	有毒	眼及上呼吸道刺激症状，肺水肿，胸闷、呼吸窘迫、咳嗽、咳泡沫痰等

（五）建筑材料燃烧时的发烟性

建筑材料燃烧时的发烟性是指建筑材料在燃烧或热分解作用下，所产生的悬浮在大气中可见的固体和液体微粒。固体微粒就是碳粒子，液体微粒主要指一些焦油状的液滴。材料燃烧时的发烟性大小，直接影响能见度，从而影响人在火场中逃生，也影响消防人员的扑救工作。碳粒子生成多，意味着燃烧不完全，火灾现场会充满各种中间裂解产物和不完全燃烧产物。一方面这些产物多具有一定的毒性，应预防它们对人员的毒害作用；另一方面这些产物多是可燃的，一旦氧气供应充足，例如打开门窗，就有可能发生轰燃，因此要立即采取有效措施防止。在建筑火灾中，烟气的蔓延流动对建筑内人员安全疏散及消防员侦查搜救带来困难和危险。事后，火场烟熏痕迹对火灾事故调查有重要的指导意义。

（六）建筑材料的隔热性能

在隔绝火灾高温热量方面，材料的导热性和热容量是两个最为重要的影响因素。

当材料两面存在温差时，热量从材料一面通过材料传导至另一面的性质，称为材料的导热性。导热性用热导率表示，即单位厚度材料，当两侧温差为 1K 时，在单位时间内通过单位面积的热量。材料的热导率越小，绝热性能越好。热导率小于 0.23W/（m·K）的材料可称为绝热材料。

热容量是指材料受热时吸收热量或冷却时放出热量的性能。材料热容量大小可用比热容表示，即 1g 材料升高温度 1K 时所需的热量。水的比热容最高为 4.19J/（g·K），故材料含水量增加，比热容增大。墙体、屋面或其他部位采用热容量高的材料时，能在热流变动或采暖、空调工作不均衡时缓和室内温度变化，保持室内温度的稳定。材料的膨胀、收缩、变形、裂缝、熔化、粉化等因素也对隔热性能有较大的影响。

【思考与练习题】

1. 为什么要研究建筑材料的火灾高温特性？
2. 建筑材料的火灾高温特性主要有哪些方面？
3. 哪些常见建筑材料在火灾中比较危险？为什么？

第二节　钢　　材

【学习目标】

1. 了解钢材的分类。
2. 了解钢结构在建筑设计中的运用。
3. 掌握钢材的火灾高温特性及钢结构的防火保护方法。
4. 掌握钢结构建筑火灾特点。

通常所说的钢铁材料是钢和铸铁的总称，指所有的铁碳合金。由于碳的质量分数不同，钢铁材料的性能也不同，一般把碳的质量分数大于等于 2.11%的铁碳合金称为铁，而把碳的质量分数为 0.05%～2.1%的称为钢。钢的分类方法很多，按化学成分分为碳素钢、合金钢；按质量分为普通钢、优质钢、高级优质钢；按用途分为结构钢、工具钢、专用钢、特殊性能钢。

钢材的主要优点如下：

（1）强度高。表现为抗拉、抗压、抗弯及抗剪强度都很高。钢材在建筑中可用作各种构件和零部件，在钢筋混凝土中，能弥补混凝土抗拉、抗弯和抗裂性能较低的缺点。

（2）塑性好。在常温下钢材能接受较大的塑性变形（一定的条件下，在外力的作用下产生变形，当施加的外力撤除或消失后该物体不能恢复原状的一种物理现象）。钢材能接受冷弯、冷拉、冷拔、冷轧、冷冲压等各种冷加工。冷加工能改变钢材的断面尺寸和形状，并改变钢材的性能。

（3）品质均匀、性能可靠。钢材性能的利用效率比其他非金属材料高。

此外，钢材韧性高，能经受冲击作用；可以焊接或铆接，便于装配；能进行切削、冲压、热轧和锻造；通过热处理方法，可在相当大的程度上改变或控制钢材的性能。钢结构由于具有强度高、自重轻、抗震性能好、施工快、建筑基础费用低、结构占用面积少、工业化程度高等诸多优点而得到了人们的普遍重视，大量运用于大跨度及高层、超高层建筑。

建筑钢材的主要缺点是易锈蚀，不耐火，使用时需加以保护。

一、钢材的火灾高温特性

钢材属于不燃性建筑材料，但在火灾高温作用下，强度损失很快，钢构件的耐火极限很低。

2001 年“9.11”恐怖袭击事件中，两架满载燃油的飞机于 8 时 46 分和 9 时 02 分分别撞向纽约世贸中心北楼 94～98 层和南楼 78～84 层，由于撞击引起爆炸及大火。9 时 59 分南楼和 10 时 28 分北楼相继全部倒塌。纽约世贸中心南北楼高 411m、110 层、用钢 7.8×10^4t，恐怖袭击造成 2996 人死亡。2010 年 4 月 7 日山东省聊城市阳谷县新诚塑胶有限公司发生火灾，9 时 01 分接到火警，10 分钟后公司西侧大部分彩钢板屋顶已经塌陷，10 时 58 分，房屋西部钢立柱由于长时间被大火烧烤，完全失去承载能力，致使房间西部钢架结构全部坍塌，导致 1 名战士牺牲、2 名消防员受伤。2012 年 7 月 16 日湖南省长沙市旺旺食品有限公司预备车间发生火灾，起火后 10 多分钟就发生了整体垮塌。

（一）钢材在火灾高温下的强度

1．变形性能

在不同温度下进行钢材拉伸试验，就可以做出不同温度下的应力-应变曲线图。

钢材的伸长率和截面收缩率随着温度升高总的趋势是增大的，表明高温下钢材塑性性能增大，易于产生变形。另外，钢材在一定温度和应力作用下，随时间的推移，会发生缓慢塑性变形，即蠕变。蠕变在较低温度时就会产生，在温度高于一定值时比较明显。对于普通低碳钢产生蠕变时的温度为 300～350℃，对于合金钢产生蠕变时的为 400～450℃。温度越高，蠕变现象越明显。蠕变不仅受温度的影响，而且也受应力大小的影响。

从图 3-1 中可以看出，低碳钢在 200℃时的伸长率低于 20℃常温时，这意味着 200℃时低碳结构钢的伸长率较小。而在 400℃和 500℃时，低碳钢的伸长率曲线高于常温 20℃时伸长率曲线，这意味着高温时低碳钢变形性能比常温时加强了。

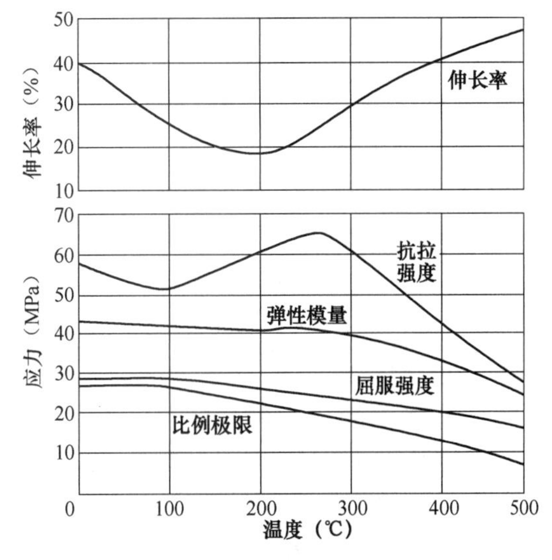

图 3-1　普通低碳钢高温力学性能

2．钢材高温时强度

图 3-1 中显示，抗拉强度在 100℃时有所降低，在 250℃升高到最大值，当温度继续升高，抗拉强度下降很快，当 500℃时，只为常温时的 1/2 左右，在 1000℃时，抗拉强度降为零。布氏硬度（表示材料硬度的一种标准）在 300℃到达最高点，然后随温度升高而下降，630℃左右下降到原来的 1/2 左右。在 300℃附近钢材抗拉强度、硬度升高，而延伸率、断面收缩率下降的现象称为蓝脆。

在 200℃时，钢材力学性质（强度、弹性模量、线胀系数、蠕变性质）基本不变；400℃时，可与混凝土共同抵抗外力；540℃时，强度下降 50%。温度再继续上升，结构会很快软化，失去承载能力，不可避免地发生扭曲倒塌。一般火场上，当大火延续 5～7min 后，温度会升至 500～600℃，这样高的温度均超过钢梁、钢柱的临界温度，建筑的钢结构便会因强度缺失、扭曲而坍塌。试验证明，常用钢结构构件的耐火极限很低，在 600℃左右时只有 15～30min。

3．热导率

钢材在常温下的热导率为 58W/（m·K），约为混凝土的 38 倍。随着钢材温度的升高，热导率逐渐减小，当温度达到 75℃时，热导率降低至 30W/（m·K）。钢材大是造成钢结构在火灾条件下极易破坏的主要原因之一。

（二）钢结构的临界温度

承重钢构件失去承载能力的温度称为钢结构的临界温度。一般常用建筑钢材的临界温度为 540℃。在建筑物火灾中，火场温度大多在 800～1200℃之间，火灾发生 10min 内，火场温度即可高达 700℃以上。对裸露的钢构件，在这样的火灾温度下，只需几分钟其温度就可上升到 500℃左右而达到其临界值，进而失去承载能力，导致建筑物受到破坏甚至垮塌。影响钢结构临界温度的因素很多，例如结构荷载大小、构件截面形状、构件支撑条件、钢柱长细比等。

（三）钢构件的耐火极限

耐火极限试验表明，未经任何保护的钢构件，其耐火极限只有 0.25～0.5h。经过防火保护后的钢材，耐火极限能显著提升。

二、钢结构的防火保护

钢材在火灾高温作用下，强度损失很快。以钢材制作的构件，如梁、柱、屋架，若不加以保护或保护不当，在火灾中可能失去承载能力而引起整个建筑的倒塌。要使钢结构在实际应用中克服耐火方面的不足，必须进行防火保护。防火保护的目的就是将钢构件的耐火极限提高到设计规范规定的极限范围。

钢结构的防火保护方法主要有涂覆防火涂料和包封法。

（一）涂覆防火涂料

涂于建筑物和构筑物钢结构构件表面，能形成耐火隔热保护层，以提高钢结构耐火极限的涂料，称为钢结构防火涂料。按其涂层厚度可分为厚涂型、薄涂型和超薄涂型。

1．厚涂型防火涂料

厚涂型防火涂料的涂层厚度一般为大于 7mm 且小于或等于 45mm，呈粒状面，密度较小，耐火极限可达 1.5～3h，又称为钢结构防火隔热涂料。厚涂型防火涂料适合于建筑物或构筑物竣工后，已经被围护、装饰材料遮蔽、隔离，防火保护层的外观要求不高，但其耐火极限往往要求在1.5h以上的钢结构，如商贸大厦等超高层全钢结构以及宾馆、医院、礼堂、展览馆等建筑物的钢结构。厚涂型防火涂料热导率低、耐火隔热性好。

2．薄涂型防火涂料

薄涂型防火涂料的涂层厚度为大于3mm且小于或等于7mm，有一定装饰效果，高温时涂层发泡膨胀，又称为钢结构膨胀防火涂料。被涂覆过薄涂型防火涂料的钢结构，其耐火极限可达0.5～1.5h。薄涂型防火涂料适用于建筑物或构筑物竣工后仍然裸露的钢结构，如体育场馆、工业厂房等的钢结构。薄涂型钢结构防火涂料、涂层黏结力强，抗震抗弯性好，可调配各种颜色以满足不同的装饰要求。

3．超薄涂型防火涂料

超薄涂型防火涂料的涂层厚度小于等于3mm。被涂覆过超薄涂型防火涂料的钢结构，其耐火极限可达 2～2.5h。超薄型防火涂料适用于工业厂房、体育馆、候机楼、高层建筑装饰的钢柱、钢梁、钢框、钢桁架、钢网的防火保护。

（二）包封法

包封法是将钢结构用不燃性防火隔热材料包封起来，使钢结构免受火灾高温作用。常用做法有外包混凝土、砌筑砌体、防火板包覆、采用柔性毡状隔热材料包覆。如采用不燃吊顶或隔墙把钢结构保护起来，使钢结构不与火直接接触；在钢结构外浇筑混凝土保护层；用不燃性材料的板材，通过黏结剂或钢钉、钢箍等固定在钢结构上；喷涂无机防火隔热涂料，在钢柱表面用金属网抹M5砂浆保护等。常用防火隔热材料有石膏、矿棉、岩棉、玻璃纤维、蛭石、珍珠岩以及混凝土等。

【思考与练习题】

1．钢材的火灾高温特性主要有哪些？
2．钢结构一般应怎样进行防火保护？
3．如何判断钢结构建筑防火保护的有效性？

第三节　钢筋混凝土

【学习目标】

1. 了解钢筋混凝土的组成及强度。
2. 掌握钢筋混凝土和预应力钢筋混凝土的主要火灾高温特性及其防火保护方法。

钢筋混凝土是通过在混凝土中加入钢筋与之共同工作来改善混凝土力学性质的一种组合材料。其具有较高的强度，广泛运用于各类建筑工程。

一、钢筋混凝土的组成

钢筋混凝土由普通钢筋、预应力钢筋和混凝土组成，混凝土是水泥（通常硅酸盐水泥）

与骨料的混合物。浇筑混凝土之前，先进行绑筋支模，即用钢丝将钢筋固定成想要的结构形状，然后用模板覆盖在钢筋骨架外面。最后将混凝土浇筑进去，经养护达到强度标准后拆模，所得即是钢筋混凝土。

钢筋、混凝土之所以可以共同工作是由它自身的材料性质决定的。首先钢筋与混凝土有着近似相同的线膨胀系数，不会由环境不同产生过大的应力。其次钢筋与混凝土之间有良好的黏结力，有时钢筋的表面也被加工成有间隔的肋条（螺纹钢）来提高混凝土与钢筋之间的咬合力，而且通常将钢筋的端部弯起 180° 弯钩。此外，混凝土中的氢氧化钙提供的碱性环境，在钢筋表面形成了一层钝化保护膜，使钢筋相对于中性与酸性环境下更不易腐蚀。

钢筋混凝土的变式：钢板混凝土和纤维混凝土。将钢板构件焊接，节省了绑扎钢筋的时间。而且钢板混凝土具有较大的刚度，故而多用于超高层建筑。碳纤维非常适用于加固混凝土，价格高昂，一般用于失效钢筋混凝土的加固补救措施。

二、钢筋混凝土的火灾高温力学性能

钢筋混凝土有着良好的耐火性能。钢筋外包的混凝土能起到保护的作用，不会因火灾蔓延燃烧而很快达到钢筋的临界温度。在受热温度低于 400℃时，钢筋与混凝土各方面性能均不会发生较大变化。温度继续升高，表面混凝土酥裂，构件变形加大，导致构件截面减小，两者的黏结力受到破坏的同时，钢筋也失去混凝土保护层，直接暴露于火中，从而使构件承载力迅速降低，甚至失去支撑能力，发生倒塌破坏。为使钢筋混凝土在受热条件下，混凝土与钢筋之间的黏结力不致受太大的影响，在受拉区主筋最好采用螺纹钢筋，增加黏结力，采用强度等级高的水泥、减少水泥用量、减少含水量以保持混凝土在高温下的强度。

受到火灾影响和损伤的钢筋混凝土外观上具有较为明显的特征，如构件表面粉刷层混凝土爆裂脱落和烧伤层产生细微裂缝，梁和柱混凝土表面产生大面积龟裂，局部混凝土爆落和主筋外露，混凝土表面呈现红色、灰色、黄色等。当消防水急骤射到高温的混凝土结构表面时，会使结构产生严重破坏。在火灾高温作用下，当混凝土结构表面温度达到 300℃左右时，其内部深层温度依然很低，消防水射到混凝土结构表面急剧冷却会使表面混凝土产生很大的收缩力，因而构件表面出现很多由外向内的裂缝。当混凝土温度超过 500℃后，从中分解的 CaO 遇到喷射的水流，发生熟化，体积迅速膨胀，造成混凝土强度急剧降低。

在火灾高温作用下钢筋和混凝土之间的黏结强度变化对钢筋混凝土结构的承载力影响很大。钢筋混凝土结构受热时，其中的钢筋发生膨胀，虽然混凝土中的水泥石对钢筋有环向挤压、增加两者间摩擦力作用，但由于水泥石中产生的微裂缝和钢筋的轴向错动，仍将导致钢筋与混凝土之间的黏结强度下降。螺纹钢筋表面凹凸不平，与混凝土机械咬合力较大，因此在升温过程中黏结强度下降较少。

高温下混凝土抗压强度变化如图 3-2 所示。

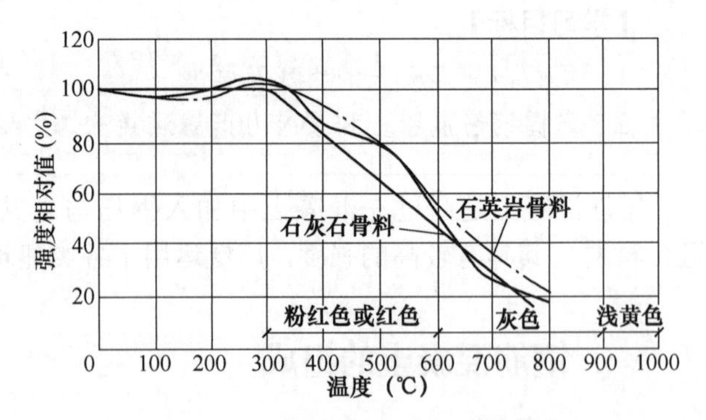

图 3-2　高温下混凝土抗压强度变化

三、预应力钢筋混凝土

预应力钢筋混凝土是在外荷载作用之前，先对混凝土中的钢筋预加应力，造成人为的应力状态，使它能在外荷载作用以后，部分或全部抵消外荷载引起的应力，从而使构件在使用阶段的拉应力显著减少，延缓或避免裂缝的出现。预应力钢筋混凝土，由于省材料、经济意义大，目前在建筑中广泛采用。

预应力钢筋混凝土构件耐火性能差，是建筑中的一个薄弱部位，在火灾时受高温作用，抗拉强度下降很快，温度达到200℃时，预应力减少45%～50%，温度达到300℃时，就会失去全部预应力。其原因主要有以下几点：

（1）预应力钢筋混凝土一般采用冷加工钢筋和高强钢丝。冷加工钢筋是普通钢筋经过冷拉、冷拔、冷轧等强化过程得到的钢材，其内部晶格架构发生畸变，强度增加而塑性降低。这种钢材在高温下，内部晶格的畸变随着温度升高而逐渐恢复正常，冷加工所提高的强度也逐渐减少和消失。因此，在相同温度下，冷加工钢材强度降低值比未加工钢筋大很多。高强钢丝属于硬钢，没有明显的屈服极限。在高温下，高强钢丝抗拉强度的降低比其他钢筋更快：当温度在150℃内时，强度不降低；温度达到350℃时，强度降低约50%；温度达到400℃时，强度降低约60%；温度达到500℃时，强度降低80%以上。因此，预应力钢筋混凝土构件在火灾高温下，强度、刚度下降明显大于普通低碳钢筋和低合金钢筋，耐火性能低于非预应力钢筋混凝土构件。

（2）钢筋在高温作用下的蠕变作用。热轧低碳钢的应力增加4倍时，蠕变速度加快1000倍。预应力钢筋比非预应力钢筋的应力要高出几倍，因此在同样高温作用下，预应力钢筋的蠕变速度要比非预应力钢筋的蠕变速度大得多。直接表现为预应力钢筋混凝土在高温作用下变形很快。

（3）预应力构件变形增大后，容易出现裂缝，致使受力的预应力钢筋直接受火焰作用，这也促使了预应力构件的强度、刚度进一步下降。

四、钢筋混凝土的防火保护

钢筋和混凝土两者本身属于不燃材料，钢筋混凝土中的钢材周围浇灌了混凝土作为保护层，需加强对混凝土的防火保护。如果建筑内可燃物较多，火灾时间长，温度高，混凝土温度超过500℃后，强度则不能恢复，会危及建筑物安全。如果火灾作用时间短，混凝土在火灾条件下温度不超过500℃时，火灾后在空气中冷却一个月时抗压强度降至最低，此后随时间的增长，强度逐渐回升，一年后强度可恢复到加热前的90%。为提高钢筋混凝土的耐火极限，除采取增加主筋的保护层厚度以外，还可采取喷涂防火涂料或涂抹砂浆保护层的办法。

（一）喷涂防火涂料

在预应力混凝土楼板配筋一面喷涂5mm厚的涂料，楼板的耐火极限可达2h左右。喷涂防火涂料适用于预应力混凝土楼板，钢筋混凝土梁、柱及普通混凝土结构，起防火隔热作用。

（二）涂抹砂浆保护层

常用的保温隔热砂浆有水泥膨胀蛭石砂浆、水泥膨胀珍珠岩砂浆、水泥石灰膨胀蛭石砂浆等，它们都具有保温隔热性能。其中，膨胀珍珠岩是由珍珠岩经焙烧、膨胀而成，最高使用温度为800℃；膨胀蛭石是由蛭石经焙烧、膨胀而得，最高使用温度为1000～1100℃，涂2cm厚的蛭石石膏浆，耐火极限可达2h。

混凝土保护层厚度大，构件的受力钢筋粘结锚固性能、耐久性能和防火性能越好。但是过大的保护层厚度会使构件受力后产生的裂缝宽度过大，就会影响其使用性能，造成经济上的浪费。混凝土保护层最小厚度与混凝土所处环境和混凝土强度等级相关。具体可参见《混凝土结构设计规范》。

【思考与练习题】

1．钢筋混凝土的火灾高温特性主要有哪些？

2．怎样对钢筋混凝土结构进行防火保护？

第四节　建 筑 玻 璃

【学习目标】

1．了解建筑玻璃的组成及分类。

2．掌握建筑玻璃的火灾高温特性。

3．掌握防火玻璃的分类和运用。

玻璃具有透光、透视、隔声、绝热的性质，有很好的艺术装饰作用，还能制成具有防辐射、防火等特殊用途的功能玻璃，在建筑中的应用非常广泛。

一、建筑玻璃的组成和分类

（一）玻璃的组成

玻璃是以石英砂、纯碱、石灰石为主要原料，外加助溶剂、脱色剂、着色剂等辅助原料，经高温熔融、成形、冷却而成的固态物质。

（二）建筑玻璃的分类

常见建筑玻璃主要有以下几种：

1．平板玻璃。

平板玻璃具有透光、隔热、隔声、耐磨、耐气候变化的性能，广泛应用于镶嵌建筑物的门窗、墙面、室内装饰等。相比而言，平板玻璃中的浮法玻璃表面更加平整光滑、厚度非常均匀，光学畸变更小。

2．节能玻璃

节能玻璃主要有镀膜玻璃、中空玻璃和着色玻璃。

镀膜玻璃是在玻璃表面涂镀一层或多层金属、合金或金属化合物薄膜，以改变玻璃的光学性能，满足某种特定要求。镀膜玻璃主要用于建筑玻璃幕墙，汽车、船舶等交通工具和液晶显示屏等。

中空玻璃是用高强度、高气密性复合黏结剂，将两片或多片普通平板玻璃的四周与密封条、玻璃条粘接密封，中间充入干燥气体，框内充以干燥剂，使其具有良好的保温、隔热、隔声等性能。中间玻璃主要用于采暖、空调、消声设施的外层玻璃装饰。

着色玻璃是在普通钠钙玻璃中引入起着色作用的氧化物，使玻璃着色而具有较高的吸热性能，能吸收大量红外线辐射能而又能保持良好的可见光透过率的玻璃。着色玻璃在建筑工程中应用广泛，凡既需采光又需隔热的空间均可采用。

3．安全玻璃

安全玻璃是指经剧烈振动或撞击不破碎，即使破碎也不易伤人的玻璃，包括符合国家标准规定的防火玻璃、钢化玻璃以及由它们构成的复合产品。

钢化玻璃是将普通平板玻璃经过加工处理而成的一种预应力玻璃。钢化玻璃相对于普通平板玻璃来说，具有两大特征：一是钢化玻璃的强度是普通平板玻璃的数倍，抗拉度是普通平板玻璃的 3 倍以上，抗冲击力是普通平板玻璃的 5 倍以上；二是钢化玻璃不容易破碎，即使破碎也会以无锐角的颗粒形式碎裂，对人体的伤害大大降低。钢化玻璃主要用于门窗、间隔墙和橱柜门。

夹层玻璃由两片普通平板玻璃（也可以是钢化玻璃或其他特殊玻璃）和玻璃之间的有机胶合层构成。其主要特性是安全性好，破碎时，玻璃碎片不零落飞散，只能产生辐射状裂纹，不致伤人。夹层玻璃抗冲击强度优于普通平板玻璃，并有耐光、耐热、耐湿、耐寒、隔声等特殊功能，多用于与室外接壤的门窗。

夹丝玻璃是将普通平板玻璃加热到红热软化状态，再将预热处理过的钢丝或钢丝网压入玻璃中间而制成的。它的特性是防火性优越，可遮挡火焰，高温燃烧时不炸裂，破碎时不会造成碎片伤人。另外夹丝玻璃还具有防盗性能，玻璃割破还有铁丝网阻挡。夹丝玻璃多用于高层楼宇和震荡性强的厂房，以及屋顶天窗、阳台窗等。

防弹玻璃是将两片或两片以上原片玻璃中间用 PVB 胶片，在一定的温度和压力下胶合而成的多层玻璃组合体，在武器射程范围内，可以抵抗子弹穿透，具有防弹、防爆、防盗功能。此外，防弹玻璃还具有夹层玻璃的共性。

4．装饰玻璃

装饰玻璃主要有毛玻璃、彩色玻璃、压花玻璃、光栅玻璃等，主要用于门窗、室内间隔、浴厕等处，有良好的装饰效果。

二、玻璃的火灾高温特性

火灾中当玻璃受到高温作用时，玻璃受火面温度升高，背火面及其他未受火烤的区域，由于玻璃热导率小，仍维持较低温度，于是在玻璃内产生热应力。这个应力若超过玻璃强度，玻璃就会炸裂。玻璃在局部温度达到 250℃就会发生炸裂现象，火灾中火焰温度达 700～1000℃，玻璃很快会炸裂而失去隔火隔烟作用。在火焰高温持续作用下，玻璃到 700～800℃时开始软化，到 900～950℃时熔化，因此玻璃虽然是不燃烧材料，但耐火性能很差，普通玻璃制品的耐火极限很低。

三、防火玻璃

防火玻璃在火灾时的作用主要是控制火势的蔓延和隔烟，是一种措施型的防火材料，其防火效果以耐火性能进行分类。

（一）防火玻璃的分类

防火玻璃的耐火完整性指在标准耐火试验下，玻璃构件当其一面受火时，能在一定时间内防止火焰和热气穿透或在背火面出现火焰的能力。

防火玻璃的耐火隔热性指在标准耐火试验下，玻璃构件当其一面受火时，能在一定时间内使其背火面温度不超过规定值的能力。

1．防火玻璃按耐火性能分类

（1）隔热型防火玻璃（A 类）。隔热型防火玻璃指耐火性能同时满足耐火完整性和耐火隔热性要求的防火玻璃。此类玻璃具有透光、防火（隔烟、隔火、遮挡热辐射）、隔声、抗冲击等性能，适用于建筑装饰钢木防火门、窗、隔断、采光顶、挡烟垂壁、透视地板及其他需要既透明又防火的建筑构件中。

（2）非隔热型防火玻璃（C 类）。非隔热型防火玻璃指只满足耐火完整性要求的防火玻璃。此类玻璃具有透光、防火、隔烟、强度高等特点，适用于无隔热要求的防火玻璃隔断、防火窗、室外幕墙等。

2．防火玻璃按结构分类

防火玻璃按结构可分为复合防火玻璃（以 FFB 表示，属于 A 类）和单片防火玻璃（以 DFB 表示，属于 C 类）。

（1）复合防火玻璃（干法）。由两层或两层以上玻璃复合而成或由一层玻璃和有机材料复合而成，其中有防火胶夹层。

防火原理：火灾发生时，向火面玻璃遇高温后很快炸裂，其防火胶夹层相继发泡膨胀 10 倍左右，并大量吸收火焰燃烧所带来的高热量，形成坚硬的乳白色泡状防火胶板，其坚硬程度可保证耐火完整性，而多孔的结构使其具有隔热作用。因此，复合型隔热防火玻璃既可有效地阻隔高温，又可隔绝火焰、烟雾及有毒气体。

适用范围：建筑物房间、走廊、通道的防火门窗及防火分区和重要部位防火墙。

（2）单片防火玻璃。单片防火玻璃又分为硼硅单片防火玻璃、铯钾单片防火玻璃、高强度单片防火玻璃。

1）硼硅单片防火玻璃是选用含高硼硅的经浮法工艺生产出的一种原片玻璃，进行钢化加工而成的。它的防火性能源自于其很低的热膨胀系数，仅为（3.3 ± 0.1）$\times10^{-6}$/K，比普通玻璃（硅酸盐玻璃）低 2～3 倍。此外，硼硅单片防火玻璃还具有高软化点，极好的抗热冲击性和黏性等特质。因此，当火灾发生时，硼硅单片防火玻璃不易膨胀碎裂，是一种高稳定性的单片防火玻璃，其耐火时限高达 3h。

2）铯钾单片防火玻璃是由普通浮法玻璃经过特殊的化学处理及物理钢化处理制作而成的。其中，化学处理的作用是在玻璃表面做离子交换，使玻璃表层碱金属离子被熔盐中的其他碱金属离子置换，从而增加了玻璃强度，提高了抗热冲击性能。而特殊的物理钢化处理，使其达到安全玻璃的要求。

3）高强度单片防火玻璃是经过特殊的物理钢化处理（大风压）而制成的防火玻璃。高强度单片防火玻璃具有优越的耐火性能，在高达1000℃的火焰冲击下能保持1.5h以上不炸裂，并且强度高、安全性好、耐候性高、可加工性能好，可根据实际要求加工成防火夹层玻璃、防火中空玻璃、点支防火式幕墙玻璃、防火镀膜玻璃等，适合建筑物室内和室外的应用。

3．防火玻璃按耐火极限分类

防火玻璃按耐火极限可分为五个等级：0.5h、1h、1.5h、2h、3h。

（二）防火玻璃的应用

防火玻璃在实际应用和防火监督中，仍存在一些不可忽视的问题。

1．防火玻璃和防火玻璃隔墙区分

一些建筑玻璃运用在商业步行街内的精品店隔墙、大商业空间中的玻璃防火墙、中庭分隔、观景竖井的观景窗中时，既要防火分隔又要美观通透，就会将防火玻璃隔墙作为防火分隔措施来设置。一些施工方按要求购买防火玻璃，按照普通玻璃隔墙做法将防火玻璃用胶条固定在框架中，封上胶水，作为防火玻璃隔墙。而忽略了防火玻璃隔墙是由防火玻璃、框架、密封材料、垫块等防火构件组成的一个完整的体系。防火玻璃只是防火玻璃隔墙的组成部分，必须与镶嵌框架和防火密封材料等进行组合安装，才能构成防火玻璃隔墙，里面使用到的所有构件材料都必须达到规范相应的技术标准。

2．防火玻璃隔墙的设计施工

设计和施工单位对防火玻璃的检测报告存在误区，认为只要所选用的防火玻璃有检测报告就可以了，忽略了整套防火玻璃隔墙的防火测试、详细尺寸、材料使用、防火性能的完整资料。该资料包括系统使用的各种框架材料和配件的种类、厚度、形状、尺寸、装配细节、节点图，甚至连固定螺钉的大小和位置的详细描述。

3．防火玻璃的安装

防火玻璃隔墙的耐火极限还取决于框架结构和玻璃与框架的链接固定方式，检查中还应该检查防火玻璃隔墙的工程做法是否按照生产企业提供的施工工艺进行安装施工。例如隔热型框架系统因为使用的是复合隔热型防火玻璃，受热时玻璃内胶体会发泡膨胀，所以在安装时玻璃与框架间要留有一定空隙；非隔热型框架系统使用的是单片防火玻璃，在火灾中，单片防火玻璃会软化下垂，所以安装框架系统应紧夹玻璃，不能留有空隙。

4．防火玻璃加喷淋保护时应注意的问题

选择适当的喷淋系统保护可以有效延长单片防火玻璃的耐火极限，确保人员安全疏散。目前此种设计大量应用于大型商业综合体和步行街中，由非隔热型单片防火玻璃和喷淋系统共同起到防火隔热作用。此做法中最关键的是喷淋系统对非隔热型单片防火玻璃保护的效果，因为一旦失去喷淋系统的保护，非隔热型单片防火玻璃将很快失效。在建筑装修使用中，存在不同程度的问题影响了喷淋系统对它的保护作用。例如商铺内有的顶棚或造型对喷淋和防火玻璃之间造成遮挡；有的建筑中喷淋系统水量、压力和持续时间不能达到设计要求；有的施工单位或维保单位使用的喷头类型错误等。

【思考与练习题】

1. 建筑玻璃的火灾高温特性是什么？

2. 防火玻璃主要有哪几种？在建筑中如何正确运用？

第五节　建 筑 塑 料

【学习目标】

1. 了解建筑塑料的分类与性质。
2. 掌握建筑塑料的火灾高温特性及防火保护方法。

建筑塑料是用于建筑工程的塑料制品的统称。塑料可加工成各种形状和颜色的制品，其加工方法简便，自动化程度高，生产能耗低。因此，塑料制品已广泛应用于工业、农业、建筑业和生活日用品中。

一、建筑塑料的分类与性质

（一）塑料的组成

1. 合成树脂

合成树脂由低分子质量的简单分子通过聚合或缩聚反应制成。合成树脂是塑料中主要成分，一般占 30%～60%，在塑料中起胶结作用，塑料的性质主要取决于合成树脂。

2. 填料

常用填料有木粉、石粉、炭黑、滑石粉、玻璃纤维，约占 20%～50%。加入填料可以降低塑料成本，同时可增加塑料强度、硬度和耐热性。

3. 外加剂

外加剂有固化剂、增塑剂、着色剂、稳定剂、润滑剂，发泡剂、抗静电剂、阻燃剂等。可根据不同要求加入某些外加剂，以改善某一方面的性能。

（二）塑料的分类

1. 热塑性塑料

热塑性塑料受热时软化，冷却时变硬，可多次反复进行，长久保持这种热塑性能。

2. 热固性塑料

第一次受热时软化，继续加热则分子间交联而固化，冷却后再加热则不再软化。

（三）塑料性质

多数塑料耐腐蚀性比较好，耐酸、耐碱、耐盐，但抗老化性能差，在光、热、电的作用下，会使性质恶化而失去弹性，变硬、变脆，出现龟裂。常用塑料的主要特性和应用见表 3-4。

表 3-4 常用塑料的主要特性和应用

塑料名称	代号	使用温度（℃）	抗拉强度（MPa）	主要特性	应用
聚乙烯	PE	−70～100	8～36	优良的耐磨性，尤其是高频绝缘性	水管、冷水容器、通风透明板、防潮层
聚丙烯	PP	−35～121	40～49	密度小、力学性能较高，耐热性好，耐蚀性优良，高频绝缘性良好，不受湿度影响，低温易老化	塑料家具、污水管、管道附件
聚氯乙烯	PVC	−15～55	30～60	优良的耐蚀性、可改性。硬聚氯乙烯强度高；软聚氯乙烯强度低，延伸率大，易老化；泡沫聚氯乙烯质轻	下水管道、安全玻璃、窗框、屋面板、电缆绝缘材料
聚苯乙烯	PS	−30～75	60	优良的电绝缘性，尤其是高频绝缘性，无色透明，着色性好，质脆，不耐苯、汽油等有机溶剂，可改性	绝缘件、透明件、装饰件（面砖、天花板）
有机玻璃	PMMA	−60～100	42～50	透光性、着色性好，表面硬度不高，易擦伤，可改性	透明件、装饰件等
聚酰胺（尼龙）	PA	<100	45～90	坚韧，耐磨、耐疲劳，耐油，耐水，抗霉菌，无毒，吸水性大。尼龙：弹性好，冲击强度高。芳香尼龙：耐热	窗帘滑道、门窗、家具、球阀
ABS 塑料	ABS	−60～100	21～63	综合性能良好，强度较高，冲击韧性，耐热、表面硬度高，尺寸稳定、耐化学性及电性能良好，易成形和机械加工	一般机械零件，壳体、压力管道、贮槽
聚甲醛	POM	−40～100	60～75	良好的综合力学性能；强度、刚性、冲击疲劳，蠕变等均较高；减摩耐磨性良好，吸水性好，尺寸稳定性好	水暖器材配件
聚四氟乙烯	F4	−180～260	21～28	耐所有化学药品（包括王水）的腐蚀，摩擦系数低，不黏，不吸水，流动性好，不能注射成形	耐腐蚀件、减摩耐磨件、密封件、绝缘件等
聚砜	PSE	−65～150	～70	强度高，冲击强度大，在水、湿空气或高温下具有良好绝缘性，不耐芳香烃及卤代烃	高强度耐热件、绝缘件及传动件、高频印刷电路板等
酚醛塑料	PF	<140	21～56	优良的耐热、绝缘、化学稳定及尺寸稳定性，抗蠕变性能优良，因填料不同性能有差异	电气设备附件、门、家具、油漆涂料、
环氧塑料	EP	−80～155	56～70	强度较高，电绝缘性优良，化学稳定性好，耐有机溶剂性好，因填料不同性能有差异	塑料膜、地面卷材、电子元件、胶黏剂

二、塑料的火灾高温特性

大部分塑料是可燃材料，少部分是难燃材料。塑料在火灾中具有燃烧热大、火焰温度高、燃烧速度快、释放出大量烟及有毒气体等特点。

（一）塑料燃烧过程

塑料燃烧属于热分解式燃烧。其燃烧过程包括加热熔融、热分解和着火燃烧等过程。

1. 加热熔融

塑料具有较高的强度，良好的耐腐蚀性与绝缘性，但其致命弱点是耐热性差，稍微加热即发生软化，机械强度降低，变成橡胶状物质。

2. 热分解

温度继续升高，黏稠状物质的分子间的键开始断裂，分解成分子量较小的物质。塑料的热分解温度一般为 200～400℃，热分解产物大多数是可燃的、有毒的。在热分解过程中还会产生微碳粒烟尘而冒黑烟。在缺氧条件下，如在密封的房间内，这些热分解产物会越聚越多，一旦房间的门窗打开，与新鲜空气混合，有可能发生“爆燃”现象，促使火灾猛烈发展。

3．着火燃烧

当塑料分解产物浓度超过爆炸下限时，遇明火会发生一闪即灭的现象，即闪燃。发生闪燃的最低温度称为闪点，塑料在实际火灾中闪燃现象是不明显的。进一步提高温度，热分解速度加快，则会发生连续燃烧。

（二）塑料燃烧特点

总体来说，大多数塑料燃烧时具有如下特征：①塑料燃烧发热量高；②塑料发烟量大；③产生刺激性、腐蚀性和毒性气体多；④燃烧中产生变形、软化、熔融、滴落；⑤供氧不足时呈不完全燃烧，放出大量黑烟，或者由于着火温度高，着火迟缓，不完全燃烧的黑烟使有害气体富集。

塑料的燃烧，当热分解产生后，无论在充分燃烧或不充分燃烧条件下都生成 CO 和 CO_2 有害气体。对于含有氯、氟、氮、硫等元素的高聚物，燃烧时则产生 NH_3、NO、NO_2、HCN、Cl_2、HCl、HF、$COCl_2$ 等有毒气体，还具有强烈的刺激性和腐蚀性。

各种塑料热分解产物、燃烧产物及发烟率见表 3-5，燃烧时产生的毒气或蒸气见表 3-6。

表 3-5　各种塑料热分解产物、燃烧产物及发烟率

材料名称	代　号	热分解产物	燃烧产物	发烟率
聚烯烃	PO	烯烃、链烷烃、环烷烃	CO、CO_2	1900
聚苯乙烯	PS	苯乙烯单位及二聚物、三聚物	CO、CO_2	1600
聚氯乙烯	PVC	氯化氢、芳香化合物、多环状碳氢化物、	HCl、CO、CO_2、HF	930
含氟聚合物		四氟乙烯、八氟异丁烯		190
聚丙烯腈	PAN	丙烯腈单体、氰化氢	CO、CO_2、NO_2	1220
聚甲基丙烯酸甲酯	PMMA	丙烯酸甲酯单体	CO、CO_2	360
尼龙 6	PA-6	己内酰胺	CO、CO_2、NH_3	320
尼龙 66	PA-66	胺、CO、CO_2	CO、CO_2、NH_3、胺	/
酚醛树脂	PF	苯酚、甲醛	CO、CO_2、甲酸	60
脲醛树脂	UF	氨、甲胺、煤灰状残渣	CO、CO_2、NH_3	/
环氧树脂	EP	苯酚、甲醛	CO、CO_2、甲酸	60

表 3-6　建筑塑料燃烧时产生的毒气或蒸气

塑　料	毒气、蒸气	塑　料	毒气、蒸气
含碳可燃物	CO_2、CO	三聚氰胺、尼龙	NH_3
聚氯乙烯	HCl、CO、Cl_2	酚醛、聚酯	醛类
含氟塑料	HCN	聚苯乙烯	苯
赛璐珞、聚氨酯	NO_2	酚醛树脂	苯酚
纤维素类塑料	HCOOH、CH_3COOH	发泡制品	双偶氮丁二腈

三、塑料的防火处理

塑料的防火处理主要是对塑料进行阻燃处理，将可燃、易燃的塑料变成难燃的塑料，使火灾难以蔓延。塑料的阻燃处理配方很多，可以根据要求选择，选择时要考虑阻燃效果好，阻燃剂材料来源丰富、便宜，无毒，并对材料的使用性能无多大影响。塑料的阻燃处理方法一般有以下三种：

（一）添加阻燃剂

在塑料中添加阻燃剂，使塑料制成品的燃烧特性得到改善。阻燃剂分为无机阻燃剂和有机阻燃剂。

无机阻燃剂有氢氧化铝、氢氧化镁、碳酸镁、硼酸锌、三氧化二锌。这类阻燃剂热稳定性好，不产生腐蚀性气体，不挥发、效果持久，没有毒性，因而使用量急剧增加。

有机阻燃剂包含磷系和卤素两个系列，有磷酸三辛酯、磷酸丁乙醚酯，氯化石蜡、六溴苯、十溴联苯醚等。有机阻燃剂发烟量大，有毒性，应用受到限制。

添加无机填充剂抑烟，常用石棉、玻璃纤维、石英、陶土作填充剂，以降低高聚物中可燃成分含量。此外，钒、镍、钼、铁、硅等化合物和锌镁复合剂也有抑烟作用。在捕捉有毒气体方面，添加碳酸钙、氢氧化铝、氢氧化镁等捕捉含卤塑料燃烧产生的卤化氢。添加钼系抑烟剂一般量为2%～3%，可降低30%～80%的生烟量。

（二）共混

将原来阻燃性较差的树脂与阻燃性好的树脂按适当比例进行共混。在所有塑料树脂中，含卤素聚合物一般是难燃的，将阻燃性差的树脂与卤素树脂共混，则得到比原有树脂好的阻燃性能。例如在 ABS 树脂中加入聚氯乙烯。

（三）接枝

在基础聚合物上用阻燃性好的单体进行接枝共聚，例如在 ABS（工程塑料）树脂接枝上氯乙烯单体，氯乙烯含量达到一定数量，就具有较好的阻燃性能。

【思考与练习题】

1．建筑中有哪些常用的塑料制品？
2．简述对建筑塑料进行防火处理后的优缺点。

第六节　木　　材

【学习目标】

1. 了解木材的组成及运用。
2. 掌握木材的火灾特性及防火保护方法。
3. 古建筑防火保护。

木材具有材质轻、强度大、热导率小、容易加工、装饰性好、取材广泛等优点，因此作为一种重要的建筑材料在建筑发展过程中得到广泛应用。

一、木材的力学性能

木材主要是由占90%的纤维素、半纤维素和木质素以及占10%的浸提成分（如挥发油、树脂、鞣料和其他醇类化合物）组成的。其具有强度较高、自重小、易加工、色彩纹理美观，有较好的弹塑性等特点。但木材有构造不均匀，易开裂、变形，易燃烧等不足之处。

二、木材的火灾高温特性

木材易燃烧，木材含水量的多少和截面面积大小对木材着火的难易程度、燃烧速度、导热性和导电性都有很大影响。木材含水量越大多，截面面积越大，木材越不易燃烧。

木材在受热的条件下，往往会发生热分解作用。在100～150℃的范围内，木材受热时仅蒸发出水分，其化学组成几乎没有明显的变化。在150～200℃时，木材的热分解作用逐渐明显，半纤维素开始分解，生成的气体中CO_2大约占70%，CO大约占30%，热解混合气体的热值为4.8MJ/m^3，木材表面变成褐色。由于木材在受热分解的同时放出热量，所以木材持续处在100～200℃的环境中时就有可能被点燃或发生自燃，这一过程所持续的时间依环境温度及散热条件而定。当温度继续上升达到220～290℃时，半纤维素发生急剧的热分解，纤维素、木质素开始分解。该温度范围为木材的燃点范围，反应以放热为主。热分解所产生的气体中CO_2、CO的含量减少，甲烷、乙烷及含氧碳氢化合物等可燃气体的含量增加，热解混合气体的热值达到16MJ/m^3。此时如遇外来火源就极有可能被点燃，产生光和热形成木材的气相燃烧。燃烧释放的热量再传递回木材，使木材的温度不断上升，热分解不断加剧，这样循环往复使火越烧越旺。随着温度的继续升高，达到450℃以上时，木材表面与氧气反应形成固相燃烧。

在实际木结构建筑中，火灾温度可高达800～1300 ℃。从起火发展为猛烈燃烧的时间为4～14min，高温持续时间短，800℃以上时间不超过20min。作为结构材料，火灾时，木结构比钢结构有较高的稳定性。主要原因是木质材料有较低的热导率和热膨胀系数，在热的作用下可保持稳定状态，而钢结构受热后产生较大变形破坏。

木材燃烧时的热解产物高达200多种，主要是二氧化碳、一氧化碳、甲烷、乙烷、各种醛类、酸类、醇类等。木材及木质材料中的树脂在空气中燃烧时产生的有害气体见表3-7。空气中的氧含量为21%；火灾初期氧气含量为16%～19%；当火灾发展到全面燃烧阶段时，氧气含量迅速减少，二氧化碳和一氧化碳含量迅速增加。木质材料的起火温度低，起火后迅速燃烧并释放出大量热量，同时高温引起热气流和高强度辐射热，使火灾迅速蔓延。高分子热解燃烧时消耗氧气，使空气中氧气含量减少，不充分燃烧使一氧化碳含量迅速增加，导致人员窒息和中毒。

表3-7 木材及木质材料中的树脂在空气中燃烧时产生的有害气体（燃烧温度800℃）

材料名称	空气供给量（L/h）	1g试样燃烧后的产物（mg）							
		CO_2	CO	N_2O	NH_3	HCN	CH_4	C_2H_4	C_2H_2
杉木	100	1 573	16						
	50	1 397	66				20	1.1	2.1
尿醛树脂	100	1 193							
	500	980	80			22			
三聚氰胺甲醛树脂	100	576	194	34	84	96			
	500	702	196	27	136	59			
酚醛树脂	0	270	1620				126	15	10

三、木材及木制品的防火处理

由于木材具有可燃性，一旦起火，就极易造成火势的发展蔓延，引起人员伤亡和财产损失，因此必须对其进行防火处理以降低其可燃性。经防火处理的木材及木制品，其燃烧性能等级可从可燃性材料（B_2级）提高到难燃性材料（B_1级）。

对木材及木制品的防火处理有浸渍、添加阻燃剂和涂覆三种方法。

（一）浸渍

浸渍按工艺可分为常压浸渍、热浸渍和加压浸渍三种。

1. 常压浸渍

在常压室温条件下，将木材浸渍在黏度较低的含有阻燃剂的溶液中，使阻燃剂溶液渗入到木材表面的组织中，经干燥使水分蒸发，阻燃剂留在木材的浅表面层内。这种方法由于浸入的阻燃剂不多，阻燃效果受到限制，但其方法简单，适用于阻燃效果要求不高，木材密度不大的薄板材。

2. 热浸渍

在常压下将木材放入热的阻燃剂溶液中浸渍，直至药液冷却。因为木材受热，内部气体膨胀而释放出来，等到阻燃剂冷却后，木材内部孔隙就可以多吸收些阻燃剂溶液。然后干燥将阻燃剂留在木材孔隙内。

3. 加压浸渍

先将木材放在高压容器中，抽真空到 7.9～8.6kPa，并保持 15min 到 1h，再注入含有阻燃剂的浸渍液并加压到 1.2MPa，在 65℃的温度下保持 7h，解除压力后，排除阻燃剂药液，为避免木材取出时继续滴液，可再次抽真空数分钟，最后放入烘窑进行干燥。加压浸渍适用于阻燃要求高的木材。

浸渍效果好坏与木材密度关系很大。密度大的木材，如柞木、落叶松，由于其内部孔隙少，浸渍液很难渗入到内部；而密度小的木材，如毛白杨、桦木，内部孔隙多，浸渍液比较容易渗入。

（二）添加阻燃剂

在生产纤维板、胶合板、刨花板、木屑板的过程中，可以添加适量的阻燃剂，以得到较好的阻燃特性。添加型阻燃剂应与胶黏剂及其他添加料很好地相溶。用来制造人造板材的单板、刨花、纤维如果预先浸渍处理，则阻燃效果会更好。阻燃胶合板就是采用这种方法制造的。它用于有阻燃要求的公共建筑和民用建筑内部的顶棚和墙面装修，也可制成阻燃家具。

（三）涂覆

涂覆就是在需要进行阻燃处理的木材表面涂覆防火涂料。在实际工程中常用饰面型防火涂料，这种涂料除了具备好的阻燃性以外，还具有较好的着色性、透明度、黏着力、防水、防腐蚀等普通涂料所具有的性能。

【思考与练习题】

木材的火灾高温特性有哪些？通常有哪些防火处理措施？

第四章　建筑物耐火等级

建筑物的耐火等级是指建筑物整体的耐火性能，它是研究建筑防火措施、规定不同用途建筑物需采取相应防火措施的基本依据。正确选择和确定建筑的耐火等级，是防止建筑火灾发生和阻止火势蔓延扩大的一项基本措施。对于建筑物应选择哪一级耐火等级，应根据建筑物的使用性质、火灾危险性大小、建筑层数等来确定，如性质重要、规模较大、存放贵重物资，或大型公共建筑，或工作使用环境有较大火灾危险性的，应采用较高的耐火等级，反之，可选择较低的耐火等级。

第一节　建筑构件的燃烧性能和耐火极限

【学习目标】

1. 掌握建筑构件的燃烧性能的概念和分类。
2. 掌握建筑构件耐火极限的概念。

一、建筑构件的燃烧性能

建筑物的构件主要包括建筑的墙、柱、梁、楼板、屋顶承重构件、顶棚等，建筑构件的耐火性能包括构件的燃烧性能和构件的耐火极限两方面。建筑构件的燃烧性能分为不燃性、难燃性和可燃性。

1. 不燃性

用不燃烧性材料做成的构件统称为不燃性构件。不燃烧材料是指在空气中受到火烧或高温作用时不起火、不微燃、不炭化的材料，如钢材、混凝土、砖、石、砌块、石膏板等。

2. 难燃性

用难燃烧性材料做成的构件或用燃烧性材料做成而用非燃烧性材料做保护层的构件统称为难燃性构件。难燃烧性材料是指在空气中受到火烧或高温作用时难起火、难微燃、难炭化，当火源移走后燃烧或微燃立即停止的材料，如沥青混凝土、经阻燃处理后的木材、塑料、水泥、刨花板、板条抹灰墙等。

3. 可燃性

用燃烧性材料做成的构件统称为可燃性构件。燃烧性材料是指在空气中受到火烧或高温作用时立即起火或微燃，且火源移走后仍继续燃烧或微燃的材料，如木材、竹子、刨花板、宝丽板、塑料等。

为确保建筑物在受到火灾危害时，在一定时间内不垮塌，并阻止、延缓火灾的蔓延，建筑构件多采用不燃烧材料或难燃烧性材料。这些材料在受火时，不会被引燃或很难被引燃，从而降低了结构在短时间内破坏的可能性。这类材料如混凝土、粉煤灰、炉渣、陶粒、钢材、珍珠岩、石膏以及一些经过阻燃处理的有机材料等不燃烧材料或难燃烧性材料。建筑构件的选用上，总是尽可能不增加建筑物的火灾荷载。

二、建筑构件的耐火极限

（一）概念

耐火极限就是在标准耐火试验条件下，建筑构件、配件或结构从受到火的作用时起，至失去承载能力、完整性或隔热性时止所用的时间，用小时（h）表示。

标准耐火试验条件是指符合国家标准规定的耐火试验条件。对于升温条件，不同使用性质和功能的建筑，火灾类型可能不同，因而在建筑构配件的标准耐火性能测定过程中，受火条件也有所不同，需要根据实际的火灾类型确定不同标准的升温条件。目前，我国对于以纤维类火灾为主的建筑构配件耐火试验主要参照ISO 834标准规定的时间-温度标准曲线进行试验。对于石油化工建筑、通行大型车辆的隧道等以烃类为主的场所，结构的耐火极限需采用碳氢时间-温度曲线等相适应的升温曲线进行试验测定。对于不同类型的建筑构件，耐火极限的判断标准也不一样，比如非承重墙体，其耐火极限测定主要考察该墙体在试验条件下的完整性能和隔热性能，而柱的耐火极限测定则主要考察其在试验条件下的承载力和稳定性能。因此，对于不同的建筑结构或构配件，耐火极限的判定标准和所代表的含义也不完全一致，详见现行国家标准《建筑构件耐火试验方法》（GB/T 9978.1～GB/T 9978.9）。《建筑构件耐火试验方法　第1部分：通用要求》（GB/T 9978.1—2008）中承载能力是指承重构件承受规定的试验荷载，其变形的大小和速率均未超过标准规定极限值的能力。完整性是指在标准耐火试验条件下，建筑构件当某一面受火时，在一定时间内阻止火焰和热气穿透或在背火面出现火焰的能力。隔热性是在标准耐火试验条件下，建筑构件当某一面受火时，在一定时间内背火面温度不超过规定极限值的能力。

（二）影响耐火极限的因素

在火灾中，建筑耐火构配件起着阻止火势蔓延扩大、延长支撑时间的作用，它们的耐火性能直接决定着建筑物在火灾中的失稳和倒塌的时间。影响建筑构配件耐火性能的因素有材料本身的属性、构配件的结构特性、材料与结构间的构造方式、材料的老化性能、火灾种类和使用环境要求等多方面的因素。

【思考与练习题】

1．什么是建筑构件的耐火极限？

2．影响构件耐火极限的因素有哪些？

第二节　建筑物耐火等级的选用

【学习目标】

掌握建筑耐火等级的选用及其要求。

建筑物的耐火等级是衡量建筑物耐火程度的分级标准。规定建筑物的耐火等级是建筑设计防火技术措施中最基本的措施之一。根据建筑物使用性质、重要程度、规模大小、层数高低和火灾危险性的不同，提出不同的耐火等级要求。为了既有利于消防安全，又有利于节约基本建设投资，建筑物根据耐火等级分为一级耐火等级建筑物、二级耐火等级建筑物、三级耐火等级建筑物和四级耐火等级建筑物。在防火设计中，建筑构件的耐火极限是衡量建筑物的耐火等级的主要指标。建筑耐火等级是由组成建筑物的墙、柱、楼板、屋顶承重构件和顶棚等主要构件的燃烧性能和耐火极限决定的。

一、工业建筑

工业建筑发生火灾时造成的生命、财产损失与建筑内物质的火灾危险性、工艺及操作的火灾危险性和采取的相应措施等直接相关。在进行防火设计时，必须首先判断其火灾危险程度的高低，再进行防火防爆对策。工业建筑按照使用性质的不同，分为加工、生产类厂房和仓储类库房两大类。

由于可燃物的种类很多，各种气体、液体与固体不同的性质形成了不同的危险性，并且同样的物品采用不同的工艺和操作，产生的危险性也不相同，现行有关国家标准对不同生产和储存场所的火灾危险性进行了分类，这些分类标准是经过大量的调查研究，并经过多年的实践总结出来的，是工业企业防火设计中的技术依据和准则。实际设计中，确定了具体建设项目的生产和储存物品的火灾危险性类别后，才能按照所属的火灾危险性类别采取对应的防火与防爆措施，如确定建筑物的耐火等级、层数、面积，设置必要的防火分隔物、安全疏散设施、防爆泄压设施、消防给水和灭火设备、防烟排烟和火灾报警设备，以及与周围建筑之间的防火间距等。对生产和储存物品的火灾危险性进行分类，对保护劳动者和广大人民群众的人身安全、维护工业企业正常的生产秩序、保护国家财产，具有非常重要的意义。

（一）生产的火灾危险性分类

生产的火灾危险性是指生产过程中发生火灾、爆炸事故的原因、因素和条件，以及火灾扩大蔓延条件的总和。它取决于物料及产品的性质、生产设备的缺陷、生产作业行为、工艺参数的控制和生产环境等诸多因素的交互作用。评定生产过程的火灾危险性，就是在了解和掌握生产中所使用物质的物理、化学性质和火灾、爆炸特性的基础上，分析物质在加工处理过程中同作业行为、工艺控制条件、生产设备、生产环境等要素的联系与作用，评价生产过程发生火灾和爆炸事故的可能性。

厂房的火灾危险性类别是以生产过程中使用和产出物质的火灾危险性类别确定的，物质的火灾危险性是确定生产的火灾危险性类别的基础。厂房的火灾危险性分类及举例见表 4-1。

表 4-1 厂房的火灾危险性分类及举例

生产类别	火灾危险性特征	火灾危险性分类举例
甲	生产时使用或产生的物质特征： 1. 闪点<28℃的液体 2. 爆炸下限<10%的气体 3. 常温下能自行分解或在空气中氧化即能导致迅速自燃或爆炸的物质 4. 常温下受到水或空气中水蒸气的作用，能产生可燃气体并引起燃烧或爆炸的物质 5. 遇酸、受热、撞击、摩擦、催化以及遇有机物或硫黄等易燃的无机物，极易引起燃烧或爆炸的强氧化剂 6. 受撞击、摩擦或与氧化剂、有机物接触时能引起燃烧或爆炸的物质 7. 在密闭设备内操作温度不小于物质本身自燃点的生产	1. 闪点<28℃的油品和有机溶剂的提炼、回收或洗涤部位及其泵房，橡胶制品的涂胶和胶浆部位，二硫化碳的粗馏、精馏工段及其应用部位，青霉素提炼部位，原料药厂的非纳西汀车间的烃化、回收及电感精馏部位，皂素车间的抽提、结晶及过滤部位，冰片精制部位，农药厂乐果厂房、敌敌畏的合成厂房，磺化法糖精厂房，氯乙醇厂房，环氧乙烷、环氧丙烷工段，苯酚厂房的硫化、蒸馏部位，焦化厂吡啶工段，胶片厂片基厂房，汽油加铅室，甲醇、乙醇、丙酮、丁酮异丙醇、醋酸乙酯、苯等的合成或精制厂房，集成电路工厂的化学清洗间（使用闪点<28℃的液体），植物油加工厂的浸出厂房 2. 乙炔站，氢气站，石油气体分馏（或分离）厂房，氯乙烯厂房，乙烯聚合厂房，天然气、石油伴生气、矿井气、水煤气或焦炉煤气的净化（如脱硫）厂房压缩机室及鼓风机室，液化石油气罐瓶间，丁二烯及其聚合厂房，醋酸乙烯厂房，电解水或电解食盐厂房，环己酮厂房，乙基苯和苯乙烯厂房，化肥厂的氢氮气压缩厂房，半导体材料厂使用氢气的拉晶间，硅烷热分解室 3. 硝化棉厂房及其应用部位，赛璐珞厂房，黄磷制备厂房及其应用部位，三乙基铝厂房，染化厂某些能自行分解的重氮化合物生产，甲胺厂房，丙烯腈厂房 4. 金属钠、钾加工房及其应用部位，聚乙烯厂房的一氯二乙基铝部位，三氯化磷厂房，多晶硅车间三氯氢硅部位，五氧化磷厂房 5. 氯酸钠、氯酸钾厂房及其应用部位，过氧化氢厂房，过氧化钠、过氧化钾厂房，次氯酸钙厂房 6. 赤磷制备厂房及其应用部位，五硫化二磷厂房及其应用部位 7. 洗涤剂厂房石蜡裂解部位，冰醋酸裂解厂房
乙	生产时使用或产生的物质特征： 1. 闪点≥28℃至<60℃的液体 2. 爆炸下限≥10%的气体 3. 不属于甲类的氧化剂 4. 不属于甲类的易燃固体 5. 助燃气体 6. 能与空气形成爆炸性混合物的浮游状态的粉尘、纤维、闪点≥60℃的液体雾滴	1. 闪点≥28℃至<60℃的油品和有机溶剂的提炼、回收、洗涤部位及其泵房，松节油或松香蒸馏厂房及其应用部位，醋酸酐精馏厂房，己内酰胺厂房，甲酚厂房，氯丙醇厂房，樟脑油提取部位，环氧氯丙烷厂房，松针油精制部位，煤油灌桶间 2. 一氧化碳压缩机室及净化部位，发生炉煤气或鼓风炉煤气净化部位，氨压缩机房 3. 发烟硫酸或发烟硝酸浓缩部位，高锰酸钾厂房，重铬酸钠（红钒钠）厂房 4. 樟脑或松香提炼厂房，硫黄回收厂房，焦化厂精萘厂房 5. 氧气站，空分厂房 6. 铝粉或镁粉厂房，金属制品抛光部位，镁粉厂房、面粉厂的碾磨部位、活性炭制造及再生厂房，谷物筒仓工作塔，亚麻厂的除尘器和过滤器室
丙	生产时使用或产生的物质特征： 1. 闪点≥60℃的液体 2. 可燃固体	1. 闪点≥60℃的油品和有机液体的提炼、回收工段及其抽送泵房，香料厂的松油醇部位和乙酸松油脂部位，苯甲酸厂房，苯乙酮厂房，焦化厂焦油厂房，甘油、桐油的制备厂房，油浸变压器室，机器油或变压油灌桶间，柴油灌桶间，润滑油再生部位，配电室（每台装油量>60kg 的设备），沥青加工厂房，植物油加工厂的精炼部位 2. 煤、焦炭、油母页岩的筛分、转运工段和栈桥或储仓，木工厂房，竹、藤加工厂房，橡胶制品的压延、成型和硫化厂房，针织品厂房，纺织、印染、化纤生产的干燥部位，服装加工厂房，棉花加工和打包厂房，造纸厂备料、干燥厂房，印染厂成品厂房，麻纺厂粗加工厂房，谷物加工房，卷烟厂的切丝、卷制、包装厂房，印刷厂的印刷厂房，毛涤厂选毛厂房，电视机、收音机装配厂房，显像管厂装配工段烧枪间，磁带装配厂房，集成电路工厂的氧化扩散间、光刻间，泡沫塑料厂的发泡、成型、印片压花部位，饲料加工厂房
丁	生产特征： 1. 对不燃烧物质进行加工，并在高温或熔化状态下经常产生强辐射热、火花或火焰的生产 2. 利用气体、液体、固体作为燃料或将气体、液体进行燃烧作其他用的各种生产 3. 常温下使用或加工难燃烧物质的生产	1. 金属冶炼、锻造、铆焊、热扎、铸造、热处理厂房 2. 锅炉房，玻璃原料熔化厂房，灯丝烧拉部位，保温瓶胆厂房，陶瓷制品的烘干、烧成厂房，蒸汽机车库，石灰焙烧厂房，电石炉部位，耐火材料烧成部位，转炉厂房，硫酸车间焙烧部位，电极煅烧工段配电室（每台装油量≤60kg 的设备） 3. 铝塑料材料的加工厂房，酚醛泡沫塑料的加工厂房，印染厂的漂炼部位，化纤厂后加工润湿部位
戊	生产特征： 常温下使用或加工不燃烧物质的生产	制砖车间，石棉加工车间，卷扬机室，不燃液体的泵房和阀门室，不燃液体的净化处理工段，金属（镁合金除外）冷加工车间，电动车库，钙镁磷肥车间（焙烧炉除外），造纸厂或化学纤维厂的浆粕蒸煮工段，仪表、器械或车辆装配车间，氟利昂厂房，水泥厂的轮窑厂房，加气混凝土厂的材料准备、构件制作厂房

（1）同一座厂房或厂房的任一防火分区内有不同火灾危险性生产时，厂房或防火分区内的生产火灾危险性类别应按火灾危险性较大的部分确定。如在一座厂房中或一个防火分区内存在甲、乙类等多种火灾危险性生产时，甲类生产着火后，可燃物质足以构成爆炸或燃烧危险，则该建筑物中的生产类别应按甲类划分。

（2）当生产过程中使用或产生易燃、可燃物的量较少，不足以构成爆炸或火灾危险时，可按实际情况确定。如在一座厂房中或一个防火分区内存在甲、乙类等多种火灾危险性生产时，如果该厂房面积很大，其中甲类生产所占用的面积比例小，并采取了相应的工艺保护和防火防爆分隔措施将甲类生产部位与其他区域完全隔开，即使发生火灾也不会蔓延到其他区域时，该厂房可按火灾危险性较小者确定。

当符合下述条件之一时，可按火灾危险性较小的部分确定。

1）火灾危险性较大的生产部分占本层或本防火分区建筑面积的比例小于5%或丁、戊类厂房内的油漆工段小于10%，且发生火灾事故时不足以蔓延至其他部位或火灾危险性较大的生产部分采取了有效的防火措施。如在一座汽车总装厂房中，当喷漆工段占总装厂房的面积比例不足10%，并将喷漆工段采用防火分隔和自动灭火设施保护时，厂房的生产火灾危险性仍可划分为戊类。

2）丁、戊类厂房内的油漆工段，当采用封闭喷漆工艺，封闭喷漆空间内保持负压、油漆工段设置可燃气体探测报警系统或自动抑爆系统，且油漆工段占所在防火分区建筑面积的比例不大于20%。近年来，喷漆工艺有了很大的改进和提高，并采取了一些行之有效的防护措施，生产过程中的火灾危害减少，规定了在同时满足三个条件时，油漆工段面积比例最大可为20%。

（二）储存物品的火灾危险性分类

生产和贮存物品的火灾危险性有相同之处，也有不同之处。有些生产的原料、成品都不危险，但生产过程中或经化学反应后产生了中间产物，增加了火灾危险性。例如，可燃粉尘静止时不危险，但生产时，粉尘悬浮在空中与空气形成爆炸性混合物，遇火源则能爆炸起火，而贮存这类物品就不存在这种情况。与此相反，桐油织物及其制品，在贮存中火灾危险性较大，因为这类物品堆放在通风不良地点，受到一定温度作用时能缓慢氧化，积热不散会导致自燃起火，而在生产过程中不存在此种情况，所以要分别对生产和贮存物品的火灾危险性进行分类。

（1）储存物品的火灾危险性。储存物品的火灾危险性主要是根据储存物品本身的火灾危险性按《建筑设计防火规范（2018版）》（GB 50016—2014）分为甲、乙、丙、丁、戊五类，并吸收仓库贮存管理经验，参考危险货物运输规则相关内容而划分的。储存物品的火灾危险性分类及举例见表4-2。

表4-2　储存物品的火灾危险性分类及举例

类别	火灾危险性特征	举　例
甲	1．闪点<28℃的液体 2．爆炸下限<10%的气体，受到水或空气中水蒸气的作用能产生爆炸下限<10%气体的固体物质 3．常温下能自行分解或在空气中氧化能导致迅速自燃或爆炸的物质 4．常温下受到水或空气中水蒸气的作用能产生可燃气体并引起燃烧或爆炸的物质 5．遇酸、受热、撞击、摩擦以及遇有机物或硫黄等易燃的无机物，极易引起燃烧或爆炸的强氧化剂 6．受撞击、摩擦或与氧化剂、有机物接触时能引起燃烧或爆炸的物质	1．己烷、戊烷，石脑油，环戊烷，二硫化碳，苯，甲苯，甲醇，乙醇，乙醚，蚁酸甲酯、醋酸甲酯、硝酸乙酯，汽油，丙酮，丙烯，乙醚，60度以上的白酒 2．乙炔，氢，甲烷，乙烯，丙烯，丁二烯，环氧乙烷，水煤气，硫化氢，氯乙烯，液化石油气，电石，碳化铝 3．硝化棉，消化纤维胶片，喷漆棉，火胶棉，赛璐珞棉，黄磷 4．金属钾、钠、锂、钙、锶，氢化锂，四氢化锂铝，氢化钠 5．氯酸钾，氯酸钠，过氧化钾，过氧化钠，硝酸铵 6．赤磷，五硫化磷，三硫化磷

（续）

类别	火灾危险性特征	举　例
乙	1．闪点≥28℃至<60℃的液体 2．爆炸下限≥10%的气体 3．不属于甲类的氧化剂 4．不属于甲类的易燃固体 5．助燃气体 6．常温下与空气接触能缓慢氧化，积热不散引起自燃的物品	1．煤油，松节油，丁烯醇，异戊醇，丁醚，醋酸丁酯，硝酸戊酯，乙酰丙酮，环己胺，溶剂油，冰醋酸，樟脑油，蚁酸 2．氨气，液氯 3．硝酸铜，铬酸，亚硝酸钾，重铬酸钠，铬酸钾，硝酸，硝酸汞，硝酸钴，发烟硫酸，漂白粉 4．硫黄，镁粉，铝粉，赛璐珞板（片），樟脑，萘，生松香，硝化纤维漆布，硝化纤维色片 5．氧气，氟气 6．漆布及其制品，油布及其制品，油纸及其制品，油绸及其制品
丙	1．闪点≥60℃的液体 2．可燃固体	1．动物油，植物油，沥青，蜡，润滑油，机油，重油，闪点≥60℃的柴油，糖醛，白兰地成品库 2．化学、人造纤维及其织物，纸张，棉、毛、丝、麻及其织物，谷物，面粉，天然橡胶及其制品，竹、木及其制品，中药材，电视机、收录机等电子产品，计算机房已录数据的磁盘储存间，冷库中的鱼、肉间
丁	难燃烧物品	自熄性塑料及其制品，酚醛泡沫塑料及其制品，水泥刨花板
戊	不燃烧物品	钢材，铝材，玻璃及其制品，搪瓷制品，陶瓷制品，不燃气体，玻璃棉，岩棉，陶瓷棉，硅酸铝纤维，矿棉，石膏及其无纸制品，水泥，石，膨胀珍珠岩

（2）同一座仓库或其中同一防火分区内存在多种火灾危险性的物质时，仓库或防火分区的火灾危险性应按火灾危险性最大的物品确定。一个防火分区内存放多种可燃物时，火灾危险性分类原则应按其中火灾危险性大的确定。当数种火灾危险性不同的物品存放在一起时，建筑的耐火等级、允许层数和允许面积均要求按最危险者的要求确定。如同一座仓库存放有甲、乙、丙三类物品，仓库就需要按甲类储存物品仓库的要求设计。此外，甲、乙类物品和一般物品以及容易相互发生化学反应或者灭火方法不同的物品，必须分间、分库储存，并在醒目处标明储存物品的名称、性质和灭火方法。因此，为了有利于安全和便于管理，同一座仓库或其中同一个防火分区内，要尽量储存一种物品。当有困难需将数种物品存放在一座仓库或同一个防火分区内时，存储过程中要采取分区域布置，但性质相互抵触或灭火方法不同的物品不允许存放在一起。

（3）丁、戊类储存物品仓库的火灾危险性，当可燃包装重量大于物品本身重量 1/4 或可燃包装体积大于物品本身体积的 1/2 时，应按丙类确定。

丁、戊类物品本身虽属于难燃烧或不燃烧物质，但有很多物品的包装是可燃的木箱、纸盒、泡沫塑料等。据调查，有些仓库内的可燃包装物，多者单位重量为 100～300kg/m^2，少者单位重量为 30～50kg/m^2。因此，这两类仓库，除考虑物品本身的燃烧性能外还要考虑可燃包装的数量，在防火要求上应较丁、戊类仓库严格。有些包装物与被包装物品的重量比虽然小于 1/4，但如泡沫塑料等包装物的单位体积重量较小，极易燃烧且初期燃烧速率较快、释热大，如果仍然按照丁、戊类仓库来确定则可能出现与实际火灾危险性不符的情况。因此，针对这种情况，当可燃包装体积大于物品本身体积的 1/2 时，要相应提高该库房的火灾危险性类别。

（三）厂房和仓库的耐火等级

厂房、仓库主要指除炸药厂（库）、花炮厂（库）、炼油厂外的厂房及仓库。

1．厂房和仓库建筑构件的燃烧性能和耐火极限

厂房和仓库的耐火等级分一、二、三、四级，相应建筑构件的燃烧性能和耐火极限，见表 4-3。

表 4-3　不同耐火等级厂房和仓库建筑构件的燃烧性能和耐火极限　（单位：h）

构件名称		耐火等级			
		一级	二级	三级	四级
墙	防火墙	不燃性 3	不燃性 3	不燃性 3	不燃性 3
	承重墙	不燃性 3	不燃性 2.5	不燃性 2	难燃性 0.5
	楼梯间、前室的墙，电梯井的墙	不燃性 2	不燃性 2	不燃性 1.5	难燃性 0.5
	疏散走道两侧的隔墙	不燃性 1	不燃性 1	不燃性 0.5	难燃性 0.25
	非承重外墙房间隔墙	不燃性 0.75	不燃性 0.5	难燃性 0.5	难燃性 0.25
柱		不燃性 3	不燃性 2.5	不燃性 2	难燃性 0.5
梁		不燃性 2	不燃性 1.5	不燃性 1	难燃性 0.5
楼板		不燃性 1.5	不燃性 1	不燃性 0.75	难燃性 0.5
屋顶承重构件		不燃性 1.5	不燃性 1	难燃性 0.5	可燃性
疏散楼梯		不燃性 1.5	不燃性 1	不燃性 0.75	可燃性
顶棚（包括顶棚搁栅）		不燃性 0.25	难燃性 0.25	难燃性 0.15	可燃性

注：二级耐火等级建筑采用不燃烧材料的顶棚，其耐火极限不限。

甲、乙类厂房和甲、乙、丙类仓库内的防火墙，其耐火极限不应低于 4h。甲、乙类厂房和甲、乙、丙类仓库，一旦着火，其燃烧时间较长和燃烧过程中释放的热量巨大，必须提高防火墙的耐火极限。

2．厂房、仓库耐火等级的适用

厂房、仓库的耐火等级、建筑面积、层数等与其生产或储存的类型有着密不可分的关系。

1）高层厂房、甲类和乙类厂房的耐火等级不应低于二级，建筑面积不大于 $300m^2$ 的独立甲、乙类单层厂房可采用三级耐火等级的建筑。

2）使用或产生丙类液体的厂房及丁类生产中的某些工段，如炼钢炉出钢水喷出钢火花，从加热炉内取出赤热的钢件进行锻打，钢件在热处理油池中进行淬火处理，使油池内油温升高，都容易发生火灾。因此，单、多层丙类厂房和多层丁、戊类厂房的耐火等级不应低于三级。使用或产生丙类液体的厂房和有火花、赤热表面、明火的丁类厂房，其耐火等级均不应低于二级；当为建筑面积不大于 $500m^2$ 的单层丙类厂房或建筑面积不大于 $1000m^2$ 的单层丁类厂房时，可采用三级耐火等级的建筑。

对于三级耐火等级建筑，如屋顶承重构件采用木构件或钢构件，难以承受经常的高温烘烤。这些厂房虽属于丙、丁类生产，也要严格控制，除建筑面积较小并采取了防火分隔措施外，均需采用一、二级耐火等级的建筑。

3）使用或储存特殊贵重的机器、仪表、仪器等设备或物品的建筑，其耐火等级不应低于二级。

特殊贵重的设备或物品是指价格昂贵、稀缺的设备、物品或影响生产全局或正常生活秩序的重要设施、设备。如热电厂、燃气供给站、水厂、发电厂、化工厂等的主控室，货币、金银、邮票、重要文物、资料、档案库以及价值较高的物品等。

4）锅炉房的耐火等级不应低于二级，当为燃煤锅炉房且锅炉的总蒸发量不大于 4t/h 时，可采用三级耐火等级的建筑。油浸变压器室、高压配电装置室的耐火等级不应低于二级。

5）高架仓库、高层仓库、甲类仓库、多层乙类仓库和储存可燃液体的多层丙类仓库，其耐火等级不应低于二级。单层乙类仓库，单层丙类仓库，储存可燃固体的多层丙类仓库和多层丁、戊类仓库，其耐火等级不应低于三级。

高架仓库是货架高度超过 7m 的机械化操作或自动化控制的货架仓库，其货架密集、货架间距小、货物存放高度高、储存物品数量大和疏散扑救困难。为了保障火灾时不会很快倒塌，并为扑救赢得时间，尽量减少火灾损失，要求其耐火等级不低于二级。

6）粮食库中储存的粮食属于丙类储存物品，火灾以阴燃和产生大量热量为主。粮食筒仓的耐火等级不应低于二级，二级耐火等级的粮食筒仓可采用钢板仓。粮食平房仓的耐火等级不应低于三级。二级耐火等级的散装粮食平房仓可采用无防火保护的金属承重构件。

对于大型粮食储备库和筒仓，我国目前主要采用钢结构和钢筋混凝土结构，而粮食库的高度较低，粮食火灾对结构的危害作用与其他物质的作用有所区别，因此，二级耐火等级的粮食库可采用全钢或半钢结构。

二、民用建筑

民用建筑的耐火等级分级是为了便于根据建筑自身结构的防火性能来确定该建筑的其他防火要求。另一方面，根据这个分级及其对应建筑构件的耐火性能，也可以用于确定既有建筑的耐火等级。不同耐火等级民用建筑相应构件的燃烧性能和耐火极限不应低于表 4-4 中的规定。

表 4-4　不同耐火等级民用建筑相应构件的燃烧性能和耐火极限　（单位：h）

构件名称		耐火等级			
		一级	二级	三级	四级
墙	防火墙	不燃性 3	不燃性 3	不燃性 3	不燃性 3
	承重墙	不燃性 3	不燃性 2.5	不燃性 2	难燃性 0.5
	非承重外墙	不燃性 1	不燃性 1	不燃性 0.5	可燃性
	楼梯间、前室的墙，电梯井的墙，住宅建筑单元之间的墙和分户墙	不燃性 2	不燃性 2	不燃性 1.5	难燃性 0.5
	疏散走道两侧的隔墙	不燃性 1	不燃性 1	不燃性 0.5	难燃性 0.25
	房间隔墙	不燃性 0.75	不燃性 0.5	难燃性 0.5	难燃性 0.25
柱		不燃性 3	不燃性 2.5	不燃性 2	难燃性 0.5

（续）

构件名称	耐火等级			
	一级	二级	三级	四级
梁	不燃性 2	不燃性 1.5	不燃性 1	难燃性 0.5
楼板	不燃性 1.5	不燃性 1	不燃性 0.5	可燃性
屋顶承重构件	不燃性 1.5	不燃性 1	可燃性 0.5	可燃性
疏散楼梯	不燃性 1.5	不燃性 1	不燃性 0.5	可燃性
顶棚（包括顶棚搁栅）	不燃性 0.25	难燃性 0.25	难燃性 0.15	可燃性

注：1．除另有规定外，以木柱承重且墙体采用不燃材料的建筑，其耐火等级应按四级确定。

2．住宅建筑构件的耐火极限和燃烧性能可按现行国家标准《住宅建筑规范》（GB 50368—2005）的规定执行。

1）民用建筑的耐火等级应根据其建筑高度、使用功能、重要性和火灾扑救难度等确定。地下、半地下建筑（室）发生火灾后，热量不易散失，温度高、烟雾大，燃烧时间长，疏散和扑救难度大，其耐火等级要求高。一类高层民用建筑发生火灾，疏散和扑救都很困难，容易造成大的人员伤亡或财产损失，其耐火等级要求也高。地下或半地下建筑（室）和一类高层建筑的耐火等级不应低于一级。重要公共建筑对某一地区的政治、经济和生产活动以及居民的正常生活有重大影响，需尽量减小火灾对建筑结构的危害，以便灾后尽快恢复使用功能，故单、多层重要公共建筑和二类高层建筑的耐火等级不应低于二级。

2）除木结构建筑外，老年人照料设施的耐火等级不应低于三级。

3）近年来，高层民用建筑在我国呈快速发展之势，建筑高度大于100m的建筑越来越多，火灾也呈多发态势，火灾后果严重，扑救难度巨大，火灾延续时间可能较长，为保证超高层建筑的防火安全，建筑高度大于100m的民用建筑，其楼板的耐火极限不应低于2h。一、二级耐火等级建筑的上人平屋顶，其屋面板的耐火极限分别不应低于1.5h和1h。

4）一、二级耐火等级建筑的屋面板应采用不燃材料，屋面防水层宜采用不燃、难燃材料。当采用可燃防水材料且铺设在可燃、难燃保温材料上时，防水材料或可燃、难燃保温材料应采用不燃材料作防护层。

5）二级耐火等级建筑内采用难燃性墙体的房间隔墙，其耐火极限不应低于0.75h。当房间的建筑面积不大于100m^{2}时，房间的隔墙可采用耐火极限不低于0.5h的难燃性墙体或耐火极限不低于 0.3h 的不燃性墙体。二级耐火等级多层住宅建筑内采用预应力钢筋混凝土的楼板，其耐火极限不应低于0.75h。

6）近年来，采用聚苯乙烯、聚氨酯作为芯材的金属夹芯板材的建筑火灾多发，短时间内即造成大面积火势蔓延，产生大量有毒烟气，导致金属夹芯板材的垮塌和掉落，不仅影响人员安全疏散，不利于灭火救援，而且造成了使用人员及消防救援人员的伤亡。因此建筑中的非承重外墙、房间隔墙和屋面板，当确需采用金属夹芯板材时，其芯材应为不燃材料，且耐火极限应符合《建筑设计防火规范（2018版）》（GB 50016—2014）的有关规定。

7）为防止顶棚受火作用塌落而影响人员疏散，对顶棚的耐火极限有要求。二级耐火等级建筑内采用不燃材料的顶棚，其耐火极限不限。三级耐火等级的医疗建筑、中小学校的教学建筑、老年人照料设施及托儿所、幼儿园的儿童用房和儿童游乐厅等儿童活动场所的顶棚，应采用不燃材料。当采用难燃材料时，其耐火极限不应低于 0.25h。二级和三级耐火等级建筑中门厅、走道的顶棚应采用不燃材料。

8）对于装配式钢筋混凝土结构，其节点缝隙和明露钢支承构件部位一般是构件的防火薄弱环节，容易被忽视，而这些部位却是保证结构整体承载力的关键部位，要求采取防火保护措施。建筑内预制钢筋混凝土构件的节点外露部位，应采取防火保护措施，且节点的耐火极限不应低于相应构件的耐火极限。

【思考与练习题】

1. 影响建筑物耐火等级选择的因素有哪些？
2. 在划分建筑物的耐火等级时，为什么选择楼板的耐火极限作为基准？
3. 建筑高度 28m 藏书 110 万册的图书馆的耐火等级应怎样选择？并简述理由。
4. 建筑高度 30m 的公寓楼，耐火等级应怎样选择？并简述理由。

第五章　建筑物总平面布局防火

建筑物的规划布局不仅影响到周围环境和人们的生活，而且对建筑物自身及相邻建筑物的使用功能和安全都有较大影响。在建筑全寿命周期内，最大限度地节约资源（节能、节地、节水、节材）、保护环境和减少污染，为人们提供健康、舒适和高效的使用空间，创造与自然和谐共生的绿色建筑。建筑物的总平面布局应从城市的总体规划、用地周围环境和城市消防规划等要求出发，根据建筑物的使用性质、高度、规模、火灾危险性等因素，科学合理地确定建筑物位置、防火间距、消防车道和消防水源等。特别是易燃易爆的厂房、仓库、大型商场、高层建筑等火灾危险性大、人员密集的建筑物，必须在认真调查研究的基础上，严格按照现行国家有关消防技术规范的要求，进行平面布置。

第一节　建筑消防安全布局

【学习目标】

1. 了解建筑物总平面布局的基本组成。
2. 掌握建筑物总平面消防规划布局。
3. 掌握高层民用建筑和工业建筑的防火设计。

一、建筑物总平面布局

（一）定义

建筑物总平面布局是指根据建设项目的性质、规模、组成内容和使用要求，因地制宜地结合当地的自然条件、环境关系，按国家有关方针政策、规范和规定，合理布置建筑，组织交通流线，布置绿化，使其满足使用功能或生产工艺要求，做到技术经济合理、有利生产发展、方便人民生活。

合理的建筑物总平面布局不仅能满足建筑物使用功能的要求，还可以从总体关系中解决采光、通风、朝向、交通、消防安全等方面的功能问题，做到布局紧凑、节约用地，能够有机地处理个体与群体、空间与体形、绿化与小品、建筑功能与消防规划之间的关系，从而使建筑空间与自然环境相互协调，既可增强建筑本身的美观，丰富城市面貌，又可保障建筑消防安全。

（二）基本组成

1．功能分区

功能分区是对场地内建筑物的总体把握，是建筑物总平面布局的关键。单体建筑需将功能分区与空间造型结合进行设计布置，建筑群需将性质相近、联系密切、对环境要求一致的建筑物、构筑物分成若干组群，合理进行功能分区。民用建筑要体现建设项目各组成部分之间的关系，工业建筑以生产工艺流程要求构成平面功能分区布局。

2．交通组织

交通组织是建设项目各组功能分区之间有机联系的骨架。要根据交通流量合理布置建筑物出入口，组织人流、物流，设计车行系统和人行系统的内外交通路线。交通组织要简单清晰，符合使用规律，交通流线避免干扰和冲突，符合交通运输方式的技术要求，如宽度、坡度、回转半径等方面的要求。例如图 5-1 所示的某医院。

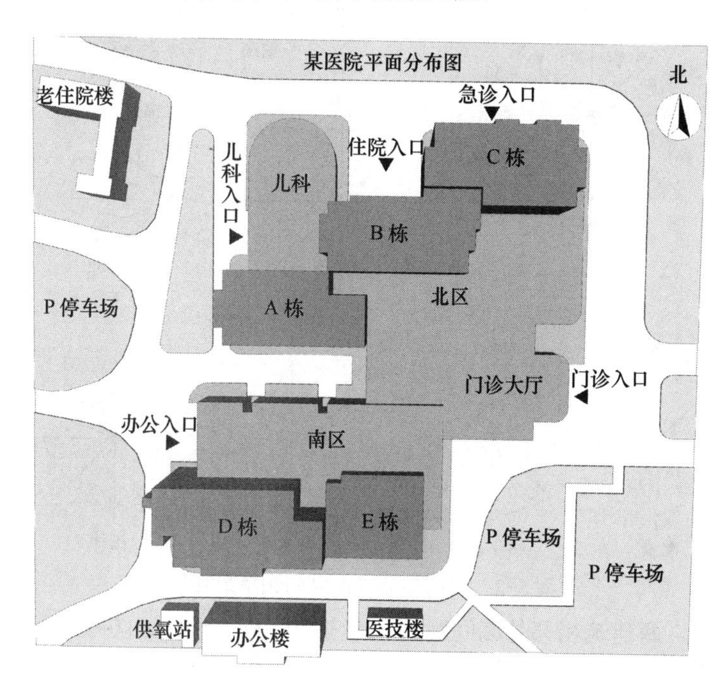

图 5-1　某医院鸟瞰图

3．建筑组合

建筑组合主要涉及建筑体形、朝向、间距、布置方式、空间组合，以及与所在地段的地形、道路、管线的协调配合。

（1）建筑的体形与用地的关系。建筑功能决定建筑的基本体形，只有充分考虑场地条件，才能建造出与环境相融合的建筑群体。应根据地段地貌、河湖、绿化的状况、地下水位、承载力大小等因素来确定不同体形建筑的格局，如采用分散式或集中式等，不能一味地追求建筑造型和布局。

（2）建筑朝向。我国位于北半球，在建筑总平面图上绘制指北针显示建筑朝向。为达到良好的采光通风条件，建筑物多为坐北朝南，偏东南方向则最佳。建筑群体中，通过调整建筑物朝向或合理布局以及高低错落，造成建筑群体内良好的空气流动。

在建筑总平面图上，也可绘制当地的风向频率玫瑰图，即风玫瑰图。玫瑰图上表示风的吹向是从外面吹向地区中心，图中实线为全年风向玫瑰图，虚线为夏季风向玫瑰图。根据气象资料统计的某一地区多年平均各个方向吹风次数的百分数值，并按一定比例绘制。一般用8个或16个罗盘方位表示，风向频率图最大的方位为该地区的主导风向。由于风向玫瑰图也能表明房屋和地物的朝向情况，所以在已经绘制了风向玫瑰图的图样上则不必再绘制指北针。没有风向玫瑰图的城市和地区，则在建筑总平面图上画上指北针。我国部分城市风向频率玫瑰图如图5-2所示。

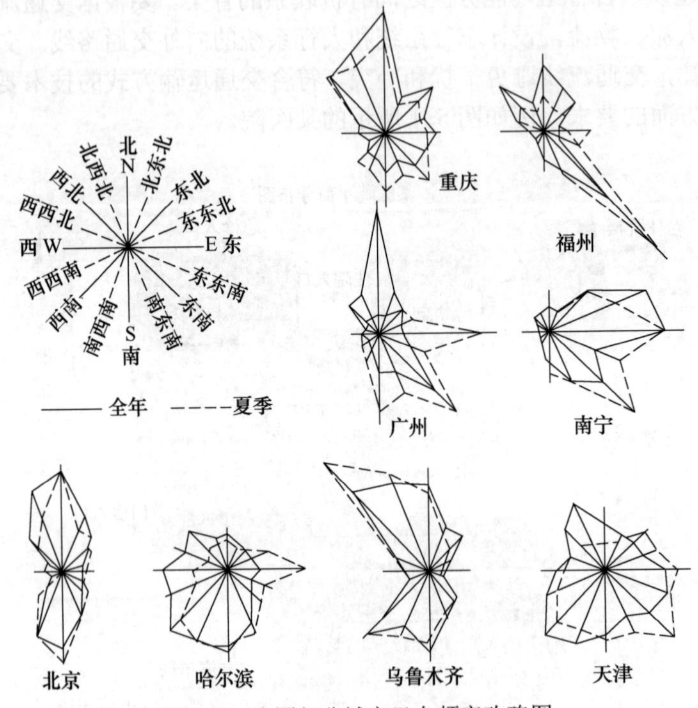

图5-2 我国部分城市风向频率玫瑰图

（3）建筑间距。两建筑相邻外墙间距离，应考虑防火、日照、防噪、卫生、通风、视线等要求。当住宅南北向布置时，以冬至日的太阳高度角为准（因为冬至日太阳高度角最小，如能满足日照要求的话，其他时间也能满足要求），保证后排房屋底层获得不低于2h的满窗日照，而保持的最小间隔距离。如图5-3所示，我国大部分地区的日照最小间距，可按下面比数确定：

$$H:L=1:1.1\sim1:1.2$$

式中 H——建筑物的檐部与后一幢住宅底层窗台（0.9m）的高度差；

L——两相邻住宅之间的净距。

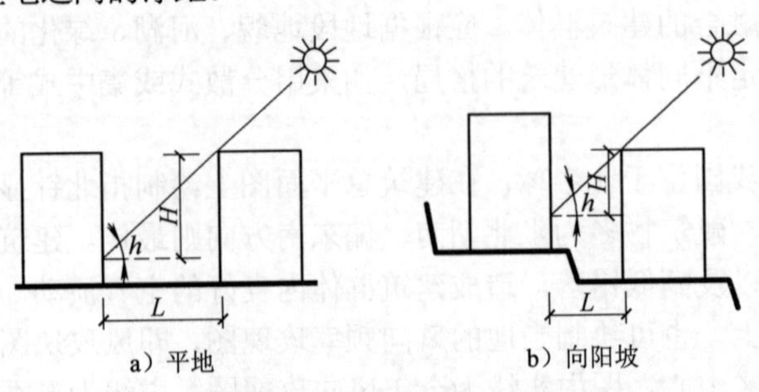

图5-3 建筑物的日照间距

4．绿化布置

绿化主要起到调节气候、净化空气、美化环境和休息游览的作用。考虑绿化时，在满足城市规划绿化率要求的前提下，应尽量根据原有的绿化条件，结合总体布局的设计意图，选择合适的绿化形式。通常所说的绿化率是绿化覆盖率，是指绿化垂直投影面积之和与小区用地的比率，相对而言比较宽泛，大致长草的地方都可以算作绿化。

5．公共限制

公共限制是为了保证城市和区域的整体运营效益，通过技术经济指标控制来实现的。《城市规划编制办法实施细则》第二十九条控制性详细规划文本中的各地块控制指标一览表，将控制指标分为规定性和指导性两类。前者是必须遵照执行的，后者是参照执行的。

规定性指标一般为以下各项：

（1）用地性质。规划部门下发的基地蓝图上所圈定的全部用地权属范围的边界线，叫做基地红线，它表明了用地的具体范围和面积，如图 5-4 所示。在图纸上用红线形成封闭折线多边形，在转折处的拐点上用坐标（X，Y）标明位置。建筑物应该根据城市规划的要求，将其基底范围，包括基础和除去与城市管线相连接的部分以外的埋地管线，都控制在红线的范围之内。如果城市规划主管部门对建筑物退界距离还有其他要求，也应一并遵守。

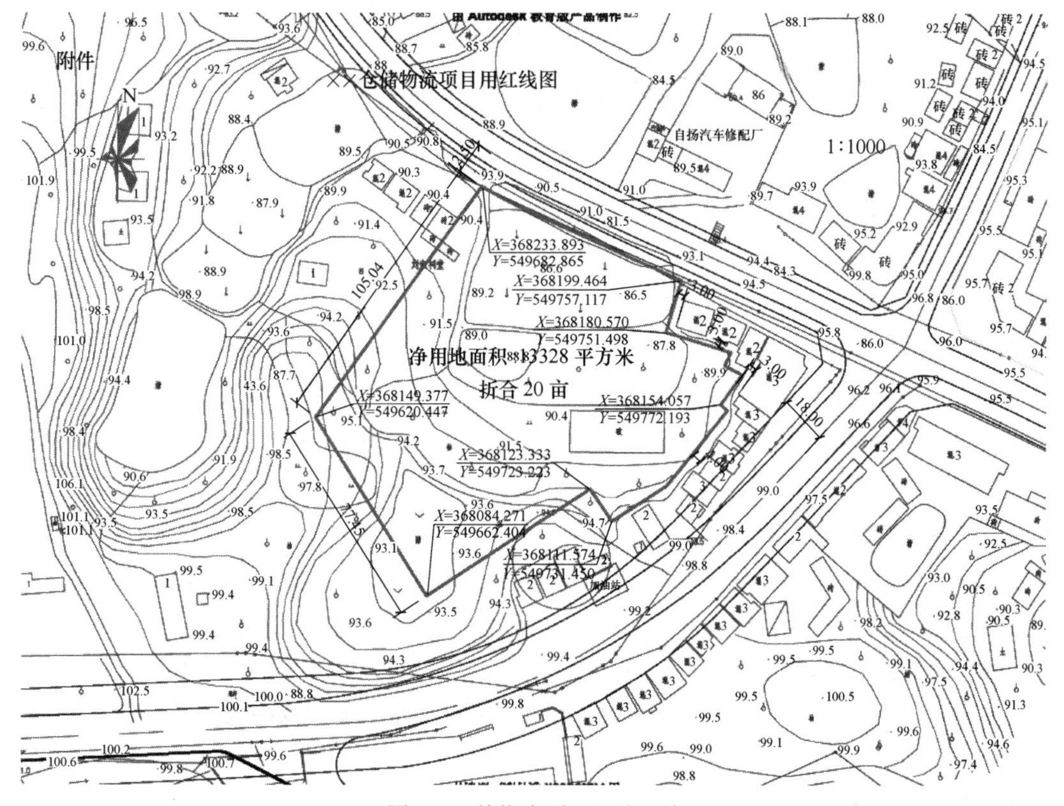

图 5-4　某物流项目用地红线

（2）建筑密度（建筑基底总面积/地块面积）。建筑密度是指建筑物的覆盖率，具体指项目用地范围内所有建筑的基底总面积与规划建设用地面积的比值（%）。它可以反映出一定用地范围内的空地率和建筑密集程度。

（3）建筑控制高度。建筑高度又称为建筑限高，是指一定地块内建筑物地面部分的最大高度限制值。

（4）容积率（建筑总面积/地块面积）。容积率是指项目用地范围内地上总建筑面积（但必须是正负0标高以上的建筑面积）与项目总用地面积的比值。容积率越低，居民的舒适度越高，反之则舒适度越低。

（5）绿地率（绿地总面积/地块面积）。绿地率是指用地范围内各类绿地面积的总和与该地块面积的比值，主要包括公共绿地、宅旁绿地、配套公建所属绿地和道路绿地等，其计算要比绿化率严格很多。如地表覆土一般达不到3m的深度，在上面种植大型乔木，成活率较低，计算绿地率时不能计入“居住区用地范围内各类绿化”中。

指导性指标一般为以下各项：①人口容量（人/公顷）；②建筑形式、体量、风格要求；③建筑色彩要求；④其他环境要求。

二、建筑消防安全布局

建筑消防安全布局是建筑物总平面布局中的一项重要内容，主要根据建筑的耐火等级，火灾危险性，使用功能和安全疏散来进行安排布置的。建筑总平面布局防火主要包括：防火间距、消防车道、救援场地的布置。

建筑物总平面消防布局一般应遵从以下原则：

1．确定建筑物耐火等级

应根据建筑物的高度、使用性质、重要程度和灭火救援难度，确定其耐火等级，以确定建筑物与周围建筑的防火间距，消除或减少建筑物之间及周边环境的相互影响和火灾危害。

2．设置防火间距

为防止火灾时因辐射热影响导致火势向相邻建筑物蔓延扩大，并为火灾扑救创造有利的条件，在总平面布局中，应在各类建（构）筑物、堆场、储罐、电力设施及厂房、仓库之间设置必要的防火间距。

3．合理进行功能分区

要避免在甲乙类厂房和仓库、可燃液体和可燃气体储罐以及可燃材料堆场的附近布置民用建筑，以从根本上防止和减少火灾危险性大的建筑发生火灾时对民用建筑的影响。并根据建筑物实际需要，合理划分生产区、储存区、生产辅助设施区、行政办公和生活区等。同一企业内，若有不同火灾危险的生产建筑，应尽量将火灾危险性相同或相近的建筑物集中布置，以利采取防火防爆措施，便于安全管理。

4．满足消防救援的基本条件

根据各建筑物的高度、使用性质、规模和火灾危险性，考虑火灾发生时所必需的救援逃生通道、避难广场和应急水源等因素。高层公共建筑一般功能复杂，体量较大，内部常设有保证大楼正常运行的锅炉房、煤气调压站、电力变压器、配电室、自备发电机房、空调机房、汽车库等，它们在发生火灾时，往往危险性较高，影响人员逃生和救援。在高层建筑主体周围附建大面积的裙房，用作营业厅、会议厅、展销厅等，它们满足了建筑的使用需要，但也增加了逃生和救援难度。

某住宅小区总平面图如图 5-5 所示。

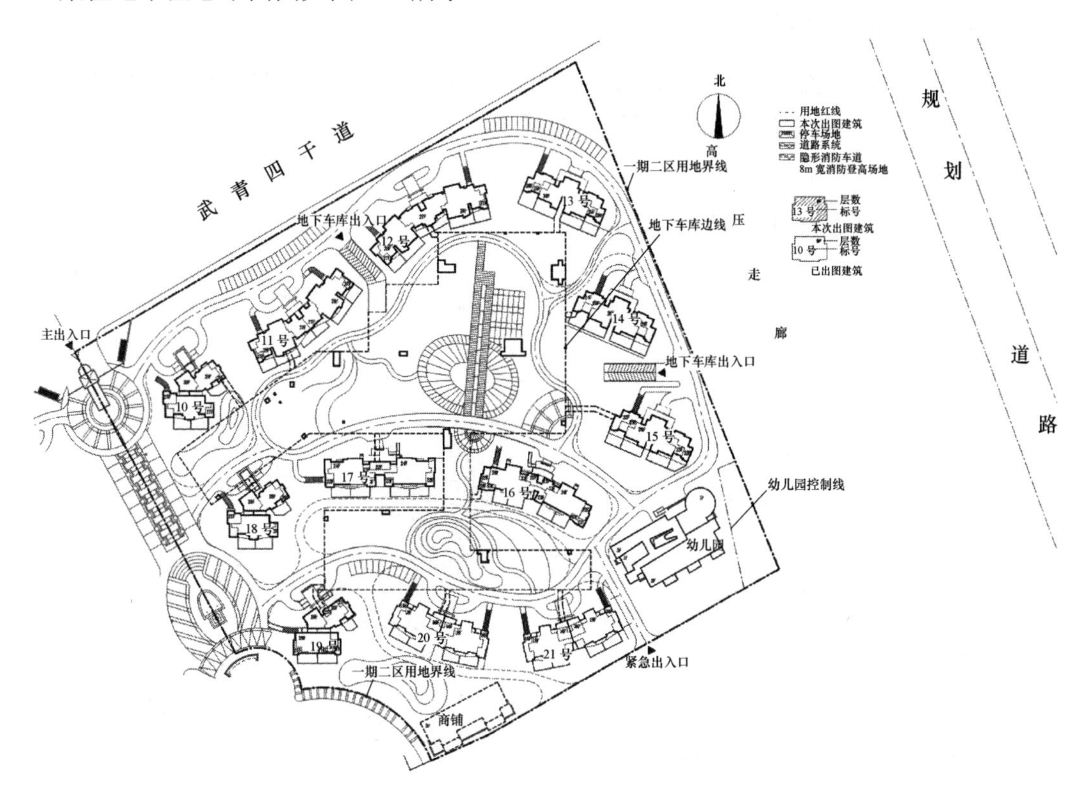

图 5-5　某住宅小区总平面图

三、高层民用建筑的总平面防火设计

高层建筑在总体布局上，不仅要解决其功能、景观、通风、日照，以及对周围环境、附属建筑和相邻建筑物的影响等问题，还要考虑其防火要求，处理好以下关系。

（一）与其他民用建筑的关系

建筑物起火后，火势在建筑物的内部因热对流和热传导作用而迅速蔓延扩大，在建筑物外部则因强烈的热辐射作用对周围建筑物构成威胁。火场相邻建筑物接受辐射热强度取决于火势的大小、持续时间、与邻近建筑物的间距及风向等因素。火势大、燃烧持续时间长、间距小、建筑物又处于下风位置时，所受辐射热越强。因此，建筑物间应保持一定的防火间距。

（二）与易燃易爆建筑的关系

城市中常设有易燃易爆建筑，如甲、乙、丙类液体储罐、液化石油气供应站、气化站、易燃易爆物品库房等。这些建筑发生火灾时对其他建筑物具有很大威胁。因此，高层建筑不宜布置在甲、乙类厂房、库房附近，与丙、丁、戊类厂房、库房及液化石油气供应站、气化站间也应保持足够的防火间距。

（三）与附属建筑的关系

高层建筑一般功能复杂，体量较大，其周围设置的附属建筑、裙房满足了高层建筑功能的需要，但也增加了防火难度。附属建筑、裙房若布置不合理很有可能影响消防车作业。图5-6所示为上海环球金融中心总平面图。

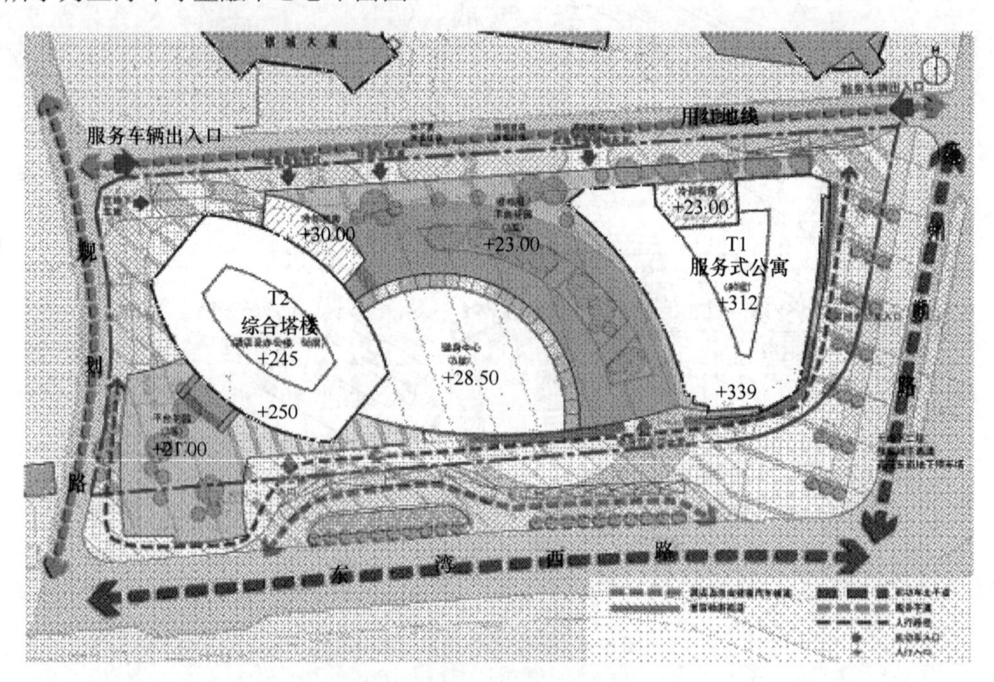

图 5-6　上海环球金融中心总平面图

四、工业建筑的总平面防火设计

工厂总平面布局一般是根据生产工艺流程、生产性质、生产管理、工段划分等情况将其划分为若干个生产区域，使其功能明确、运输管理方便。一般小型工厂的平面布置比较简单，常以主体厂房为中心来布置生产和生活设施。而大、中型工厂，由于生产规模大，建筑物、构筑物多，其性质、功能和火灾危险性各不相同，因而要求也严格一些。图 5-7 所示为工业建筑总平面布局示例。

生产工艺流程及储存物品的内部流通规律是工业企业总平面设计的主要技术依据。防火要求首先要满足生产的工艺需要，在此前提下，根据建筑物的火灾危险性、地形、周围环境以及长年主导风向等，进行合理布置，一般应满足以下要求：

1）规模较大的工厂、仓库，应根据实际需要，合理划分生产区、储存区（包括露天储存区）、生产辅助设施区和行政办公、生活福利区等。

2）同一企业内，若有不同火灾危险的生产建筑，应尽量将火灾危险性相同或相近的建筑物集中布置，以利采取防火防爆措施，便于安全管理。

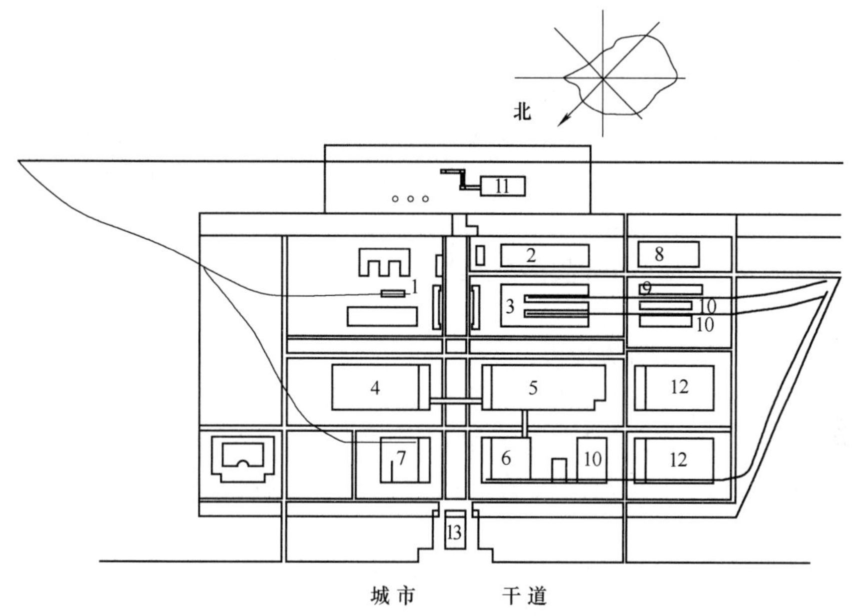

图 5-7 工业建筑总平面布局示例
1—铸造 2—有色铸造 3—锻工 4—发动机 5—底盘安装 6—车身冲压 7—工具 8—木工 9—备料 10—仓库 11—热电厂 12—新型车装配 13—总出入口

3）注意周围环境。在选择地址时，既要考虑本单位的安全，又要考虑邻近地区的企业和居民的安全。易燃、易爆工厂、仓库的生产区、储存区不得修建办公楼、宿舍等民用建筑。

4）地势条件。甲、乙、丙类液体仓库，宜布置在地势较低的地方；乙炔站等遇水产生可燃气体会发生爆炸的工业企业，严禁布置在易被水淹没的地方。

5）注意风向。散发可燃气体、可燃蒸气和可燃粉尘的车间、装置等，应布置在厂区的全年主导风向的下风或侧风向。

6）物质接触能引起燃烧、爆炸的两建筑物或露天生产装置应分开布置，并应保证足够的安全距离。液氧储罐周围 5m 范围内不应有可燃物和设置沥青路面。

7）为解决两个不同单位合理留出空地问题，厂区或库区围墙与厂（库）区内建筑物的距离不宜小于 5m，并应满足围墙两侧建筑物之间的防火间距要求。

8）变电所、配电所不应设在有爆炸危险的甲、乙类厂房内或贴邻建造，但供上述甲、乙类厂房专用的 10kV 以下的变电所，当采用无门窗洞口的防火墙隔开时可一面贴邻建造。乙类厂房的配电所必须在防火墙上开窗时，应设不燃烧体密封固定窗。

9）甲、乙类生产场所（仓库）不应设置在地下或半地下。

10）厂房内设置中间仓库时，甲、乙类中间仓库应靠外墙布置，其储量不宜超过 1 昼夜的需要量；甲、乙、丙类中间仓库应采用防火墙和耐火极限不低于 1.5h 的不燃性楼板与其他部位分隔；丁、戊类中间仓库应采用耐火极限不低于 2h 的防火隔墙和 1h 的楼板与其他部位分隔。

11）厂房内的丙类液体中间储罐应设置在单独房间内，其容量不应大于 $5m^3$。设置中间储罐的房间，应采用耐火极限不低于 3h 的防火隔墙和 1.5h 的楼板与其他部位分隔，房间门应采用甲级防火门。

12）员工宿舍严禁设置在厂房内。

办公室、休息室等不应设置在甲、乙类厂房内，确实需要贴邻本厂房时，其耐火等级不应低于二级，并应采用耐火极限不低于 3h 的防爆墙与厂房分隔和设置独立的安全出口。

办公室、休息室设置在丙类厂房内时，应采用耐火极限不低于 2.5h 的防火隔墙和 1h 的楼板与其他部位分隔，并应至少设置 1 个独立的安全出口。当隔墙上需开设相互连通的门时，应采用乙级防火门。

13）员工宿舍严禁设置在仓库内。

办公室、休息室等严禁设置在甲、乙类仓库内，也不应贴邻。

办公室、休息室设置在丙、丁类仓库内时，应采用耐火极限不低于 2.5h 的防火隔墙和 1h 的楼板与其他部位分隔，并应设置独立的安全出口。隔墙上需开设相互连通的门时，应采用乙级防火门。

14）甲、乙类厂房（仓库）内不应设置铁路线。

需要出入蒸汽机车和内燃机车的丙、丁、戊类厂房（仓库），其屋顶应采用不燃材料或采取其他防火措施。

15）有爆炸危险的厂房或厂房内有爆炸危险的部位应设置泄压设施。

泄压设施宜采用轻质屋面板、轻质墙体和易于泄压的门、窗等，应采用安全玻璃等在爆炸时不产生尖锐碎片的材料。泄压设施的设置应避开人员密集场所和主要交通道路，并宜靠近有爆炸危险的部位。作为泄压设施的轻质屋面板和墙体的质量不宜大于 $60kg/m^2$。屋顶上的泄压设施应采取防冰雪积聚措施。

16）有爆炸危险的甲、乙类厂房总控制室应独立设置。当贴邻外墙设置时，应采用耐火极限不低于 3h 的防火隔墙与其他部位分隔。

17）使用和生产甲、乙、丙类液体的厂房，其管、沟不应与相邻厂房的管、沟相通，下水道应设置隔油设施。

18）甲、乙、丙类液体仓库应设置防止液体流散的设施。遇湿会发生燃烧爆炸的物品仓库应采取防止水浸渍的措施。

19）甲、乙、丙类液体储罐区，液化石油气储罐区，可燃、助燃气体储罐区和可燃材料堆场等，应布置在城市（区域）的边缘或相对独立的安全地带，并宜布置在城市（区域）全年最小频率风向的上风侧。

甲、乙、丙类液体储罐（区）宜布置在地势较低的地带。当布置在地势较高的地带时，应采取安全防护设施。

液化石油气储罐（区）宜布置在地势平坦、开阔等不易积存液化石油气的地带。

20）桶装、瓶装甲类液体不应露天存放。

21）液化石油气储罐组或储罐区的四周应设置高度不小于 1m 的不燃性实体防护墙。

22）甲、乙、丙类液体储罐区，液化石油气储罐区，可燃、助燃气体储罐区和可燃材料堆场，应与装卸区、辅助生产区及办公区分开布置。

23）架空电力线与甲、乙类厂房（仓库），可燃材料堆垛，甲、乙、丙类液体储罐，液化石油气储罐，可燃、助燃气体储罐的最近水平距离应符合表 5-1 的规定。

35kV 及以上架空电力线与单罐容积大于 200m³ 或总容积大于 1000m³ 液化石油气储罐（区）的最近水平距离不应小于 40m。

表 5-1 架空电力线与甲、乙类厂房（仓库）、可燃材料堆垛等的最近水平距离

名　称	架空电力线
甲、乙类厂房（仓库），可燃材料堆垛，甲、乙类液体储罐，液化石油气储罐，可燃、助燃气体储罐	电杆（塔）高度的 1.5 倍
直埋地下的甲、乙类液体储罐和可燃气体储罐	电杆（塔）高度的 0.75 倍
丙类液体储罐	电杆（塔）高度的 1.2 倍
直埋地下的丙类液体储罐	电杆（塔）高度的 0.6 倍

【思考与练习题】

1．建筑物总平面消防布局应考虑哪些方面的内容？

2．高层民用建筑物总平面消防布局应考虑哪些方面的内容？

第二节　防火间距

【学习目标】

1．熟悉影响防火间距的因素和确定防火间距的基本原则。
2．掌握实际工作中防火间距的具体运用。
3．掌握各类建筑物的防火间距规定。

为了防止建筑物间的火势蔓延，各建筑物之间留出一定的安全距离是非常必要的。这样能减少辐射热的影响，避免相邻建筑物被烤燃，并提供疏散救援和灭火战斗场地。防火间距是防止着火建筑在一定时间内引燃相邻建筑，便于消防扑救的间隔距离。

一、影响防火间距的因素

（一）相邻外墙开口面积大小

当建筑物外墙开口面积较大时，由于通风好，使燃烧速度加快，火焰温度升高，邻近建筑物受到的辐射热也多，经一定时间的烘烤，相邻建筑物就可能起火。

（二）相邻建筑物高度的影响

可燃物的性质、种类不同，火焰温度也不同。可燃物的数量与发热量成正比，与辐射热强度也有一定关系。

（三）气象条件

风速的作用能加强可燃物的燃烧并促使火灾加快蔓延。露天堆垛火灾中风力能使燃烧的碳粒（火星）和燃烧着的木片飞散数十米甚至上百米。

空气湿度与火灾发生率有着密切关系。对于一些工矿、棉麻、塑料、粉末金属、食品生产加工企业等常常有大量可燃或易燃粉尘的厂房和库房，以及易燃易爆化学物品储存、经营、生产场所，应采取措施，保持一定的空气湿度，防止发生粉尘与空气混合接触发生爆炸、起火，造成重大损失。民用建筑与厂房、仓库、甲乙丙类液体、气体储罐区、可燃材料堆场之间的防火间距要求远远大于民用建筑之间的防火间距要求。

（四）可燃物性质和数量

热辐射是相邻建筑火灾蔓延的主要因素，传导作用范围大，在火场上火焰温度越高，辐射热强度越大，引燃一定距离内的可燃物时间也越短。辐射热伴随着热对流和飞火则更危险。建筑物发生火灾时，火焰、高温烟气从外墙开口部位喷出后向上升腾，在建筑物周围形成强烈的热对流作用，但对相邻建筑物的火灾蔓延影响较热辐射小，可以不考虑。而飞火与风速、火焰高度有关。

相邻两建筑物，若较低的建筑物着火，尤其当它的屋顶结构倒塌火焰穿出时，对相邻较高的建筑物危险很大，因较低建筑物对较高建筑物的热辐射角在30° ～45° 之间时，根据测定辐射热强度最大。

（五）建筑物自身控火能力和消防扑救力量

如建筑物内火灾自动报警和自动灭火设备完善，不但能有效地防止和减少建筑物本身的火灾损失，而且还能减少对相邻建筑物蔓延的可能。消防队及时到达火场扑救火灾，能有效减少火灾延续时间，降低火灾向相邻建筑物蔓延的可能性。

二、确定防火间距的基本原则

影响防火间距的因素很多，在实际工程中不可能都考虑。除考虑建筑物的耐火等级、使用性质、火灾危险性等因素外，还考虑到消防人员能够及时到达并迅速扑救这一因素。通常根据下述情况确定防火间距：

1）主要考虑热辐射的作用。热辐射强度与灭火救援力量、火灾延续时间、可燃物的性质和数量、相对外墙开口面积的大小、建筑物的长度和高度以及气象条件有关。当周围存在露天可燃物堆放场所时，还应考虑飞火的影响。火灾资料表明，一、二级耐火等级的低层民用建筑，保持10m左右的防火间距，在有消防队进行扑救的情况下，基本能防止初期火灾的蔓延。

2）考虑灭火救援实际需要。建筑物的建筑高度不同，需使用的消防车也不同。对低层建筑，普通消防车既可；而对高层建筑，则还要使用曲臂、云梯等登高消防车。为此，考虑登高消防车操作场地的要求，也是确定防火间距的因素之一。

3）考虑节约用地。在进行总平面布局时，既要满足防火要求，又要考虑节约用地。以在有消防队扑救的条件下，能够阻止火势向相邻建筑物蔓延为原则。

三、防火间距不足时应采取的措施

防火间距因场地等各种因素无法满足国家规范的要求时，可依具体情况采取一些相应的措施。

1）改变建筑物内的生产或使用性质，减少建筑物的火灾危险性；改变房屋部分结构的耐火性能，提高建筑物的耐火等级。

2）调整生产厂房的部分工艺流程和库房存储物品的数量；调整部分构件的耐火性能和燃烧性能。

3）堵塞部分无关紧要的门窗，把普通墙变成防火墙。

4）拆除部分耐火等级低、占地面积小、价值较小且与新建建筑物相邻的房屋。

5）设置独立的防火、防爆墙或加高围墙作为防火墙。

6）依靠先进的防火技术来减少防火间距，如相邻外墙采用防火卷帘及水幕保护等措施。

四、各类建筑物的防火间距

（一）民用建筑的防火间距

民用建筑之间的防火间距不应小于表5-2的规定，与其他建筑之间的防火间距除本节的规定外，应符合《建筑设计防火规范（2018版）》（GB 50016—2014）的有关规定。高层民用建筑防火间距如图5-8所示。

表5-2 民用建筑防火间距 （单位：m）

建筑类别		高层民用建筑	裙房和其他民用建筑		
		一、二级	一、二级	三级	四级
高层民用建筑	一、二级	13	9	11	14
裙房和其他民用建筑	一、二级	9	6	7	9
	三级	11	7	8	10
	四级	14	9	10	12

注：1. 相邻两座单、多层建筑，当相邻外墙为不燃性墙体且无外露的可燃性屋檐，每面外墙上无防火保护的门、窗、洞口不正对开设且该门、窗、洞口的面积之和不大于外墙面积的5%时，其防火间距可按本表的规定减少25%。

2. 两座建筑相邻较高一面外墙为防火墙，或高出相邻较低一座一、二级耐火等级建筑的屋面15m及以下范围内的外墙为防火墙时，其防火间距不限。

3. 相邻两座高度相同的一、二级耐火等级建筑中相邻任一侧外墙为防火墙，屋顶的耐火极限不低于1h时，其防火间距不限。

4. 相邻两座建筑中较低一座建筑的耐火等级不低于二级，相邻较低一面外墙为防火墙且屋顶无天窗，屋顶的耐火极限不低于1h时，其防火间距不应小于3.5m；对于高层建筑，不应小于4m。

5. 相邻两座建筑中较低一座建筑的耐火等级不低于二级且屋顶无天窗，相邻较高一面外墙高出较低一座建筑的屋面15m及以下范围内的开口部位设置甲级防火门、窗，或设置符合现行国家标准《自动喷水灭火系统设计规范》（GB 50084—2017）规定的防火分隔水幕或《建筑设计防火规范（2018版）》（GB 50016—2014）第6.5.3条规定的防火卷帘时，其防火间距不应小于3.5m；对于高层建筑，不应小于4m。

6. 相邻建筑通过连廊、天桥或底部的建筑物等连接时，其间距不应小于本表的规定。

7. 耐火等级低于四级的既有建筑，其耐火等级可按四级确定。

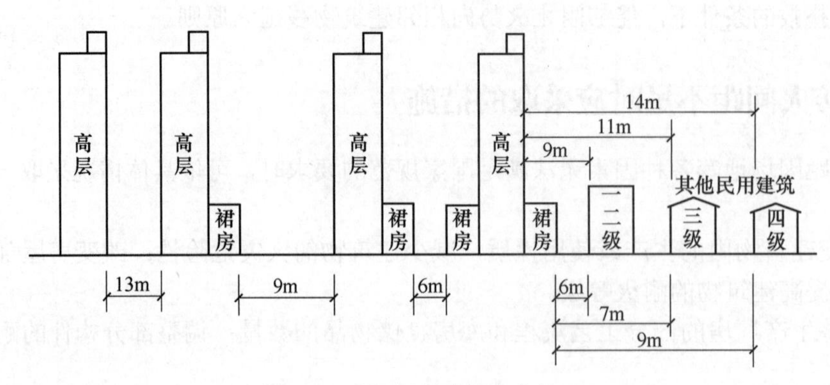

图 5-8　高层民用建筑防火间距

（二）厂房、库房的防火间距

厂房、库房与民用建筑相比较而言，一般在厂房和库房内，加工设备、用电设备和可燃物质多，产生火灾的危险性较大。因此，其防火间距除应考虑耐火等级外，还要考虑生产和储存物品的火灾危险性，并应在民用建筑的防火间距上适当加大。

1）厂房之间及与乙、丙、丁、戊类仓库、民用建筑等的防火间距不应小于表 5-3 的规定，与甲类仓库的防火间距应符合表 5-4 的规定。

表 5-3　厂房之间及与乙、丙、丁、戊类仓库、民用建筑等的防火间距　（单位：m）

名称			甲类厂房	乙类厂房（仓库）			丙、丁、戊类厂房（仓库）				民用建筑				
			单层或多层	单层或多层		高层	单层或多层			高层	裙房，单层或多层			高层	
			一、二级	一、二级	三级	一、二级	一、二级	三级	四级	一、二级	一、二级	三级	四级	一类	二类
甲类厂房	单层或多层	一、二级	12	12	14	13	12	14	16	13	25			50	
乙类厂房	单层或多层	一、二级	12	10	12	13	10	12	14	13					
		三级	14	12	14	15	12	14	16	15					
	高层	一、二级	13	13	15	13	13	15	17	13					
丙类厂房	单层或多层	一、二级	12	10	12	13	10	12	14	13	10	12	14	20	15
		三级	14	12	14	15	12	14	16	15	12	14	16	25	20
		四级	16	14	16	17	14	16	18	17	14	16	18		
	高层	一、二级	13	13	15	13	13	15	17	13	13	15	17	20	15
丁、戊类厂房	单层或多层	一、二级	12	10	12	13	10	12	14	13	10	12	14	15	13
		三级	14	12	14	15	12	14	16	15	12	14	16	18	15
		四级	16	14	16	17	14	16	18	17	14	16	18		
	高层	一、二级	13	13	15	13	13	15	17	13	13	15	17	15	13

（续）

名　称			甲类厂房	乙类厂房（仓库）			丙、丁、戊类厂房（仓库）				民 用 建 筑				
			单层或多层	单层或多层		高层	单层或多层			高层	裙房，单层或多层			高层	
			一、二级	一、二级	三级	一、二级	一、二级	三级	四级	一、二级	一、二级	三级	四级	一类	二类
室外变、配电站	变压器总油量/t	≥5，≤10	25	25	25	25	12	15	20	12	15	20	25	20	
		>10，≤50					15	20	25	15	20	25	30	25	
		>50					20	25	30	20	25	30	35	30	

注：1．乙类厂房与重要公共建筑的防火间距不宜小于 50m；与明火或散发火花地点，不宜小于 30m。单层或多层戊类厂房之间及与戊类仓库的防火间距，可按本表的规定减少 2m。单、多层戊类厂房与民用建筑的防火间距可按表 5-2 的规定执行。为丙、丁、戊类厂房服务而单独设立的生活用房应按民用建筑确定，与所属厂房的防火间距不应小于 6m。必须相邻建造时，应符合本表注 2、3 的规定。

2．两座厂房相邻较高一面的外墙为防火墙时，其防火间距不限，但甲类厂房之间不应小于 4m。两座丙、丁、戊类厂房相邻两面的外墙均为不燃性墙体，当无外露的可燃性屋檐，每面外墙上的门窗洞口面积之和各不大于该外墙面积的 5%，且门窗洞口不正对开设时，其防火间距可按本表的规定减少 25%。

3．两座一、二级耐火等级的厂房，当相邻较低一面外墙为防火墙且较低一座厂房的屋顶耐火极限不低于 1h，或相邻较高一面外墙的门窗等开口部位设置甲级防火门窗或防火分隔水幕或按《建筑设计防火规范（2018 版）》（GB 50016—2014）第 6.5.2 条的规定设置防火卷帘时，甲、乙类厂房之间的防火间距不应小于 6m；丙、丁、戊类厂房之间的防火间距不应小于 4m。

4．发电厂内的主变压器，其油量可按单台确定。

5．耐火等级低于四级的既有厂房，其耐火等级可按四级确定。

6．当丙、丁、戊类厂房与丙、丁、戊类仓库相邻时，应符合本表注 2、3 的规定。

2）甲类厂房与重要公共建筑的防火间距不应小于 50m；与明火或散发火花地点的防火间距不应小于 30m。

3）高层厂房与甲、乙、丙类液体储罐，可燃、助燃气体储罐，液体石油气储罐，可燃材料堆场（除煤和焦炭场外）的防火间距，应符合《建筑设计防火规范（2018 版）》（GB 50016—2014）的有关规定，且不应小于 13m。

4）丙、丁、戊类厂房与民用建筑的耐火等级均为一、二级时，丙、丁、戊类厂房与民用建筑的防火间距可适当减小，但应符合下列规定：

① 当较高一面外墙为无门、窗、洞口的防火墙，或比相邻较低一座建筑屋面高 15m 及以下范围内的外墙为无门、窗、洞口的防火墙时，其防火间距可不限。

② 相邻较低一面外墙为防火墙，且屋顶无天窗、屋顶耐火极限不低于 1h，或相邻较高一面外墙为防火墙，且墙上开口部位采取了防火保护措施，其防火间距可适当减小，但不应小于 4m。

5）甲类仓库之间及与其他建筑、明火或散发火花地点、铁路、道路等的防火间距不应小于表 5-4 的规定。厂内铁路装卸线与设置装卸站台的甲类仓库的防火间距，可不受表 5-4 规定的限制。

表 5-4　甲类仓库之间及与其他建筑、明火或散发火花地点、铁路、道路等的防火间距（单位：m）

名　称	甲类仓库及其储量（t）			
	甲类储存物品第 3、4 项		甲类储存物品第 1、2、5、6 项	
	≤5	>5	≤10	>10
高层民用建筑、重要公共建筑	50			
裙房、其他民用建筑、明火或散发火花地点	30	40	25	30
甲类仓库	20	20	20	20

（续）

名称		甲类仓库及其储量（t）			
		甲类储存物品第 3、4 项		甲类储存物品第 1、2、5、6 项	
		≤5	>5	≤10	>10
厂房和乙、丙、丁、戊类仓库	一、二级耐火等级	15	20	12	15
	三级耐火等级	20	25	15	20
	四级耐火等级	25	30	20	25
电力系统电压为 35～500kV 且每台变压器容量在 10MV・A 以上的室外变、配电站 工业企业的变压器总油量大于 5t 的室外降压变电站		30	40	25	30
厂外铁路线中心线		40			
厂内铁路线中心线		30			
厂外道路路边		20			
厂内道路路边	主要	10			
	次要	5			

注：甲类仓库之间的防火间距，当第 3、4 项物品储量不大于 2t，第 1、2、5、6 项物品储量不大于 5t 时，不应小于 12m；甲类仓库与高层仓库的防火间距不应小于 13m。

6）乙、丙、丁、戊类仓库之间及其与民用建筑的防火间距，不应小于表 5-5 的规定。

表 5-5　乙、丙、丁、戊类仓库之间及其与民用建筑的防火间距　（单位：m）

名称			乙类仓库			丙类仓库				丁、戊类仓库			
			单、多层		高层	单、多层			高层	单、多层			高层
			一、二级	三级	一、二级	一、二级	三级	四级	一、二级	一、二级	三级	四级	一、二级
乙、丙、丁、戊类仓库	单、多层	一、二级	10	12	13	10	12	14	13	10	12	14	13
		三级	12	14	15	12	14	16	15	12	14	16	15
		四级	14	16	17	14	16	18	17	14	16	18	17
	高层	一、二级	13	15	13	13	15	17	13	13	15	17	13
民用建筑	裙房，单、多层	一、二级	25			10	12	14	13	10	12	14	13
		三级				12	14	16	15	12	14	16	15
		四级				14	16	18	17	14	16	18	17
	高层	一类	50			20	25	25	20	15	18	18	15
		二类				15	20	20	15	13	15	15	13

注：1．单、多层戊类仓库之间的防火间距，可按本表的规定减少 2m。
2．两座仓库的相邻外墙均为防火墙时，防火间距可以减小，但丙类仓库，不应小于 6m；丁、戊类仓库，不应小于 4m。两座仓库相邻较高一面外墙为防火墙，或相邻两座高度相同的一、二级耐火等级建筑中相邻任一侧外墙为防火墙且屋顶的耐火极限不低于 1h，且总占地面积不大于本书表 6-2 中一座仓库的最大允许占地面积规定时，其防火间距不限。
3．除乙类第 6 项物品外的乙类仓库，与民用建筑的防火间距不宜小于 25m，与重要公共建筑的防火间距不应小于 50m，与铁路、道路等的防火间距不宜小于表 5-4 中甲类仓库与铁路、道路等的防火间距。

7）甲、乙、丙类液体储罐（区）和乙、丙类液体桶装堆场与其他建筑的防火间距，不应小于表 5-6 的规定。

表 5-6　甲、乙、丙类液体储罐（区）和乙、丙类液体桶装堆场与其他建筑的防火间距　（单位：m）

类别	一个罐区或堆场总容量 V（m^3）	建筑物				室外变、配电站
		一、二级		三级	四级	
		高层民用建筑	裙房，其他建筑			
甲、乙类液体储罐（区）	$1 \le V < 50$	40	12	15	20	30
	$50 \le V < 200$	50	15	20	25	35
	$200 \le V < 1000$	60	20	25	30	40
	$1000 \le V < 5000$	70	25	30	40	50
丙类液体储罐（区）	$5 \le V < 250$	40	12	15	20	24
	$250 \le V < 1000$	50	15	20	25	28
	$1000 \le V < 5000$	60	20	25	30	32
	$5000 \le V < 25000$	70	25	30	40	40

注：1. 当甲、乙类液体储罐和丙类液体储罐布置在同一储罐区时，罐区的总容量可按 $1m^3$ 甲、乙类液体相当于 $5m^3$ 丙类液体折算。

2. 储罐防火堤外侧基脚线至相邻建筑的距离不应小于 10m。

3. 甲、乙、丙类液体的固定顶储罐区或半露天堆场，乙、丙类液体桶装堆场与甲类厂房（仓库）、民用建筑的防火间距，应按本表的规定增加 25%，且甲、乙类液体的固定顶储罐区或半露天堆场，乙、丙类液体桶装堆场与甲类厂房（仓库）、裙房、单、多层民用建筑的防火间距不应小于 25m，与明火或散发火花地点的防火间距应按本表有关四级耐火等级建筑物的规定增加 25%。

4. 浮顶储罐区或闪点大于 120℃的液体储罐区与其他建筑的防火间距，可按本表的规定减少 25%。

5. 当数个储罐区布置在同一库区内时，储罐区之间的防火间距不应小于本表相应容量的储罐区与四级耐火等级建筑物防火间距的较大值。

6. 直埋地下的甲、乙、丙类液体卧式罐，当单罐容量不大于 $50m^3$，总容量不大于 $200m^3$ 时，与建筑物的防火间距可按本表规定减少 50%。

7. 室外变、配电站是指电力系统电压为 35～500kV 且每台变压器容量不小于 10MV·A 的室外变、配电站和工业企业的变压器总油量大于 5t 的室外降压变电站。

8）甲、乙、丙类液体储罐之间的防火间距不应小于表 5-7 的规定

表 5-7　甲、乙、丙类液体储罐之间的防火间距

类别			固定顶储罐			浮顶储罐或设置充氮保护设备的储罐	卧式储罐
			地上式	半地下式	地下式		
甲、乙类液体储罐	单罐容量 V	$V \le 1000m^3$	$0.75D$	$0.5D$	$0.4D$	$0.4D$	$\ge 0.8m$
		$V > 1000m^3$	$0.6D$				
丙类液体储罐		不限	$0.4D$	不限	不限	—	

注：1. D 为相邻较大立式储罐的直径（m），矩形储罐的直径为长边与短边之和的一半。

2. 不同液体、不同形式储罐之间的防火间距不应小于本表规定的较大值。

3. 两排卧式储罐之间的防火间距不应小于 3m。

4. 当单罐容量不大于 $1000m^3$ 且采用固定冷却系统时，甲、乙类液体的地上式固定顶储罐之间的防火间距不应小于 $0.6D$。

5. 地上式储罐同时设置液下喷射泡沫灭火系统、固定冷却水系统和扑救防火堤内液体火灾的泡沫灭火设施时，储罐之间的防火间距可适当减小，但不宜小于 $0.4D$。

6. 闪点大于 120℃的液体，当单罐容量大于 $1000m^3$ 时，储罐之间的防火间距不应小于 5m；当单罐容量不大于 $1000m^3$ 时，储罐之间的防火间距不应小于 2m。

五、防火间距的计算方法

建筑物之间的防火间距应按相邻建筑外墙的最近水平距离计算，当外墙有凸出的可燃或难燃构件时，应从其凸出部分外缘算起。

【思考与练习题】

1．影响防火间距的因素主要有哪些？

2．确定防火间距的基本原则是什么？

3．实际工作中防火间距不足时可以采取哪些措施？

第三节 消 防 车 道

【学习目标】

1. 掌握消防车道的设计原则。
2. 掌握消防车道的设计要求。
3. 掌握消防扑救面的设计要求。

消防车道是供消防车灭火救援时快速到达灾害事故现场，开展灭火救援行动的道路。消防车道应根据消防车辆外形尺寸、载重、转弯半径等消防车技术性能的发展趋势，以及建筑物的体量大小、周围通行条件等因素，以便于消防车通行和灭火救援需要进行设计布置。

一、消防车道设计原则

1）由于我国市政消火栓的保护半径在150m左右，按规定一般设在城市道路两旁，故街区内供消防车通行的道路，其中心线间的距离不宜大于160m。

当建筑物沿街道部分的长度大于150m或总长度大于220m时，应设置穿过建筑物的消防车道。确有困难时，应设置环形消防车道。对于总长度和沿街的长度过长的沿街建筑，特别是U形或L形的建筑，如果不对其长度进行限制，会给灭火救援和内部人员的疏散带来不便，延误灭火时机。为满足灭火救援和人员疏散要求，对这些建筑的总长度做了必要的限制，而未限制U形、L形建筑物的两翼长度。在住宅小区的建设和管理中，存在小区内道路宽度、承载能力或净空不能满足消防车通行需要的情况，给灭火救援带来不便。为此，小区的道路设计要考虑消防车的通行需要。计算建筑长度时，其内折线或内凹曲线，可按突出点间的直线距离确定；外折线或突出曲线，应按实际长度确定。

2）高层民用建筑，超过3000个座位的体育馆，超过2000个座位的会堂，占地面积大于3000m^2的商店建筑、展览建筑等单、多层公共建筑应设置环形消防车道，确有困难时，可沿建筑的两个长边设置消防车道；对于住宅建筑和山坡地或河道边临空建造的高层建筑，可沿建筑的一个长边设置消防车道，但该长边所在建筑立面应为消防车登高操作面。

沿建筑物设置环形消防车道或沿建筑物的两个长边设置消防车道，有利于在不同风向条件下快速调整灭火救援场地和实施灭火。对于大型建筑，更有利于众多消防车辆到场后展开救援行动和调度。对于一些超大体量或超长建筑物，一般均有较大的间距和开阔地带。这些建筑只要在平面布局上能保证灭火救援需要，可在设置穿过建筑物的消防车道的确困难时，采用设置环行消防车道。但根据灭火救援实际，建筑物的进深最好控制在50m以内。少数建筑受山地或河道等地理条件限制时，允许沿建筑的一个长边设置消防车道，但需结合消防车登高操作场地设置。

3）工厂、仓库区内应设置消防车道。高层厂房，占地面积大于3000m^{2}的甲、乙、丙类厂房和占地面积大于 1500m^2 的乙、丙类仓库，应设置环形消防车道，确有困难时，应沿建筑物的两个长边设置消防车道。

工厂或仓库区内不同功能的建筑通常采用道路连接，但有些道路并不能满足消防车的通行和停靠要求，故要求设置专门的消防车道以便灭火救援。这些消防车道可以结合厂区或库区内的其他道路设置，或利用厂区、库区内的机动车通行道路。

高层建筑、较大型的工厂和仓库往往一次火灾延续时间较长，在实际灭火中用水量大、消防车辆投入多，如果没有环形车道或平坦空地等，会造成消防车辆在战术安排、战斗补给中堵塞，延误战机。因此，该类建筑的平面布局和消防车道设计要考虑保证消防车通行、灭火展开和调度的需要。

4）有封闭内院或天井的建筑物，当内院或天井的短边长度大于24m时，宜设置进入内院或天井的消防车道；当该建筑物沿街时，应设置连通街道和内院的人行通道（可利用楼梯间），其间距不宜大于80m。

5）在穿过建筑物或进入建筑物内院的消防车道两侧，不应设置影响消防车通行或人员安全疏散的设施。

为保证消防车快速通行和疏散人员的安全，在穿过建筑物或进入建筑物内院的消防车道两侧，不应设置影响消防车通行或人员安全疏散的设施，如与车道连接的车辆进出口、栅栏、开向车道的窗扇、疏散门、货物装卸口等。不能侵占消防车道的宽度，以免影响火灾扑救工作。

6）可燃材料露天堆场区，液化石油气储罐区，甲、乙、丙类液体储罐区和可燃气体储罐区，应设置消防车道。消防车道的设置应符合下列规定：

① 储量大于表5-8规定的堆场、储罐区，宜设置环形消防车道。

② 占地面积大于 30000m^2 的可燃材料堆场，应设置与环形消防车道相通的中间消防车道，消防车道的间距不宜大于 150m。液化石油气储罐区，甲、乙、丙类液体储罐区和可燃气体储罐区内的环形消防车道之间宜设置连通的消防车道。

③ 消防车道的边缘距离可燃材料堆垛不应小于5m。

表5-8 堆场或储罐区的储量

名　称	棉、麻、毛、化纤	秸秆、芦苇	木材	甲、乙、丙类液体储罐	液化石油气储罐	可燃气体储罐
储　量	1000t	5000t	5000m^3	1500m^3	500m^3	30000m^3

7）供消防车取水的天然水源和消防水池应设置消防车道。消防车道的边缘距离取水点不宜大于2m。由于消防车的吸水高度一般不大于6m，吸水管长度也有一定限制，而多数天然水源距离市政道路可能不能满足消防车快速就近吸水的要求，消防水池的设置有时也受地形限制难以在建筑物附近就近设置，或难以设置在可通行消防车的道路附近。因此，对于这些情况，均要设置可接近水源的专门消防车道，方便消防车应急取水供应火场。

二、消防车道的通用设计要求

1．净宽、净高和坡度

消防车道，其净宽度和净空高度不应小于 4m，如图 5-9 所示。消防车道的坡度不宜大于8%。供消防车停留的空地，其坡度不宜大于8%。

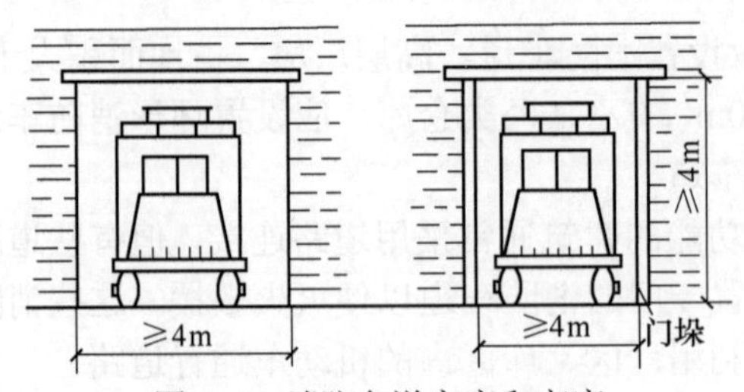

图 5-9　消防车道宽度和高度

2．车道转弯半径

车道转弯处应考虑消防车的最小转弯半径，以便于消防车顺利通行。目前，我国普通消防车的转弯半径为 9m，登高车的转弯半径为 12m，一些特种车辆的转弯半径为 16～20m。

3．回车场地

环形消防车道至少应有两处与其他车道相通。尽头式消防车道应设置回车道或回车场，如图 5-10 所示回车场的面积不应小于 12m×12m；对于高层建筑，不宜小于 15m×15m；供重型消防车使用时，不宜小于 18m×18m。

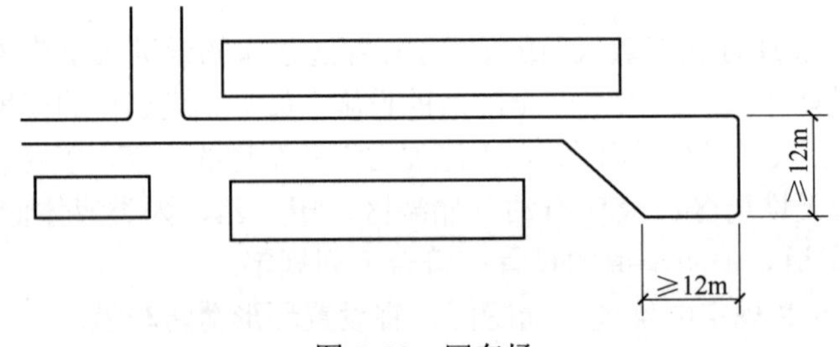

图 5-10　回车场

4．道路荷载

在设置消防车道和灭火救援操作场地时，如果考虑不周，也会发生路面或场地的设计承受荷载过小，道路下面管道埋深过浅，沟渠选用轻型盖板等情况，从而不能承受重型消防车的通行荷载。特别是，有些情况需要利用裙房屋顶或高架桥等作为灭火救援场地或消防车通行时，更要认真核算相应的设计承载力。轻、中系列消防车最大总质量不超过 11t；重系列消防车最大总质量为 15～30t。消防车道的路面、救援操作场地、消防车道和救援操作场地下面的管道和暗沟等，应能承受重型消防车的压力。常用消防车的满载总质量见表 5-9。

表 5-9　常用消防车的满载总质量　（单位：kg）

名　称	型　号	满 载 质 量	名　称	型　号	满 载 质 量
水罐车	SG65.SG65A	17286	水罐车	SG85	18525
	SHX5350、GXFSG160	35300		SG70	13260
	CG60	17000		SP30	9210
	SG120	26000		EQ144	5000
	SG40	13320		SG36	9700
	SG55	14500		EQ153A-F	5500
	SG60	14100		SG110	26450
	SG170	31200		SG35GD	11000
	SG35ZP	9365		SH5140GXFSG55GD	4000
	SG80	19000			

（续）

名　　称	型　　号	满载质量	名　　称	型　　号	满载质量
泡沫车	PM40ZP	11500	干粉车	GF30	1800
	PM55	14100		GF60	2600
	PM60ZP	1900	干粉-泡沫联用车	PF45	17286
	PM80.PM85	18525		PF110	2600
	PM120	26000	登高平台车 举高喷射消防车 抢险救援车	CDZ53	33000
	PM35ZP	9210		CDZ40	2630
	PM55GD	14500		CDZ32	2700
	PP30	9410		CDZ20	9600
	EQ140	3000		CJQ25	11095
	CPP181	2900		SHX5110TTXFQ J73	14500
	PM35GD	11000	消防通信指挥车	CX10	3230
	PM50ZD	12500		FXZ25	2160
供水车	GS140ZP	26325	火场供给消防车	FXZ25A	2470
	GS150ZP	31500		FXZ10	2200
	GS150P	14100		XXFZM10	3864
	GS1802P	31500		XXFZM12	5300
	东风 144	5500		TQXZ20	5020
	GS70	13315		QXZ16	4095

5．其他要求

消防车道与建筑之间不应设置妨碍消防车操作的树木、架空管线等障碍物；消防车道靠建筑外墙一侧的边缘距离建筑外墙不宜小于 5m，便于车辆的操作。

【思考与练习题】

1．消防车道的设计原则是什么？

2．消防车道有哪些设计要求？

3．消防扑救面指的是什么？实际工作中如何运用？

第四节　救援场地

高层民用建筑中，高层主体功能突出，与主体相连的裙房综合性强，多用作营业服务厅、会议发布厅、展销活动厅、商场、餐厅等，以满足建筑使用功能的配套要求。这样的高层民用建筑体积大、平面布置和人员流动复杂多样，给防火灭火工作增加了难度，尤其是高层建筑裙房还会影响消防车作业。对于高层建筑，特别是有裙房的高层建筑，要认真考虑合理布置，确保登高消防车能够靠近高层主体建筑，便于登高消防车开展灭火救援。消防扑救面是指登高消防车能靠近高层主体建筑，便于消防车作业和消防人员进入高层建筑进行人员抢救和扑灭火灾的建筑立面。

消防救援场地的设置有以下要求：

1）高层建筑应至少沿一个长边或周边长度的1/4且不小于一个长边长度的底边连续布置消防车登高操作场地，该范围内的裙房高度不应大于5m，进深不应大于4m。

建筑高度不大于50m的建筑，连续布置消防车登高操作场地确有困难时，可间隔布置，但间隔距离不宜大于30m，且消防车登高操作场地的总长度仍应符合上述规定。由于建筑场地受多方面因素限制，设计要在本条确定的基本要求的基础上，尽量利用建筑周围地面，使建筑周边具有更多的救援场地，特别是在建筑物的长边方向。

2）场地与厂房、仓库、民用建筑之间不应设置妨碍消防车操作的树木、架空管线等障碍物和车库出入口、人防工程出入口。

3）场地的长度和宽度分别不应小于15m和10m。对于建筑高度大于50m的建筑，场地的长度和宽度分别不应小于20m和10m。

4）场地及其下面的建筑结构、管道、水池（包括消防水池）和暗沟等，应能承受重型消防车的压力。对于建筑高度超过100m的建筑，需考虑大型消防车辆灭火救援作业的需求。如对于举升高度112m、车长19m、展开支腿跨度8m、车重75t的消防车，一般情况下，灭火救援场地的平面尺寸不小于20m×10m，场地的承载力不小于10kg/cm^2，转弯半径不小于18m。

5）场地应与消防车道连通，场地靠建筑外墙一侧的边缘距离建筑外墙不宜小于5m，且不应大于10m，场地的坡度不宜大于3%。一般举高消防车停留、展开操作的场地的坡度不宜大于3%，若坡地等特殊情况，允许采用5%的坡度。当建筑屋顶或高架桥等兼做消防车登高操作场地时，屋顶或高架桥等的承载能力要符合消防车满载时的停靠要求。

6）建筑物与消防车登高操作场地相对应的范围内，应设置直通室外的楼梯或直通楼梯间的入口。为使消防员能尽快安全到达着火层，在建筑与消防车登高操作场地相对应的范围内设置直通室外的楼梯或直通楼梯间的入口十分必要，特别是高层建筑和地下建筑。对于埋深较深或地下面积大的地下建筑，还有必要结合消防电梯的设置，在设计中考虑设置供专业消防人员出入火场的专用出入口。

7）厂房、仓库、公共建筑的外墙应在每层的适当位置设置可供消防救援人员进入的窗口。救援口大小是满足一个消防员背负基本救援装备进入建筑的基本尺寸。为方便实际使用，不仅该开口的大小要在本条规定的基础上适当增大，而且其位置、标识设置也要便于消防员快速识别和利用。供消防救援人员进入的窗口的净高度和净宽度均不应小于1m，下沿距室内地面不宜大于1.2m，间距不宜大于20m且每个防火分区不应少于2个，设置位置应与消防车登高操作场地相对应。窗口的玻璃应易于破碎，并应设置可在室外易于识别的明显标志。救援窗口的设置既要结合楼层走道在外墙上的开口，还要结合避难层、避难间以及救援场地，在外墙上选择合适的位置。登高平台消防车作业曲线图和消防扑救面如图5-11所示。云梯消防车的性能参数见表5-10。

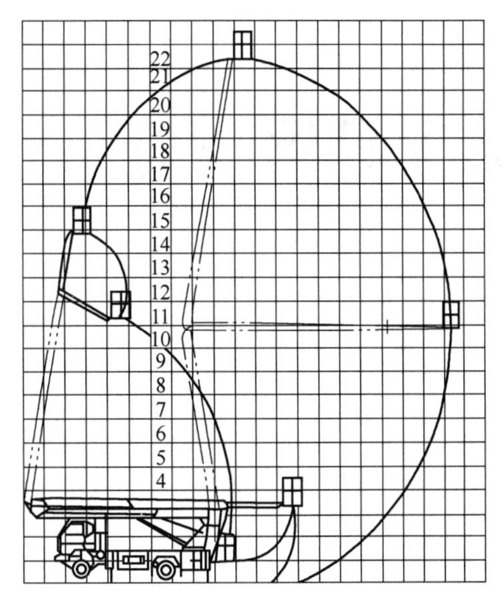

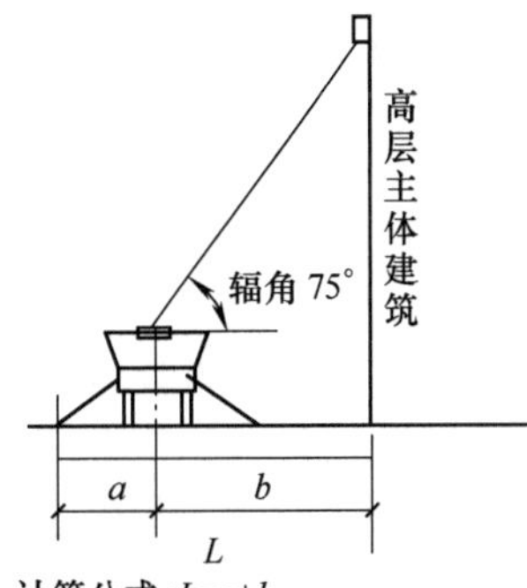

图 5-11 登高平台消防车作业曲线图和消防扑救面

表 5-10 云梯消防车的性能参数

消防车名称	长/m×宽/m×高/m	举高（m）	荷载（t）	转弯半径（m）	稳定宽度（m）	最大工作幅度（m）
芬兰博浪涛	12.8×2.5×3.9	54	32			21.5
	15.6×2.5×3.9	88	47.5			29.5
卢森堡亚 MAN	9.95×2.5×3.3	42	15	11	4.6	17.7
卢森堡亚奔驰 DLK30	10.4×2.5×3.9	30	27.5	10	4.5	21.7
马基路斯 150	12×2.5×3.9	54	34.5	12	6	21.5
	10.6×2.5×3.5	37	24	12	6	23
麦茨 MAN ZZ240	11.6×2.5×3.9	53	33	15	5.5	20

【思考与练习题】

1．救援场地的设置要求是什么？

2．救援窗口的设置要求是什么？

第六章　防火分区与分隔

通过本章学习，了解防火分区面积划分应考虑的因素和常用的防火分区分隔构件，熟悉各类建筑防火分区面积要求和典型特殊功能区域的防火分隔要求，掌握防火分区、典型特殊功能区域平面布置和防火墙、防火卷帘、防火门等主要防火分隔物的设置要求。

建筑物内某处失火时，火灾会通过对流热、辐射热和传导热向周围区域传播。建筑物内空间面积大，火灾时燃烧面积大、蔓延扩展快，火灾损失也大。所以，有效地阻止火灾在建筑物的水平及垂直方向蔓延，将火灾限制在一定范围内是十分必要的。在建筑物内划分防火分区，可有效地控制火势的蔓延，有利于人员安全疏散和扑救火灾，从而达到减少火灾损失的目的。防火分区的划分就是采用防火措施控制火灾蔓延，减少人员伤亡和经济损失。划分防火分区应考虑水平方向的划分和垂直方向的划分。水平防火分区，即采用一定耐火极限的墙、楼板、门窗等防火分隔物按防火分区的面积进行分隔的空间。按垂直方向划分的防火分区也称为竖向防火分区，它可把火灾控制在一定的楼层范围内，防止火灾向其他楼层垂直蔓延。竖向防火分区主要采用具有一定耐火极限的楼板做分隔构件。

第一节　防 火 分 区

【学习目标】

1. 熟悉防火分区的概念。
2. 掌握厂房、仓库、住宅、公共建筑的防火分区面积的要求。

防火分区是指在建筑内部采用防火墙、楼板及其他防火分隔设施分隔而成的，能在一定时间内阻止火灾向同一建筑的其他部分蔓延的局部空间。防火分区的作用在于发生火灾时，将火势控制在一定的范围内。防火分区的面积大小应根据建筑物的使用性质、高度、火灾危险性、消防扑救能力等因素确定。

一、厂房的防火分区

根据不同的生产火灾危险性类别，正确选择厂房的耐火等级，合理确定厂房的层数和建筑面积，可以有效防止火灾蔓延扩大，减少损失。厂房的防火分区面积应根据其生产的火灾危险性类别、厂房的层数和厂房的耐火等级等因素确定。各类厂房的防火分区面积应符合表 6-1 的要求。

表 6-1 厂房的层数和每个防火分区的最大允许建筑面积

生产的火灾危险性类别	厂房的耐火等级	最多允许层数	每个防火分区的最大允许建筑面积（m^2）			
			单层厂房	多层厂房	高层厂房	地下或半地下厂房（包括厂房的地下室或半地下室）
甲	一级 二级	除生产必须采用多层者外，宜采用单层	4000 3000	3000 2000	— —	— —
乙	一级 二级	不限 6	5000 4000	4000 3000	2000 1500	— —
丙	一级 二级 三级	不限 不限 2	不限 8000 3000	6000 4000 2000	3000 2000 —	500 500 —
丁	一、二级 三级 四级	不限 3 1	不限 4000 1000	不限 2000 —	4000 — —	1000 — —
戊	一、二级 三级 四级	不限 3 1	不限 5000 1500	不限 3000 —	6000 — —	1000 — —

注：“—”表示不允许。

1）防火分区之间应采用防火墙分隔。甲、乙类厂房的防火墙耐火极限不应低于 4h。甲类生产具有易燃、易爆的特性，容易发生火灾和爆炸、疏散和救援困难，如层数多则更难扑救，严重者对结构有严重破坏。因此，对甲类厂房层数及防火分区面积提出了较严格的规定。为适应生产发展需要建设大面积厂房和布置连续生产线工艺时，防火分区采用防火墙分隔有时比较困难。除甲类厂房外的一、二级耐火等级厂房，当其防火分区的建筑面积大于表 6-1 规定，且设置防火墙确有困难时，可采用防火卷帘或防火分隔水幕分隔。采用防火卷帘时，应符合本防火卷帘的规定。采用防火分隔水幕时，应符合现行国家标准《自动喷水灭火系统设计规范》（GB 50084—2017）的规定。

2）除麻纺厂房外，一级耐火等级的多层纺织厂房和二级耐火等级的单、多层纺织厂房，其每个防火分区的最大允许建筑面积可按表 6-1 的规定增加 0.5 倍，但厂房内的原棉开包、清花车间与厂房内其他部位之间均应采用耐火极限不低于 2.5h 的防火隔墙分隔，需要开设门、窗、洞口时，应设置甲级防火门、窗。

3）一、二级耐火等级的单、多层造纸生产联合厂房，其每个防火分区的最大允许建筑面积可按表 6-1 的规定增加 1.5 倍。一、二级耐火等级的湿式造纸联合厂房，当纸机烘缸罩内设置自动灭火系统，完成工段设置有效灭火设施保护时，其每个防火分区的最大允许建筑面积可按工艺要求确定。

4）一、二级耐火等级的谷物筒仓工作塔，当每层工作人数不超过 2 人时，其层数不限。

5）一、二级耐火等级卷烟生产联合厂房内的原料、备料及成组配方、制丝、储丝和卷接包、辅料周转、成品暂存、二氧化碳膨胀烟丝等生产用房应划分独立的防火分隔单元，当工艺条件许可时，应采用防火墙进行分隔。其中制丝、储丝和卷接包车间可划分为一个防火分区，且每个防火分区的最大允许建筑面积可按工艺要求确定，但制丝、储丝及卷接包车间之间应采用耐火极限不低于 2h 的防火隔墙和 1h 的楼板进行分隔。厂房内各水平和竖向防火分隔之间的开口应采取防止火灾蔓延的措施。

6）厂房内的操作平台、检修平台，当使用人数少于 10 人时，平台的面积可不计入所在防火分区的建筑面积内。厂房内的操作平台、检修平台主要布置在高大的生产装置周围，在车间内多为局部或全部镂空，面积较小、操作人员或检修人员较少，且主要为生产服务的工艺设备而设置，这些平台可不计入防火分区的建筑面积。

7）自动灭火系统能及时控制和扑灭防火分区内的初起火灾，有效地控制火势蔓延。因此，厂房内设置自动灭火系统时，每个防火分区的最大允许建筑面积可按表 6-1 的规定增加 1 倍。当丁、戊类的地上厂房内设置自动灭火系统时，每个防火分区的最大允许建筑面积不限。厂房内局部设置自动灭火系统时，其防火分区的增加面积可按该局部面积的 1 倍计算。

二、仓库的防火分区

仓库物资储存比较集中，可燃物数量多，灭火救援难度大，一旦着火，往往整个仓库或防火分区就被全部烧毁，造成严重经济损失，因此要严格控制其防火分区的大小。根据不同储存物品的火灾危险性类别，确定仓库的耐火等级、层数和建筑面积的相互关系。仓库的层数和面积应符合表 6-2 的规定。

表 6-2　仓库的层数和面积

储存物品的火灾危险性类别		仓库的耐火等级	最多允许层数	每座仓库的最大允许占地面积和每个防火分区的最大允许建筑面积（m^2）						
				单层仓库		多层仓库		高层仓库		地下或半地下仓库（包括地下或半地下室）
				每座仓库	防火分区	每座仓库	防火分区	每座仓库	防火分区	防火分区
甲	3、4 项	一级	1	180	60	—	—	—	—	—
	1、2、5、6 项	一、二级	1	750	250	—	—	—	—	—
乙	1、3、4 项	一、二级	3	2000	500	900	300	—	—	—
		三级	1	500	250	—	—	—	—	—
	2、5、6 项	一、二级	5	2800	700	1500	500	—	—	—
		三级	1	900	300	—	—	—	—	—
丙	1 项	一、二级	5	4000	1000	2800	700	—	—	150
		三级	1	1200	400	—	—	—	—	—
	2 项	一、二级	不限	6000	1500	4800	1200	4000	1000	300
		三级	3	2100	700	1200	400	—	—	—
丁		一、二级	不限	不限	3000	不限	1500	4800	1200	500
		三级	3	3000	1000	1500	500	—	—	—
		四级	1	2100	700	—	—	—	—	—
戊		一、二级	不限	不限	不限	不限	2000	6000	1500	1000
		三级	3	3000	1000	2100	700	—	—	—
		四级	1	2100	700	—	—	—	—	—

注：“—”表示不允许。

1）仓库内的防火分区之间必须采用防火墙分隔，甲、乙、丙类仓库的防火墙耐火极限不应低于 4h。甲、乙类物品，着火后蔓延快、火势猛烈，其中有不少物品还会发生爆炸，危害大。甲、乙类仓库内防火分区之间的防火墙不应开设门、窗、洞口。设置在地下、半地下的仓库，火灾时室内气温高，烟气浓度比较高和热分解产物成分复杂、毒性大，而且威胁上部仓库的安全，所以要求相对较严。地下或半地下仓库（包括地下或半地下室）的最大允许占地面积，不应大于相应类别地上仓库的最大允许占地面积。

2）石油库区内的桶装油品仓库应符合现行国家标准《石油库设计规范》（GB 50074—2014）的规定。

3）一、二级耐火等级的煤均化库，每个防火分区的最大允许建筑面积不应大于12000m²。

4）独立建造的硝酸铵仓库、电石仓库、聚乙烯等高分子制品仓库、尿素仓库、配煤仓库、造纸厂的独立成品仓库，当建筑的耐火等级不低于二级时，每座仓库的最大允许占地面积和每个防火分区的最大允许建筑面积可按表 6-2 的规定增加 1 倍。

5）根据国家建设粮食储备库的需要以及仓房式粮食仓库发生火灾的概率确实很小这一实际情况，对粮食平房仓的最大允许占地面积和防火分区的最大允许建筑面积及建筑的耐火等级确定均做了一定扩大。一、二级耐火等级粮食平房仓的最大允许占地面积不应大于 12000m²，每个防火分区的最大允许建筑面积不应大于 3000m²。三级耐火等级粮食平房仓的最大允许占地面积不应大于 3000m²，每个防火分区的最大允许建筑面积不应大于 1000m²。

6）一、二级耐火等级且占地面积不大于 2000m² 的单层棉花库房，其防火分区的最大允许建筑面积不应大于 2000m²。

7）一、二级耐火等级冷库的最大允许占地面积和防火分区的最大允许建筑面积，应符合现行国家标准《冷库设计规范》（GB 50072—2010）的规定。

8）自动灭火系统能及时控制和扑灭防火分区内的初起火，有效地控制火势蔓延。运行维护良好的自动灭火设施，能较大地提高仓库的消防安全性。仓库内设置自动灭火系统时，除冷库的防火分区外，每座仓库的最大允许占地面积和每个防火分区的最大允许建筑面积可按表 6-2 的规定增加 1 倍。冷库的防火分区面积应符合现行国家标准《冷库设计规范》（GB 50072—2010）的规定。

三、民用建筑的防火分区

建筑设计中应合理划分防火分区，以有利于灭火救援、减少火灾损失。国外有关标准对建筑的防火分区最大允许建筑面积有相应规定。如法国高层建筑防火规范规定，一类高层办公建筑每个防火分区的最大允许建筑面积为 750m²。德国标准规定高层住宅每隔 30m 应设置一道防火墙，其他高层建筑每隔 40m 应设置一道防火墙。日本建筑规范规定每个防火分区的最大允许建筑面积，十层以下部分为 1500m²，十一层以上部分根据顶棚、墙体材料的燃烧性能及防火门情况分别规定为 100m²、200m²、500m²。美国规范规定每个防火分区的最大建筑面积为 1400m²。虽然各国划定防火分区的建筑面积不同，但都是要求在设计中将建筑物的平面和空间以防火墙、防火门、防火窗以及楼板等分成若干防火区域，以便控制火灾蔓延。我国根据目前的经济水平以及灭火救援能力和建筑防火实际情况，参照国外有关标准、规范资料，规定了防火分区的最大允许建筑面积。不同耐火等级民用建筑防火分区的最大允许建筑面积见表 6-3。

表 6-3 不同耐火等级民用建筑防火分区的最大允许建筑面积

名　　称	耐火等级	允许建筑高度或允许层数	防火分区的最大允许筑面积（m^2）	备　　注
高层民用建筑	一、二级	按一类、二类高层民用建筑分类确定	1500	对于体育馆、剧场的观众厅，其防火分区最大允许建筑面积可适当增加
单层或多层民用建筑	一、二级	1．单层公共建筑的建筑高度不限 2．住宅建筑的建筑高度不大于 27m 3．其他民用建筑的建筑高度不大于 24m	2500	
	三级	5 层	1200	
	四级	2 层	600	
地下、半地下建筑（室）	一级	—	500	设备用房的防火分区最大允许建筑面积不应大于 $1000m^2$

1）表 6-3 中规定的防火分区最大允许建筑面积，当建筑内设置自动灭火系统时，可按表 6-3 规定的防火分区最大允许建筑面积增加 1 倍。局部设置时，防火分区的增加面积可按该局部面积的 1 倍计算。

2）裙房与高层建筑主体之间设置防火墙时，裙房的防火分区可按单、多层建筑的要求确定，如图 6-1 所示。当裙房与高层建筑主体之间设置了防火墙，且相互间的疏散和灭火设施设置均相对独立时，裙房与高层建筑主体之间的火灾相互影响能受到较好的控制，故裙房的防火分区可以按照建筑高度不大于 24m 的建筑的要求确定。如果裙房与高层建筑主体间未采取上述措施时，裙房的防火分区要按照高层建筑主体的要求确定。如图 6-1 所示为裙房与高层建筑主体设置防火墙示意图。

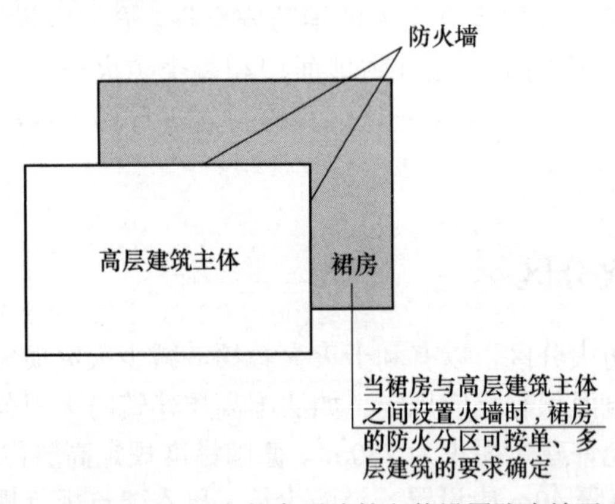

图 6-1 裙房与高层建筑主体设置防火墙示意图

3）建筑内连通上下楼层的自动扶梯、中庭、敞开楼梯等的开口破坏了防火分区的完整性，会导致火灾在多个区域和楼层蔓延发展。如中庭这样的共享空间，贯通数个楼层，可以从首层直通到顶层，四周与建筑物各楼层的廊道、营业厅、展览厅或窗口直接连通。自动扶梯、敞开楼梯也是连通上下两层或数个楼层。火灾时，这些开口是火势竖向蔓延的主要通道，火势和烟气会从开口部位侵入上下楼层，对人员疏散和火灾控制带来困难。建筑内设置自动扶梯、敞开楼梯等上、下层相连通的开口时，其防火分区的建筑面积应按上、下层相连通的建筑面积叠加计算。当叠加计算后的建筑面积大于表 6-3 的规定时，应划分防火分区。

四、木结构建筑的防火分区

木结构建筑进行防火设计，其构件燃烧性能和耐火极限、层数和防火分区面积，以及防火间距等都要满足要求，建筑构件的燃烧性能和耐火极限应符合《建筑设计防火规范（2018版）》（GB 50016—2014）的规定。木结构建筑的其他防火设计应符合《建筑设计防火规范（2018版）》（GB 50016—2014）有关四级耐火等级建筑的规定，防火构造要求还应符合《木结构设计标准》（GB 50005—2017）等标准的规定。

1）甲、乙、丙类厂房（库房）不应采用木结构建筑或木结构组合建筑。丁、戊类厂房（库房）和民用建筑，当采用木结构建筑或木结构组合建筑时，其允许层数和允许建筑高度应符合表6-4的规定，木结构建筑中防火墙间的允许建筑长度和每层最大允许建筑面积应符合表6-5的规定。

表6-4 木结构建筑或木结构组合建筑的允许层数和允许建筑高度

木结构建筑形式	普通木结构建筑	轻型木结构建筑	胶合木结构建筑		木结构组合建筑
允许层数/层	2	3	1	3	7
允许建筑高度（m）	10	10	不限	15	24

表6-5 木结构建筑中防火墙间的允许建筑长度和每层最大允许建筑面积

层数/层	防火墙间的允许建筑长度（m）	防火墙间的每层最大允许建筑面积（m^2）
1	100	1800
2	80	900
3	60	600

① 当设置自动喷水灭火系统时，防火墙间的允许建筑长度和每层最大允许建筑面积可按表6-5规定增加1倍。当为丁、戊类地上厂房时，防火墙间的每层最大允许建筑面积不限。

② 体育场馆等高大空间建筑，其建筑高度和建筑面积可适当增加。

2）老年人照料设施，托儿所、幼儿园的儿童用房和活动场所设置在木结构建筑内时，应布置在首层或二层。商店、体育馆和丁、戊厂房（库房）应采用单层木结构建筑。

3）设置在木结构住宅建筑内的机动车库、发电机间、配电间、锅炉间，应采用耐火极限不低于2h的防火隔墙和1h的不燃性楼板与其他部位分隔，不宜开设与室内相通的门、窗、洞口，确需开设时，可开设一樘不直通卧室的单扇乙级防火门。机动车库的建筑面积不宜大于$60m^2$。

4）管道、电气线路敷设在墙体内或穿过楼板、墙体时，应采取防火保护措施，与墙体、楼板之间的缝隙应采用防火封堵材料填塞密实。住宅建筑内厨房的明火或高温部位及排烟管道等应采用防火隔热措施。

5）木结构墙体、楼板及封闭顶棚或屋顶下的密闭空间内应采取防火分隔措施，且水平分隔长度或宽度均不应大于20m，建筑面积不应大于$300m^2$，墙体的竖向分隔高度不应大于3m。轻型木结构建筑的每层楼梯梁处应采取防火分隔措施。

五、城市交通隧道的防火分区

城市交通隧道的防火设计应综合考虑隧道内的交通组成、隧道的用途、自然条件、长度等因素。隧道的用途及交通组成、通风情况决定了隧道可燃物数量与种类、火灾的可能规模及其增长过程和火灾延续时间，隧道的环境条件和隧道长度等决定了消防救援和人员逃生的难易程度及隧道的防烟、排烟和通风方案，隧道的通风与排烟等因素又对隧道中的人员逃生和灭火救援影响很大。因此，隧道设计应综合考虑各种因素和条件，合理确定防火要求。

（一）单孔和双孔城市交通隧道的分类

单孔和双孔隧道应按其封闭段长度和交通情况分为一、二、三、四类。单孔和双孔隧道分类见表6-6。

表6-6　单孔和双孔隧道分类

用　途	一类	二类	三类	四类
	隧道封闭段长度 L（m）			
可通行危险化学品等机动车	$L>1500$	$500<L\leqslant1500$	$L\leqslant500$	—
仅限通行非危险化学品等机动车	$L>3000$	$1500<L\leqslant3000$	$500<L\leqslant1500$	$L\leqslant500$
仅限人行或通行非机动车	—	—	$L>1500$	$L\leqslant1500$

（二）城市交通隧道的耐火等级

隧道内的地下设备用房、风井和消防救援出入口的耐火等级应为一级，地面的重要设备用房、运营管理中心及其他地面附属用房的耐火等级不应低于二级。

（三）城市交通隧道地下设备用房防火分区划分

服务于隧道的重要设备用房主要包括隧道的通风与排烟机房、变电站、消防设备房。其他地面附属用房主要包括收费站、道口检查亭、管理用房等。隧道内及地面保障隧道日常运行的各类设备用房、管理用房等基础设施以及消防救援专用口、临时避难间，在火灾情况下担负着灭火救援的重要作用，需确保这些用房的防火安全。隧道内地下设备用房的每个防火分区的最大允许建筑面积不应大于1500m^2。

（四）城市交通隧道的防火分隔

隧道内的变电站、管廊、专用疏散通道、通风机房等是保障隧道日常运行和应急救援的重要设施，有的本身还具有一定的火灾危险性。因此，在设计中要采取一定的防火分隔措施与车行隧道分隔。隧道内的变电站、管廊、专用疏散通道、通风机房及其他辅助用房等，应采取耐火极限不低于2h的防火隔墙和乙级防火门等分隔措施与车行隧道分隔。

【思考与练习题】

1．某三层木器厂房，建筑高度18米，二级耐火等级，厂房全部设有自动喷水灭火系统，其每个防火分区的最大允许建筑面积应为多少平方米？并简述理由。

2．储存棉麻及其织物的二级耐火等级6层仓库，建筑高度24m，仓库全部内设有自动喷水灭火系统，其仓库的每个防火分区的最大允许建筑面积分别不应大于多少平方米？并简述理由。

3．某一类高层综合楼已按有关国家工程建设消防消防技术标准的有关规定设置了消防设施，且裙房与高层建筑主体之间设置防火墙，则裙房的防火分区的最大允许建筑面积应不大于多少平方米？并简述理由。

4．防火分区的作用有哪些？

5．有中庭的建筑如何划分防火分区？

第二节 防 火 分 隔

【学习目标】

1. 熟悉典型特殊功能区域的防火分隔要求。
2. 掌握典型特殊功能区域平面布置的设置要求。

建筑的功能多样，往往有多种用途或功能的空间布置在同一座建筑内。不同使用功能空间的火灾危险性及人员疏散要求也各不相同，同一建筑内设置多种使用功能场所时，不同使用功能场所之间应进行防火分隔。当相互间的火灾危险性差别较大时，各自的疏散设施也需尽量分开设置，如商业经营与居住部分。即使一座单一功能的建筑内也可能存在多种用途的场所，这些场所间的火灾危险性也可能各不一样。建筑的平面布置应结合建筑的耐火等级、火灾危险性、使用功能和安全疏散等因素合理布置，以尽量降低火灾的危害。

划分防火分区时在满足防火设计规范中规定的面积及构造要求的前提下，还应注意同一建筑物内，不同的危险区域之间、不同用户之间、办公用房和生产车间之间，应进行防火分隔处理。建筑内的楼梯间、前室和具有避难功能的走廊，必须受到完全保护，保证其不受火灾侵害且畅通无阻。建筑中的各种电缆井、管道井等竖向井道，应是独立的防火单元，应保证井道外部火灾不扩大到井道内部，井道内部火灾也不蔓延到井道外部。有特殊防火功能要求的建筑，在防火分区之内应设置更小的防火区域。

一、厂房平面布置

1）甲、乙类生产场所不应设置在地下或半地下。

2）住宿与生产、储存、经营合用场所，俗称“三合一”建筑，在我国造成过多起重特大火灾，教训深刻。因此要求员工宿舍严禁设置在厂房内，如图 6-2 所示。办公室、休息室等不应设置在甲、乙类厂房内，当必须与本厂房贴邻建造时，其耐火等级不应低于二级，并应采用耐火极限不低于 3h 的不燃烧体防爆墙与厂房隔开和设置独立的安全出口。甲、乙类生产过程中发生的爆炸，冲击波有很大的摧毁力，用普通的砖墙很难抗御，即使原来墙体耐火极限很高，也会因墙体破坏失去防护作用。为保证人身安全，要求有爆炸危险的厂房内不应设置休息室、办公室等，确因条件限制需要设置时，应采用能够抵御相应爆炸作用的墙体分隔。防爆墙是指在墙体任意一侧受到爆炸冲击波作用并达到设计压力时，能够保持设计所要求的防护性能的实体墙体。防爆墙的通常做法有钢筋混凝土墙、砖墙配筋和夹砂钢木板。防爆墙的设计，应根据生产部位可能产生的爆炸超压值、泄压面积大小、爆炸的概率，结合工艺和建筑中采取的其他防爆措施与建造成本等情况综合考虑。

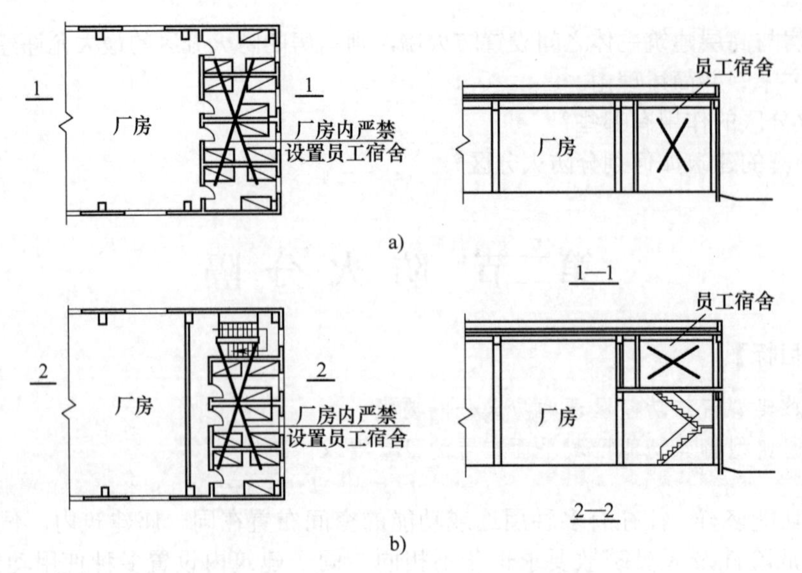

图 6-2　厂房内严禁设员工宿舍示意图

3）在丙类厂房内设置的办公室、休息室，应采用耐火极限不低于 2.5h 的防火隔墙和 1h 的楼板与其他部位隔开，并应至少设置 1 个独立的安全出口。如隔墙上需开设相互连通的门时，应采用乙级防火门。如图 6-3 所示为丙类厂房内设置办公室、休息室示意图。在丙类厂房内设置用于管理、控制或调度生产的办公房间以及工人的中间临时休息室时，要采用规定的耐火构件与生产部分隔开，并设置不经过生产区域的疏散楼梯、疏散门等直通厂房外，为方便沟通而设置的、与生产区域相通的门要采用乙级防火门。

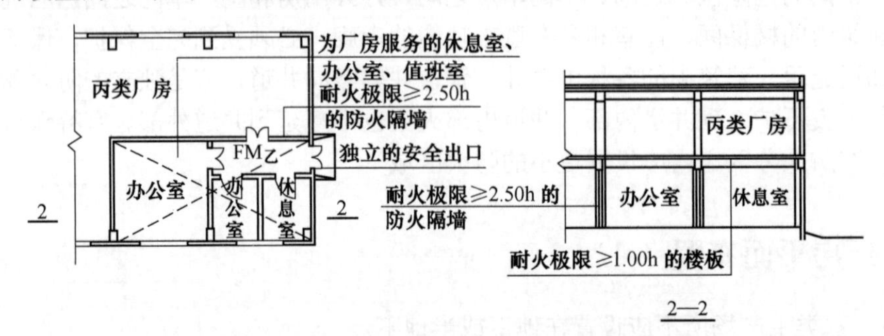

图 6-3　丙类厂房内设置办公室、休息室示意图

4）厂房中的丙类液体中间储罐应设置在单独房间内，其容积不应大于 $5m^3$。设置中间储罐的房间，应采用耐火极限不低于 3h 的防火隔墙和 1.5h 的楼板与其他部位分隔，房间门应采用甲级防火门。容积不应大于 $5m^3$ 主要为防止液体流散或储存丙类液体的储罐受外部火的影响。“容量不应大于 $5m^3$”是指每个设置丙类液体储罐的单独房间内储罐的容量。

5）厂房内设置不超过一昼夜需要量的甲、乙类中间仓库时，中间仓库应靠外墙布置，并应采用防火墙和耐火极限不低于 1.5h 的不燃性楼板与其他部分隔开。厂房内设置丙类仓库时，必须采用防火墙和耐火极限不低于 1.5h 的不燃性楼板与其他部分隔开。设置丁、戊类仓库时，必须采用耐火极限不低于 2h 的不燃烧体隔墙和 1h 的楼板与其他部分隔开。中间仓库是指为满足日常连续生产需要，在厂房内存放从仓库或上道工序的厂房（或车间）取得的原材料、半成品、辅助材料的场所。中间仓库不仅要求靠外墙设置，有条件时，中间仓库还要尽量设置直通室外的出口。厂房内设甲、乙、丙类中间仓库示意图如图 6-4 所示。

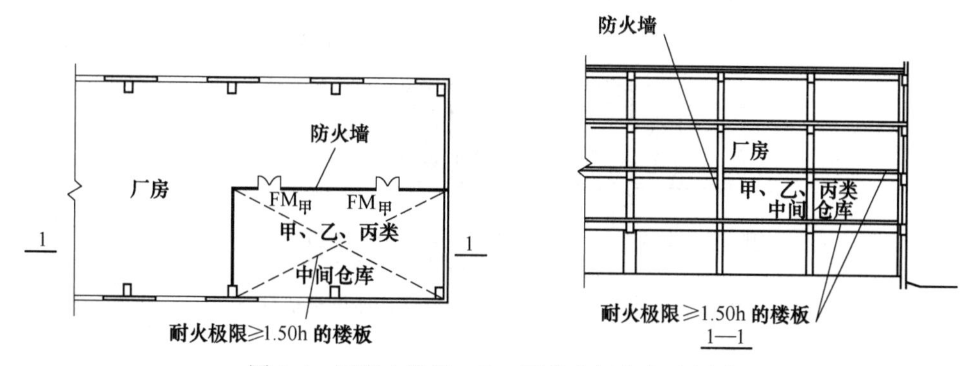

图 6-4 厂房内设甲、乙、丙类中间仓库示意图

6）变、配电站不应设置在甲、乙类厂房内或与之贴邻，且不应设置在爆炸性气体、粉尘环境的危险区域内。供甲、乙类厂房专用的 10kV 及 10kV 以下的变、配电站，当采用无门、窗、洞口的防火墙分隔时，可一面贴邻，并应符合现行国家标准《爆炸危险环境电力装置设计规范》（GB 50058—2014）等标准的规定。运行中的变压器存在燃烧或爆裂的可能，易导致相邻的甲、乙类厂房发生更大的次生灾害，需考虑采用独立的建筑并在相互间保持足够的防火间距。专为甲类或乙类厂房服务的 10kV 及 10kV 以下的变电站、配电站是指该变电站、配电站仅向与其贴邻的厂房供电，而不向其他厂房供电。乙类厂房的配电站确需在防火墙上开窗时，应采用甲级防火窗。对于乙类厂房的配电站，如氨压缩机房的配电站，为观察设备、仪表运转情况而需要设观察窗时，允许在配电站的防火墙上设置采用不燃材料制作并且不能开启的防火窗。

二、仓库平面布置

1）甲、乙类生产场所不应设置在地下或半地下。

2）员工宿舍严禁设置在仓库内如图 6-5 所示。办公室、休息室等严禁设置在甲、乙类仓库内，也不应贴邻如图 6-6 所示。办公室、休息室设置在丙、丁类仓库内时，应采用耐火极限不低于 2.5h 的防火隔墙和 1h 的楼板与其他部位分隔，并应设置独立的安全出口，隔墙上需开设相互连通的门时，应采用乙级防火门如图 6-7 所示。

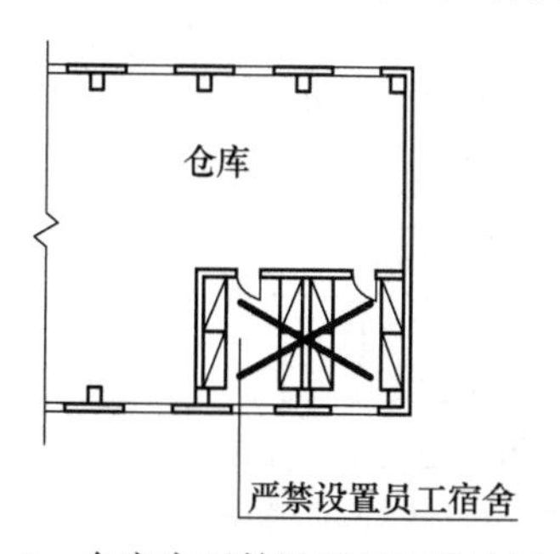

图 6-5 仓库内严禁设置员工宿舍示意图

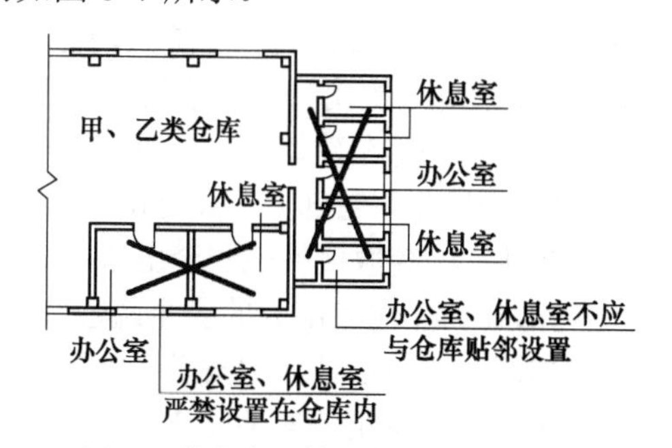

图 6-6 甲、乙类仓库严禁设置办公室、休息室示意图

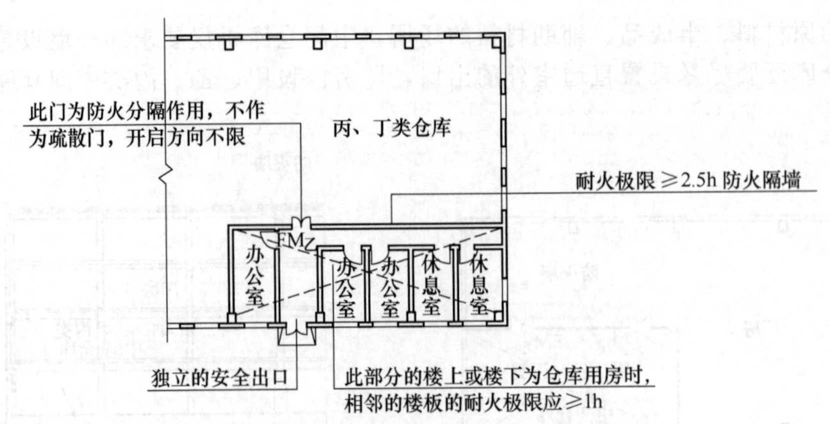

图 6-7　丙、丁类仓库设置办公室、休息室示意图

三、民用建筑内生产车间和其他库房

民用建筑功能复杂，人员密集，如果内部布置生产车间及库房，一旦发生火灾，极易造成重大人员伤亡和财产损失。除为满足民用建筑使用功能所设置的附属库房外，民用建筑内不应设置生产车间和其他库房。经营、存放和使用甲、乙类火灾危险性物品的商店、作坊和储藏间，严禁附设在民用建筑内。附属库房是指直接为民用建筑使用功能服务，在整座建筑中所占面积比例较小，且内部采取了一定防火分隔措施的库房，如建筑中的自用物品暂存库房、档案室和资料室等。

四、住宅建筑与其他使用功能的建筑合建

住宅建筑的火灾危险性与其他功能的建筑有较大差别，需独立建造。当将住宅与其他功能场所空间组合在同一座建筑内时，需在水平与竖向采取防火分隔措施与其他部分分隔，并使各自的疏散设施相互独立，互不连通。在水平方向，应采用无门窗洞口的防火墙分隔。在竖向，应采用楼板分隔并在建筑立面开口位置的上下楼层分隔处采用防火挑檐、窗槛墙等防止火灾蔓延。

1）除商业服务网点外，住宅建筑与其他使用功能的建筑合建时，应符合下列规定：

① 住宅部分与非住宅部分之间，应采用耐火极限不低于 1.5h 的不燃性楼板和耐火极限不低于 2h 且无门、窗、洞口的防火隔墙完全分隔。当为高层建筑时，应采用耐火极限不低于 2h 的不燃性楼板和无门、窗、洞口的防火墙完全分隔。住宅部分与非住宅部分相接处应设置高度不小于 1.2m 的防火挑檐，或相接处上、下开口之间的墙体高度不应小于 4m。防火挑檐是防止火灾通过建筑外部在建筑的上、下层间蔓延的构造，需要满足一定的耐火性能要求。

② 住宅部分与非住宅部分的安全出口和疏散楼梯应分别独立设置。为住宅部分服务的地上车库应设置独立的疏散楼梯或安全出口，地下车库的疏散楼梯应按相应的规定进行分隔。

③ 住宅部分和非住宅部分的安全疏散、防火分区和室内消防设施配置，可根据各自的建筑高度分别按照《建筑设计防火规范（2018 版）》（GB 50026—2014）有关住宅建筑和公共建筑的规定执行。该建筑的其他防火设计应根据建筑的总高度和建筑规模按有关公共建筑的规定执行。

建筑的总高度是指建筑中住宅部分与住宅外的其他使用功能部分组合后的最大高度。对于建筑中其他使用功能部分，各自的建筑高度是指室外设计地面至其最上一层顶板或屋面面层的高度。住宅部分的高度是指可供住宅部分的人员疏散和满足消防车停靠与灭火救援的室外设计地面（包括屋面、平台）至住宅部分屋面面层的高度。

2）设置商业服务网点的住宅建筑，居住部分与商业服务网点之间应采用耐火极限不低于 1.5h 的不燃性楼板和耐火极限不低于 2h 且无门、窗、洞口的防火隔墙完全分隔，住宅部分和商业服务网点部分的安全出口和疏散楼梯应分别独立设置，如图 6-8 所示。商业服务网点中每个分隔单元之间应采用耐火极限不低于 2h 且无门、窗、洞口的防火隔墙相互分隔。当每个分隔单元任一层的建筑面积大于 $200m^2$ 时，该层应设置 2 个安全出口或疏散门。每个分隔单元内的任一点至最近直通室外的出口的直线距离不应大于有关多层其他建筑位于袋形走道两侧或尽端的疏散门至最近安全出口的最大直线距离。

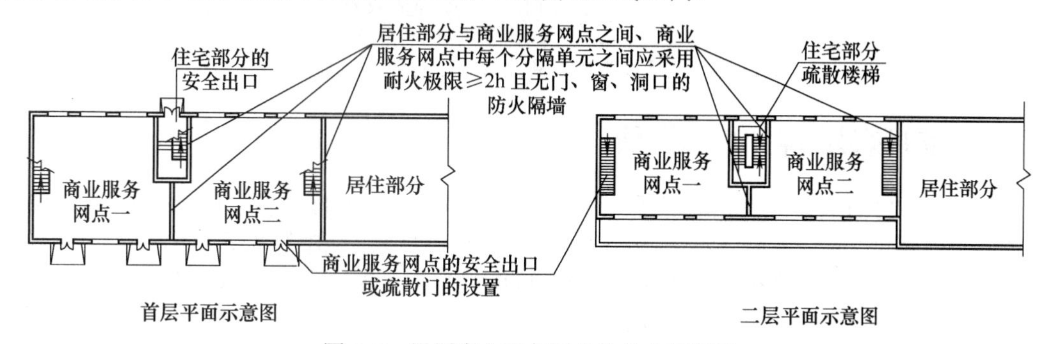

图 6-8 设置商业服务网点的住宅示意图

五、营业厅、展览厅

一、二级耐火等级建筑内的营业厅、展览厅，当设置自动灭火系统和火灾自动报警系统并采用不燃或难燃装修材料时，每个防火分区的最大允许建筑面积可适当增加（图 6-9），并应符合下列规定：

1）设置在高层建筑内时，不应大于 $4000m^2$。

2）设置在单层建筑内或仅设置在多层建筑的首层内时，不应大于 $10000m^2$。

3）设置在地下或半地下时，不应大于 $2000m^2$。

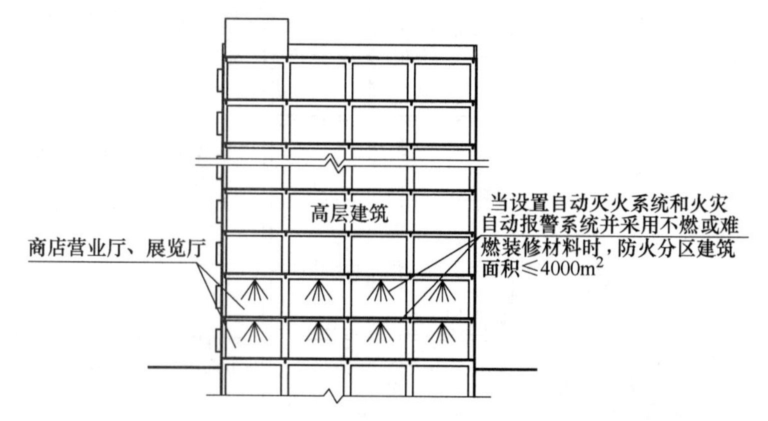

图 6-9 营业厅、展览厅设在一、二级耐火等级建筑内示意图

六、地下或半地下商业营业厅

总建筑面积大于 $20000m^2$ 的地下或半地下商业营业厅，应采用无门、窗、洞口的防火墙和耐火极限不低于 2h 的楼板分隔为多个建筑面积不大于 $20000m^2$ 的区域，如图 6-10 所示。相邻区域确需局部水平或竖向连通时，应采用符合规定的下沉式广场等室外开敞空间、防火隔间、避难走道、防烟楼梯间等方式进行连通。

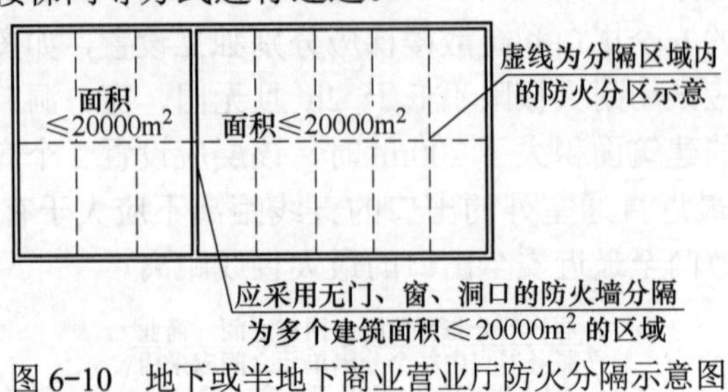

图 6-10　地下或半地下商业营业厅防火分隔示意图

七、歌舞娱乐放映游艺场所

歌舞娱乐放映游艺场所是指歌舞厅、卡拉 OK 厅（含有卡拉功能的餐厅）、夜总会、录像厅、放映厅、桑拿浴室（除洗浴部分外）、游艺厅（含电子游艺厅）、网吧等场所，不含剧场、电影院。歌舞娱乐放映游艺场所发生火灾后容易造成群死群伤的严重后果，所以布置时应符合下列规定：

1）不应布置在地下二层及以下楼层。

2）宜布置在一、二级耐火等级建筑内的首层、二层或三层的靠外墙部位。

3）不宜布置在袋形走道的两侧或尽端。

4）确需布置在地下一层时，地下一层的地面与室外出入口地坪的高差不应大于 10m。

5）确需布置在地下或四层及以上楼层时，一个厅、室的建筑面积不应大于 $200m^2$。

6）厅、室之间及与建筑的其他部位之间，应采用耐火极限不低于 2h 的防火隔墙和不低于 1h 的不燃性楼板分隔，设置在厅、室墙上的门和该场所与建筑内其他部位相通的门均应采用乙级防火门。“厅、室”是指歌舞娱乐放映游艺场所中相互分隔的独立房间，如卡拉 OK 的每间包房、桑拿浴的每间按摩房或休息室，这些房间是独立的防火分隔单元。

歌舞娱乐放映游艺场所平面布置如图 6-11 所示。

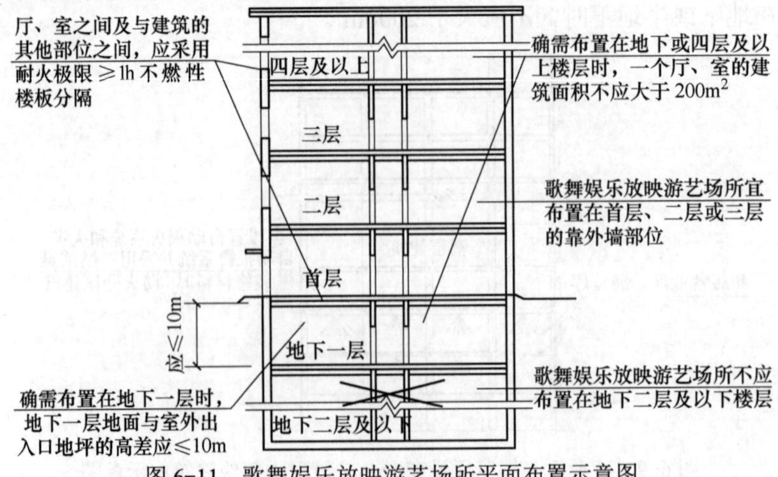

图 6-11　歌舞娱乐放映游艺场所平面布置示意图

八、剧院、电影院、礼堂

剧院、电影院和礼堂为人员密集的场所，人群组成复杂，安全疏散需要重点考虑。当设置在其他建筑内时，考虑到这些场所在使用时，人员通常集中精力于观演等某件事情中，对周围火灾可能难以及时知情，在疏散时与其他场所的人员也可能混合。因此，要采用防火隔墙将这些场所与其他场所分隔，疏散楼梯尽量独立设置，不能完全独立设置时，也至少要保证一部疏散楼梯，仅供该场所使用，不与其他用途的场所或楼层共用。剧院、电影院、礼堂平面布置示意图如图 6-12 所示。

1）剧场、电影院、礼堂宜设置在独立的建筑内。

2）采用三级耐火等级建筑时，不应超过 2 层。

3）确需设置在其他民用建筑内时，至少应设置 1 个独立的安全出口和疏散楼梯，并应符合下列规定：

① 应采用耐火极限不低于 2h 的防火隔墙和甲级防火门与其他区域分隔。

② 设置在一、二级耐火等级的多层建筑内时，观众厅宜布置在首层、二层或三层。确需布置在四层及以上楼层时，一个厅、室的疏散门不应少于 2 个，且每个观众厅或多功能厅的建筑面积不宜大于 $400m^2$。

③ 设置在三级耐火等级的建筑内时，不应布置在三层及以上楼层。

④ 设置在地下或半地下时，宜设置在地下一层，不应设置在地下三层及以下楼层。

⑤ 设置在高层建筑内时，应设置火灾自动报警系统及自动喷水灭火系统等自动灭火系统，并采用耐火极限不低于 2h 的防火隔墙和甲级防火门与其他区域分隔。

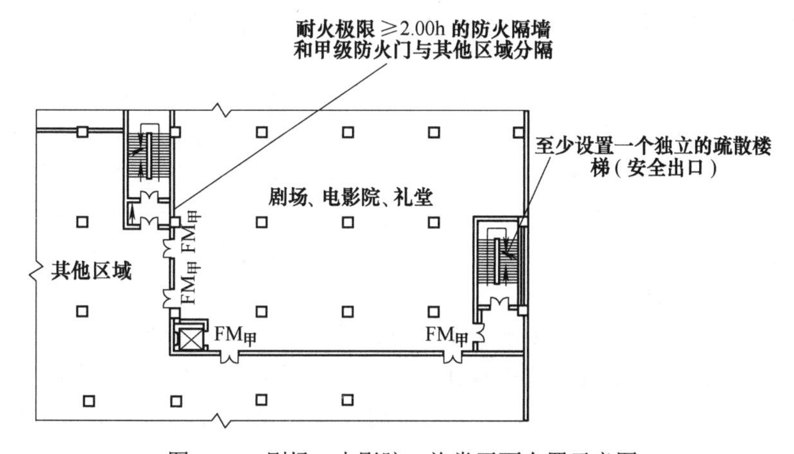

图 6-12 剧场、电影院、礼堂平面布置示意图

4）剧场等建筑的舞台与观众厅之间的隔墙应采用耐火极限不低于 3h 的防火隔墙，舞台上部与观众厅闷顶之间的隔墙可采用耐火极限不低于 1.5h 的防火隔墙，隔墙上的门应采用乙级防火门，如图 6-13、图 6-14 所示。舞台下部的灯光操作室和可燃物储藏室应采用耐火极限不低于 2h 的防火隔墙与其他部位分隔。电影放映室、卷片室应采用耐火极限不低于 1.5h 的防火隔墙与其他部位分隔，观察孔和放映孔应采取防火分隔措施。

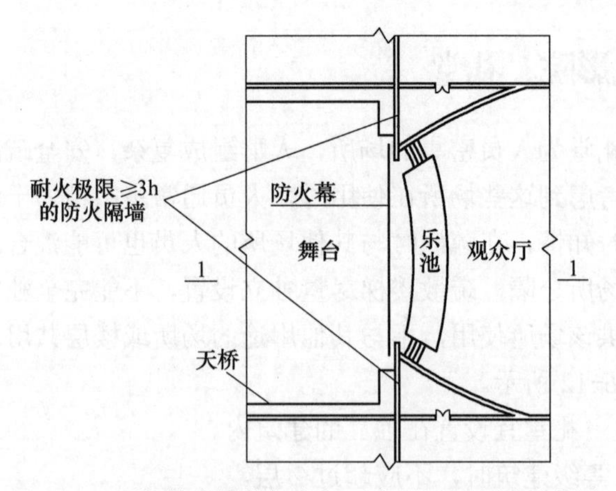

图 6-13　剧场等建筑的舞台与观众厅平面布置示意图

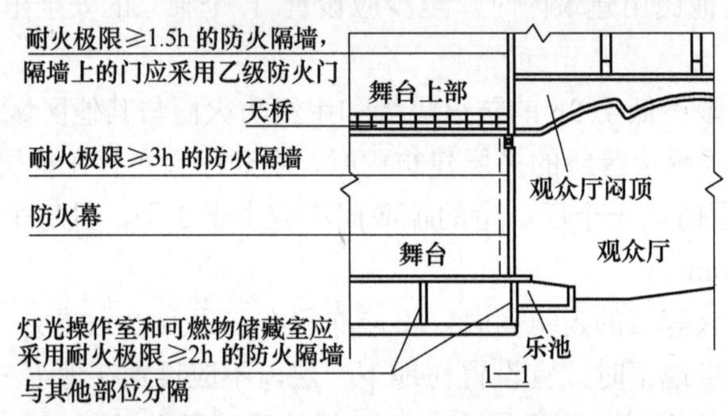

图 6-14　剧场等建筑的舞台与观众厅平面布置剖面图

九、建筑内的会议厅、多功能厅等人员密集场所

在民用建筑内设置的会议厅（包括宴会厅）等人员密集的厅、室，有的设在建筑的首层或较低的楼层，有的设在建筑的上部或顶层。设置在上部或顶层的，会给灭火救援和人员安全疏散带来很大困难。因此，建筑内的会议厅、多功能厅等人员密集场所，宜布置在首层、二层或三层，使人员能在短时间内安全疏散完毕，尽量不与其他疏散人群交叉。设置在三级耐火等级的建筑内时，不应布置在三层及以上楼层。确需布置在一、二级耐火等级建筑的其他楼层时，应符合下列规定：

1）一个厅、室的疏散门不应少于 2 个，且建筑面积不宜大于 400m^2。

2）设置在地下或半地下时，宜设置在地下一层，不应设置在地下三层及以下楼层。

3）设置在高层建筑内时，应设置火灾自动报警系统和自动喷水灭火系统等自动灭火系统。

十、托儿所、幼儿园的儿童用房和儿童游乐厅等儿童活动场所

儿童的行为能力均较弱，需要其他人协助进行疏散。托儿所、幼儿园的儿童用房和儿童游乐厅等儿童活动场所与其他功能的场所混合建造时，不利于火灾时儿童疏散和灭火救援，应严格控制。托儿所、幼儿园等活动场所设置在高层建筑内时，一旦发生火灾，疏散更加困

难，要进一步提高疏散的可靠性，避免与其他楼层和场所的疏散人员混合，故要求这些场所的安全出口和疏散楼梯完全独立于其他场所，不与其他场所内的疏散人员共用，而仅供托儿所、幼儿园或老年人活动场所等的人员疏散用。

1）托儿所、幼儿园的儿童用房和儿童游乐厅等儿童活动场所宜设置在独立的建筑内，且不应设置在地下或半地下。

2）当采用一、二级耐火等级的建筑时，不应超过 3 层；采用三级耐火等级的建筑时，不应超过 2 层；采用四级耐火等级的建筑时，应为单层。

3）确需设置在其他民用建筑内时，应符合下列规定：

① 设置在一、二级耐火等级的建筑内时，应布置在首层、二层或三层。

② 设置在三级耐火等级的建筑内时，应布置在首层或二层。

③ 设置在四级耐火等级的建筑内时，应布置在首层。

④ 设置在高层建筑内时，应设置独立的安全出口和疏散楼梯。

⑤ 设置在单、多层建筑内时，宜设置独立的安全出口和疏散楼梯。

儿童活动场所是指设置在建筑内的儿童游乐厅、儿童乐园、儿童培训班、早教中心等类似用途的场所。有关儿童活动场所的防火设计在我国现行行业标准《托儿所、幼儿园建筑设计规范》（JGJ 39—2016）中也有部分规定。

十一、老年人照料设施

老年人照料设施是指现行行业标准《老年人照料设施建筑设计标准》（JGJ 450—2018）中床位总数（可容纳老年人总数）大于或等于 20 床（人），为老年人提供集中照料服务的公共建筑，包括老年人全日照料设施和老年人日间照料设施。其他专供老年人使用的、非集中照料的设施或场所，如老年大学、老年活动中心等不属于老年人照料设施。老年人照料设施包括三种形式，即独立建造的、与其他建筑组合建造的和设置在其他建筑内的老年人照料设施。

1）独立建造的一、二级耐火等级的老年人照料设施的建筑高度不宜大于 32m，不应大于 54m；独立建造的三级耐火等级的老年人照料设施，不应超过 2 层。

有关老年人照料设施的建筑高度或层数的要求，既考虑了我国救援能力的有效救援高度，又考虑了老年人照料设施中大部分使用人员行为能力弱的特点。当前，我国消防救援能力的有效救援高度主要为 32m 和 52m，这种状况短时间内难以改变。老年人照料设施中的大部分人员不仅在疏散时需要他人协助，而且随着建筑高度的增加，竖向疏散人数增加，人员疏散更加困难，疏散时间延长等，不利于确保老年人及时安全逃生。当确需建设建筑高度大于 54m 的建筑时，要在规定的基础上采取更严格的针对性防火技术措施，按照国家有关规定经专项论证确定。耐火等级低的建筑，其火灾蔓延至整座建筑较快，人员的有效疏散时间和火灾扑救时间短，而老年人行动又较迟缓，故要求独立建造的老年人照料设施建筑不应超过 2 层。

2）老年人照料设施宜独立设置。当老年人照料设施与其他建筑上、下组合时，老年人照料设施宜设置在建筑的下部，并应符合下列规定：

① 老年人照料设施部分的建筑层数、建筑高度或所在楼层位置的高度应符合独立建造的要求。

② 老年人照料设施部分应与其他场所进行防火分隔，防火分隔应采用耐火极限不低于2h 的防火隔墙和 1h 的楼板与其他场所或部位分隔，墙上必须设置的门、窗应采用乙级防火门、窗。

十二、医院和疗养院的住院部分

医院、疗养院建筑是指医院或疗养院内的病房楼、门诊楼、手术部或疗养楼、医技楼等直接为病人诊查、治疗和休养服务的建筑。病房楼内的火灾荷载大、大多数人员行动能力受限，相比办公楼等公共建筑的火灾危险性更高。因此，在按照表 6-1 要求划分防火分区后，病房楼的每个防火分区还需根据面积大小和疏散路线进一步分隔，以便将火灾控制在更小的区域内，并有效地减小烟气的危害，为人员疏散与灭火救援提供更好的条件。

1）医院和疗养院的住院部分不应设置在地下或半地下。

2）医院和疗养院的住院部分采用三级耐火等级建筑时，不应超过 2 层。采用四级耐火等级建筑时，应为单层。设置在三级耐火等级的建筑内时，应布置在首层或二层。设置在四级耐火等级的建筑内时，应布置在首层。

3）医院和疗养院的病房楼内相邻护理单元之间应采用耐火极限不低于 2h 的防火隔墙分隔，隔墙上的门应采用乙级防火门，设置在走道上的防火门应采用常开防火门，如图 6-15 所示。

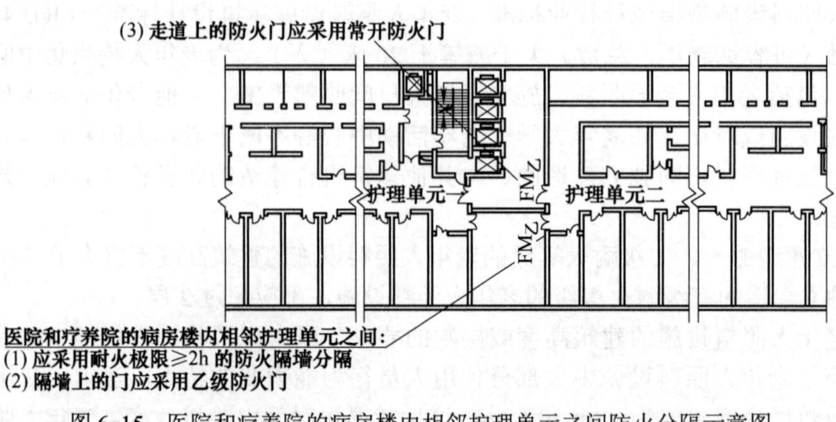

图 6-15　医院和疗养院的病房楼内相邻护理单元之间防火分隔示意图

4）医疗建筑内的手术室或手术部、产房、重症监护室、贵重精密医疗装备用房、储藏间、实验室、胶片室等，应采用耐火极限不低于 2h 的防火隔墙和 1h 的楼板与其他场所或部位分隔，墙上必须设置的门、窗应采用乙级防火门、窗。

十三、教学建筑、食堂、菜市场

教学建筑、食堂、菜市场采用三级耐火等级建筑时，不应超过 2 层；采用四级耐火等级建筑时，应为单层；设置在三级耐火等级的建筑内时，应布置在首层或二层；设置在四级耐火等级的建筑内时，应布置在首层。

十四、设备用房

（一）燃油或燃气锅炉、油浸变压器、高压电容器和多油开关

燃油或燃气锅炉、油浸变压器、充有可燃油的高压电容器和多油开关等宜设置在建筑外的专用房间内。确需贴邻民用建筑布置时，应采用防火墙与所贴邻的建筑分隔，且不应贴邻人员密集场所，该专用房间的耐火等级不应低于二级。确需布置在民用建筑内时，不应布置在人员密集场所的上一层、下一层或贴邻，并应符合下列规定：

1）燃油或燃气锅炉房、变压器室应设置在首层或地下一层的靠外墙部位，但常（负）压燃油或燃气锅炉可设置在地下二层或屋顶上。设置在屋顶上的常（负）压燃气锅炉，距离通向屋面的安全出口不应小于 6m。采用相对密度（与空气密度的比值）不小于 0.75 的可燃气体为燃料的锅炉，不得设置在地下或半地下。

2）锅炉房、变压器室的疏散门均应直通室外或安全出口。

3）锅炉房、变压器室等与其他部位之间应采用耐火极限不低于 2h 的防火隔墙和 1.5h 的不燃性楼板分隔。在隔墙和楼板上不应开设洞口，确需在隔墙上设置门、窗时，应采用甲级防火门、窗。锅炉房、变压器室平面布置如图 6-16～图 6-18 所示。

4）锅炉房内设置储油间时，其总储存量不应大于 $1m^3$，且储油间应采用耐火极限不低于 3h 的防火隔墙与锅炉间分隔。确需在防火隔墙上设置门时，应采用甲级防火门。锅炉房内设置储油间平面布置示意图如图 6-19 所示。

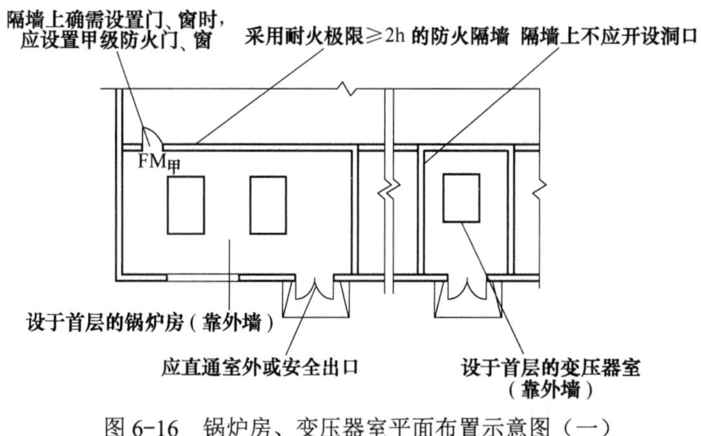

图 6-16　锅炉房、变压器室平面布置示意图（一）

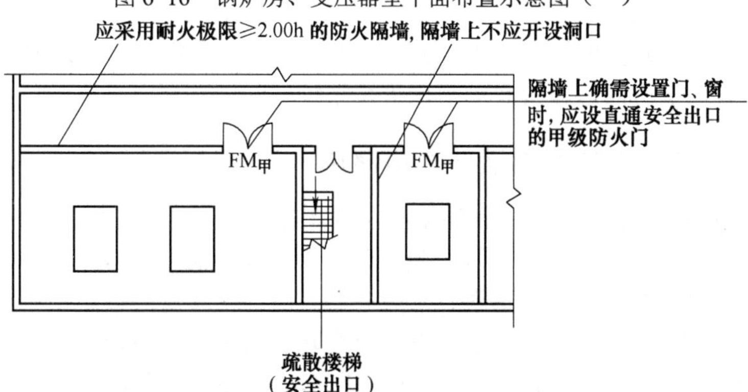

图 6-17　锅炉房、变压器室平面布置示意图（二）

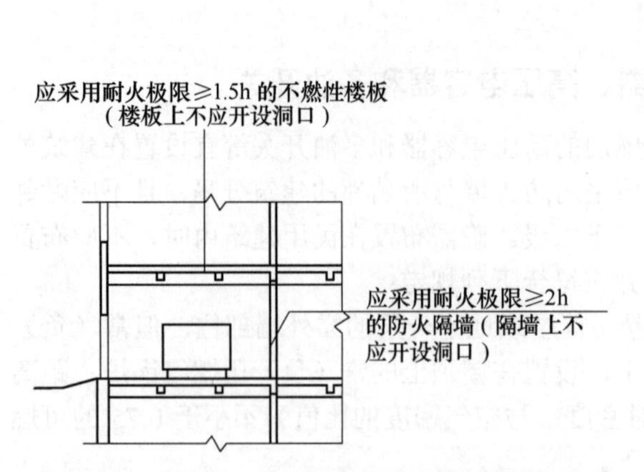

图 6-18　锅炉房、变压器室平面布置示意图（三）

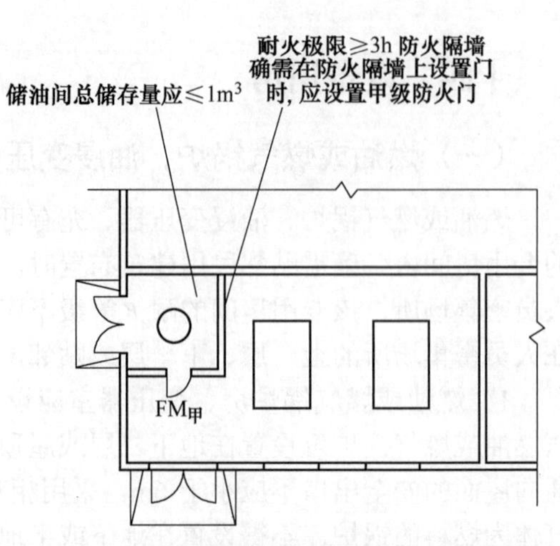

图 6-19　锅炉房内设置储油间平面布置示意图

5）变压器室之间、变压器室与配电室之间，应设置耐火极限不低于 2h 的防火隔墙。

6）油浸变压器、多油开关室、高压电容器室，应设置防止油品流散的设施。油浸变压器下面应设置能储存变压器全部油量的事故储油设施。

7）应设置火灾报警装置。应设置与锅炉、变压器、电容器和多油开关等的容量及建筑规模相适应的灭火设施。当建筑内其他部位设置自动喷水灭火系统时，建筑内设置燃油、燃气锅炉房等房间也要相应地设置自动喷水灭火系统。燃油或燃气锅炉房应设置独立的通风系统。

8）锅炉的容量应符合现行国家标准《锅炉房设计规范》（GB 50041—2008）的规定。油浸变压器的总容量不应大于 1260kV•A，单台容量不应大于 630kV•A。

（二）布置在民用建筑内的柴油发电机房

1）宜布置在首层或地下一、二层。

2）不应布置在人员密集场所的上一层、下一层或贴邻。

3）应采用耐火极限不低于 2h 的防火隔墙和 1.5h 的不燃性楼板与其他部位分隔，门应采用甲级防火门。

4）机房内设置储油间时，其总储存量不应大于 $1m^3$，储油间应采用耐火极限不低于 3h 的防火隔墙与发电机间分隔；确需在防火隔墙上开门时，应设置甲级防火门。

5）应设置火灾报警装置。

6）应设置与柴油发电机容量和建筑规模相适应的灭火设施。当建筑内其他部位设置自动喷水灭火系统时，机房内应设置自动喷水灭火系统。

（三）供建筑内使用的丙类液体燃料储罐

供建筑内使用的丙类液体燃料，其储罐应布置在建筑外，并应符合下列规定（图 6-20）：

1）当总容量不大于 $15m^3$，且直埋于建筑附近、面向油罐一面 4m 范围内的建筑外墙为防火墙时，储罐与建筑的防火间距不限。

2）当总容量大于 $15m^3$ 时，储罐的布置应符合建筑防火设计规范的相关规定。

3）当设置中间罐时，中间罐的容量不应大于 $1m^3$，并应设置在一、二级耐火等级的单独房间内，房间门应采用甲级防火门。

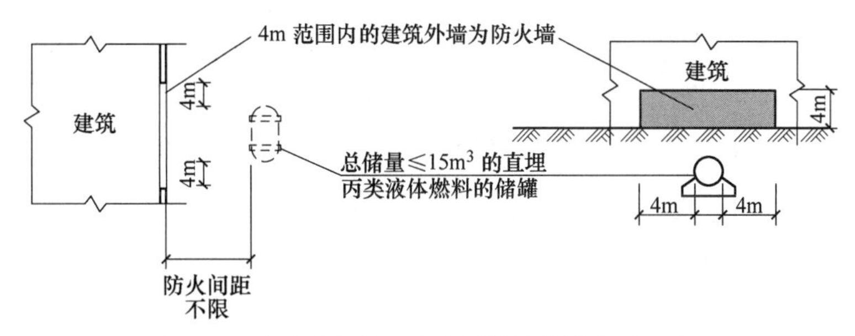

图 6-20 在建筑外的丙类液体燃料储罐布置示意图

（四）其他

附设在建筑内的消防控制室、灭火设备室、消防水泵房和通风空气调节机房、变配电室等，应采用耐火极限不低于 2h 的防火隔墙和不低于 1.5h 的楼板与其他部位分隔。设置在丁、戊类厂房内的通风机房，应采用耐火极限不低于 1h 的防火隔墙和不低于 0.5h 的楼板与其他部位分隔。通风空气调节机房和变配电室开向建筑内的门应采用甲级防火门，消防控制室和其他设备房开向建筑内的门应采用乙级防火门。

十五、中庭

中庭是建筑中由上下楼层贯通而形成的一种共享空间。随着建筑物大规模化和综合化趋势的发展，出现了贯通数层，乃至数十层的大型中庭空间建筑。建筑内连通上下楼层的开口破坏了防火分区的完整性，导致火灾在多个区域和楼层蔓延发展。中庭贯通数个楼层，甚至从首层直通到顶层，四周与建筑物各楼层的廊道、营业厅、展览厅或窗口直接连通。火灾时中庭是火势竖向蔓延的主要通道，火势和烟气会从开口部位侵入上下楼层，对人员疏散和火灾控制带来困难。有中庭的建筑要结合建筑功能需求和防火安全要求，对中庭采取可靠的防火分隔措施，以防止火灾通过连通空间迅速向上蔓延。中庭与周围相连通空间的分隔方式，可以多样，部位也可以根据实际情况确定，但要确保能防止中庭周围空间的火灾和烟气通过中庭迅速蔓延。

建筑内设置中庭时，其防火分区的建筑面积应按上、下层相连通的建筑面积叠加计算；当叠加计算后的建筑面积大于表 6-3 的规定时，应符合下列规定（图 6-21）：

1）与周围连通空间应进行防火分隔。采用防火隔墙时，其耐火极限不应低于 1h；采用防火玻璃墙时，其耐火隔热性和耐火完整性不应低于 1h；采用耐火完整性不低于 1h 的非隔热性防火玻璃墙时，应设置自动喷水灭火系统进行保护；采用防火卷帘时，其耐火极限不应低于 3h，并应符合防火卷帘的规定。与中庭相连通的门、窗，应采用火灾时能自行关闭的甲级防火门、窗。一般将中庭单独作为一个独立的防火单元。对于中庭部分的防火分隔物，推荐采用实体墙，有困难时可采用防火玻璃隔墙，但防火玻璃隔墙的耐火完整性和耐火隔热性要达到 1h，并采用国家标准《镶玻璃构件耐火试验方法》（GB/T 12513—2006）中对隔热性镶玻璃构件的试验方法和判定标准进行测定。只有耐火完整性要求的防火玻璃墙，要设置自动喷水灭火系统对防火玻璃进行保护，其耐火性能可采用国家标准《镶玻璃构件耐火试验方法》（GB/T 12513—2006）中对非隔热性镶玻璃构件的试验方法和判定标准进行测定。

2）高层建筑内的中庭回廊应设置自动喷水灭火系统和火灾自动报警系统。

3）中庭应设置排烟设施。

4）中庭内不应布置可燃物。

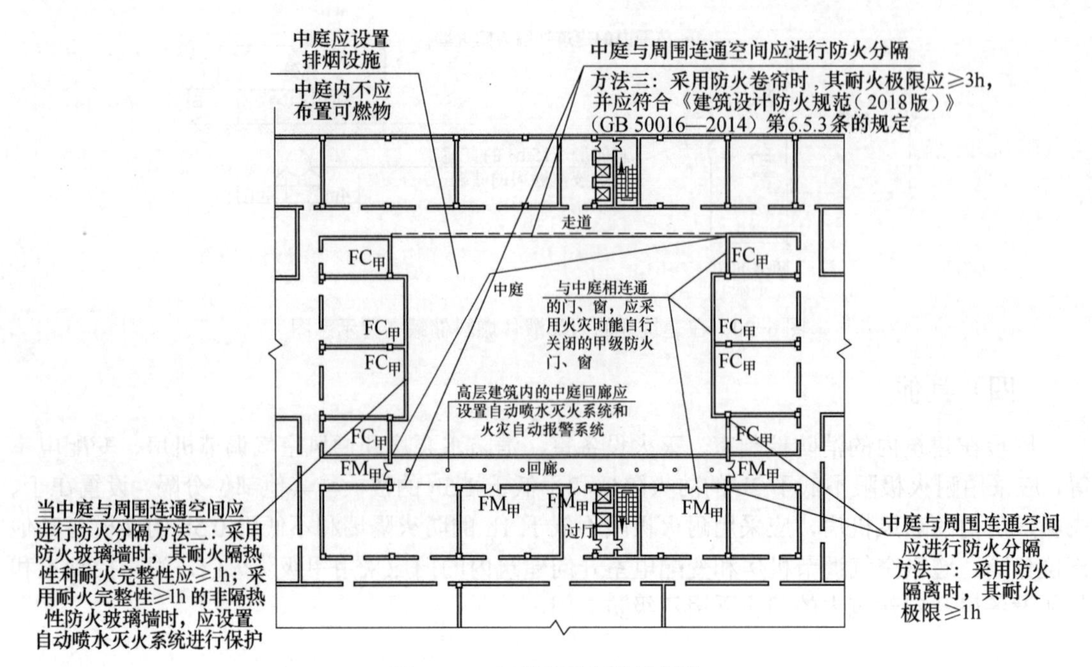

图 6-21　中庭平面布置示意图

十六、建筑外（幕）墙

建筑外立面开口之间如未采取必要的防火分隔措施，易导致火灾通过开口部位相互蔓延。建筑中采用落地窗，上、下层之间不设置实体墙的现象比较普遍，一旦发生火灾，易导致火灾通过外墙上的开口在水平和竖直方向上蔓延。结合有关火灾案例，《建筑设计防火规范（2018 版）》（GB 50016—2014）规定了建筑外墙在上、下层开口之间的墙体高度或防火挑檐的挑出宽度，以及住宅建筑相邻套在外墙上的开口之间的墙体的水平宽度，以防止火势通过建筑外窗蔓延。

1）建筑外（幕）墙上、下层开口之间应设置高度不小于 1.2m 的实体墙或挑出高度不小于 1m、长度不小于开口宽度的防火挑檐。当室内设置自动喷水灭火系统时，上、下层开口之间的实体墙高度不应小于 0.8m。当上、下层开口之间设置实体墙确有困难时，可设置防火玻璃墙，但高层建筑的防火玻璃墙的耐火完整性不应低于 1h，多层建筑的防火玻璃墙的耐火完整性不应低于 0.5h。外窗的耐火完整性不应低于防火玻璃墙的耐火完整性要求。防火玻璃墙和外窗的耐火完整性都要能达到规定的耐火完整性要求，耐火完整性按照现行国家标准《镶玻璃构件耐火试验方法》（GB/T 12513—2006）中对非隔热性镶玻璃构件的试验方法和判定标准进行测定。

2）住宅内着火后，在窗户开启或窗户玻璃破碎的情况下，火焰将从窗户蔓出并向上卷吸，因此着火房间的同层相邻房间受火的影响要小于着火房间的上一层房间。此外，当火焰在环境风的作用下偏向一侧时，住宅户与户之间突出外墙的隔板可以起到很好的阻火隔热作用，效果要优于外窗之间设置的墙体。根据火灾模拟分析，当住宅户与户之间设置突出外墙的隔板或在外窗之间设置不燃性墙体时，能够阻止火势向相邻住户蔓延。《建筑设计防火规范（2018 版）》（GB 50016—2014）要求住宅建筑外墙上相邻户开口之间的墙体宽度不应小于 1m；小于 1m 时，应在开口之间设置突出外墙不小于 0.6m 的隔板。

3）实体墙、防火挑檐和隔板的耐火极限和燃烧性能，均不应低于相应耐火等级建筑外墙的要求。幕墙与每层楼板、隔墙处的缝隙应采用防火封堵材料封堵。

建筑外墙防火分隔示意如图 6-22、图 6-23 所示。

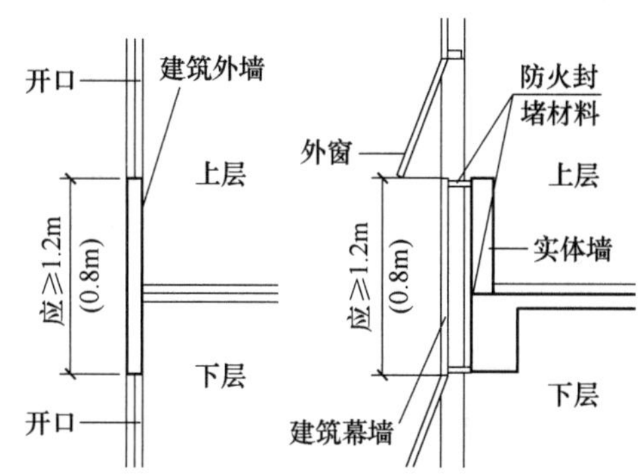

图 6-22　建筑外墙防火分隔示意图（一）

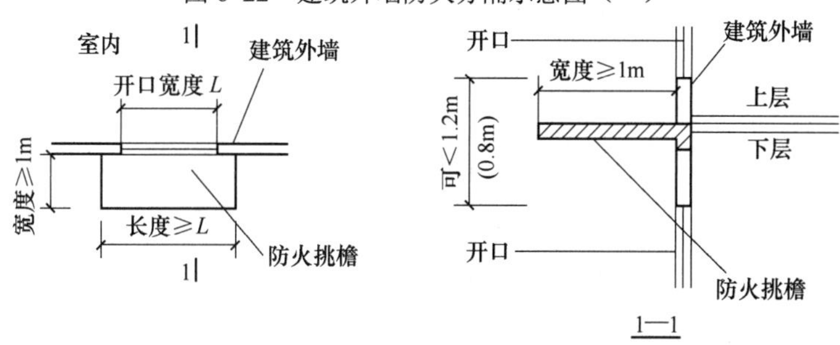

图 6-23　建筑外墙防火分隔示意图（二）

十七、竖井

楼梯间、电梯井、采光天井、通风管道井、电缆井、垃圾井等竖井串通各层的楼板，形成竖向连通孔洞，其烟囱效应十分危险。这些竖井应该单独设置，以防烟火在竖井内蔓延。否则烟火一旦侵入，就会形成火灾向上层蔓延的通道，其后果将不堪设想。

建筑内的电梯井等竖井应符合下列规定：

1）电梯井应独立设置，井内严禁敷设可燃气体和甲、乙、丙类液体管道，不应敷设与电梯无关的电缆、电线等。电梯井的井壁除设置电梯门、安全逃生门和通气孔洞外，不应设置其他开口，如图 6-24 所示。

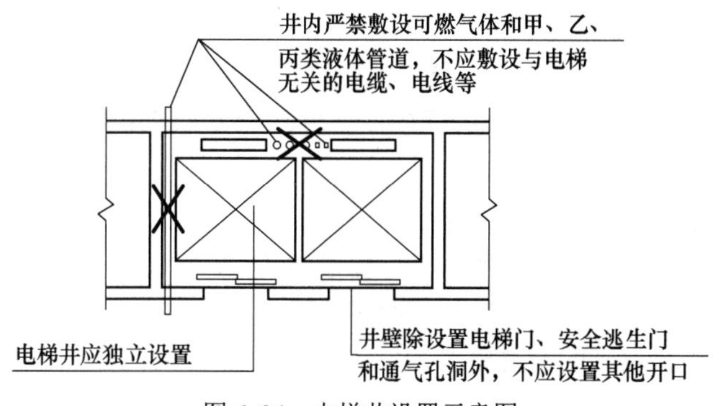

图 6-24　电梯井设置示意图

2）电缆井、管道井、排烟道、排气道、垃圾道等竖向井道，应分别独立设置。井壁的耐火极限不应低于 1h，井壁上的检查门应采用丙级防火门，如图 6-25 所示。

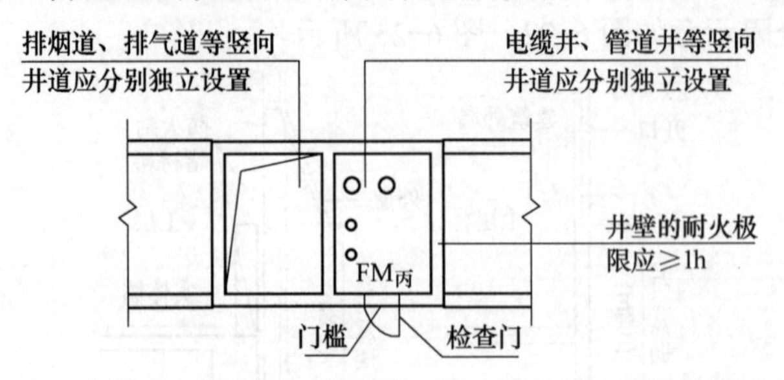

图 6-25　电缆井、管道井、排烟道、排气道等竖向井道设置示意图

3）建筑内的电缆井、管道井应在每层楼板处采用不低于楼板耐火极限的不燃材料或防火封堵材料封堵，如图 6-26 所示。建筑内的电缆井、管道井与房间、走道等相连通的孔隙应采用防火封堵材料封堵，如图 6-27 所示。

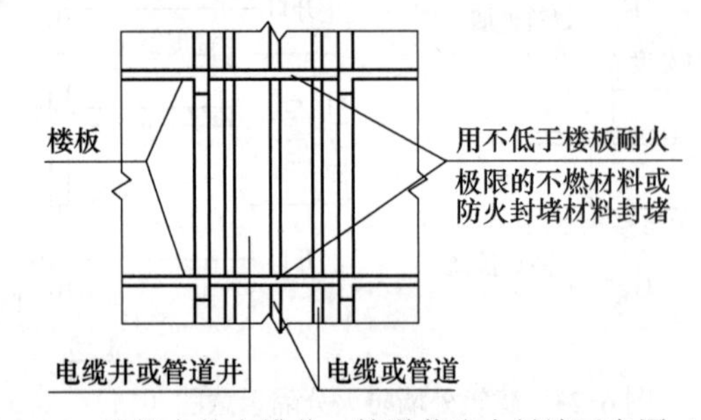

图 6-26　建筑内的电缆井、管道井防火封堵示意图（一）

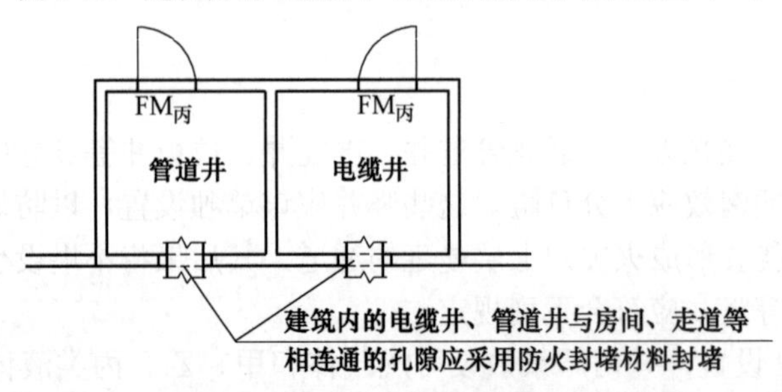

图 6-27　建筑内的电缆井、管道井防火封堵示意图（二）

4）建筑内的垃圾道宜靠外墙设置，垃圾道的排气口应直接开向室外，垃圾斗应采用不燃材料制作，并应能自行关闭。

5）电梯层门的耐火极限不应低于 1h，并应符合现行国家标准《电梯层门耐火试验　完整性、隔热性和热通量测定法》（GB/T 27903—2011）规定的完整性和隔热性要求。

【思考与练习题】

1. 有中庭的建筑如何划分防火分区？
2. 简述歌舞娱乐放映游艺场所的防火分隔措施。
3. 简述食用油加工车间内办公室的平面布置要求。
4. 简述老年人照料设施的布置要求。
5. 简述儿童用房的布置要求。

第三节 防火分隔设施与措施

【学习目标】

1. 掌握防火墙的设置要求。
2. 掌握防火卷帘的设置要求。
3. 掌握防火门、防火窗的设置要求。

对建筑物进行防火分区的划分是通过防火分隔构件来实现的。具有阻止火势蔓延，能把整个建筑空间划分成若干较小防火空间的建筑构件称防火分隔构件。防火分隔构件可分为固定式和可开启关闭式两种。固定式包括普通砖墙、楼板、防火墙等，可开启关闭式包括防火门、防火窗、防火卷帘、防火水幕等。

一、防火墙

防火墙是具有不少于 3h 耐火极限的不燃性实体墙。防火墙是分隔水平防火分区或防止建筑间火灾蔓延的重要分隔构件，对于减少火灾损失发挥着重要作用。防火墙能在火灾初期和灭火过程中，将火灾有效地限制在一定空间内，阻断火灾在防火墙一侧而不蔓延到另一侧。

1）防火墙应直接设置在基础上或钢筋混凝土框架上。防火墙应截断可燃性墙体或难燃性墙体的屋顶结构，且应高出不燃性墙体屋面不小于 40cm，高出可燃性墙体或难燃性墙体屋面不小于 50cm。实际上防火墙应从建筑基础部分就应与建筑物完全断开，独立建造。但目前在各类建筑物中设置的防火墙，大部分是建造在建筑框架上或与建筑框架相连接的。要保证防火墙在火灾时真正发挥作用，就应保证防火墙的结构安全且从上至下均应处在同一轴线位置，相应框架的耐火极限要与防火墙的耐火极限相适应。

2）防火墙中心线距天窗端面的水平距离小于 4m，且当天窗端面为可燃性墙体时，应采取防止火势蔓延的设施。设置防火墙是为了防止火灾不能从防火墙任意一侧蔓延至另外一侧。通常屋顶是不开口的，一旦开口则有可能成为火灾蔓延的通道，因而也需要进行有效的防护。否则，防火墙的作用将被削弱，甚至失效。

3）建筑外墙为难燃性或可燃性墙体时，防火墙应凸出墙的外表面 0.4m 以上，且防火墙两侧的外墙均应为宽度不小于 2m 的不燃性墙体，其耐火极限不应低于外墙的耐火极限。建筑外墙为不燃性墙体时，防火墙可不凸出墙的外表面，紧靠防火墙两侧的门、窗、洞口之间最近边缘的水平距离不应小于 2m，采取设置乙级防火窗等防止火灾水平蔓延的措施时，该距离不限。

4）建筑内的防火墙不宜设置在转角处，确需设置时，内转角两侧墙上的门、窗、洞口之间最近边缘的水平距离不应小于 4m，采取设置乙级防火窗等防止火灾水平蔓延的措施时，该距离不限。

5）防火墙上不应开设门、窗、洞口，确需开设时，应设置不可开启或火灾时能自动关闭的甲级防火门、窗。可燃气体和甲、乙、丙类液体的管道严禁穿过防火墙。防火墙内不应设置排气道。除可燃气体和甲、乙、丙类液体的管道以外的其他管道不宜穿过防火墙，确需穿过时，应采用防火封堵材料将墙与管道之间的空隙紧密填实。穿过防火墙处的管道保温材料，应采用不燃材料，当管道为难燃及可燃材料时，应在防火墙两侧的管道上采取防火措施。

6）防火墙的构造应能保证在防火墙任意一侧的屋架、梁、楼板等受到火灾的影响而破坏时，不会导致防火墙倒塌。

防火墙设置示意如图 6-28～图 6-39 所示。

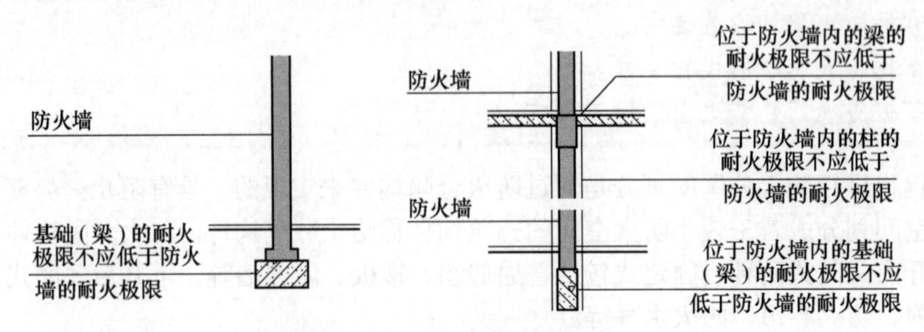

图 6-28　防火墙设置示意图（一）

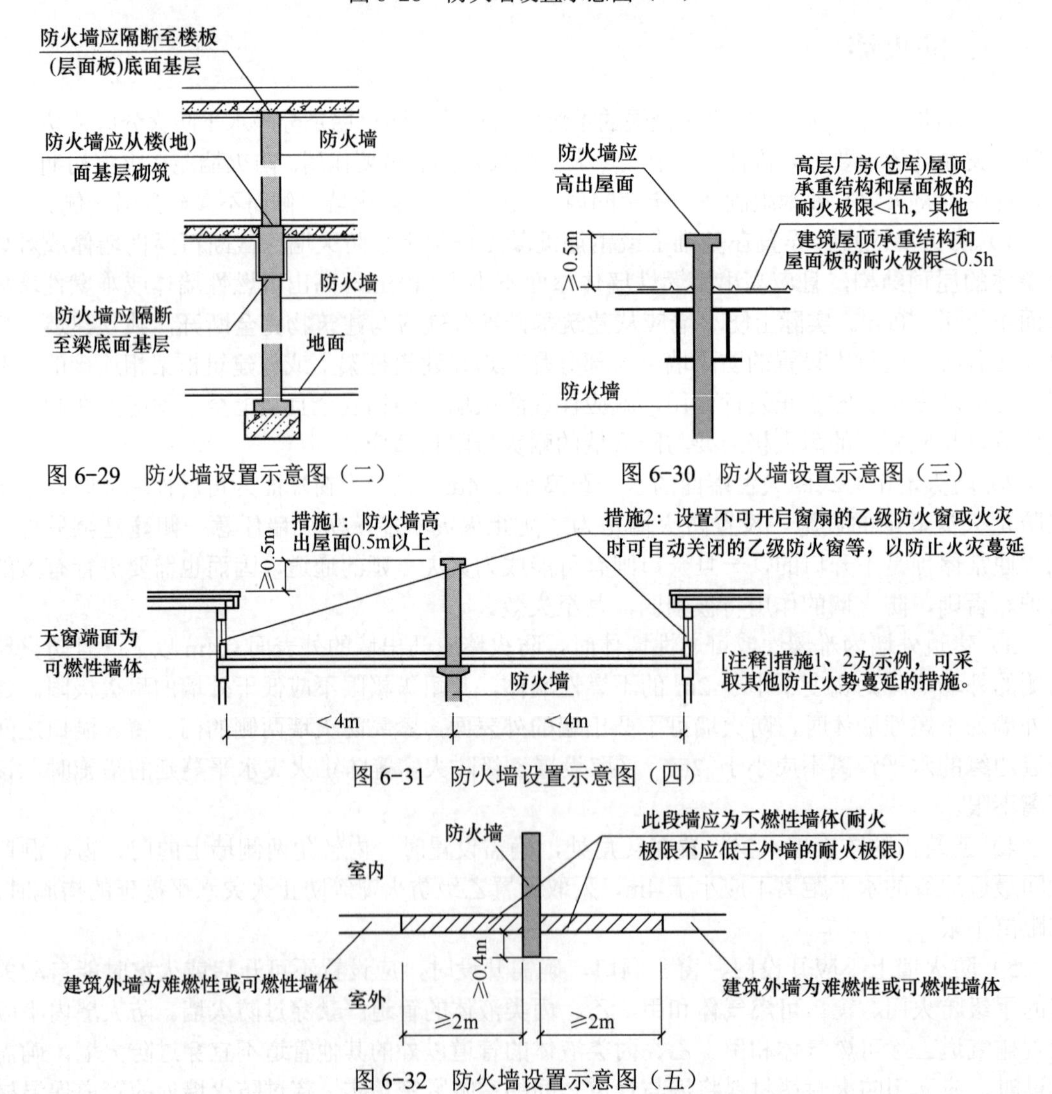

图 6-29　防火墙设置示意图（二）

图 6-30　防火墙设置示意图（三）

图 6-31　防火墙设置示意图（四）

图 6-32　防火墙设置示意图（五）

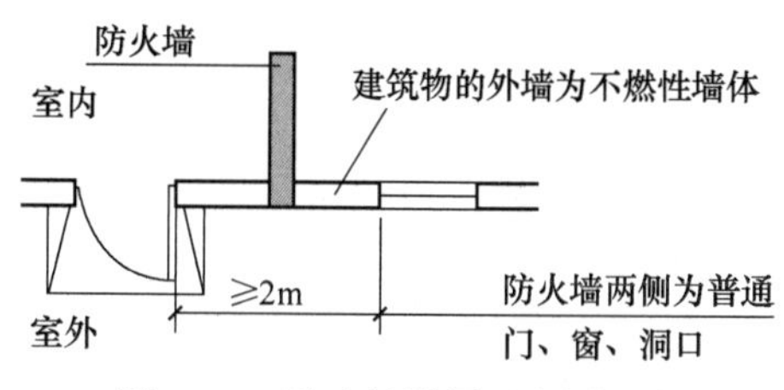

图 6-33 防火墙设置示意图（六）

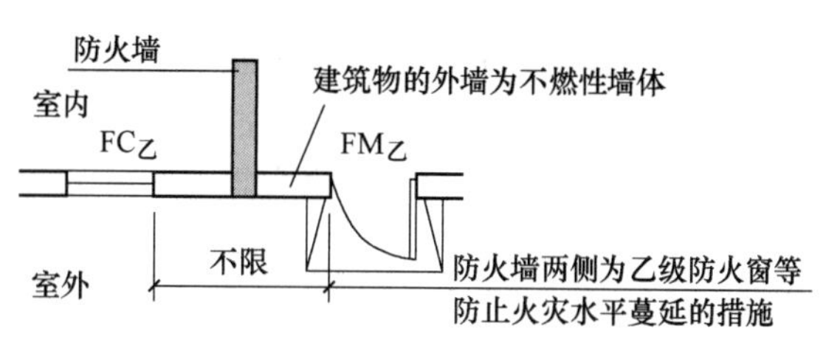

图 6-34 防火墙设置示意图（七）

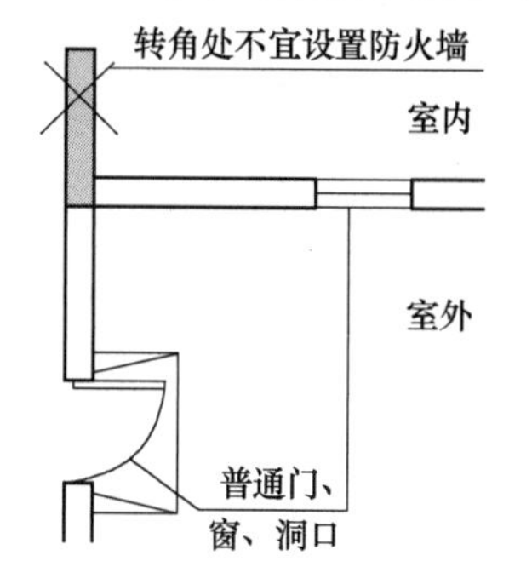

图 6-35 防火墙设置示意图（八）

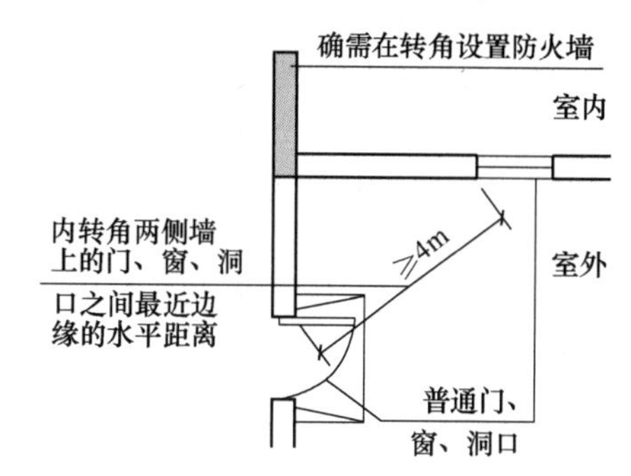

图 6-36 防火墙设置示意图（九）

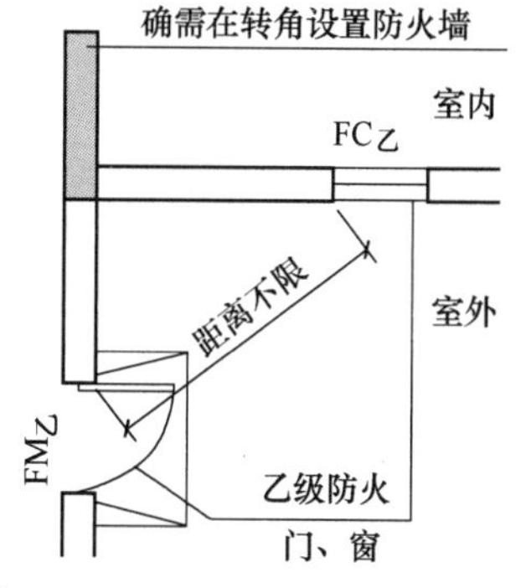

图 6-37 防火墙设置示意图（十）

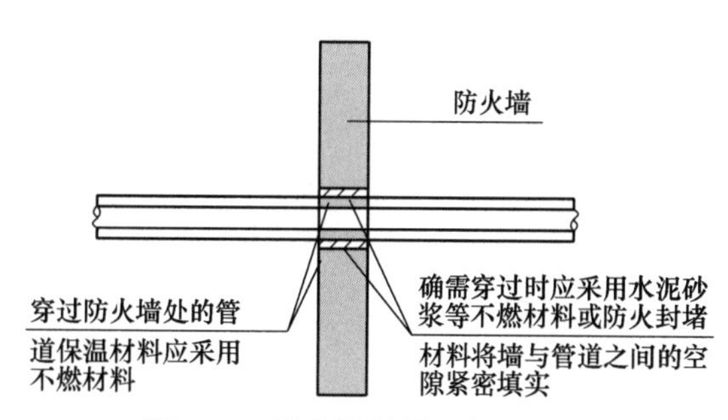

图 6-38 防火墙设置示意图（十一）

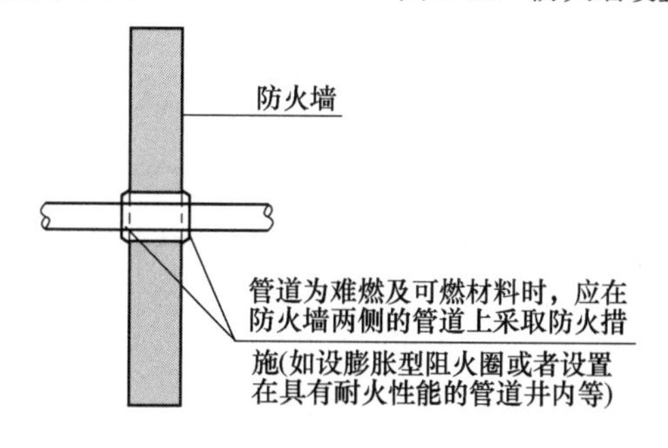

图 6-39 防火墙设置示意图（十二）

二、防火隔墙

防火隔墙是在建筑内防止火灾蔓延至相邻区域且耐火极限不低于规定要求的不燃性墙体。防火隔墙设置在火灾危险性大的房间与其他部位之间的分隔处、性质重要的场所与其他部位之间的分隔处和用于疏散和避难空间的防火保护。如柴油发电机房应采用耐火极限不低于 2h 的防火隔墙和 1.5h 的不燃性楼板与其他部位分隔，门应采用甲级防火门。机房内设置储油间时，其总储存量不应大于 $1m^3$，储油间应采用耐火极限不低于 3h 的防火隔墙与发电机间分隔；确需在防火隔墙上开门时，应设置甲级防火门。歌舞娱乐放映游艺场所厅、室之间及与建筑的其他部位之间，应采用耐火极限不低于 2h 的防火隔墙和 1h 的不燃性楼板分隔，设置在厅、室墙上的门和该场所与建筑内其他部位相通的门均应采用乙级防火门。避难层可兼作设备层。设备管道宜集中布置，其中的易燃、可燃液体或气体管道应集中布置，设备管道区应采用耐火极限不低于 3h 的防火隔墙与避难区分隔。管道井和设备间应采用耐火极限不低于 2h 的防火隔墙与避难区分隔，管道井和设备间的门不应直接开向避难区。确需直接开向避难区时，与避难层区出入口的距离不应小于 5m，且应采用甲级防火门。

建筑内的防火隔墙应从楼地面基层隔断至梁、楼板或屋面板的底面基层。住宅分户墙和单元之间的墙应隔断至梁、楼板或屋面板的底面基层，屋面板的耐火极限不应低于 0.5h。

防火隔墙设置示意图如图 6-40～图 6-42 所示。

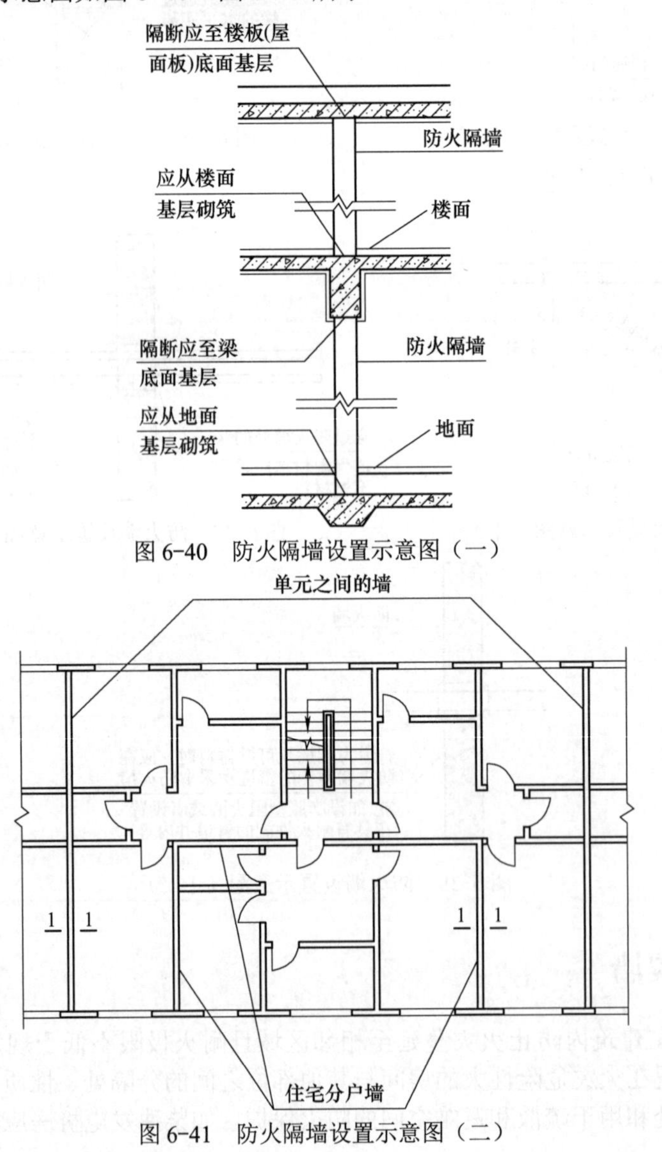

图 6-40　防火隔墙设置示意图（一）

图 6-41　防火隔墙设置示意图（二）

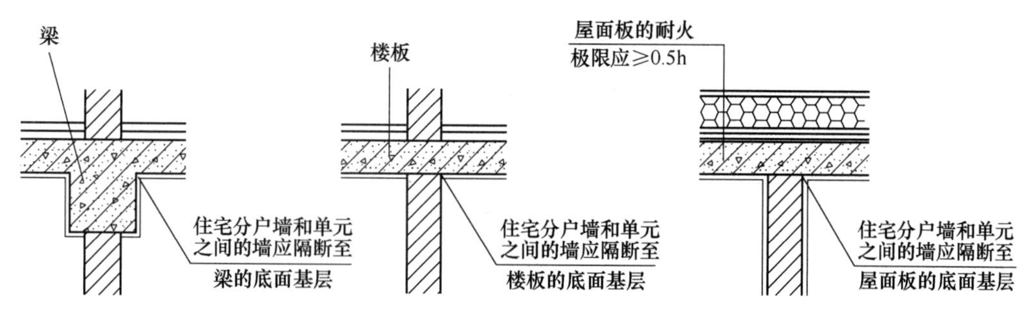

图 6-42 防火隔墙设置示意图（三）

三、防火门

防火门是指在一定时间内，连同框架能满足耐火完整性、隔热性等要求的门。为便于针对不同情况采取不同的防火措施，《建筑设计防火规范（2018 版）》（GB 50016—2014）规定了防火门的耐火极限和开启方式等。建筑内设置的防火门，既要能保持建筑防火分隔的完整性，又要能方便人员疏散和开启，应保证门的防火、防烟性能符合现行国家标准《防火门》（GB 12955—2008）的有关规定和人员的疏散需要。防火门应经消防产品质量检测中心检测试验认证才能使用。

1）设置在建筑内经常有人通行处的防火门宜采用常开防火门。常开防火门应能在火灾时自行关闭，并应具有信号反馈的功能。疏散走道在防火分区处应设置常开甲级防火门。为方便平时经常有人通行而需要保持常开的防火门，要采取措施使之能在着火时以及人员疏散后自行关闭，如设置与报警系统联动的控制装置和闭门器等（图 6-43）。

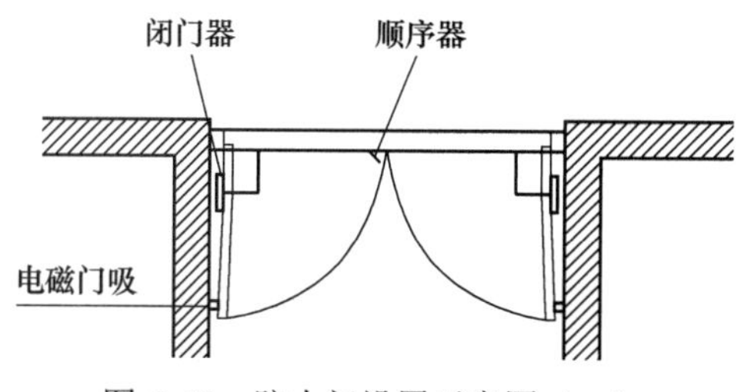

图 6-43 防火门设置示意图（一）

2）除允许设置常开防火门的位置外，其他位置的防火门均应采用常闭防火门。常闭防火门应在其明显位置设置“保持防火门关闭”等提示标识。

3）除管井检修门和住宅的户门外，防火门应具有自行关闭功能。双扇防火门应具有按顺序自行关闭的功能。

4）除《建筑设计防火规范（2018 版）》（GB 50016—2014）第 6.4.11 条第 4 款规定外的防火门应能在其内外两侧手动开启。

5）设置在建筑变形缝附近时，防火门应设置在楼层较多的一侧（图 6-44），并应保证防火门开启时门扇不跨越变形缝（图 6-45）。

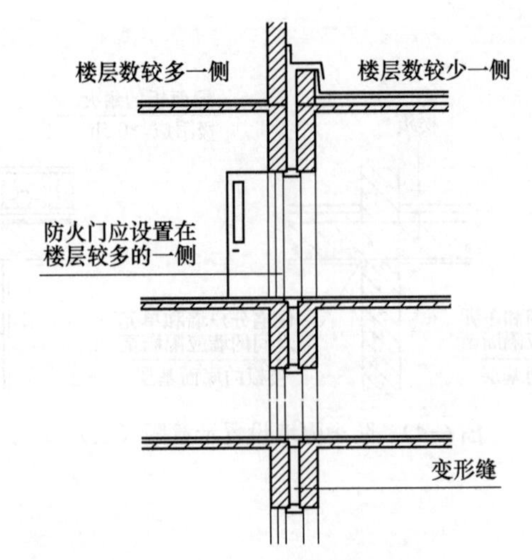

图 6-44　防火门设置示意图（二）

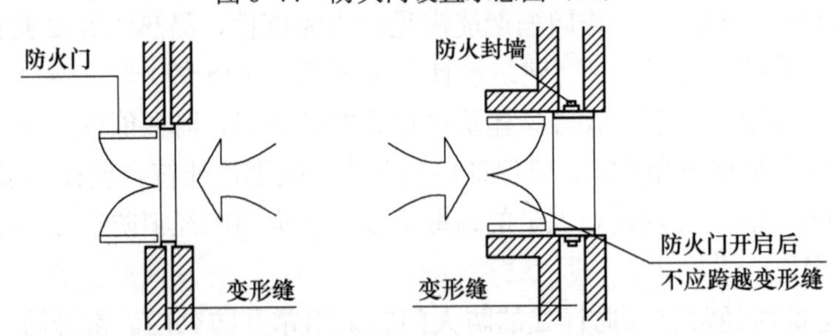

图 6-45　防火门设置示意图（三）

6）防火门关闭后应具有防烟性能。在现实中，防火门因密封条在未达到规定的温度时不会膨胀，不能有效阻止烟气侵入，对宾馆、住宅、公寓、医院住院部等场所在发生火灾后的人员安全带来隐患。

四、防火窗

防火窗是指在一定时间内，连同框架能满足耐火完整性、隔热性等要求的窗。防火窗一般均设置在防火间距不足部位的建筑外墙上的开口处或屋顶天窗部位、建筑内的防火墙或防火隔墙上需要进行观察和监控活动等的开口部位、需要防止火灾竖向蔓延的外墙开口部位。设置在防火墙、防火隔墙上的防火窗，应采用不可开启的窗扇或具有火灾时能自行关闭的功能。防火窗应符合现行国家标准《防火窗》（GB 16809—2008）的有关规定。

五、防火卷帘

防火卷帘是指在一定时间内，连同框架能满足耐火稳定性和完整性要求的卷帘，它由帘板、卷轴、电机、导轨、支架、防护罩和控制机构等组成。防火卷帘主要用于需要进行防火分隔的墙体，特别是防火墙、防火隔墙上因生产、使用等需要开设较大开口而又无法设置防火门时的防火分隔。在实际使用过程中，防火卷帘存在着防烟效果差、可靠性低等问题以及在部分工程中存在大面积使用防火卷帘的现象，导致建筑内的防火分隔可靠性差，易造成火灾蔓延扩大。因此，设计中不仅要尽量减少防火卷帘的使用，而且要仔细研究不同类型防火卷帘在工程中运行的可靠性。

防火分隔部位设置防火卷帘时，应符合下列规定：

1）除中庭外，当防火分隔部位的宽度不大于30m时，防火卷帘的宽度不应大于10m。当防火分隔部位的宽度大于30m时，防火卷帘的宽度不应大于该部位宽度的1/3，且不应大于20m。防火分隔部位的宽度是指某一防火分隔区域与相邻防火分隔区域两两之间需要进行分隔的部位的总宽度。如某防火分隔区域为B，若与相邻的防火分隔区域A有1条边L1相邻，则B区的防火分隔部位的总宽度为L1；若与相邻的防火分隔区域A有2条边L1、L2相邻，则B区的防火分隔部位的总宽度为L1与L2之和；若与相邻的防火分隔区域A和C分别有1条边L1、L2相邻，则B区的防火分隔部位的总宽度可以分别按L1和L2计算，而不需要叠加。

2）防火卷帘应具有火灾时靠自重自动关闭功能。

3）除另有规定外，防火卷帘的耐火极限不应低于《建筑设计防火规范（2018版）》（GB 50016—2014）对所设置部位墙体的耐火极限要求。当防火卷帘的耐火极限符合现行国家标准《门和卷帘的耐火试验方法》（GB/T 7633—2008）有关耐火完整性和耐火隔热性的判定条件时，可不设置自动喷水灭火系统保护。当防火卷帘的耐火极限仅符合现行国家标准《门和卷帘的耐火试验方法》（GB/T 7633—2008）有关耐火完整性的判定条件时，应设置自动喷水灭火系统保护。自动喷水灭火系统的设计应符合现行国家标准《自动喷水灭火系统设计规范》（GB 50084—2017）的规定，但火灾延续时间不应小于该防火卷帘的耐火极限。

4）防火卷帘应具有防烟性能，与楼板、梁、墙、柱之间的空隙应采用防火封堵材料封堵。

5）需在火灾时自动降落的防火卷帘，应具有信号反馈的功能。

6）防火卷帘其他要求应符合现行国家标准《防火卷帘》（GB 14102—2005）的规定。

六、防火阀

防火阀是指安装在通风、空气调节系统的送、回风管道上，平时呈开启状态，火灾时当管道内烟气温度达到70℃时关闭，并在一定时间内能满足漏烟量和耐火完整性要求，起隔烟阻火作用的阀门。防火阀一般由阀体、叶片、执行机构和温感器等部件组成。通风和空气调节系统的风管是建筑内部火灾蔓延的途径之一，要采取措施防止火势穿过防火墙和不燃性防火分隔物等位置后蔓延。

1）通风、空气调节系统的风管在下列部位应设置公称动作温度为70℃的防火阀：

① 穿越防火分区处。

② 穿越通风、空气调节机房的房间隔墙和楼板处。

③ 穿越重要或火灾危险性大的场所的房间隔墙和楼板处。

④ 穿越防火分隔处的变形缝两侧。

⑤ 竖向风管与每层水平风管交接处的水平管段上。

⑥ 当建筑内每个防火分区的通风、空气调节系统均独立设置时，水平风管与竖向总管的交接处可不设置防火阀。

2）公共建筑的浴室、卫生间和厨房的竖向排风管，应采取防止回流措施并宜在支管上设置公称动作温度为 70℃的防火阀。公共建筑内厨房的排油烟管道宜按防火分区设置，且在与竖向排风管连接的支管处应设置公称动作温度为 150℃的防火阀。

3）防火阀的设置应符合下列规定：

① 防火阀宜靠近防火分隔处设置。

② 防火阀暗装时，应在安装部位设置方便维护的检修口。

③ 在防火阀两侧各 2m 范围内的风管及其绝热材料应采用不燃材料。目前，不燃绝热材料、消声材料有超细玻璃棉、玻璃纤维、岩棉、矿渣棉等。

④ 防火阀应符合现行国家标准《建筑通风和排烟系统用防火阀门》（GB 15930—2007）的规定。

七、排烟防火阀

排烟防火阀是指安装在机械排烟系统的管道上，平时呈开启状态，火灾时当排烟管道内烟气温度达到 280℃时关闭，并在一定时间内能满足漏烟量和耐火完整性要求，起隔烟阻火作用的阀门。排烟防火阀一般由阀体、叶片、执行机构和温感器等部件组成。排烟防火阀应符合现行国家标准《建筑通风和排烟系统用防火阀门》（GB 15930—2007）的有关规定。

排烟系统管道上安装排烟防火阀，在一定时间内能满足耐火稳定性和耐火完整性的要求，可起隔烟阻火作用。通常房间发生火灾时，房间内的排烟口开启，同时联动排烟风机启动排烟，人员进行疏散。当排烟管道内的烟气温度达到或超过 280℃时，烟气中有可能卷吸火焰或夹带火种。穿越防火分区的排烟管道应在穿越处设置排烟防火阀。

【思考与练习题】

1．通风、空气调节系统的风管在哪些部位设置公称动作温度为 70℃的防火阀？

2．简述防火墙的设计构造要求。

3．防火分隔部位采用防火卷帘时的要求有哪些？

第七章　建筑安全疏散设计

第一节　建筑安全疏散概述

【学习目标】

1. 熟悉工业与民用建筑安全疏散的基本概念，影响安全疏散的因素，安全疏散时间的计算，安全疏散路线及设施布置要求。
2. 掌握安全出口的布置原则及疏散楼梯间的类型。

人身安全是消防安全的重中之重，以人为本的消防工作理念必须始终贯穿于整个消防工作，安全疏散是建筑防火最根本、最关键的技术，也是建筑消防安全的核心内容。保证建筑内的人员在火灾情况下的安全是一个涉及建筑结构、火灾发展过程、建筑消防设施配置和人员行为等多种基本因素的复杂问题。安全疏散的目标就是要保证建筑内人员疏散完毕的时间必须小于火灾发展到危险状态的时间。

建筑安全疏散技术的重点是：安全出口、疏散出口以及安全疏散通道的数量、宽度、位置和疏散距离。基本要求是：每个防火分区必须设有至少两个安全出口；疏散路线必须满足室内最远点到房门，房门到最近安全出口或楼梯间的行走距离限值；疏散方向应尽量为双向疏散，疏散出口应分散布置，减少袋形走道的设置；选用合适的疏散楼梯形式，楼梯间应为安全的区域，不受烟火的侵袭，楼梯间入口应设置可自行关闭的防火门保护；通向地下室的楼梯间不得与地上楼梯相连，如必须相连时应采用防火墙分隔，通过防火门出入；疏散宽度应保证不出现拥堵现象，并采取有效措施，在清晰的空间高度内为人员疏散提供引导。

一、安全疏散的概念

安全疏散就是指建筑发生火灾时，确保建筑内所有人员及时撤离建筑物到达安全地点的措施。

建筑物发生火灾时，为避免室内人员因火烧、缺氧窒息、烟雾中毒和房屋倒塌造成伤害，要尽快疏散人员、转移室内物资和财产，以减少火灾造成的损失；另外，消防人员必须迅速赶到火灾现场进行灭火救援行动。这些行动都必须借助于建筑物内的安全疏散设施来实施。

通过建筑火灾统计分析，凡造成重大人员伤亡的火灾，大部分是因没有可靠的安全疏散设施或管理不善，人员不能及时疏散到安全区域造成的。有的疏散楼梯不封闭、不防烟；有的疏散出口数量少，疏散宽度不够；有的在安全出口上锁、疏散通道堵塞；有的缺少火灾事故照明和疏散指示标志。可见，如何根据不同使用性质、不同火灾危险性的建筑物，通过安全疏散设施的合理设置，为建筑物内人员和物资的安全疏散提供条件，是建筑防火设计的重要内容，应当引起重视。

二、影响安全疏散的因素

影响安全疏散的因素包括人员因素和环境因素。

（一）人员因素

1．火灾时人员的疏散阶段

（1）察觉。这一阶段包含从火灾发生一直到人员感受到外部刺激或信号的时间，那些刺激或者信号能告诉人们有异常情况发生。这种刺激或信号可能是来自闻到烟味、听见或者看见火灾、自动报警系统或他人传来的信息等。在许多案例中，察觉的时间有时会很长，尤其是在没有安装自动报警系统的建筑中。在随后的疏散或者在选择行动的过程中，人员会接受新的信号和采取新的行动。

（2）反应。反应阶段就是从开始意识到火灾发生到去采取一些行动所花费的时间。首先，这些信号必须被识别。然后，对这些信号产生采取某个行动的冲动，即人员决定做点什么。采取的行动可能是要去调查发生了什么事情，即寻找更进一步的信息，也可能去试图灭火、帮助他人、抢救财产、通知消防队、离开建筑物，或者甚至忽视危险。在反应阶段所花的时间通常要比察觉和疏散阶段长，这意味着预测和控制这个阶段是非常重要的。

（3）移动。移动阶段就是人们离开起火建筑物进行疏散的阶段。这里称为“移动”的阶段实际上叫作“疏散”，不过在此处，“疏散”的意思是指从火灾发生一直到人员安全离开建筑物的整个过程。不同人之间的行走速度有差异，并且某些人甚至会需要他人的帮助，例如残疾人和老人，这可能会影响预测。

2．火灾时人的心理与行为

建筑物发生火灾时，被困人员处于生命攸关的紧急时刻，往往因心理状态不够冷静，而失去应有的判断力，常常会做出如下行动：

（1）冲向经常使用的出入口和楼梯，在逃生路上如遇烟火便本能地带着恐怖的心情，寻求其他退路。

（2）习惯于冲向明亮的方向和开阔空间。人们具有朝着光明处运动的习性，以明亮的方向为行动目标。如从房间内出来后走廊里充满了烟雾，这时如果一个方向黑暗，另一个方向明亮，人们必然就向明亮方向冲去。有时也会因危险迫近而陷入极度慌乱之中时，逃向狭小角落。在出现死亡事故的火灾中，常可以看到缩在房间，厕所或者头插进橱柜而死亡的例子。

（3）对烟火怀有恐惧心理，越慌乱越容易追随他人的行动。对红色火焰怀有恐惧心理是人们的习性，一旦被烟火包围，则不知所措，因此，即使在安全之处，发现他人有行动，便马上追随。

（4）紧急情况下能发挥出意想不到的力量。在紧急情况下，失去了正常的理智行动，求生欲望使其全部精力集中应付紧急情况，发挥平时预想不到的力量。如遇火灾时，可移动平时搬不动的重物，或从高处往下跳，这样往往会造成一幕幕死亡惨剧。

（二）环境因素

1．起火后火焰辐射热、烟气和烟尘颗粒对人的威胁

火灾时，受火焰辐射热及高温烟气作用，环境温度可高达数百摄氏度，对人员产生很

大影响。研究表明，当人体吸入大量热量时，血压会急剧下降，毛细血管被破坏，从而导致血液循环系统破坏；另一方面，在高温作用下，人会心跳加速，大量出汗，严重时会因脱水而死亡。

火灾中产生的烟气，不仅会引起人员的中毒和窒息，而且大量的烟雾及烟尘颗粒的弥漫，会使疏散人员的行动和能见距离受到严重妨碍，导致人员辨认目标的能力大大降低，并使事故照明和疏散标志的作用减弱，使人员在疏散时往往看不清周围的环境，甚至辨认不清疏散方向，找不到安全出口。当能见距离降到 3m 以下时，逃离火场就十分困难了。

2．建筑结构的倒塌破坏

在火灾中，由于受到燃烧、高温的作用，建筑结构会发生倒塌的现象。建筑结构的倒塌破坏，不仅会造成巨大的物质损失，还会造成人员的严重伤亡。例如，木结构建筑遇火后，表面被烧蚀，使构件承载强度降低，截面面积减少，从而不能承受荷载而倒塌。对建筑构件而言，耐火性能好，倒塌的可能性就小，允许人员全部、安全地离开建筑物的疏散时间就越长。例如影剧院观众厅，由于建筑材料的条件决定了顶棚的耐火极限只有 0.25h，它限定了允许疏散时间不能超过这个极限所规定的时间要求。

上述两个方面情况，在火灾发生时，都会影响人们的安全疏散。鉴于火灾发生的同时，也伴随产生有毒烟气、高热、缺氧现象，一般比构件达到耐火极限的时间要短，所以，在确定建筑物允许疏散时间时，首先考虑的是火场上烟气中毒的因素。另外，考虑到人们发现火灾时，往往不是火的开始燃烧阶段，而是火势已扩大到一定的燃烧程度，再综合考虑人们火灾时的心理状态与行动，以此来确定建筑内允许疏散时间。

三、安全疏散的允许时间

安全疏散允许时间，是指建筑物发生火灾时，人员离开着火建筑物到达安全区域的时间。安全疏散允许时间是确定安全疏散的距离、安全通道的宽度、安全出口数量的重要依据。在进行安全疏散设计时，实际疏散时间应小于或等于允许疏散时间。

建筑物内总疏散时间可用下式计算

$$t=t_1+L_1/v_1+L_2/v_2 \leqslant \text{允许疏散时间} \tag{7-1}$$

式中 t——建筑物内总疏散时间（min）；

t_1——自房间内最远点到房间门的疏散时间（min）（假定房间内最远点距房间门为 15m，那么，像办公室一类人数较少的房间的疏散速度取自由行走时的速度 60m/min，此时 t_1=（15/60）min=0.25min；像教室一类的人员较密集的场所，疏散速度取 22m/min，此时 t_1=（15/22）min=0.7min；

L_1——从房间门到出口或到楼梯间的最大允许距离（m）（位于两个楼梯间的走道距离，当到其中一个楼梯附近走道被火封住时，走道距离可近似地考虑为两个楼梯间之间的距离）；

v_1——人员在走道上行走的速度（m/min），密集人流的疏散速度为 22m/min；

L_2——最高层的人由楼梯下来行走的距离（m）（包括两部分：一为各层楼梯水平长度的总和；二为各层休息平台转弯长度）；

v_2——人员下楼梯的速度（m/min），v_2 一般取值为 15m/min。

建筑内允许疏散时间，就是保证人们安全地完全离开建筑物的时间。建筑发生火灾时，人员疏散越快，造成伤亡就会减少。因此，需要有一定的时间，使人员在建筑物顶棚塌落、烟气中毒等有害因素达到致命的程度以前疏散出去。

四、安全疏散路线及设施布置要求

人员的疏散线路一般是按照从着火房间内到房间门，从房间门口到楼梯间，从楼梯间入口到楼梯间出口，再从楼梯间出口到室外安全区域的顺序组成。安全疏散线路及设施的设计要满足人员在火灾状态下的疏散要求，在进行安全疏散线路及设施布置时应遵照下列要求：

（1）在建筑物内的任意一房间或部位，宜同时有两个或两个以上的疏散方向可供疏散。尽量避免把疏散走道布置成袋形，因为袋形走道的致命弱点是只有一个疏散方向，火灾时一旦这个方向被烟火堵住，其走道内的人员就很难安全脱险。

（2）疏散路线要简捷明了，便于寻找、辨别。考虑到紧急疏散时人们缺乏思考疏散方法的能力和时间紧迫，所以疏散路线要简捷，易于辨认，并须设置简明易懂、醒目易见的疏散指示标志。

（3）合理布置疏散路线。所谓合理的安全疏散路线，是指火灾时紧急疏散的路线越来越安全。就是说，应该做到人们从着火房间或部位，跑到公共走道，再由公共走道到达疏散楼梯间，然后由疏散楼梯间到室外或其他安全处，一步比一步安全。

（4）疏散路线设计要符合人们的习惯要求。人们在紧急情况下，习惯走平常熟悉的路线，因此在布置疏散楼梯的位置时，应将其靠近经常使用的电梯间布置，使经常使用的路线与火灾时紧急疏散的路线有机地结合起来，以利于迅速而安全地疏散人员。此外，要利用明显的标志引导人们走向安全的疏散路线。

（5）疏散走道不宜布置成“S”形或“U”形，也不宜变化疏散走道宽度，走道上方不能有妨碍安全疏散的凸出物，下面不能有突然改变地面标高的踏步。

（6）合理设置各种安全疏散设施，做好构造设计。如疏散楼梯，要确定好数量、布置位置、形式等，其防火分隔、楼梯宽度以及其他构造都要满足《建筑防火设计规范》的要求，确保其在建筑发生火灾时充分发挥作用，保证人员疏散安全。

五、安全出口

安全出口是指供人员安全疏散用的楼梯间和室外楼梯的出入口或直通室内外安全区域的出口。疏散出口则指的是房间连通疏散走道或过厅的门，同时还包括安全出口。安全出口和疏散出口既有区别又有联系。安全出口的布置原则如下：

（一）疏散楼梯

1．平面布置

为了提高疏散楼梯的安全可靠程度，在进行疏散楼梯的平面布置时，应满足下列防火要求：

（1）疏散楼梯宜设置在标准层（或防火分区）的两端，以便于为人们提供两个不同方向的疏散路线。

（2）疏散楼梯宜靠近电梯设置。发生火灾时，人们习惯于利用经常走的疏散路线进行疏散，而电梯则是人们经常使用的垂直交通运输工具，靠近电梯设置疏散楼梯，可将常用疏散路线与紧急疏散路线相结合，有利于人们迅速进行疏散。如果电梯厅为开敞式时，为避免因高温烟气进入电梯井而切断通往疏散楼梯的通道，两者之间应进行防火分隔。

（3）疏散楼梯宜靠外墙设置。这种布置方式有利于采用带开敞前室的疏散楼梯间，同时，也便于自然采光、通风和进行火灾的扑救。

2. 竖向布置

（1）疏散楼梯应保持上、下畅通。高层建筑的疏散楼梯宜通至平屋顶，以便当向下疏散的道路发生堵塞或被烟气切断时，人员能上到屋顶暂时避难，等待消防部门利用登高车或直升机进行救援。

（2）应避免不同的人流路线相互交叉。高层主体建筑的疏散楼梯不宜和裙房合用，以免紧急疏散时人流发生冲突，引起堵塞和意外伤亡。

（二）疏散门

疏散门是人员安全疏散的主要出口。其设置应满足下列要求：

（1）疏散门应向疏散方向开启，但人数不超过 60 人的房间且每樘门的平均疏散人数不超过 30 人时，其门的开启方向不限（除甲、乙类生产车间外）。

（2）民用建筑及厂房的疏散门应采用平开门，不应采用推拉门、卷帘门、吊门、转门和折叠门；但丙、丁、戊类仓库首层靠墙的外侧可采用推拉门或卷帘门。

（3）当门开启时，门扇不应影响人员的紧急疏散。

（4）公共建筑内安全出口的门应设置在火灾时能从内部易于开启门的装置；人员密集的公共场所、观众厅的入场门、疏散出口不应设置门槛，从门扇开启 90° 的门边处向外 1.4m 范围内不应设置踏步；疏散门应为推闩式外开门。

（5）高层建筑直通室外的安全出口上方，应设置挑出宽度不小于 1m 的防护挑檐。

六、疏散楼梯及楼梯间

作为竖向疏散通道的室内外楼梯，是建筑中的主要垂直交通空间，是安全疏散的重要通道。楼梯间防火和疏散能力的大小，直接影响着人员的生命安全与消防队员的救灾工作。因此，建筑防火设计时，应根据建筑物的使用性质、高度、层数、正确运用规范，选择符合防火要求的疏散楼梯，为安全疏散创造有利条件。根据防火要求，可将楼梯间分为敞开楼梯间、封闭楼梯间、防烟楼梯间和室外楼梯四种形式。

（一）敞开楼梯间

敞开楼梯间是指建筑物内三面由耐火墙体等围护构件构成的无防烟功能，且与其他使用空间相通的楼梯间，如图 7-1 所示。

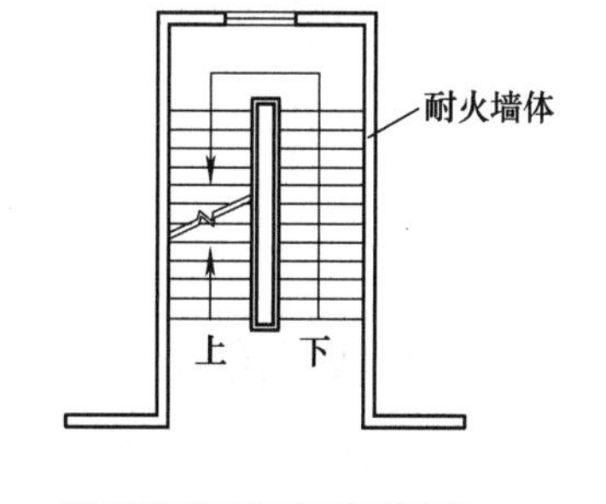

图 7-1　敞开楼梯间示意图

敞开楼梯间在多层建筑中广泛采用。由于楼梯间与走道之间无任何防火分隔措施，所以一旦发生火灾就会成为烟火蔓延的通道。

（二）封闭楼梯间

封闭楼梯间是指用建筑构配件分隔，能防止烟和热气进入的楼梯间（图 7-2）。高层民用建筑和高层工业建筑中封闭楼梯间的门应为向疏散方向开启的乙级防火门。

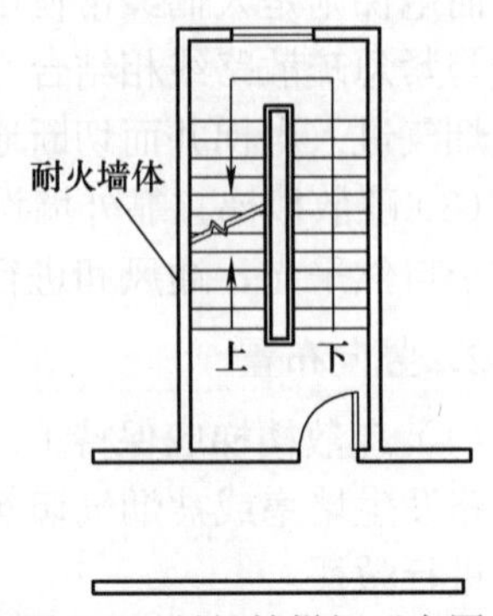

图 7-2　封闭楼梯间示意图

（三）防烟楼梯间

防烟楼梯间是指在楼梯间入口处设置防烟的前室、开敞式阳台或凹廊（统称前室）等设施，且通向前室和楼梯间的门均为防火门，以防止火灾的烟和热气进入的楼梯间。其形式一般为带封闭前室或合用前室的防烟楼梯间，用阳台作前室的防烟楼梯间，用凹廊作前室的防烟楼梯间等，如图 7-3 所示。防烟形式有自然防烟、机械正压防烟，详见第八章。

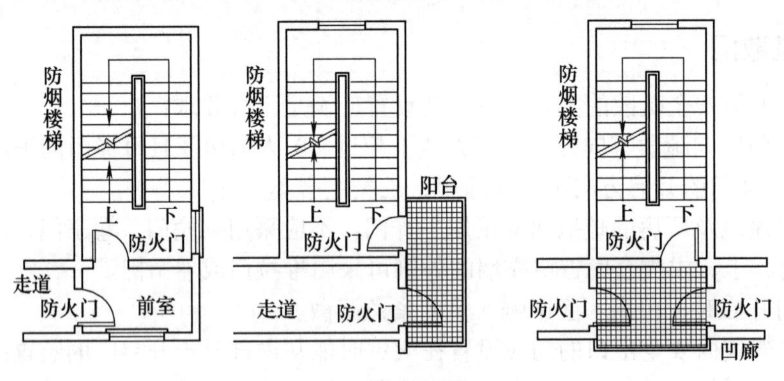

图 7-3　防烟楼梯间

（四）室外楼梯

室外楼梯是指用耐火结构与建筑物分隔，设在墙外的楼梯，如图 7-4 所示。室外疏散楼梯的防烟可靠性较高。

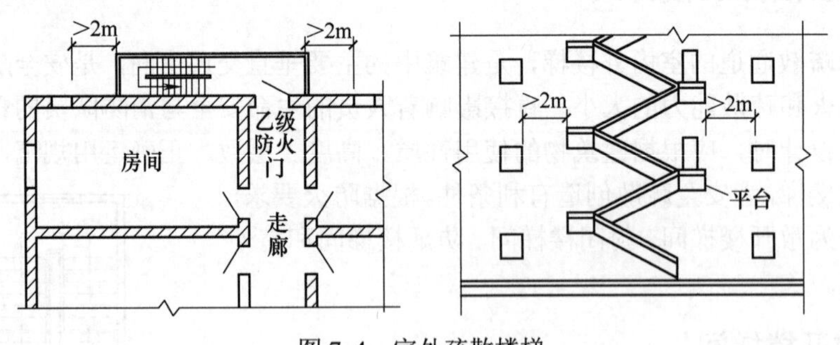

图 7-4　室外疏散楼梯

（五）剪刀楼梯

剪刀楼梯，又名叠合楼梯或套梯，如图 7-5 所示。它是在同一个楼梯间内设置了两部相互重叠的疏散楼梯。剪刀楼梯一般有单跑式和双跑式两种。剪刀楼梯的主要特点是：同一楼梯间内设有两部疏散楼梯，并构成两个出口，有利于在较为狭窄的空间内组织双向疏散；但因为剪刀楼梯的两部疏散通道是处在同一空间内，所以只要有一个出口进烟，就会使整个楼梯间充满烟气，影响人员的安全疏散。

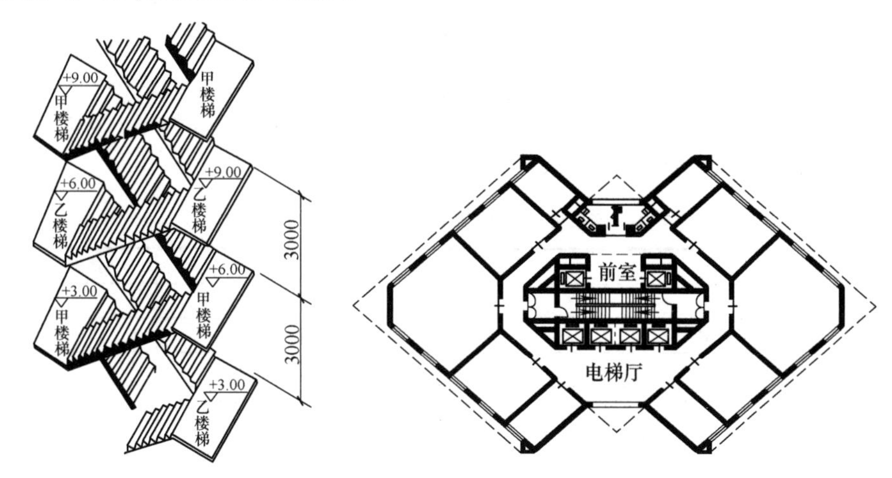

图 7-5 剪刀楼梯示意图

【思考与练习题】

1．影响安全疏散的因素有哪些？
2．安全出口的设置原则和要求主要有哪些？
3．什么是安全出口？
4．什么是封闭楼梯间和防烟楼梯间？

第二节 工业建筑安全疏散

【学习目标】

1. 熟悉工业建筑安全疏散距离要求。
2. 熟悉工业建筑安全出口、疏散门、疏散出口、设置要求。
3. 熟悉应急照明、疏散指示标志的设置场所及设置要求。
4. 掌握工业建筑疏散楼梯类型的设置条件。

一、厂房的安全疏散

（一）厂房的安全出口设置位置和数量

建筑物内的任一楼层或任一防火分区着火时，其中一个或多个安全出口被烟火阻挡，仍要保证有其他出口可供安全疏散和救援使用。安全出口数量要求既是对一座厂房而言，也是对厂房内任一个防火分区或某一使用房间而言。

（二）厂房的安全出口应分散布置

每个防火分区或一个防火分区的每个楼层，其相邻 2 个安全出口最近边缘之间的水平距离不应小于 5m。

（三）厂房安全出口设置一个安全出口的条件

要求厂房每个防火分区至少应有 2 个安全出口，可提高火灾时人员疏散通道和出口的可靠性。但对所有建筑，不论面积大小、人数多少均要求设置 2 个出口，有时会有一定困难，也不符合实际情况。因此，对面积小、人员少的厂房分别按其火灾危险性分档，规定了允许设置 1 个安全出口的条件（表 7-1）：对火灾危险性大的厂房，可燃物多、火势蔓延较快，要求严格些；对火灾危险性小的，要求低些。

表 7-1　厂房安全出口设置一个安全出口的条件

名　称	面　积	最多人数（人）
甲类厂房	每层建筑面积≤100m^2	5
乙类厂房	每层建筑面积≤150m^2	10
丙类厂房	每层建筑面积≤250m^2	20
丁、戊类厂房	每层建筑面积≤400m^2	30
地下、半地下厂房或厂房的地下室、半地下室	每层建筑面积≤50m^2	15

（四）地下或半地下厂房

地下或半地下厂房（包括地下或半地下室），当有多个防火分区相邻布置，并采用防火墙分隔时，每个防火分区可利用防火墙上通向相邻防火分区的甲级防火门作为第二安全出口，但每个防火分区必须至少有 1 个直通室外的独立安全出口。

地下、半地下生产场所难以直接天然采光和自然通风，排烟困难，疏散只能通过楼梯间进行。为保证安全，避免出现出口被堵住就无法疏散的情况，要求至少需设置 2 个安全出口。考虑到建筑面积较大的地下、半地下生产场所，如果要求每个防火分区均需设置至少 2 个直通室外的出口，可能有很大困难，所以规定至少要有 1 个直通室外的独立安全出口，另一个可通向相邻防火分区，但是该防火分区须采用防火墙与相邻防火分区分隔，以保证人员进入另一个防火分区内后有足够安全的条件进行疏散。

（五）厂房内的最大安全疏散距离

厂房内的最大安全疏散距离，见表 7-2。

表 7-2　厂房内的最大安全疏散距离　　（单位：m）

生产类别	耐火等级	单层厂房	多层厂房	高层厂房	地下、半地下厂房或厂房的地下室、半地下室
甲	一、二级	30	25	—	—
乙	一、二级	75	50	30	—
丙	一、二级	80	60	40	30
	三级	60	40	—	—
丁	一、二级	不限	不限	50	45
	三级	60	50	—	—
	四级	50	—	—	—
戊	一、二级	不限	不限	75	60
	三级	100	75	—	—
	四级	60	—	—	—

注：1．本表规定的疏散距离均为直线距离，即室内最远点至最近安全出口的直线距离，未考虑因布置设备而产生的阻挡，但有通道连接或墙体遮挡时，要按其中的折线距离计算。

2．《建筑防火设计规范》未规定厂房内设置了自动灭火系统可增加疏散距离的要求。

通常，在火灾条件下人员能安全走出安全出口，即可认为到达安全地点。考虑单层、多层、高层厂房的疏散难易程度不同，不同火灾危险性类别厂房发生火灾的可能性及火灾后的蔓延和危害不同，分别做了不同的规定。将甲类厂房的最大疏散距离定为30m、25m，是以人的正常水平疏散速度为1m/s确定的。乙、丙类厂房较甲类厂房火灾危险性小，火灾蔓延速度也慢些，故乙类厂房的最大疏散距离参照国外规范定为75m。丙类厂房中工作人员较多，人员密度一般为2人/m^2，疏散速度取办公室内的水平疏散速度（60m/min）和学校教学楼的水平疏散速度（22m/min）的平均速度，即（60m/min+22m/min）÷2=41m/min。当疏散距离为80m时，疏散时间需要2min。丁、戊类厂房一般面积大、空间大，火灾危险性小，人员的可用安全疏散时间较长。因此，对一、二级耐火等级的丁、戊类厂房的安全疏散距离未做规定；三级耐火等级的戊类厂房，因建筑耐火等级低，安全疏散距离限在100m。四级耐火等级的戊类厂房耐火等级更低，可和丙、丁类生产的三级耐火等级厂房相同，将其安全疏散距离定在60m。

实际火灾环境往往比较复杂，厂房内的物品和设备布置以及人在火灾条件下的心理和生理因素都对疏散有直接影响，设计师应根据不同的生产工艺和环境，充分考虑人员的疏散需要来确定疏散距离以及厂房的布置与选型，尽量均匀布置安全出口，缩短疏散距离，特别是实际步行距离。

（六）厂房疏散宽度指标

厂房疏散宽度指标见表7-3。

表7-3 厂房疏散宽度指标

厂房疏散楼梯、走道和门	层位及类别	指　标	备　注
净宽度指标	一、二层	0.6	《建筑设计防火规范（2008版）》（GB 50016—2014）表3.7.5（单位：m/百人）
	三层	0.8	
	≥四层	1	
最小净宽度	厂房内疏散门	≥0.9	《建筑设计防火规范（2008版）》（GB 50016—2014）第3.7.5条（单位：m）
	疏散走道	≥1.4	
	疏散楼梯	≥1.1	
	首层外门	≥1.2	

注：1. 厂房内疏散楼梯、走道、门的各自总净宽度，应根据疏散人数按每100人的最小疏散净宽度不小于上表的规定计算确定。
2. 当每层疏散人数不相等时，疏散楼梯的总净宽度应分层计算，下层楼梯总净宽度应按该层及以上疏散人数最多一层的疏散人数计算。

（七）厂房疏散楼梯类型的设置条件

厂房疏散楼梯类型的设置条件见表7-4。

表7-4 厂房疏散楼梯类型的设置条件

楼梯间的类型	设置条件
封闭楼梯间	甲、乙、丙类多层厂房
	高层厂房
防烟楼梯间	建筑高度＞32m且任一层大于10个人的高层厂房
室外楼梯	甲、乙、丙类多层厂房
	高层厂房

注：高层建筑、人员密集的公共建筑、人员密集的多层丙类厂房，以及甲、乙类厂房，其封闭楼梯间的门应采用乙级防火门，并应向疏散方向开启；其他建筑，可采用双向弹簧门。

高层厂房和甲、乙、丙类厂房火灾危险性较大。高层建筑发生火灾时，普通客（货）用电梯无防烟、防火等措施，火灾时不能用于人员疏散使用，而楼梯则成为人员的主要疏散通道。要保证疏散楼梯在火灾时的安全，不能被烟或火侵袭。对于高度较高的建筑，敞开式楼梯间具有烟囱效应，会使烟气很快通过楼梯间向上扩散蔓延，危及人员的疏散安全。同时，高温烟气的流动也大大加快了火势蔓延，故做表 7-4 的规定。

厂房与民用建筑相比，一般层高较高，四、五层的厂房，建筑高度即可达 24m，而楼梯的习惯做法是敞开式。同时考虑到有的厂房虽高，但人员不多，厂房建筑可燃装修少，故对设置防烟楼梯间的条件做了调整，即如果厂房的建筑高度低于 32m，人数不足 10 人或只有 10 人时，可以采用封闭楼梯间。

（八）封闭楼梯间和室外疏散楼梯的防火设置要求

封闭楼梯间和室外疏散楼梯的防火设置要求见表 7-5。

表 7-5　封闭楼梯间和室外疏散楼梯的防火设置要求

楼梯类型	防火设置要求
封闭楼梯间	封闭楼梯间是指在楼梯间入口处设置门，以防止火灾的烟和热气进入的楼梯间。其应符合下列防火设置要求： 1．楼梯间应能天然采光和自然通风，并宜靠外墙设置。靠外墙设置时，楼梯间、前室及合用前室外墙上的窗口与两侧门、窗、洞口最近边缘的水平距离不应小于 1m 2．楼梯间内不应设置烧水间、可燃材料储藏室、垃圾道 3．楼梯间内不应有影响疏散的凸出物或其他障碍物 4．封闭楼梯间、防烟楼梯间及其前室，不应设置卷帘 5．楼梯间内不应设置甲、乙、丙类液体管道 6．封闭楼梯间、防烟楼梯间及其前室内禁止穿过或设置可燃气体管道 7．不能自然通风或自然通风不能满足要求时，应设置机械加压送风系统或采用防烟楼梯间 8．除楼梯间的出入口和外窗外，楼梯间的墙上不应开设其他门、窗、洞口 9．高层厂房，人员密集的多层丙类厂房，甲、乙类厂房，其封闭楼梯间的门应采用乙级防火门，并应向疏散方向开启；其他厂房，可采用双向弹簧门 10．楼梯间的首层可将走道和门厅等包括在楼梯间内形成扩大的封闭楼梯间，但应采用乙级防火门等与其他走道和房间分隔 11．厂房内的疏散楼梯间在各层的平面位置不应改变
室外疏散楼梯	1．栏杆扶手的高度不应小于 1.1m，楼梯的净宽度不应小于 0.9m 2．倾斜角度不应大于 45° 3．梯段和平台均应采用不燃材料制作。平台的耐火极限不应低于 1h，梯段的耐火极限不应低于 0.25h 4．通向室外楼梯的门应采用乙级防火门，并应向外开启 5．除疏散门外，楼梯周围 2m 内的墙面上不应设置门、窗、洞口。疏散门不应正对梯段

（九）厂房内的疏散门

厂房的疏散门，应采用向疏散方向开启的平开门，不应采用推拉门、卷帘门、吊门、转门和折叠门。除甲、乙类生产车间外，人数不超过 60 人且每樘门的平均疏散人数不超过 30 人的房间，其疏散门的开启方向不限；开向疏散楼梯或疏散楼梯间的门，当其完全开启时，不应减少楼梯平台的有效宽度。

（十）厂房内的疏散照明

厂房内的下列场所应设置疏散照明：

（1）封闭楼梯间、防烟楼梯间及其前室、消防电梯间的前室或合用前室、避难走道、避难层（间）。

（2）人员密集的厂房内的生产场所及疏散走道。

（十一）灯光疏散指示标志

高层厂房和甲、乙、丙类单、多层厂房的疏散走道和安全出口、人员密集场所的疏散门的正上方应设置灯光疏散指示标志。

二、仓库的安全疏散

（一）仓库的安全出口设置位置和数量要求

1．设置位置

仓库的安全出口应分散布置。每个防火分区或一个防火分区的每个楼层，其相邻 2 个安全出口最近边缘之间的水平距离不应小于 5m。

2．设置数量要求

（1）每座仓库的安全出口不应少于 2 个，安全出口数量要求既是对一座仓库而言，也是对仓库内任一个防火分区或某一使用房间而言。要求仓库每个防火分区至少应有 2 个安全出口，可提高火灾时人员疏散通道和出口的可靠性。

（2）当一座仓库的占地面积不大于 300m^2 时，可设置 1 个安全出口。考虑到仓库本身人员数量较少，若不论面积大小均要求设置 2 个出口，有时会有一定困难，也不符合实际情况。因此，对面积小的仓库规定了允许设置 1 个安全出口。

（3）仓库内每个防火分区通向疏散走道、楼梯或室外的出口不宜少于 2 个；当防火分区的建筑面积不大于 100m^2 时，可设置 1 个出口。通向疏散走道或楼梯的门应为乙级防火门。

（4）地下或半地下仓库（包括地下或半地下室）的安全出口不应少于 2 个；当建筑面积不大于 100m^2 时，可设置 1 个安全出口。

（5）地下或半地下仓库（包括地下或半地下室），当有多个防火分区相邻布置并采用防火墙分隔时，每个防火分区可利用防火墙上通向相邻防火分区的甲级防火门作为第二安全出口，但每个防火分区必须至少有 1 个直通室外的安全出口。

（二）仓库的疏散楼梯设置形式

（1）高层仓库的疏散楼梯应采用封闭楼梯间。高层仓库内虽经常停留人数不多，但垂直疏散距离较长，如采用敞开式楼梯间不利于疏散和救援，也不利于控制烟火向上蔓延。

（2）室内地面与室外出入口地坪高差大于 10m 或 3 层及以上的地下、半地下建筑（室），其疏散楼梯应采用防烟楼梯间；其他地下或半地下建筑（室），其疏散楼梯应采用封闭楼梯间。

（三）仓库内的疏散门

仓库的疏散门应采用向疏散方向开启的平开门，但丙、丁、戊类仓库首层靠墙的外侧可采用推拉门或卷帘门。

（四）疏散照明

仓库的下列部位应设置疏散照明：

（1）丙类仓库封闭楼梯间。

（2）防烟楼梯间及其前室。

（3）消防电梯间的前室或合用前室。

（五）灯光疏散指示标志

高层库房的疏散走道和安全出口、人员密集场所的疏散门的正上方应设置灯光疏散指示标志。

【思考与练习题】

1．厂房安全出口设置一个的条件有哪些？

2．仓库安全出口设置一个的条件有哪些？

3．影响厂房的最大安全疏散距离的因素有哪些？

4．哪些工业建筑应设置封闭楼梯间？

第三节　民用建筑安全疏散

【学习目标】

1. 熟悉民用建筑安全疏散距离要求。
2. 熟悉安全出口、疏散门、疏散出口、设置要求。
3. 熟悉应急照明、疏散指示标志的设置场所及设置要求。
4. 掌握不同场所疏散人数的确定方法。
5. 掌握百人宽度指标的概念，学会利用百人宽度指标确定不同建筑的疏散宽度。
6. 掌握楼梯间的形式及防火设计要求。
7. 掌握开展安全疏散防火检查的具体内容和方法。

一、住宅建筑的安全疏散

（一）住宅建筑每个单元每层可设置一个安全出口的条件

住宅建筑每个单元每层可设置一个安全出口的条件见表 7-6。

表 7-6　住宅建筑每个单元每层可设置一个安全出口的条件

建筑高度	任意层建筑面积	任一户门至安全出口的距离	户门应采用乙级防火门	楼梯间应通至屋顶，并与相邻单元楼梯相通
≤27m	≤650m²	≤15m	—	—
>27 但≤54m		≤10m	√	√

注：>54m 和未符合本表条件者，住宅单元每层的安全出口均不应少于 2 个。

（二）住宅建筑地上层疏散楼梯类型的设置条件

住宅建筑地上层疏散楼梯类型的设置条件见表 7-7。

表 7-7 住宅建筑地上层疏散楼梯类型的设置条件

楼梯间的类型	建筑高度及其他设置条件
敞开楼梯间	≤21m
	>21m 但≤33m 且户门为乙级防火门
	≤21m 其楼梯与电梯井相邻，但户门为乙级防火门
封闭楼梯间	>21m 但≤33m
	≤21m 但楼梯与电梯井相邻
防烟楼梯间	>33m

（三）住宅单元剪刀楼梯间设置的条件及要求

住宅单元的疏散楼梯，当分散设置确有困难且任一户门至最近疏散楼梯间入口的距离不大于 10m 时，可采用剪刀楼梯间，但应符合下列规定：

（1）应采用防烟楼梯间。

（2）梯段之间应设置耐火极限不低于 1h 的防火隔墙。

（3）楼梯间的前室不宜共用；共用时，前室的使用面积不应小于 $6m^2$。

（4）楼梯间的前室或共用前室不宜与消防电梯的前室合用；合用时，合用前室的使用面积不应小于 $12m^2$，且短边不应小于 2.4m。

（5）当两部剪刀楼梯间共用前室时，进入剪刀楼梯间前室的入口应该位于不同方位，不能通过同一个入口进入共用前室，入口之间的距离仍要不小于 5m；在首层的对外出口，要尽量分开设置在不同方向。当首层的公共区无可燃物且首层的户门不直接开向前室时，剪刀梯在首层的对外出口可以共用，但宽度需满足人员疏散的要求。

（四）住宅建筑的安全疏散距离应符合下列规定：

（1）直通疏散走道的户门至最近安全出口的直线距离不应大于表 7-8 的规定。

表 7-8 住宅建筑直通疏散走道的户门至最近安全出口的直线距离 （单位：m）

住宅建筑类别	位于两个安全出口之间的户门			位于袋形走道两侧或尽端的户门		
	一、二级	三级	四级	一、二级	三级	四级
单、多层	40	35	25	22	20	15
高层	40	—	—	20	—	—

注：1. 开向敞开式外廊的户门至最近安全出口的最大直线距离可按本表的规定增加 5m。

2. 直通疏散走道的户门至最近敞开楼梯间的直线距离，当户门位于两个楼梯间之间时，应按本表的规定减少 5m；当户门位于袋形走道两侧或尽端时，应按本表的规定减少 2m。

3. 住宅建筑内全部设置自动喷水灭火系统时，其安全疏散距离可按本表及注 1 的规定增加 25%。

4. 跃廊式住宅的户门至最近安全出口的距离，应从户门算起，小楼梯的一段距离可按其水平投影长度的 1.5 倍计算。

（2）楼梯间应在首层直通室外，或在首层采用扩大的封闭楼梯间或防烟楼梯间前室。层数不超过 4 层时，可将直通室外的门设置在离楼梯间不大于 15m 处。

（3）户内任一点至直通疏散走道的户门的直线距离不应大于袋形走道两侧或尽端的疏散门至最近安全出口的最大直线距离。

跃层式住宅，户内楼梯的距离可按其梯段水平投影长度的 1.5 倍计算。

（五）住宅建筑的户门、安全出口、疏散走道和疏散楼梯的各自总净宽度

住宅建筑的户门、安全出口、疏散走道和疏散楼梯的各自总净宽度应经计算确定，且户门和安全出口的净宽度不应小于 0.9m，疏散走道、疏散楼梯和首层疏散外门的净宽度不应小于 1.1m。建筑高度不大于 18m 的住宅中一边设置栏杆的疏散楼梯，其净宽度不应小于 1m。

（六）住宅建筑有关避难设施的防火设置要求

（1）建筑高度大于 100m 的住宅建筑应设置避难层，并应符合《建筑防火设计规范》第 5.5.23 条有关避难层的要求。

（2）建筑高度大于 54m 的住宅建筑，每户应有一间房间符合下列规定：

1）应靠外墙设置，并应设置可开启外窗。

2）内、外墙体的耐火极限不应低于 1h，该房间的门宜采用乙级防火门，外窗宜采用耐火完整性不低于 1h 的防火窗。

（七）住宅建筑消防应急照明

1．疏散照明

建筑高度大于 27m 的住宅建筑的封闭楼梯间、防烟楼梯间及其前室、消防电梯间的前室或合用前室、避难走道、避难层（间），应设置疏散照明。

2．备用照明

消防控制室、消防水泵房、自备发电机房、配电室、防排烟机房以及发生火灾时仍需正常工作的消防设备房应设置备用照明，其作业面的最低照度不应低于正常照明的照度。

（八）住宅建筑灯光疏散指示标志

建筑高度大于 54m 的住宅建筑应设置灯光疏散指示标志，并应符合下列规定：

（1）应设置在安全出口和人员密集的场所的疏散门的正上方。

（2）应设置在疏散走道及其转角处距地面高度 1m 以下的墙面或地面上。灯光疏散指示标志的间距不应大于 20m；对于袋形走道，不应大于 10m；在走道转角区，不应大于 1m。

二、公共建筑的安全疏散

（一）公共建筑疏散人数与安全出口宽度的计算

（1）各类场所疏散人数计算的指标，见表 7-9。

表 7-9 各类场所疏散人数计算的指标

场所类型	场所厅、室	指标	备注
商店营业厅	地下二层	0.56	人员密度（单位：人/m^2）
	地下一层	0.60	
	地上第一、二层	0.43～0.60	
	地上第三层	0.39～0.54	
	地上第四层及以上各层	0.30～0.42	
	建材商店、家具灯饰	按商店类 30%取值	
歌舞娱乐放映游艺	录像厅、放映厅的厅、室	1	
	其他歌舞娱乐放映游艺的厅、室	0.50	
有固定座位的场所		1.10	其疏散人数可按实际座位数的1.10倍计算
展览厅		0.75	人员密度（单位：人/m^2）

注：1. 各类场所疏散人数，按以下方法确定：

1）对于有固定座位的场所，其疏散人数可按实际座位数的 1.10 倍计算；

2）对于是无标定人数的录像厅，放映厅，展览厅和商店，可根据《建筑设计防火规范（2018 版）》（GB 50016—2014）第 5.5.21 条的第 4、6、7 款给出的该厅室的人员密度（人/m^2）算出相应的疏散人数；

3）对于其他无标定人数的厅、室，则按人均最小使用面积（m^2/人、m^2/座）反算得出疏散的人数。

2. 计算商店疏散人数时，其营业厅的建筑面积和人员密度，按下述方法确定：

1）《建筑设计防火规范（2018 版）》（GB 50016—2014）第 5.5.21 条的条文说明规定：“营业厅的建筑面积包括展示货架、柜台、走道等顾客参与购物的场所，以及营业厅内的卫生间、楼梯间、自动扶梯等建筑面积”。对于采用防火措施分隔且疏散时顾客无须进入营业厅内的仓储、设备房、工具间、办公室等可不计入。

2）确定人员密度值时，应考虑商店的建筑规模，当建筑规模较小（例如营业厅的建筑面积小于 3000m^2）时宜取上限值，当建筑规模较大时，可取下限值。

3）商店营业厅内的人员密度（人/m^2）详见本表。但对于建材商店、家具和灯饰展示建筑可按本表规定值的 30%确定。

（2）一般公共建筑各部位疏散的最小净宽度，见表 7-10。

表 7-10 一般公共建筑各部位疏散的最小净宽度 （单位：m）

建筑类型		疏散楼梯	疏散走道		安全出口		疏散门
			单面布房	双面布房	首层疏散外门	首层楼梯间疏散门	
多层		1.1	1.1		1.1		0.9
高层	医疗	1.3	1.4	1.5	1.3		0.9
	其他	1.2	1.3	1.4	1.2		0.9

（3）其他民用建筑疏散楼梯、疏散出口和疏散走道的净宽度指标，见表 7-11。

表 7-11 其他民用建筑疏散楼梯、疏散出口和疏散走道的净宽度指标 （单位：m/百人）

建筑层数		耐火等级		
		一、二级	三级	四级
地上楼层	1～2 层	0.65	0.75	1
	3 层	0.75	1	—
	≥4 层	1	1.25	—
地下楼层	与地面出入口地面的高差≤10m	0.75	—	—
	与地面出入口地面的高差＞10m	1	—	—
	人员密集的厅、室 歌舞娱乐放映游艺场所	1		

注：本表用于除剧场、电影院、礼堂、体育馆外的其他公共建筑。

人员密集的公共场所、观众厅的疏散门不应设置门槛，其净宽度不应小于 1.4m，且紧靠门口内外各 1.4m 范围内不应设置踏步。人员密集的公共场所的室外疏散通道的净宽度不应小于 3m，并应直接通向宽敞地带。

（二）公共建筑的安全疏散距离

（1）直通疏散走道的房间疏散门至最近安全出口的直线距离，见表 7-12。

表 7-12　公共建筑直通疏散走道的房间疏散门至最近安全出口的直线距离　（单位：m）

名　称			位于两个安全出口之间的疏散门			位于袋形走道两侧或尽端的疏散门		
			一、二级	三级	四级	一、二级	三级	四级
托儿所、幼儿园 老年人照料设施			25	20	15	20	15	10
歌舞娱乐放映游艺场所			25	20	15	9	—	—
医疗建筑	单、多层		35	30	25	20	15	10
	高层	病房部分	24	—	—	12	—	—
		其他部分	30	—	—	15	—	—
教学建筑	单、多层		35	30	25	22	20	10
	高层		30	—	—	15	—	—
高层旅馆、展览建筑			30	—	—	15	—	—
其他建筑	单、多层		40	35	25	22	20	15
	高层		40	—	—	20	—	—

注：1. 建筑内开向敞开式外廊的房间疏散门至最近安全出口的直线距离可按本表的规定增加 5m。

2. 直通疏散走道的房间疏散门至最近敞开楼梯间的直线距离，当房间位于两个楼梯间之间时，应按本表的规定减少 5m；当房间位于袋形走道两侧或尽端时，应按本表的规定减少 2m。

3. 建筑物内全部设置自动喷水灭火系统时，其安全疏散距离可按本表及注 1 的规定增加 25%。

（2）楼梯间应在首层直通室外，确有困难时，可在首层采用扩大的封闭楼梯间或防烟楼梯间前室。当层数不超过 4 层且未采用扩大的封闭楼梯间或防烟楼梯间前室时，可将直通室外的门设置在离楼梯间不大于 15m 处。

（3）房间内任一点至房间直通疏散走道的疏散门的直线距离，不应大于表 7-12 规定的袋形走道两侧或尽端的疏散门至最近安全出口的直线距离。

（4）一、二级耐火等级建筑内疏散门或安全出口不少于 2 个的观众厅、展览厅、多功能厅、餐厅、营业厅等，其室内任一点至最近疏散门或安全出口的直线距离不应大于 30m；当疏散门不能直通室外地面或疏散楼梯间时，应采用长度不大于 10m 的疏散走道通至最近的安全出口。当该场所设置自动喷水灭火系统时，室内任一点至最近安全出口的安全疏散距离可分别增加 25%。

（三）公共建筑安全出口的设置基本要求

为了在发生火灾时能够迅速安全地疏散人员，在建筑防火设计时必须设置足够数量的安全出口。每座建筑或每个防火分区的安全出口数目不应少于 2 个，每个防火分区相邻 2 个安全出口或每个房间疏散出口最近边缘之间的水平距离不应小于 5m。安全出口应分散布置，并应有明显标志。

一、二级耐火等级的建筑，当一个防火分区的安全出口全部直通室外确有困难时，符合下列规定的防火分区可利用设置在相邻防火分区之间向疏散方向开启的甲级防火门作为安全出口：

（1）该防火分区的建筑面积大于 1000m^2 时，直通室外的安全出口数量不应少于 2 个；该防火分区的建筑面积小于或等于 1000m^2 时，直通室外的安全出口数量不应少于 1 个。

（2）该防火分区直通室外或避难走道的安全出口总净宽度，不应小于计算所需总净宽度的 70%。

（四）公共建筑安全出口设置要求

公共建筑可设置一个安全出口的特殊情况：

（1）除歌舞娱乐放映游艺场所外的公共建筑，当符合下列条件之一时，可设置一个安全出口：

1）除托儿所、幼儿园外，建筑面积不大于 200m² 且人数不超过 50 人的单层建筑或多层建筑的首层可设置一个安全出口。

2）除医疗建筑、老年人照料设施及托儿所、幼儿园的儿童用房和儿童游乐厅等儿童活动场所等外，符合表 7-13 规定的 2、3 层建筑可设置一个安全出口。

表 7-13　公共建筑可设置一个安全出口的条件

耐火等级	最多层数	每层最大建筑面积（m²）	人数
一、二级	3 层	200	第二层和第三层的人数之和不超过 50 人
三级	3 层	200	第二层和第三层的人数之和不超过 25 人
四级	2 层	200	第二层人数不超过 15 人

3）一、二级耐火等级公共建筑，当设置不少于 2 部疏散楼梯且顶层局部升高层数不超过 2 层、人数之和不超过 50 人、每层建筑面积不大于 200m² 时，该局部高出部位可设置一部与下部主体建筑楼梯间直接连通的疏散楼梯，但至少应另设置一个直通主体建筑上人平屋面的安全出口，该上人屋面应符合人员安全疏散要求。

4）相邻两个防火分区（除地下室外），当防火墙上有防火门连通，且两个防火分区的建筑面积之和不超过《建筑设计防火规范（2018 版）》（GB 50016—2014）规定的一个防火分区面积的 1.4 倍的公共建筑，可设置一个安全出口。

5）公共建筑中位于两个安全出口之间的房间，当其建筑面积不超过 60m² 时，可设置一个门，门的净宽不应小于 0.9m；公共建筑中位于走道尽端的房间，当其建筑面积不超过 75m² 时，可设置一个门，门的净宽不应小于 1.4m。

（2）公共建筑中房间可设 1 个疏散门的条件，见表 7-14。

表 7-14　公共建筑中房间可设 1 个疏散门的条件

<table>
<tr><th colspan="2" rowspan="3">名　称</th><th colspan="3">房间的平面位置</th><th colspan="4">限定的条件</th></tr>
<tr><th rowspan="2">两个安全出口之间</th><th colspan="2">袋形走道</th><th rowspan="2">房间的最大面积（m²）</th><th rowspan="2">房间停留最多人数（人）</th><th rowspan="2">疏散门的最小净宽（m）</th><th rowspan="2">室内最远点至疏散门的直线距离（m）</th></tr>
<tr><th>两侧</th><th>尽端</th></tr>
<tr><td rowspan="6">地上层</td><td>幼托、老年人照料设施</td><td>√</td><td>√</td><td>—</td><td>50</td><td>—</td><td>—</td><td rowspan="4">详见：公共建筑的安全疏散距离</td></tr>
<tr><td>医疗、教学建筑</td><td>√</td><td>√</td><td>—</td><td>75</td><td>—</td><td>—</td></tr>
<tr><td>歌舞娱乐放映游艺场所</td><td>√</td><td>√</td><td>√</td><td>50</td><td>15</td><td>—</td></tr>
<tr><td rowspan="3">其他建筑</td><td>√</td><td>√</td><td>—</td><td>120</td><td>—</td><td>—</td></tr>
<tr><td>—</td><td>—</td><td>√</td><td>50</td><td>—</td><td>0.9</td><td>—</td></tr>
<tr><td>—</td><td>—</td><td>√</td><td>200</td><td>—</td><td>1.4</td><td>15</td></tr>
<tr><td rowspan="2">地下和半地下层</td><td>设备间</td><td>√</td><td>√</td><td>√</td><td>200</td><td>—</td><td>—</td><td>—</td></tr>
<tr><td>其他房间</td><td>√</td><td>√</td><td>√</td><td>50</td><td>15</td><td>—</td><td>—</td></tr>
</table>

注：1. 不符合本表规定条件的房间，其疏散门的数量应经计算确定，且应≥2 个。

2. 非住宅类的居住建筑可参用此表。

3. 地下、半地下层的数据系依据《建筑设计防火规范（2008 版）》（GB 50016—2014）第 5.5.5 条。

（五）公共建筑地上层疏散楼梯类型

（1）公共建筑地上层疏散楼梯类型的设置条件，见表 7-15。

表 7-15　公共建筑地上层疏散楼梯类型的设置条件

楼梯间的类型	适用范围	
	序号	规定的设置条件
封闭楼梯间	（1）	下列多层公共建筑： 医疗建筑、旅馆及类似使用功能的建筑、设置歌舞娱乐放映游艺场所的建筑、商店、图书馆、展览建筑、会议中心及类似使用功能的建筑
	（2）	≥6 层的其他多层公共建筑
	（3）	高层公共建筑的裙房与主体间设防火墙，裙房使用功能为（1）项
	（4）	≤32m 的二类高层公共建筑
敞开楼梯间	（5）	（1）和（2）项中与敞开外廊相连的楼梯间
	（6）	除（1）以外≤5 层的其他多层公共建筑
防烟楼梯间	（7）	一类高层公共建筑
	（8）	＞32m 的二类高层公共建筑
	（9）	一类高层公共建筑或＞32m 的二类高层公共建筑的裙房（与主体间未设防火墙）

注：1．老年人照料设施的疏散楼梯或疏散楼梯间宜与敞开式外廊直接连通，不能与敞开式外廊直接连通的室内疏散楼梯应采用封闭楼梯间。建筑高度大于 24m 的老年人照料设施，其室内疏散楼梯应采用防烟楼梯间。

2．建筑高度大于 32m 的老年人照料设施，宜在 32m 以上部分增设能连通老年人居室和公共活动场所的连廊，各层连廊应直接与疏散楼梯、安全出口或室外避难场地连通。

（2）高层公共建筑的剪刀楼梯间设置条件及要求如下：

1）从任一疏散门至最近疏散楼梯间入口的距离小于 10m 时，可采用剪刀楼梯间。

2）楼梯间应为防烟楼梯间。

3）梯段之间应设置耐火极限不低于 1h 的防火隔墙。

4）楼梯间的前室应分别设置。

5）楼梯间内的加压送风系统不应合用。

（六）公共建筑的消防应急照明

1．疏散照明

公共建筑的下列部位应设疏散照明：

（1）封闭楼梯间、防烟楼梯间及其前室、消防电梯间的前室或合用前室、避难走道、避难层（间）。

（2）观众厅、展览厅、多功能厅和建筑面积大于 200m^2 的营业厅、餐厅、演播室等人员密集的场所。

（3）建筑面积大于 100m^2 的地下或半地下公共活动场所。

（4）公共建筑内的疏散走道。

2．备用照明

消防控制室、消防水泵房、自备发电机房、配电室、防排烟机房以及发生火灾时仍需正常工作的消防设备房应设置备用照明，其作业面的最低照度不应低于正常照明的照度。

3．公共建筑的疏散指示标志

公共建筑的以下部位应设置灯光疏散指示标志：

（1）在安全出口和人员密集的场所的疏散门的正上方。

（2）在疏散走道及其转角处距地面高度 1m 以下的墙面或地面上（灯光疏散指示标志的间距不应大于 20m；对于袋形走道，不应大于 10m；在走道转角区，不应大于 1m）。

【思考与练习题】

1．如何计算各类场所的疏散人数？

2．计算商店疏散人数时，其营业厅的建筑面积和人员密度，如何取值？

3．请写出一般公共建筑（多层、高层医疗，高层其他）各部位疏散的最小净宽度。

4．请简述其他民用建筑疏散楼梯、疏散出口和疏散走道的净宽度指标及如何计算安全出口总净宽。

5．请简述公共建筑直通疏散走道的房间疏散门至最近安全出口的直线距离的意义。

6．哪些多层公共建筑应设置封闭楼梯间？

7．请简述公共建筑中房间可设 1 个疏散门的条件。

第四节 民用建筑的避难疏散设施

【学习目标】

熟悉民用建筑的各类避难疏散设施的概念及相关的设置要求。

避难层是超高层建筑中专供发生火灾时人员临时避难使用的楼层。如果作为避难使用的只有几个房间，则这几个房间称为避难间。

一、避难层

封闭式避难层，周围设有耐火的围护结构（外墙、楼板），室内设有独立的空调和防排烟系统，如在外墙上开设窗口，应采用防火窗。

这种避难层设有可靠的消防设施，足以防止烟气和火焰的侵害，同时还可以避免外界气候条件的影响，因而适用于我国南北方广大地区。

1．避难层的设置条件及避难人员面积指标

（1）设置条件。建筑高度超过 100m 的公共建筑和住宅建筑应设置避难层。

（2）面积指标。避难层（间）的净面积应能满足设计避难人数避难的要求，可按 5 人/m^2 计算。

2．避难层的设置数量

根据目前国内主要配备的 50m 高云梯车的操作要求，《建筑设计防火规范（2018 版）》（GB 50016—2014）规定从首层到第一个避难层之间的高度不应大于 50m，以便火灾时可将停留在避难层的人员由云梯车救援下来。结合各种机电设备及管道等所在设备层的布置需要和使用管理以及普通人爬楼梯的体力消耗情况，两个避难层之间的高度不宜大于 45m。

3．避难层的防火构造要求

（1）为保证避难层具有较长时间抵抗火烧的能力，避难层的楼板宜采用现浇钢筋混凝土楼板，其耐火极限不应低于 2h。

（2）为保证避难层下部楼层起火时不致使避难层地面温度过高，在楼板上宜设隔热层。

（3）避难层四周的墙体及避难层内的隔墙，其耐火极限不应低于 3h，隔墙上的门应采用甲级防火门。

（4）避难层可与设备层结合布置。在设计时应注意，各种设备、管道竖井应集中布置，分隔成间，既方便设备的维护管理，又可使避难层的面积完整。易燃、可燃液体或气体管道，排烟管道应集中布置，并采用防火墙与避难区分隔；管道井、设备间应采用耐火极限不低于 2h 的防火隔墙与避难区分隔。

4．避难层的安全疏散

为保证避难层在建筑物起火时能正常发挥作用，避难层应至少有两个不同的疏散方向可供疏散。通向避难层的防烟楼梯间，其上下层应错位或断开布置，这样楼梯间里的人都要经过避难层才能上楼或下楼，为疏散人员提供了继续疏散还是停留避难的选择机会。同时，使上、下层楼梯间不能相互贯通，减弱了楼梯间的“烟囱”效应。楼梯间的门宜向避难层开启，在避难层进入楼梯间的入口处应设置明显的指示标志。

为了保障人员安全，消除或减轻人们的恐惧心理，在避难层应设应急照明，其供电时间不应小于 1.5h，照度不应低于 3lx。除避难间外，避难层应设置消防电梯出口。消防电梯是供消防人员灭火和救援使用的设施，在避难层必须停靠；而普通电梯因不能阻挡烟气进入，则严禁在避难层开设电梯门。

5．通风与防排烟系统

应设置直接对外的可开启窗口或独立的机械防烟设施，外窗应采用乙级防火窗或耐火极限不低于 1h 的 C 类防火窗。

6．灭火设施

为了扑救超高层建筑及避难层的火灾，在避难层应配置消火栓和消防软管卷盘。

7．消防专线电话和应急广播设备

避难层在火灾时停留为数众多的避难者，为了及时和防灾中心及地面消防部门互通信息，避难层应设有消防专线电话和应急广播。

二、避难间

（一）病房楼的避难间

建筑高度大于 24m 的病房楼，应在二层及以上各楼层设置避难间。避难间除应符合上述规定外，尚应符合下列规定：

（1）避难间的使用面积应按每个护理单元不小于 25m^2 确定。

（2）当电梯前室内有 1 部及以上病床梯兼做消防电梯时，可利用电梯前室作为避难间。

（3）应靠近楼梯间，并应采用耐火极限不低于 2h 的防火隔墙和甲级防火门与其他部位分隔。

（4）应设置消防专线电话和消防应急广播。

（5）避难间的入口处应设置明显的指示标志。

（6）应设置直接对外的可开启窗口或独立的机械防烟设施，外窗应采用乙级防火窗。

（二）老年人照料设施的避难间

3 层及 3 层以上总建筑面积大于 3000m²（包括设置在其他建筑内三层及以上楼层）的老年人照料设施，应在二层及以上各层老年人照料设施部分的每座疏散楼梯间的相邻部位设置 1 间避难间；当老年人照料设施设置与疏散楼梯或安全出口直接连通的开敞式外廊、与疏散走道直接连通且符合人员避难要求的室外平台等时，可不设置避难间。避难间内可供避难的净面积不应小于 12m²。避难间可利用疏散楼梯间的前室或消防电梯的前室，其他要求应符合病房楼的避难间的规定。

供失能老年人使用且层数大于 2 层的老年人照料设施，应按核定使用人数配备简易防毒面具。

三、避难走道

（一）避难走道的概念

避难走道是指采取防烟措施且两侧设置耐火极限不低于 3h 的防火隔墙，用于人员安全通行至室外的走道。

（二）避难走道设置要求

（1）走道楼板的耐火极限不应低于 1.5h。

（2）走道直通地面的出口不应少于 2 个，并应设置在不同方向；当走道仅与一个防火分区相通时，该走道直通地面的出口可设置 1 个，但该防火分区至少应有 1 个直通室外的安全出口。

（3）走道的净宽度不应小于任一防火分区通向该走道的设计疏散总净宽度。

（4）走道内部应全部采用 A 级装修材料。

（5）防火分区至避难走道入口处应设置防烟前室，前室的使用面积不应小于 6m²，开向前室的门应采用甲级防火门。

（6）走道内应设置消火栓、消防应急照明、应急广播和消防专线电话。

四、下沉式广场设置要求

用于防火分隔的下沉式广场等室外开敞空间，应符合下列规定：

（1）分隔后的不同区域通向下沉式广场等室外开敞空间的开口最近边缘之间的水平距离不应小于 13m。室外开敞空间除用于人员疏散外不得用于其他商业或可能导致火灾蔓延的用途，其中用于疏散的净面积不应小于 169m²。

（2）下沉式广场等室外开敞空间内应设置不少于 1 部直通地面的疏散楼梯。当连接下沉广场的防火分区需利用下沉广场进行疏散时，疏散楼梯的总净宽度不应小于任一防火分区通向室外开敞空间的设计疏散总净宽度。

（3）确需设置防风雨篷时，防风雨篷不应完全封闭，四周开口部位应均匀布置，开口的面积不应小于该空间地面面积的 25%，开口高度不应小于 1m；开口设置百叶时，百叶的有效排烟面积可按百叶通风口面积的 60%计算。

五、防火隔间

防火隔间的设置应符合下列规定：

（1）防火隔间的建筑面积不应小于 $6m^2$。

（2）防火隔间的门应采用甲级防火门。

（3）不同防火分区通向防火隔间的门不应计入安全出口，门的最小间距不应小于 4m。

（4）防火隔间内部装修材料的燃烧性能应为 A 级。

（5）不应用于除人员通行外的其他用途。

【思考与练习题】

1．封闭式避难层的消防要求有哪些？

2．病房楼的避难间消防要求有哪些？

3．什么是避难走道？

4．下沉式广场设置要求有哪些？

5．防火隔间设置要求有哪些？

第八章　建筑防排烟

第一节　建筑防排烟概述

【学习目标】

1. 了解建筑火灾烟气的危害。
2. 熟悉建筑火灾烟气的运动及扩散规律。
3. 熟悉建筑火灾烟气控制方式及作用。
4. 掌握需要的哪些场所及部位设置防排烟系统。
5. 掌握防烟分区的划分要求。

火灾烟气是建筑火灾的重要危害源之一。建筑发生火灾时，需要将火灾产生的烟气及时控制，防止和延缓烟气扩散，保证疏散通道不受烟气侵害，确保建筑物内人员顺利疏散、安全避难。控制烟气可减弱火势的蔓延，为火灾扑救创造有利条件。建筑火灾烟气控制分为防烟和排烟两个方面。防烟采取自然通风和机械加压送风的形式，排烟则采取自然排烟和机械排烟的形式。防烟或排烟设施的具体方式多样设置，应结合建筑所处环境条件和建筑自身特点，按照有关规范规定要求，合理地选择和组合。

一、建筑火灾烟气及危害

1. 火灾烟气的生成

烟气是可燃物质在燃烧或热解时所产生的含有大量热量的气态、液态和固态物质与空气的混合物。烟气的组成成分和数量取决于可燃物的化学组成和燃烧时的温度、氧的供给等燃烧条件。在完全燃烧的条件下，烟气成分以二氧化碳、一氧化碳、水蒸气等为主。在不完全燃烧条件下，烟气成分不仅有上述燃烧生成物，还会有醇、醚等有机化合物。含碳量多的物质，在氧气不足的条件下燃烧时，会有大量的碳粒子产生。通常在阴燃阶段，烟气以液滴粒子为主，呈白色或青白色；当温度上升至起火阶段时，因发生脱水反应，产生大量的游离的碳粒子，常呈黑色或灰黑色。

2. 火灾烟气的危害

烟气对人体的危害主要是因燃烧产生的有毒气体所引起的窒息、中毒和高温伤害。火灾中产生的烟气和热量是导致人员伤亡的最重要原因，火灾死亡人员中，被烟气毒死或窒息而死的占多数。

（1）毒性。火灾烟气中，CO 是最主要的有毒成分之一。CO 吸入人体后，与血液中的血红蛋白结合，从而阻碍血液中氧分子的输送。当 CO 和血液中 50%以上的血红蛋白结合时，会造成脑部中枢神经严重缺氧，失去知觉，甚至死亡。即便不立即死亡，也会使人因缺氧而产生头痛、无力等症状，不能及时逃离火场而死亡。火灾烟气中还有其他有毒成分，如材料制品燃烧产生的醛类、聚氯乙烯燃烧产生的氢氟化合物，它们都是刺激性很强的气体，加上甲醛、乙醛、氢氧化物、氢化氰等，这类烟气对人的呼吸道黏膜等的刺激和危害相当大，吸入后，严重损害人体器官功能，致使人员的逃生能力大大减弱。火灾烟气中所存在的游离基一旦被吸入，肺部将发生游离基反应，肺表面迅速扩张，从而降低肺的吸氧功能，导致缺氧。烟气中的悬浮微粒同样也是有害的，它进入人体肺部后，黏附并聚集在肺泡壁上，会引起呼吸道疾病和增大心脏病死亡率。

（2）缺氧。建筑火灾中可燃物的燃烧过程将消耗大量氧气，着火区域也充满着各种燃烧中形成的有毒和无毒的气体，使空气中的氧气浓度大大降低，特别是在密闭性较好的房间，烟气中含氧量往往低于人正常生理活动所需要的数值，缺氧将导致人体的呼吸、神经、运动功能受影响。当空气中含氧量降低到15%时，人的肌肉活动能力将下降10%～14%，此时人就四肢无力，神智混乱，辨不清方向；当含氧量降到6%～10%时，人就会昏倒。着火房间的含氧浓度低于6%时，人会在短时间内因缺氧而窒息死亡。

（3）高温。火灾烟气温度非常高，轰燃之后，室内温度甚至高达 1000℃。高温烟气对人员的影响体现在对人体呼吸系统及皮肤的直接作用。一方面，高温火焰的强烈热辐射会使人员疲劳、脱水、心跳加快，超过一定强度后会导致死亡。另一方面，高温烟气被人体吸入到肺部后，会使呼吸道和肺部被灼伤，血压急剧下降，毛细管被破坏，从而使整个血液循环系统被破坏。人体对高温烟气的忍耐性是有限度的，烟气温度为65℃时，可短时忍受；在120℃时，15min内就将产生不可恢复的损伤，140℃时约为5min，170℃约为1min。一般来说，吸入空气的温度达到149℃，即达到人体的生理极限。

（4）减光性。烟气弥漫时，可见光受到烟粒子的遮蔽而使光线强度大大减弱，能见度大大降低，这就是烟气的减光作用。同时，大量烟气充斥着火区后，烟气中的某些成分如HCl、SO_2 等对眼睛、鼻腔、咽喉产生强烈刺激，使人们视力下降或睁不开眼，加上火场的特殊紧张气氛，人的行为可能失控和异常，无法迅速找到疏散通道和安全出口，增加了中毒或烧死的可能性。对于扑救人员，由于烟气的遮挡，无法及时接近疏散人群和灭火点，也不易辨别火势发展的方向，易贻误救火时机。

二、建筑火灾烟气的运动及扩散

火灾时，可燃物不断燃烧，产生大量的烟和热，并形成高温的烟气流。烟气流动的根本原因是密度差引起的浮力。在火场中，高温烟气与周围空气的温度不同，导致密度不同，形成浮力，使烟气处于流动状态。烟气温度越高，密度差越大，浮力越大，流动越快。

火灾烟气的流动扩散速度不仅与其温度和流动方向有关，还和周围温度、流动的阻碍、通风和空调系统气流的干扰及建筑物本身的烟囱效应等有关。烟气在水平方向的扩散流动速度，一般为0.3～0.8m/s；在垂直方向的扩散流动速度较大，通常为3～4m/s。在楼梯间或管道井中，由于烟囱效应，烟气流动的速度可达6～8m/s。

（一）烟气在着火房间内的流动

着火房间内产生的烟气，其密度比空气小，由于浮力作用向上升起，当遇到水平楼板或顶棚时，改为水平方向继续流动；当受到四周墙壁的阻挡和冷却时，将沿墙向下流动，如图

8-1 所示。随着烟气的不断产生，烟气层将不断加厚，当烟气层的厚度达到门窗的开口部位时，烟气会通过开启的门、窗、洞口向室外和走廊扩散。

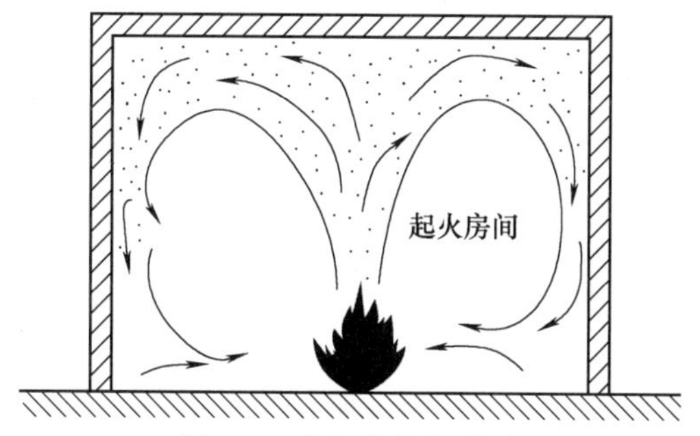

图 8-1 房间内烟气流动

当烟气从外墙上的窗口排向室外时，火焰和高温烟气从窗口喷出时的运动轨迹，取决于窗宽与 1/2 窗高的比值。当火焰和高温烟气从竖向长条形窗口喷出时，因被带走的附近的空气可从窗口两侧得到有效补充，其轨迹呈向上弯曲状，火势通过窗口向上蔓延的危险相对减少；当火焰及高温烟气从横向带形窗口喷出时，因被带走的附近的空气不能从窗口两侧得到及时有效补充，其火焰及高温烟气将附着在墙面向上流动，并延伸较长的距离，此时将对上层构成很大的威胁。

（二）烟气在走廊内的流动

从房间内流向走廊的烟气开始即贴附在顶棚下流动，由于与顶棚和空气接触后被冷却，烟气层则逐渐加厚下降，靠近顶棚和墙面的烟气易冷却，先沿墙面下降。随着流动路线的增长和周围空气混合作用的加剧，烟气由于温度逐渐下降而失去浮力，最后形成走廊中心偏下相对稀薄，顶部及墙面相对厚实的烟气分布状态，如图 8-2 所示。

（三）烟气在建筑中的流动

当建筑内发生火灾时，着火房间室内温度急剧上升，气体发生热膨胀而使门窗甚至门板破裂，高温烟气通过门、窗、孔洞，向室外和走廊蔓延扩散。烟气的流动扩散一般有三条路线。第一条，也是最主要的一条，着火房间→走廊→楼梯间→上部各楼层→室外；第二条，着火房间→室外；第三条，着火房间→相邻上层房间→室外。扩散流动的这种路线与建筑各部位的耐火性能和密闭性能有关，如图 8-3 所示为建筑内发生火灾时典型的烟气扩散路线。

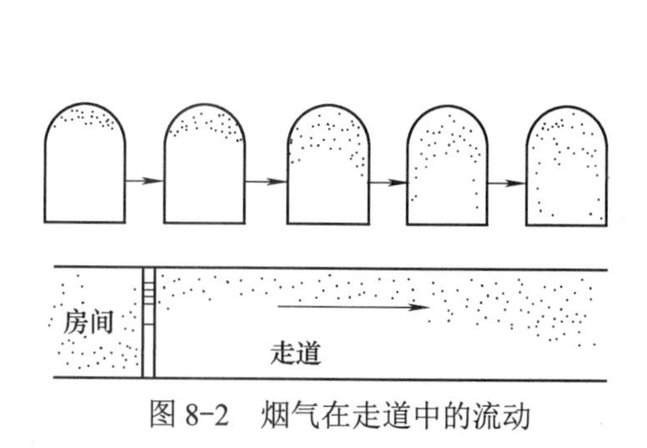

图 8-2 烟气在走道中的流动

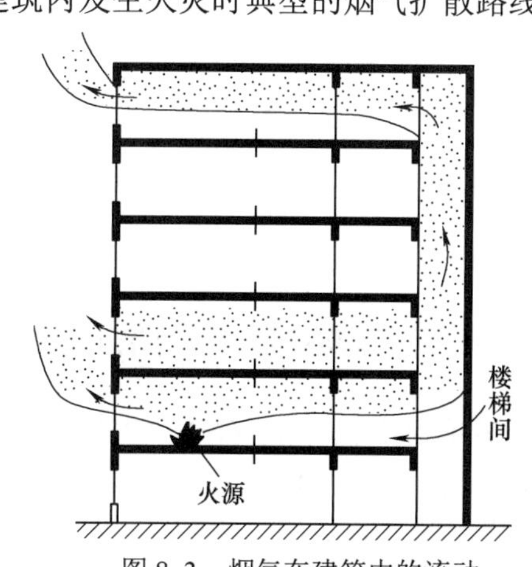

图 8-3 烟气在建筑中的流动

三、建筑火灾烟气的控制方式

防排烟的目的是在火灾发生时利用有关设施，把着火区的烟气尽快地导引、排放到室外，并防止烟气侵入到作为人员疏散通道的走廊、楼梯间前室、楼梯间、消防电梯间前室或合用前室，以保证室内人员从有害的烟气中安全撤离，保证消防人员尽快灭火。为实现此目的，应把烟气控制在着火区域内，保持合理的烟气层高度，从而有利于人员疏散、控制火势蔓延和减少火灾损失。为此必须进行积极排烟，将着火区域控制为排烟区，进行排烟设计；将非着火区域，尤其是疏散通道控制为防烟区，防止烟气的侵入，进行防烟设计。因此，火灾烟气的控制主要体现为“防烟”和“排烟”两种方式。“防烟”是防止烟的进入，是被动措施；相反，“排烟”是积极改变烟的流向，使之排出室外，是主动措施。两者互为补充，是紧密相关的一个体系、不可分割。

1．防烟

防烟是通过可开启外窗或机械加压送风方式把一定量的室外空气送入防烟楼梯间及其前室、合用前室、避难层（间）等，使其保持一定压力或在门洞处有一定流速，以避免烟气侵入。在火灾期间，进入楼梯间及前室、合用前室、避难层（间）等的一定量空气，会将烟气排斥在楼梯间及前室、合用前室、避难层（间）等之外，以保证疏散通道的安全。防烟方式可分为自然通风方式和机械加压送风方式。

2．排烟

排烟就是通过可开启外窗方式或机械排烟方式将着火区域房间及走道的烟气排到室外，降低着火区域气体压力，防止烟气流向非着火区蔓延扩散，以利于人员疏散及灭火救援。排烟方式可分为自然排烟方式和机械排烟方式，如图 8-4 所示。

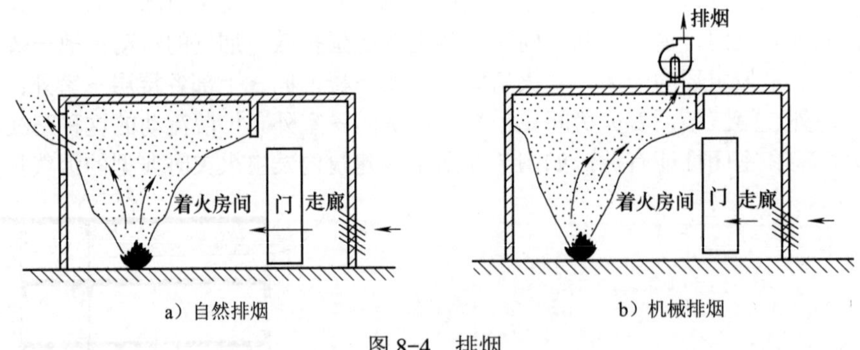

图 8-4　排烟

四、建筑防排烟技术的作用

防排烟技术是用于控制火灾烟气，从而保证建筑物具有足够安全性的方法之一。由于火灾烟气造成的人员伤亡远大于因热辐射、火焰或建筑物倒塌所造成的人员伤亡，而且热烟气的扩散会引起火势的迅速蔓延。因此，防排烟技术广泛地运用于各类建筑物，已成为建筑防火设计的一个重要组成部分。

1．保障人员安全

人员安全疏散是发生火灾后的首要任务，但当建筑物发生火灾时，建筑内人员很难在很短的时间内逃到室外，也很难从充满浓烟的通道中逃出，而防排烟设施则为人员的安全疏散提供了前提条件。有效的防排烟系统能减小烟气的浓度，降低烟气温度，使烟气控制在火灾发源地，或将其迅速地、最大限度地排出到建筑室外，防止烟气蔓延扩散到前室、楼梯间等疏散通道中，使受灾人员有足够的时间和基本的活动能力及时逃离火场。

2．保证消防人员能进入火灾现场

烟气控制为消防人员的扑救行动创造了条件。防排烟设施能够尽量减小烟气浓度，降低火场温度，维持一定的能见距离，使消防人员最大限度地接近火场，保证灭火救援战斗的顺利进行。

五、建筑防排烟系统的选择

（一）防烟设施的选择

建筑物内的防烟楼梯间及其前室、消防电梯间前室或合用前室、避难走道的前室、避难层（间），都是建筑物着火时的安全疏散、救援的通道。火灾时，应通过开启外窗等自然通风的方式或机械加压送风的方式，防止烟气侵入疏散通道或疏散安全区。

建筑高度小于或等于50m的公共建筑、工业建筑和建筑高度小于或等于100m的住宅建筑，当采用凹廊、阳台作为防烟楼梯间的前室或合用前室时，或者防烟楼梯间前室或合用前室具有两个不同朝向的可开启外窗且可开启窗面积满足《建筑防烟排烟系统技术标准》(GB 51251—2017)要求时，可以认为该前室或合用前室的自然通风能及时排出漏入前室或合用前室的烟气，并可防止烟气进入防烟楼梯间，故楼梯间就可以不再设置防烟系统。

（二）排烟设施的选择

（1）厂房或仓库的下列场所或部位应设置排烟设施：

1）人员或可燃物较多的丙类生产场所，丙类厂房内建筑面积大于300m^{2}且经常有人停留或可燃物较多的地上房间。

2）建筑面积大于5000m^{2}的丁类生产车间。

3）占地面积大于1000m^{2}的丙类仓库。

4）高度大于32m的高层厂房（仓库）内长度大于20m的疏散走道，其他厂房（仓库）内长度大于40m的疏散走道。

（2）民用建筑的下列场所或部位应设置排烟设施：

1）设置在一、二、三层且房间建筑面积大于100m^{2}的歌舞娱乐放映游艺场所，设置在四层及以上楼层、地下或半地下的歌舞娱乐放映游艺场所。

2）中庭。

3）公共建筑内建筑面积大于100m^{2}且经常有人停留的地上房间。

4）公共建筑内建筑面积大于300m^{2}且可燃物较多的地上房间。

5）建筑内长度大于20m的疏散走道。

（3）地下或半地下建筑（室）、地上建筑内的无窗房间，当总建筑面积大于200m^{2}或一个房间建筑面积大于50m^2，且经常有人停留或可燃物较多时，应设置排烟设施。

六、防烟分区

防烟分区是指设置排烟系统的场所或部位采用挡烟垂壁、结构梁及隔墙等分隔而成，用于火灾时蓄积热烟气，并能在一定时间内防止火灾烟气向同一防火分区的其余部分蔓延的局部空间。防烟分区的作用是通过控制烟气蔓延，并通过所设置的排烟设施对烟气加以排除，从而达到控制烟气扩散和火灾蔓延的目的。

（一）防烟分区的划分

1．防烟分区的划分原则

（1）防烟分区不应跨越防火分区。划分防烟分区与防火分区的目的不同，前者的目的在于防止烟气扩散，主要用具有挡烟功能的物体等来实现，后者则采用防火墙、防火卷帘或其他防火分隔设施划分防火分区。所有防火分隔物都能够起到防烟作用，而防烟分隔物则不能完全起到防止火势蔓延的作用，因此防烟分区不能跨越防火分区设置。

（2）合理设置储烟仓厚度。储烟仓是位于建筑空间顶部，由挡烟垂壁、梁或隔墙等形成的用于蓄积火灾烟气的空间。储烟仓的厚度即为设计烟层厚度。当采用自然排烟方式时，储烟仓的厚度不应小于空间净高的20%；当采用机械排烟方式时，不应小于空间净高的10%且不应小于500mm。同时储烟仓底部距地面的高度应大于安全疏散所需的最小清晰高度。防烟分区的设置就是要形成有效的储烟仓。用挡烟垂壁、结构梁及隔墙等防烟分隔设施设置防烟分区时，分隔设施的深度不应小于500mm，且不小于储烟仓厚度的要求。

（3）合理划分防烟分区面积。如果面积过大，会使烟气波及面积扩大，增加烟气的影响范围，不利于人员安全疏散和火灾扑救；如果面积过小，不仅影响使用，还会提高工程造价。

2．防烟分区的面积要求

（1）公共建筑、工业建筑防烟分区的面积要求。公共建筑、工业建筑防烟分区的最大允许面积及其长边最大允许长度应符合表8-1的规定。当工业建筑采用自然排烟系统时，其防烟分区的长边长度尚不应大于建筑内空间净高的8倍。

表8-1　公共建筑、工业建筑防烟分区的最大允许面积及其长边最大允许长度

空间净高 H（m）	最大允许面积（m^2）	长边最大允许长度（m）
$H \leqslant 3$	500	24
$3 < H \leqslant 6$	1000	36
$H > 6$	2000	60；具有自然对流条件时，不应大于75

注：1．公共建筑、工业建筑中的走道宽度不大于2.5m时，其防烟分区的长边长度不应大于60m。
2．当空间净高大于9m时，防烟分区之间可不设置挡烟设施。
3．汽车库防烟分区的划分及其排烟量应符合现行国家规范《汽车库、修车库、停车场设计防火规范》（GB 50067—2014）的相关规定。

（2）汽车库、修车库防烟分区面积要求。除敞开式汽车库、建筑面积小于1000m² 的地下一层汽车库和修车库外，汽车库、修车库应设置排烟系统，并应划分防烟分区。防烟分区的建筑面积不宜大于2000m²，且防烟分区不应跨越防火分区。防烟分区可采用挡烟垂壁、隔墙或从顶棚下突出不小于0.5m的梁划分。

（3）地铁建筑防烟分区面积要求。地下车站的公共区，以及设备与管理用房，应划分防烟分区，且防烟分区不得跨越防火分区。站厅与站台的公共区每个防烟分区的建筑面积不宜超过 2000m²，设备与管理用房每个防烟分区的建筑面积不宜超过 750m²。

（二）防烟分区的分隔设施

1．挡烟垂壁

挡烟垂壁是用不燃材料制成，垂直安装在建筑顶棚、横梁下，能在火灾时形成一定的蓄烟空间的挡烟分隔设施。挡烟垂壁处于安装位置时，其底部与顶部之间的垂直高度称为有效高度。

挡烟垂壁常设置在烟气扩散流动路线上烟气控制区域的分界处，和排烟设备配合进行有效排烟。当室内发生火灾时，所产生的烟气由于浮力作用而积聚在顶棚下，只要烟层的厚度小于挡烟垂壁的有效高度，烟气就不会向其他场所扩散。

挡烟垂壁按安装方式分为固定式和活动式两种，如图 8-5 所示。固定式挡烟垂壁是指固定安装的、能满足设定挡烟高度的挡烟垂壁。活动式挡烟垂壁是指可从初始位置自动运行至挡烟工作位置，并满足设定挡烟高度的挡烟垂壁。挡烟垂壁按材料的刚度可分为柔性挡烟垂壁和刚性挡烟垂壁。

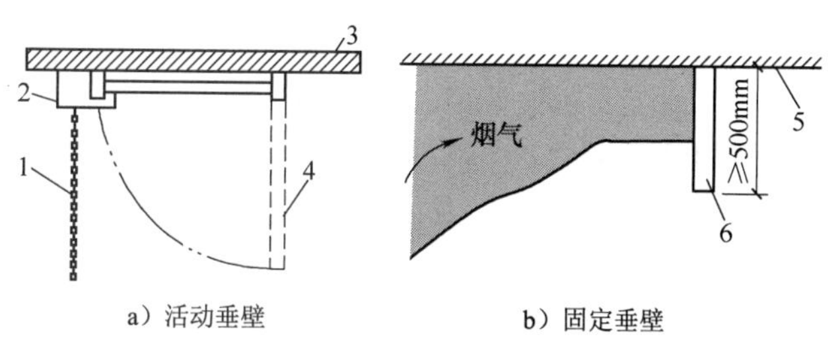

图 8-5 挡烟垂壁的设置

1—操作链 2—阻挡器 3、5—顶棚 4、6—挡烟垂壁

挡烟垂壁安装时，活动挡烟垂壁与建筑结构（柱或墙）面之间的缝隙不应大于 60mm，由两块或两块以上的挡烟垂帘组成的连续性挡烟垂壁，各块之间不应有缝隙，搭接宽度不应小于 100mm；活动挡烟垂壁的手动操作按钮应固定安装在距楼地面 1.3～1.5m 之间便于操作、明显可见之处。

活动式挡烟垂壁应与相应的感烟火灾探测器联动，当探测器报警后，挡烟垂壁应能自动运行至挡烟工作位置。运行时，从初始安装位置自动运行至挡烟工作位置的运行速度不应小于 0.07m/s，运行时间不应大于 60s。活动式挡烟垂壁应设置限位装置，当运行至挡烟工作位置的上、下限位时，应能自动停止。

2．结构梁

当建筑结构梁的高度不小于 500mm，且不小于储烟仓厚度的要求时，该横梁可作为挡烟设施使用。

【思考与练习题】

1．建筑火灾烟气的危害有哪些？

2．简述火灾烟气在走道上的运动规律。

3．建筑防排烟技术的作用有哪些？

4．哪些场所及部位要设置防烟系统？

5. 厂房或仓库的哪些场所或部位应设置排烟设施？
6. 民用建筑的哪些场所或部位应设置排烟设施？
7. 简述储烟仓的设置要求。
8. 公共建筑、工业建筑防烟分区的面积如何确定？
9. 挡烟垂壁的设置要求有哪些？

第二节 自然通风防烟与自然排烟

【学习目标】

1. 熟悉自然通风防烟及自然排烟的原理。
2. 掌握自然通风防烟的选择条件、类型及设置要求。
3. 掌握自然排烟的选择条件、类型及设置要求。
4. 掌握不同形式排烟窗有效面积的计算。

一、自然通风防烟

（一）自然通风防烟的原理

自然通风是利用热压和风压作用，不消耗机械动力的通风方式。如果室内外存在空气温度差，或者窗户开口之间存在高度差，就会产生热压作用下的自然通风。建筑内楼梯间、前室是建筑着火时最重要的疏散通道，消防电梯间前室或合用前室是消防队员进行火灾扑救的起始场所，也是人员疏散的必经通道，在火灾时无论采用何种防烟方法，都必须保证它的安全。防烟就是控制烟气不进入上述安全区域。靠外墙的楼梯间、前室，可以通过设置便于开启的外窗，利用自然通风来达到防烟的效果。有阳台和凹廊的建筑，可以利用阳台和凹廊的自然通风防止烟气进入楼梯间。建筑的防烟楼梯间及其前室、消防电梯间前室或合用前室、封闭楼梯间、避难走道的前室、避难层（间）能满足设置自然通风防烟时宜优先采用自然通风防烟。

（二）自然通风防烟的选择

自然通风方式防烟构造简单、经济，不用专门的防烟设施，火灾时不受电源中断的影响，但是，因受到室外风向、风速和建筑本身的密封性或热压作用的影响，建筑高度不同，防烟的效果也不同。对于建筑高度小于或等于 50m 的公共建筑、工业建筑和建筑高度小于或等于 100m 的住宅建筑，由于受风压作用影响较小，利用建筑本身的采光通风，能起到防止烟气进一步进入安全区域的作用，因此，应采用自然通风方式的防烟系统。建筑高度大于 50m 的公共建筑、工业建筑和建筑高度大于 100m 的住宅建筑不应采用自然通风方式防烟。

建筑物的独立前室、合用前室及共用前室仅有一道门连通走道时，如果该建筑采用机械加压送风系统且机械加压送风口设置在前室顶部或正对前室入口的墙面，楼梯间可采用自然通风防烟。

建筑物的封闭楼梯间应采用自然通风来防烟，不能满足自然通风条件时应当采用机械加压送风系统。地下、半地下建筑（室）的封闭楼梯间不与地上楼梯间共用且地下仅为一层时，可通过首层设置面积不小于 1.2m^2 的可开启外窗或直通室外的疏散门来达到防烟的效果。

避难层的防烟系统可根据建筑构造、设备布置等因素选择自然通风系统或机械加压送风系统。

（三）自然通风防烟的类型

1. 利用可直接开启外窗的自然通风防烟

靠外墙的楼梯间、前室可以通过设置便于开启的外窗，利用自然通风来达到防烟的效果，如图 8-6、图 8-7 所示。

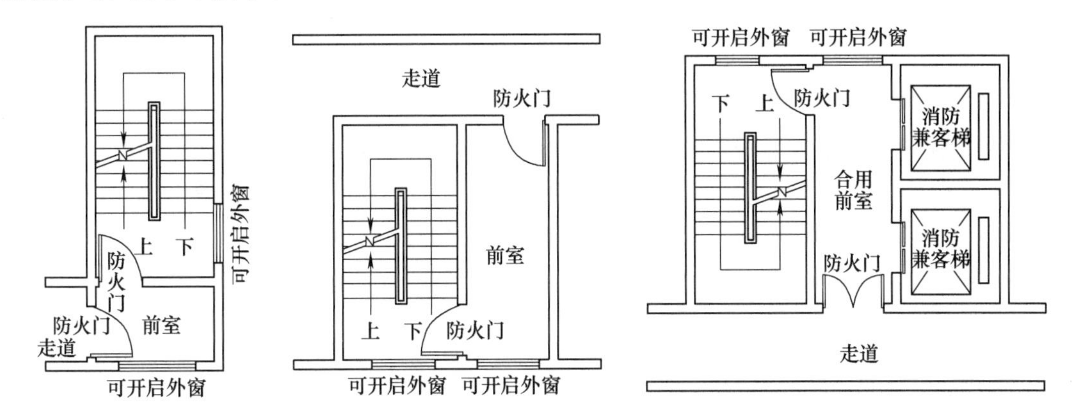

图 8-6 利用可直接开启外窗的自然通风防烟

建筑物的独立前室或合用前室设有两个及以上不同朝向的可开启外窗，且独立前室两个外窗面积分别不小于 $2.0m^2$，合用前室两个外窗面积分别不小于 $3.0m^2$ 时，楼梯间可不设置防烟系统。

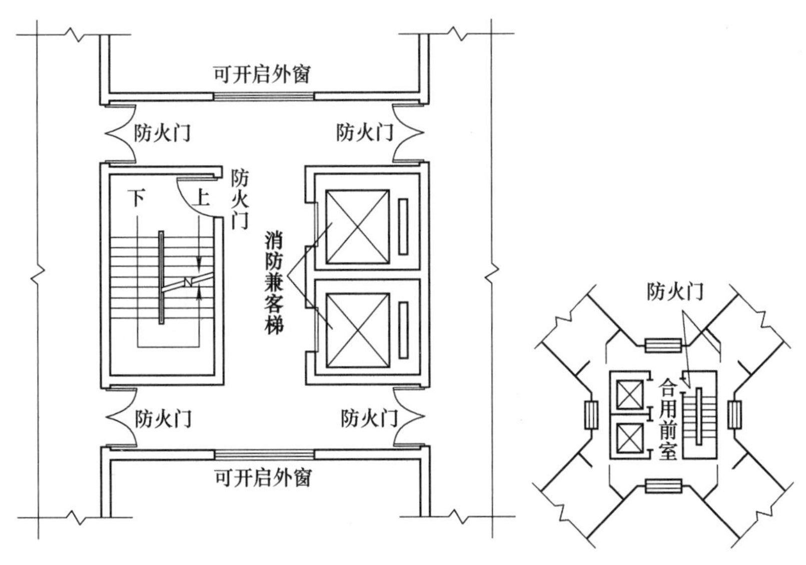

图 8-7 前室利用外窗的自然通风，楼梯间不设防烟系统

2. 利用敞开阳台或凹廊自然通风防烟

独立前室或合用前室采用敞开阳台或凹廊时，着火房间及走道的烟气可以通过敞开阳台或凹廊有效排至室外，防止烟气进入到楼梯间，所以楼梯间可不设置防烟系统，如图 8-8 所示。

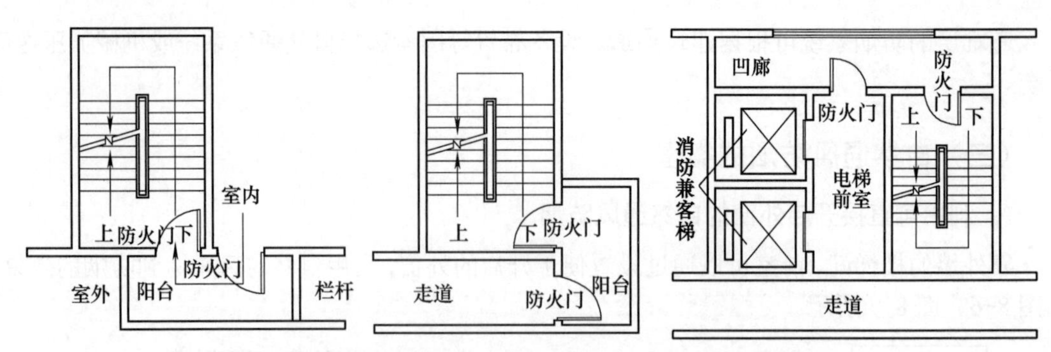

图 8-8　利用室外阳台或凹廊自然通风，楼梯间不设防烟系统

（四）自然通风防烟的设置要求

（1）采用自然通风方式防烟时，封闭楼梯间、防烟楼梯间应在最高部位设置面积不小于 $1m^2$ 的可开启外窗或开口；当建筑高度大于 10m 时，还应当在楼梯间的外墙上每 5 层内设置总面积不小于 $2m^2$ 的可开启外窗或开口，且布置间距不大于 3 层。

（2）前室采用自然通风方式防烟时，独立前室、消防电梯间前室可开启外窗或开口的面积不应小于 $2m^2$，合用前室、共用前室不应小于 $3m^2$。

（3）采用自然通风方式的避难层（间）应设有不同朝向的可开启外窗，其有效面积不应小于该避难层（间）地面面积的 2%，且每个朝向的面积不应小于 $2m^2$。

（4）可开启外窗应方便直接开启，设置在高处不便于直接开启的可开启外窗应在距地面高度为 1.3～1.5m 的位置设置手动开启装置。

二、自然排烟

（一）自然排烟的原理

自然排烟是充分利用建筑物的构造，在自然力的作用下，即利用火灾产生的热烟气流的浮力和外部风力作用，将房间或走道里的烟气通过直接开向室外的可开启外窗或开口排到室外，如图 8-9 所示。这种排烟方式的实质是通过室内外空气对流进行排烟，在自然排烟中，必须有冷空气的进口和热烟气的排出口。由于自然排烟的烟气是通过靠外墙的可开启外窗或开口直接排至室外，所以需要排烟的房间和走道必须靠外墙，而且进深不能太大，否则有火势向上层蔓延的危险。另外，当室外的风力很强，而排烟窗处于迎风面时，会引起烟气倒灌，反而使烟气在室内蔓延。采用自然方式排烟时应综合考虑这些不利因素。

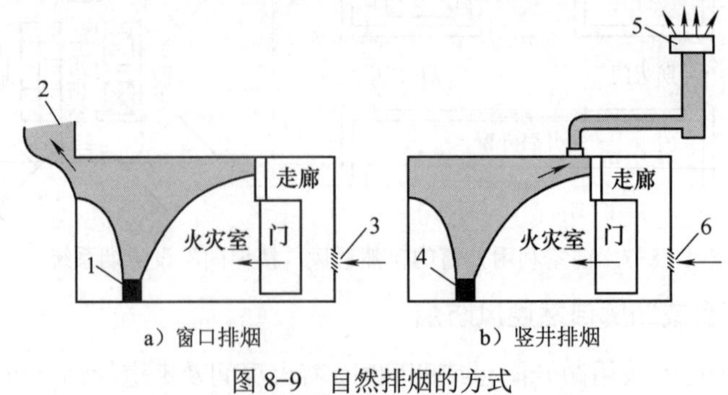

图 8-9　自然排烟的方式

1、4—火源　2—排烟口　3、6　补风口　5—风帽

（二）自然排烟的选择

建筑的排烟系统应根据建筑的使用性质、平面布局等因素，优先采用自然排烟系统。一般情况下，多层建筑优先采用自然排烟方式，高层建筑受自然条件（如室外风速、风压、风向等）的影响较大，采用机械排烟方式较多，但只要满足自然排烟所需的储烟仓、排烟窗（口）位置及面积等条件要求，建筑物、场所、部位均可以采用自然排烟方式。

除洁净厂房外，设置自然排烟系统的任一层建筑面积大于 $2500m^2$ 的制鞋、制衣、玩具、塑料、木器加工储存等丙类工业建筑，除自然排烟所需排烟窗（口）外，尚宜在屋面上增设可熔性采光带（窗）。

自然排烟口的总面积大于本防烟分区面积的 2%的人民防空工程，宜采用自然排烟方式。敞开式汽车库、建筑面积小于 $1000m^2$ 的地下一层汽车库和修车库，可不设排烟系统；其他汽车库和修车库，自然排烟口的总面积不小于室内地面面积的 2%时宜选用自然排烟方式。

（三）自然排烟的设置要求

采用自然排烟系统的场所应设置自然排烟窗（口）。防烟分区内自然排烟窗（口）的面积、数量、位置应能满足有利于排除烟气的要求。

1．自然排烟窗（口）的设置要求

烟气具有上升流动的特性，排烟口的位置越高，排烟效果就越好，因此建筑内自然排烟口应设置在外墙上方或屋顶上，并应设置方便开启的装置。自然排烟窗（口）距该防烟分区内任一点的水平距离不应超过 30m。当工业建筑采用自然排烟方式时，其水平距离不应大于建筑内空间净高的 2.8 倍；当公共建筑空间净高大于或等于 6m 且具有自然对流条件时，其水平距离不应大于 37.5m。

自然排烟窗（口）设置在外墙上时，排烟窗（口）应设置在储烟仓以内，但走道、室内空间净高不大于 3m 的区域的自然排烟窗（口）可设置在室内净高度的 1/2 以上。自然排烟窗（口）应沿火灾烟气的气流方向开启，但当房间面积不大于 $200m^2$ 时，自然排烟窗（口）的设置高度及开启方向可不限。自然排烟窗（口）宜分散均匀布置，且每组的长度不宜大于 3m；设置在防火墙两侧的自然排烟窗（口）之间最近边缘的水平距离不应小于 2m。

厂房、仓库的自然排烟窗（口）设置在外墙时，自然排烟窗（口）应沿建筑物的两条对边均匀设置；设置在屋顶时，自然排烟窗（口）应在屋面均匀设置且宜采用自动控制方式开启。当屋面斜度小于或等于 12° 时，每 $200m^2$ 的建筑面积应设置相应的自然排烟窗（口）；当屋面斜度大于 12° 时，每 $400m^2$ 的建筑面积应设置相应的自然排烟窗（口）。

自然排烟窗（口）应设置手动开启装置，设置在高位不便于直接开启的自然排烟窗（口），应设置距地面高度 1.3～1.5m 的手动开启装置。净空高度大于 9m 的中庭、建筑面积大于 $2000m^2$ 的营业厅、展览厅、多功能厅等场所，尚应设置集中手动开启装置和自动开启设施。

2．自然排烟窗（口）的有效面积要求

（1）公共建筑、工业建筑中空间净高超过 6m 的场所，按如下要求：

1）自然排烟窗（口）所需的有效面积按计算排烟量除以自然排烟窗（口）处风速计算确定（自然排烟窗面积=计算排烟量/自然排烟窗口风速）。

2）采用顶开窗排烟时，风速按侧窗口部位风速的 1.4 倍计算。

（2）中庭按以下要求：

1）中庭采用自然排烟系统时，自然排烟窗面积=计算排烟量/自然排烟窗口风速。

2）中庭周围场所设排烟系统，中庭自然排烟窗（口）的有效面积按风速不大于 0.5m/s 计算。

3）中庭周围场所不设置排烟系统，仅在回廊设置排烟系统，中庭自然排烟窗（口）的有效面积按风速不大于 0.4m/s 计算。

（3）其他场所，按以下要求：

1）净高小于或等于 6m 的场所，有效排烟面积不小于房间建筑面积的 2%。

2）仅需要在走道或回廊设置排烟的公共建筑，在走道两侧均设置面积不小于 $2m^2$ 的排烟窗且两侧自然排烟窗的距离不应小于走道长度的 2/3。

3）室内与走道或回廊均需设置排烟的公共建筑，走道或回廊上设置有效面积不小于走道或回廊建筑面积 2%的自然排烟窗（口）。

4）人民防空工程中庭的自然排烟口净面积不应小于中庭地面面积的 5%，其他场所的自然排烟口净面积不小于该防烟分区面积的 2%。

5）汽车库、修车库小于室内地面面积的 2%。

3．可熔性采光带（窗）的要求

当工业建筑按要求需在屋面上增设可熔性采光带（窗）时，其面积应符合下列要求：

（1）未设置自动喷水灭火系统的或采用钢结构屋顶或预应力钢筋混凝土屋面板的建筑，不应小于楼地面面积的 10%。

（2）其他建筑不应小于楼地面面积的 5%。

4．不同形式外窗的有效排烟面积计算

可开启外窗的形式有侧开窗、百叶窗、顶开窗。侧开窗有上悬窗、中悬窗、下悬窗、平开窗和推拉窗等。在设计时，必须将这些作为排烟使用的窗设置在储烟仓内；如果中悬窗的下开口部分不在储烟仓内，这部分的面积不能计入有效排烟面积之内。采用推拉窗时，其面积应按开启的最大窗口面积计算。

（1）悬窗的有效排烟面积。当采用开窗角大于 70° 的悬窗时，其面积按窗的面积计算；当开窗角小于 70° 时，其面积应按窗最大开启时的水平投影面积计算，如图 8-10 所示，用下式计算

$$F_p=F_c \cdot \sin\alpha \tag{8-1}$$

式中 F_p——有效排烟面积（m^2）；

F_c——窗的面积（m^2）；

α——窗的开启角度。

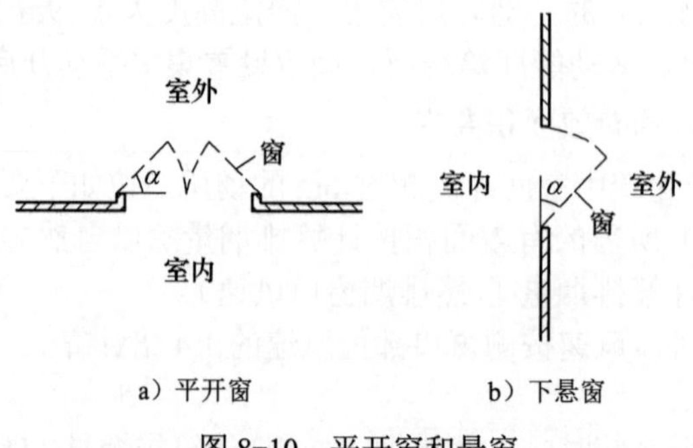

图 8-10 平开窗和悬窗

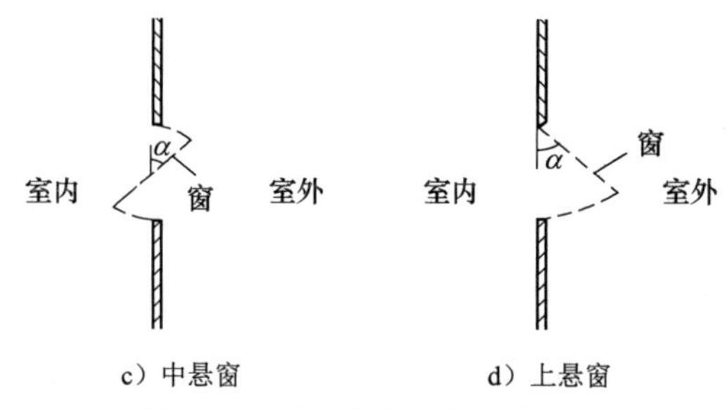

c）中悬窗　　d）上悬窗

图 8-10　平开窗和悬窗（续）

（2）平开窗的有效排烟面积。采用开窗角大于 70° 的平开窗时，其面积应按窗的面积计算；当开窗角小于 70° 时，其面积应按窗最大开启时的竖向投影面积计算。

（3）平推窗的有效排烟面积。当平推窗设置在顶部时，其面积可按窗的 1/2 周长与平推距离的乘积计算，且不应大于窗面积（图 8-11a）；当平推窗设置在外墙时，其面积可按窗的 1/4 周长与平推距离乘积计算，且不应大于窗面积（图 8-11b）。

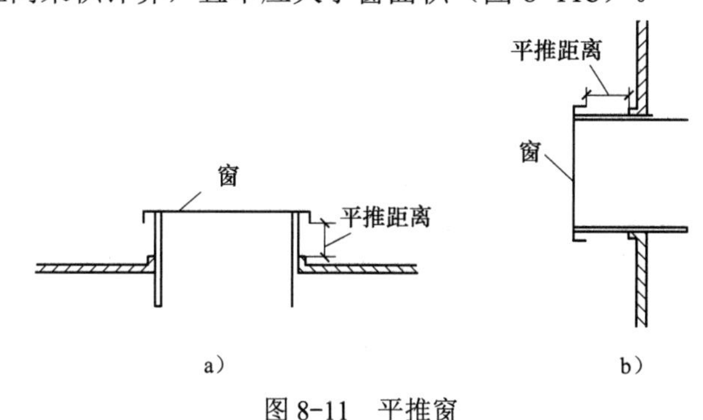

a）　　b）

图 8-11　平推窗

（4）百叶窗的有效排烟面积。当采用百叶窗时，其面积应按窗的有效开口面积计算，即

$$F_p=XS \tag{8-2}$$

式中　S——净窗面积（m^2）；

X——系数，一般百叶窗取 X=0.8，防雨百叶窗取 X=0.6。

【思考与练习题】

1．哪些建筑应采用自然通风方式的防烟系统？

2．选择自然通风方式防烟的建筑，哪些情况下楼梯间可以不设防烟系统？

3．自然通风防烟系统的设置要求有哪些？

4．中庭采用自然排烟时其排烟窗的面积如何确定？

5．工业建筑中设置可熔性采光带（窗）时，可熔性采光带（窗）的设置要求有哪些？

第三节　机械加压送风系统

【学习目标】

1．熟悉机械加压送风系统工作原理。

2．掌握机械加压送风系统的选择条件。

3. 掌握机械加压送风系统的设置要求。
4. 掌握机械加压送风系统的主要设计参数要求。
5. 掌握机械加压送风系统组件设置要求。

机械加压送风系统是采用机械送风的方式将足够的新鲜空气送入建筑物的楼梯间、前室、避难层（间）等空间，使其维持高于建筑物其他部位一定的正压，从而阻止火灾烟气侵入楼梯间、前室、避难层（间）等空间的系统。机械加压送风系统是建筑不能采用自然通风防烟时的一个重要的防烟方式，系统由加压送风机、风道、送风口以及风机控制柜等组成。

一、机械加压送风系统工作原理

建筑发生火灾时，机械加压系统打开，向楼梯间、前室、避难层（间）等空间加注有压新鲜空气，使楼梯间、前室、避难层（间）等空间内形成正压。当非加压区和加压区的门关闭时，由于门两侧具有一定的压力差，正压区间保持一定的正压值以阻止烟气通过门缝渗漏；当门打开时，门洞处加压区向非加压区维持一定的风速值以阻挡烟气通过门洞注入加压区，如图 8-12 所示。

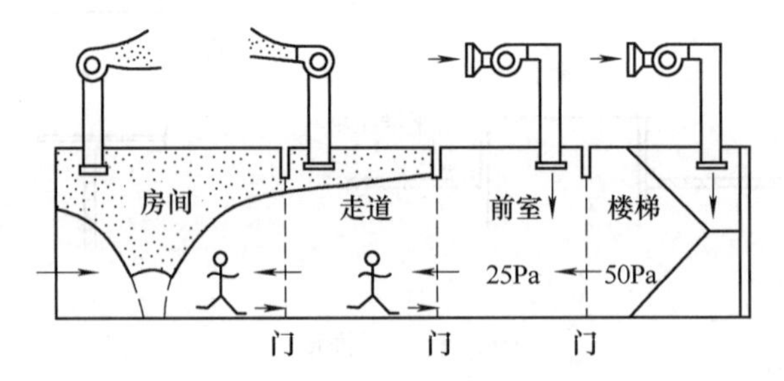

a）房间、走道机械排烟，前室、楼梯间加压送风

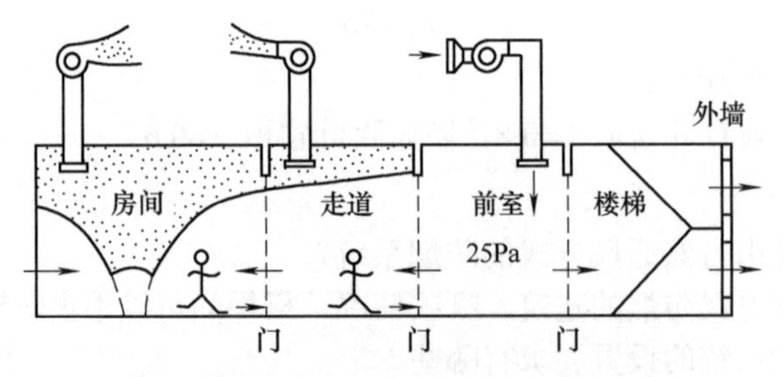

b）房间、走道机械排烟，前室加压送风，楼梯间自然通风

图 8-12　机械加压送风原理图

二、机械加压送风系统的选择

建筑高度大于 50m 的公共建筑、工业建筑和建筑高度超过 100m 的住宅建筑，其防烟楼梯间、独立前室、合用前室、共用前室及消防电梯间前室应采用机械加压送风系统。其他建筑中不具备自然排烟条件的防烟楼梯间、独立前室、合用前室、共用前室及消防电梯间前室，应采用机械加压送风系统。

当防烟楼梯间在裙房高度以上部分采用自然通风时，不具备自然通风条件的裙房的独立前室、合用前室及共用前室应采用机械加压送风系统。

建筑地下部分的防烟楼梯间前室及消防电梯间前室，当无自然通风条件或自然通风不符合要求时，应采用机械加压送风系统。

不能满足自然通风条件的封闭楼梯间，应设置机械加压送风系统。地下、半地下建筑（室）的封闭楼梯间与地上部分共用，或不与地上共用但地下超过两层及以上时，应当设置机械加压送风系统。

避难走道及前室应当分别设置机械加压送风系统。当避难走道仅一端设置安全出口且总长度小于 30m，或避难走道两端设置安全出口且总长度小于 60m 时，可以仅在前室设置机械加压送风系统。

人防工程中的防烟楼梯间及其前室或合用前室、避难走道的前室应设置机械加压送风系统。

三、机械加压送风系统的设置要求

建筑高度大于 100m 的建筑，其机械加压送风系统应竖向分段独立设置，且每段高度不应超过 100m。设置机械加压送风系统的楼梯间的地上部分与地下部分应分别独立设置机械加压送风系统，当受建筑条件限制，且地下部分为汽车库或设备用房时，可共用机械加压送风系统，送风量按地上、地下两部分之和计算，并设置能分别满足地上、地下部分送风量的有效措施。

建筑高度小于或等于 50m 的建筑，当楼梯间设置加压送风井（管）道确有困难时，楼梯间可采用直灌式加压送风系统。

建筑的独立前室、合用前室及共用前室仅有一道门连通走道时，若其机械加压送风口设置在前室的顶部或正对前室入口的墙面，楼梯间可以采用自然通风系统；若机械加压送风口未设置在前室的顶部或正对前室入口的墙面，楼梯间应采用机械加压送风系统。

建筑的防烟楼梯间采用独立前室且仅有一个门与走道或房间相通时，可仅在楼梯间设置机械加压送风系统；当独立前室有多个门时，楼梯间、独立前室应分别独立设置机械加压送风系统。

建筑的防烟楼梯间与消防电梯合用前室时，楼梯间、合用前室应分别独立设置机械加压送风系统；建筑采用剪刀楼梯时，两个楼梯间及前室的机械加压送风系统应分别独立设置。

采用机械加压送风的场所不应设置百叶窗，且不宜设置可开启外窗。设置机械加压送风系统的封闭楼梯间、防烟楼梯间，尚应在其顶部设置不小于 $1m^2$ 的固定窗，靠外墙的防烟楼梯间，尚应在其外墙上每 5 层内设置总面积不小于 $2m^2$ 的固定窗。设置机械加压送风系统的避难层（间），尚应在外墙设置可开启外窗，其有效面积不小于该避难层（间）地面面积的 1%。

四、机械加压送风系统的主要设计参数

（一）加压送风量

机械加压送风系统应在任何情况下都能保持良好的防烟功能，其送风量应能保证加压区间达到所要求的正压水平或门打开时维持一定的空气流。机械加压送风系统的加压送风量应经计算确定，但超过 24m 的建筑，应按计算值与《建筑防烟排烟系统技术标准》（GB 51251—2017）

的规定值中的较大值确定。机械加压送风系统的设计风量不应小于计算风量的 1.2 倍。

受条件限制且地下部分为汽车库或设备用房的建筑，楼梯间的地上部分与地下部分共用机械加压送风系统时，其送风量按地上、地下两部分之和计算。楼梯间设置送风井（管）道确有困难而采用直灌式加压送风系统的楼梯间的送风量，应按计算值或规定值增加 20%计算。

封闭避难层（间）、避难走道的机械加压送风量应按避难（层）间、避难走道的净面积每平方米不小于 30m³/h 计算。避难走道前室的送风量应按直接开向前室的疏散门的总断面面积乘以 1.0m/s 门洞断面风速计算。

人民防空工程中，当前室或合用前室不直接送风时，防烟楼梯间的送风量不应小于 25000m³/h，并应在防烟楼梯间和前室或合用前室的墙上设置余压阀。当防烟楼梯间与前室或合用前室分别送风时，防烟楼梯间的送风量不应小于 16000m³/h。前室或合用前室的送风量不应小于 12000m³/h。

（二）余压值

机械加压送风系统的余压值是加压送风系统设计中的一个重要指标，该数值是指送风量在加压部位相通的门窗关闭时，能够阻止着火层的烟气在热压、风压、浮力、膨胀力等联合作用下进入加压部位，同时又不致过高造成人们推不开通向疏散通道的门。机械加压送风量应满足走廊至前室至楼梯间的压力呈递增分布，余压值应符合下列要求：

（1）前室、合用前室、消防电梯前室、封闭避难层（间）与走道之间的压差应为 25～30Pa。

（2）防烟楼梯间、封闭楼梯间与走道之间的压差应为 40～50Pa。

为了保证防烟楼梯间及其前室、消防电梯间前室和合用前室的正压值，又要防止正压值过大而导致疏散门难以推开，应在防烟楼梯间与前室、前室与走道之间设置泄压措施。

五、机械加压送风系统组件设置要求

（一）送风机

机械加压送风机可用轴流风机或中、低压离心风机，风机宜设置在系统下部，且应采取保证各层送风量均匀性的措施。送风机应设置在专用机房内，机房应采用耐火极限不低于 2h 的隔墙和 1.5h 的楼板及甲级防火门与其他部位隔开。

送风机的进风口应直通室外，且宜设在机械加压送风系统的下部，并应采取防止烟气被吸入的措施。送风机的进风口不应与排烟风机的出风口设在同一层面。当确有困难须设在同一层面时，送风机的进风口与排烟风机的出风口应分开布置。竖向布置时，送风机的进风口应设置在排烟出口的下方，两者边缘最小垂直距离不应小于 6.0m；水平布置时，两者边缘最小水平距离不应小于 20m。送风机出风管或进风管上安装单向风阀或电动风阀时，应采取火灾时阀门自动开启措施。

（二）加压送风口

设置机械加压送风系统的场所，楼梯间应设置常开风口，前室应设置常闭风口。火灾确认后，火灾自动报警系统应能在 15s 内联动打开常闭风口。楼梯间的加压送风口宜每隔 2～3 层设置 1 个常开式百叶送风口，前室应每层设置 1 个常闭式加压送风口且应设手动开启装置。机械加压送风防烟系统中送风口不宜设置在被门挡住的部位，送风口风速不宜大于 7m/s。

建筑高度大于 32m，楼梯间采用直灌式加压送风系统的建筑，应采用两点部位送风方式，送风口之间的距离不宜小于建筑高度的 1/2，其加压送风口不宜设在影响人员疏散的部位。

（三）送风管道

机械加压送风系统应采用不燃烧材料制作的送风管道，不应采用土建风道，管道内壁应当光滑。当送风管道内壁为金属时其设计风速不应大于 20m/s，当送风管道内壁为非金属时其设计风速不应大于 15m/s。

竖向设置的送风管道应独立设置在管道井内。当确有困难未设置在管道井内或须与其他管道合用管道井时，送风管道的耐火极限不应低于 1h。水平设置的送风管道，当设置在顶棚内时，其耐火极限不应低于 0.5h，当未设置在顶棚内时，其耐火极限不应低于 1h。管道井应采用耐火极限不小于 1h 的隔墙与相邻部位分隔，当墙上必须设置检修门时应采用乙级防火门。

（四）余压阀

余压阀是控制压力差的阀门。为了保证防烟楼梯间及其前室、消防电梯间前室和合用前室的正压值，防止正压值过大而导致疏散门难以推开，在防烟楼梯间与前室、前室与走道之间应设置余压阀，控制余压阀两侧正压间的压力差不超过最大允许压力差。最大允许压力差应通过计算确定。

【思考与练习题】

1．某商业建筑，钢混结构，建筑高度为 54m，地上 10 层，地下 3 层，层高 4m，总建筑面积为 68000m^2，地下部分面积为 28000m^2。地下一层为消防控制室、设备房、车库，地下二层为车库。车库可以停 400 辆汽车。地上建筑总建筑面积为 40000m^2，首层至五层为商场，共计 20000m^2，六层至十层为餐饮、健身、休闲场所。每层内走道宽为 2m，长为 30m，靠外墙的房间有可开启外窗，靠核心筒的房间无向外开启的外窗，只能开向内走道。该建筑按相关规范要求设置了自动报警系统、自动喷水灭火系统、消火栓系统、消防电梯、应急照明和疏散指示标志等消防设施。

根据以上材料，回答下列问题：

（1）该建筑哪些部位应当设置防烟设施？

（2）该建筑应当采用哪种防烟方式？并说明理由。

（3）机械加压送风系统中，关于余压值有哪些要求？

（4）机械加压送风系统的送风口有哪些设置要求？

2．某商业建筑，钢混结构，建筑高度为 36m，地上 12 层，主要为商场、宾馆、办公室，设有两个防烟楼梯间，其中 1 号楼梯间靠外墙设置，其楼梯间和前室设有可开启外窗，利用外窗通风和采光，2 号楼梯间无法设置外窗。地下 2 层，均设有独立的直通室外的出口。地下一层为消防控制室、设备房，地下二层为汽车库。该建筑按相关规范要求设置了自动报警系统、自动喷水灭火系统、消火栓系统、消防电梯、应急照明和疏散指示标志等消防设施。

根据以上材料，回答下列问题：

（1）1 号楼梯间设置成自然通风防烟方式时应当满足哪些要求？

（2）2 号楼梯间设置机械加压送风系统时进风口的设置有哪些要求？

（3）机械加压送风系统中送风管道应满足哪些要求？

第四节　机械排烟系统

【学习目标】

1. 熟悉机械排烟系统工作原理。
2. 掌握机械排烟系统的设置要求。
3. 掌握机械排烟系统的主要设计参数要求。
4. 掌握机械排烟系统组件设置要求。

机械排烟系统是按照通风气流组织理论，当建筑物内发生火灾时，将房间、走道等空间的烟气通过排烟风机排至建筑物外的系统。它由挡烟设施（活动或固定挡烟垂壁、挡烟隔墙、挡烟梁）、排烟口、排烟防火阀、排烟管道、排烟风机和排烟风机控制柜等组成。目前常见的有机械排烟与自然补风组合、机械排烟与机械补风组合、机械排烟与排风合用、机械排烟与通风空调系统合用等形式。

一、机械排烟系统工作原理

当建筑物内发生火灾时，通常是由火场人员手动控制或由感烟探测将火灾信号传递给机械排烟系统控制器，开启活动的挡烟垂壁将烟气控制在发生火灾的防烟分区内，并打开排烟口以及和排烟口联动的排烟防火阀，同时关闭空调系统和送风管道内的防火调节阀，以防止烟气从空调、通风系统蔓延到其他非着火房间，最后由设置在屋顶的排烟机将烟气通过排烟管道排至室外。

图 8-13 为排烟系统的示意图。该系统负担三个防烟分区的排烟。排烟防火阀 5（280℃）常开，排烟口（带阀）6 常闭。当防烟分区Ⅲ发生火灾时，排烟口Ⅲ6 可由现场手动启动或由消防控制中心发出信号启动，并联动启动同一防烟分区内所有排烟口和排烟风机 1 进行排烟，保证只在着火防烟分区内实施排烟。当管道内的温度达到 280℃时，排烟防火阀 5 自动关闭；当排烟风机入口总管处排烟防火阀 2 处温度达到 280℃时，排烟防火阀 2 关闭，并直接关闭排烟风机 1。系统中每一个排烟口（阀）均应设现场手动开启装置，且应方便操作。

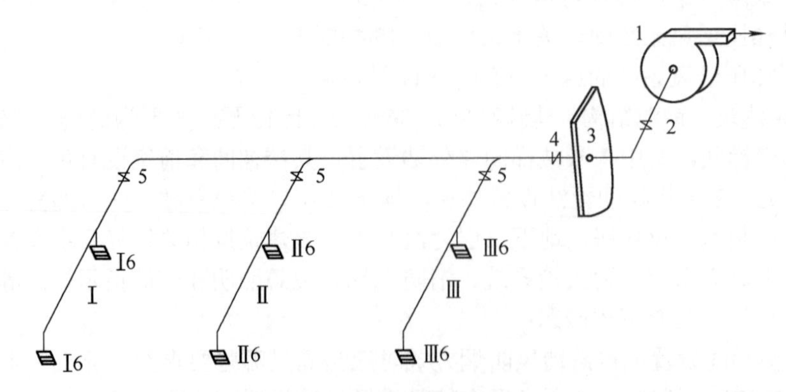

图 8-13　机械排烟系统示意图

1—排烟风机　2，5—排烟防火阀（280℃）　3—排烟风机隔墙　4—排烟防火阀　6—排烟口（带阀）

二、机械排烟系统的选择及设置要求

（一）机械排烟系统的选择

（1）建筑内应设排烟设施，不具备自然排烟条件的房间、走道及中庭等，均应采用机械排烟方式。高层建筑受自然条件（如室外风速、风压、风向等）的影响较大，采用机械排烟方式较多。

（2）人防工程下列部位，当不具备自然排烟条件时，应设置机械排烟设施：

1）建筑面积大于 50m^2，且经常有人停留或可燃物较多的房间、大厅。

2）丙、丁类生产车间。

3）总长度大于 20m 的疏散走道。

4）电影放映间、舞台等。

（3）非敞开式汽车库、建筑面积不小于 1000m^2 的地下一层汽车库和修车库、地下二层及以下层的汽车库、修车库，不具备自然排烟条件时，应设置机械排烟系统。

（二）机械排烟系统的设置要求

在同一个防烟分区内不应同时采用自然排烟方式和机械排烟方式，避免两种方式相互之间对气流的干扰，影响排烟效果。

当建筑的机械排烟系统沿水平方向布置时，为了防止火灾在不同防火分区蔓延，且有利于不同防火分区烟气的排出，每个防火分区的机械排烟系统应独立设置。建筑高度超过 50m 的公共建筑和建筑高度超过 100m 的住宅，一旦系统出现故障，容易造成大面积的失控，对建筑整体安全构成威胁，为了提高系统的可靠性及时排出烟气，防止排烟系统因担负楼层数太多或竖向高度过高而失效，排烟系统应竖向分段独立设置，且公共建筑每段高度不应超过 50m，住宅建筑每段高度不应超过 100m。

排烟系统与通风、空气调节系统应分开设置；当确有困难时可以合用，但应符合排烟系统的要求。通风空调系统的风口一般都是常开风口，为了确保排烟量，当按防烟分区进行排烟时，只有着火处防烟分区的排烟口才开启排烟，其他都要关闭，这就要求通风空调系统每个风口上都要安装自动控制阀才能满足排烟要求，且当排烟口打开时，每个排烟合用系统的管道上需联动关闭的通风和空气调节系统的控制阀门不应超过 10 个。

三、机械排烟系统的主要设计参数

（一）排烟量

1．中庭的排烟量

中庭周围场所设有排烟系统时，中庭采用机械排烟系统的，中庭排烟量应按周围场所防烟分区中最大排烟量的 2 倍数值计算，且不应小于 107000m^3/h；当中庭周围场所不需设置排烟系统，仅在回廊设置排烟系统时，回廊的排烟量不应小于 13000m^3/h，中庭的排烟量不应小于 40000m^3/h。

2．中庭以外一个防烟分区排烟量

建筑空间净高小于或等于 6m 的场所，其排烟量不应小于 60m³/（h·m²）。公共建筑、工业建筑中空间净高大于 6m 的场所，其排烟量根据火灾热释放速率、清晰高度、烟羽流质量流量及烟羽流温度等参数计算确定，且不小于《建筑防烟排烟系统技术标准》规定数值，其中建筑空间净高大于 9m 的规定数值，按 9m 的取值。

当公共建筑仅需在走道或回廊设置排烟时，机械排烟量不应小于 13000m³/h；当公共建筑室内与走道或回廊均需要设置排烟时，其走道或回廊的机械排烟量可按 60m³/（h·m²）计算且不小于 13000m³/h。

3．一台风机担负多个防烟分区时的排烟量

当系统负担具有相同净高的场所时，对于建筑空间净高大于 6m 的场所，应按排烟量最大的一个防烟分区的排烟量计算；对于建筑空间净高为 6m 及以下的场所，应按同一防火分区中任意两个相邻防烟分区的排烟量之和的最大值计算。当系统负担具有不同净高的场所时，应采用上述方法对系统中每个场所所需的排烟量进行计算，并取其中的最大值作为系统排烟量。

（二）风速

机械排烟系统的排烟管道，当排烟管道内壁为金属时，管道设计风速不应大于 20m/s；当排烟管道内壁为非金属时，管道设计风速不应大于 15m/s。排烟口风速不宜大于 10m/s。机械补风口的风速不宜大于 10m/s，人员密集场所补风口的风速不宜大于 5m/s；自然补风口的风速不宜大于 3m/s。

四、机械排烟系统组件设置要求

（一）排烟风机

排烟风机可采用离心式或轴流排烟风机，风机应满足 280℃时连续工作 30min 的要求。排烟风机入口处应设置 280℃能自动关闭的排烟防火阀，该阀应与排烟风机联锁，当该阀关闭时，排烟风机应能停止运转。

排烟风机宜设置在排烟系统的顶部，烟气出口宜朝上，并应高于加压送风机和补风机的进风口，两者垂直距离或水平距离应符合：竖向布置时，送风机的进风口应设置在排烟机出风口的下方，其两者边缘最小垂直距离不应小于 6m；水平布置时，两者边缘最小水平距离不应小于 20m。

排烟风机应设置在专用机房内，该房间应采用耐火极限不低于 2h 的隔墙和 1.5h 的楼板及甲级防火门与其他部位隔开。风机两侧应有 600mm 以上的空间。对于排烟系统与通风空气调节系统共用的系统，其排烟风机与排风风机合用的机房，应符合下列条件：

（1）机房内应设有自动喷水灭火系统。

（2）机房内不得设有用于机械加压送风的风机与管道。

（3）排烟风机与排烟管道的连接部件应能在 280℃时连续 30min 保证其结构完整性。

（二）排烟管道

机械排烟系统应采用管道排烟，且不应采用土建风道。排烟管道应采用不燃材料制作且内壁应光滑。排烟管道及其连接部件应能在 280℃时连续 30min 保证其结构完整性。

竖向设置的排烟管道应设置在独立的管道井内，排烟管道的耐火极限不应低于 0.5h。水平设置的排烟管道应设置在顶棚内，排烟管道的耐火极限不应低于 0.5h，当确有困难时，可直接设置在室内，但管道的耐火极限不应小于 1h。设置在走道部位顶棚内的排烟管道，以及穿越防火分区的排烟管道，其管道的耐火极限不应小于 1h，但设备用房和汽车库的排烟管道耐火极限可以不低于 0.5h。

当顶棚内有可燃物时，顶棚内的排烟管道应采用不燃烧材料进行隔热，并应与可燃物保持不小于 150mm 的距离。

设置排烟管道的管道井应采用耐火极限不小于 1h 的隔墙与相邻区域分隔；当墙上必须设置检修门时，应采用乙级防火门。

（三）排烟防火阀

排烟防火阀是安装在机械排烟系统管道上，平时呈开启状态，火灾时当排烟管道内烟气温度达到 280℃时关闭，并在一定时间内能满足漏烟量和耐火完整性要求，起隔烟阻火作用的阀门。排烟防火阀一般由阀体、叶片、执行机构和温感器等部件组成。下列部位应设置排烟防火阀：

（1）垂直风管与每层水平风管交接处的水平管段上。

（2）一个排烟系统负担多个防烟分区的排烟支管上。

（3）排烟风机入口处。

（4）穿越防火分区处。

（四）排烟阀（口）

排烟口是指机械排烟系统中烟气的入口。排烟阀是安装在机械排烟系统各支管端部（烟气吸入口）处，平时呈关闭状态并满足漏风量要求，火灾时可手动和电动启闭，起排烟作用的阀门，一般由阀体、叶片、执行机构等部件组成。

排烟阀（口）应根据其所在的防烟分区的排烟量计算确定，且防烟分区内任一点与最近的排烟口之间的水平距离不应大于 30m。排烟口的设置宜使烟流方向与人员疏散方向相反，排烟口与附近安全出口相邻边缘之间的水平距离不应小于 1.5m。火灾时由火灾自动报警系统联动开启排烟区域的排烟阀或排烟口，应在现场设置手动开启装置。

排烟口应设在储烟仓内且宜设置在顶棚或靠近顶棚的墙面上，但走道、室内空间净高不大于 3m 的区域，其排烟口可设置在其净空高度的 1/2 以上；当设置在侧墙时，顶棚与其最近的边缘的跨度不应大于 0.5m。当需要机械排烟的房间面积小于 $50m^2$ 时，可以通过走道排烟，排烟口可以设置在疏散走道中。

当排烟口设在顶棚内且通过顶棚上部空间进行排烟时，顶棚应采用不燃材料，且顶棚内不应有可燃物。封闭式顶棚上设置的烟气流入口的颈部烟气速度不宜大于 1.5m/s；非封闭式顶棚的开孔率不应小于顶棚净面积的 25%，且排烟口应均匀布置。

（五）固定窗

固定窗是设置在设有机械防烟排烟系统的场所中，窗扇固定，平时不可开启，仅在火灾时便于人破拆以排出火场中的烟和热的外窗。当设置机械排烟系统时，下列地上建筑或部位，应在外墙或屋顶设置固定窗。

（1）任一层建筑面积大于 2500m^2 的丙类厂房（仓库）。

（2）任一层建筑面积大于 3000m^2 的商店建筑、展览建筑及类似功能的公共建筑。

（3）总建筑面积大于 1000m^2 的歌舞娱乐放映游艺场所。

（4）商店建筑、展览建筑及类似功能的公共建筑中长度大于 60m 的走道。

（5）靠外墙或贯通至建筑屋顶的中庭。

固定窗宜按每个防烟分区在屋顶或建筑外墙上均匀布置且不应跨越防火分区。非顶层区域的固定窗应布置在每层的外墙上；顶层区域的固定窗应布置在屋顶或顶层的外墙上，但未设置自动喷水灭火系统的以及采用钢结构屋顶或预应力钢筋混凝土屋面板的建筑应布置在屋顶。设置在顶层区域的固定窗，其总面积不应小于楼地面面积的 2%。设置在靠外墙且不位于顶层区域的固定窗，单个固定窗的面积不应小于 1m^2，且间距不宜大于 20m，其下沿距室内地面的高度不宜小于层高的 1/2。供消防救援人员进入的窗口面积不计入固定窗面积，但可组合布置。设置在中庭区域的固定窗，其总面积不应小于中庭楼地面面积的 5%。固定玻璃窗应按可破拆的玻璃面积计算，带有温控功能的可开启设施应按开启时的水平投影面积计算。

除洁净厂房外，设置机械排烟系统的任一层建筑面积大于 2000m^2 的制鞋、制衣、玩具、塑料、木器加工储存等丙类工业建筑，可采用可熔性采光带（窗）替代固定窗。未设置自动喷水灭火系统或采用钢结构屋顶或预应力钢筋混凝土屋面板的建筑，可熔性采光带（窗）的面积不应小于楼地面面积的 10%，其他建筑不应小于楼地面面积的 5%。可熔性采光带（窗）的有效面积应按其实际面积计算。

（六）挡烟垂壁

挡烟垂壁是用不燃材料制成，垂直安装在建筑顶棚、梁下，能在火灾时形成一定蓄烟空间的挡烟分隔设施。挡烟垂壁可采用固定式或活动式。当建筑物净空较高时可采用固定式，将挡烟垂壁长期固定在顶棚上；当建筑物净空较低时，宜采用活动式。采用机械排烟方式时，挡烟垂壁的深度不应小于空间净高的 10%，且不应小于 500mm，同时其底部距地面高度应大于安全疏散所需的最小清晰高度。

挡烟垂壁应用不燃烧材料制作，如钢板、防火玻璃、无机纤维织物、不燃无机复合板等。活动式的挡烟垂壁应由感烟探测器控制，或与排烟口联动，或受消防控制中心控制，但同时应能就地手动控制。

五、补风系统

（一）补风原理

根据空气流动的原理，在排出某一区域空气的同时，也需要有另一部分的空气进行补充。排烟系统排烟时，补风的主要目的是为了形成理想的气流组织，迅速排除烟气，以利于人员的安全疏散和消防救援。

（二）补风系统的选择

除地上建筑的走道或建筑面积小于 500m^2 的房间外，设置排烟系统的场所应设置补风系统。地上建筑的走道和小面积的场所因面积较小，排烟量也较小，可以利用建筑的各种缝隙满足排烟系统所需的补风，为了简便系统管理和减少工程投入，可以不用专门为这些场所设置补风系统。除这些场所以外的排烟系统均应设置补风系统。

（三）补风的方式

补风系统应直接从室外引入空气，可采用自然进风和机械送风两种方式。

1. 自然补风

自然补风系统可以采用疏散外门、手动或自动可开启外窗等自然进风方式进行排烟补风，并保证补风气流不受阻隔，但是不应将防火门、防火窗作为补风设施。

2. 机械补风

（1）机械排烟与机械补风组合方式。利用排烟机通过排烟口将着火房间的烟气排到室外，同时对走廊、楼梯间前室和楼梯间等利用送风机进行机械送风，使着火房间、疏散通道、前室、楼梯间形成稳定的气流，有利于着火房间的排烟，同时能防止烟气从着火房间渗漏到走廊、前室及楼梯间，确保疏散通道的安全。

（2）自然排烟与机械补风组合方式。这种方式采用着火房间的烟气通过外窗或专用排烟口以自然排烟的方式排至室外，机械送风系统向走廊、前室和楼梯间送风，使这些区域的空气压力高于着火房间，防止烟气侵入疏散通道。这种方式需要控制加压区域的空气压力，避免与着火房间压力相差过大导致渗入着火房间的新鲜空气过多，助长火灾的发展。

机械补风系统也可由空调或通风的送风系统转换而成，但此时的空调或通风系统设计时应注意以下几点：空调或通风系统的送风机应与排烟系统同步运行；通风量应满足排烟补风风量要求；如有回风，此时应立即断开；系统上的阀门（包括防火阀）应与之相适应。

（四）补风量

（1）补风系统应直接从室外引入空气，补风量不应小于排烟量的 50%。

（2）汽车库内无直接通向室外的汽车疏散出口的防火分区，当设置机械排烟系统时，应同时设置进风系统，且送风量不宜小于排烟量的 50%。

（3）在人防工程中，当补风通路的空气阻力不大于 50Pa 时，可自然补风；当补风通路的空气阻力大于 50Pa 时，应设置火灾时可转换成补风的机械送风系统或单独的机械补风系统，补风量不应小于排烟风量的 50%。

（五）补风系统组件与设置

1. 补风口

补风口与排烟口设置在同一空间内相邻的防烟分区时，补风口位置不限；当补风口与排烟口设置在同一防烟分区时，补风口应设在储烟仓下沿以下；补风口与排烟口水平距离不应小于 5m。机械送风口或自然补风口设于储烟仓以下，才能形成理想的气流组织。补风口如果设置位置不当的话，会造成对流动烟气的搅动，严重影响烟气导出的有效组织，或由于补风受阻，使排烟气流无法稳定导出，所以对补风口的设置有严格要求。

2. 补风机

补风机的设置与机械加压送风机的要求相同，风机应设置在专用机房内。排烟区域所需的补风系统应与排烟系统联动开启或关闭。

3．补风管道

补风管道耐火极限不应低于 0.5h，当补风管道跨越防火分区时，管道的耐火极限不应小于 1.5h。

【思考与练习题】

某公共娱乐场所，砖混结构，建筑高度 12m，共 3 层，每层建筑面积为 18m×50m=900m^2。一层有一个 180m^2 的大堂，一个 640m^2 的迪斯科舞厅和一个建筑面积为 80m^2 的消防控制室，二、三层为 KTV 包房，设有宽 2m、长 50m 的内走道，包房建筑面积不大于 120m^2，均设有可开启的外窗。迪斯科舞厅和内走道均无法设置可开启外窗。该建筑按相关规范要求设置了自动报警系统、自动喷水灭火系统、消防火栓系统、应急照明和疏散指示标志等消防设施。

根据以上材料，问答下列问题：

（1）该建筑哪些部位应当设置排烟设施，为什么？

（2）该建筑哪些部位应当设置机械排烟系统，为什么？

（3）一台风机担负多个防烟分区时的排烟量如何确定？

（4）排烟管道的设置有哪些要求？

第五节　防排烟系统的联动控制

【学习目标】

1．掌握防烟系统的联动控制。
2．掌握排烟系统的联动控制。
3．掌握防烟系统、排烟系统的手动控制设计。

一、防烟系统的联动控制

1．机械加压送风系统联动控制

当火灾发生时，起火部位所在防火分区内的两只独立的火灾探测器的报警信号或一只火灾探测器与一只手动火灾报警按钮的报警信号发送到火灾报警控制器，火灾报警控制器将这两个信号进行识别并确认火灾，再以这两个信号的“与”逻辑作为开启送风口和启动加压送风机的联动触发信号，消防联动控制器在接收到满足逻辑关系的联动触发信号后，联动开启该防火分区内着火层及相邻上下两层前室及合用前室的常闭送风口，同时开启该防火分区楼梯间的全部加压送风机。当防火分区内火灾确认后，火灾自动报警系统应能在 15s 内联动开启常闭加压送风口和加压送风机。

2．加压送风机的启动

加压送风机的启动应有现场手动启动、通过火灾自动报警系统自动启动、消防控制室手动启动、任一常闭加压送风口开启自动启动四种方式。现场手动启动由风机控制柜来实现，通过风机控制柜来手动启停加压送风机。消防控制室通过多线控制盘可直接手动启动加压送风机。任一常闭加压送风口开启时（包括手动和自动），相应的加压送风机应能自动启动。

二、排烟系统的联动控制

1．机械排烟系统联动控制

机械排烟系统中的常闭排烟阀（口）应设置火灾自动报警系统联动开启功能和就地开启的手动装置，并与排烟风机联动。当火灾发生时，起火部位所在防烟分区内的两只独立的火灾探测器的报警信号或一只火灾探测器与一只手动火灾报警按钮的报警信号发送到火灾报警控制器，火灾报警控制器将这两个信号进行识别并确认火灾，再以这两个信号的“与”逻辑作为排烟口、排烟窗或排烟阀开启的联动触发信号，消防联动控制器在接收到满足逻辑关系的联动触发信号后，联动控制排烟口、排烟窗或排烟阀的开启，同时停止该防烟分区的空气调节系统。当排烟口、排烟窗或排烟阀开启时，其开启动作信号作为排烟风机启动的联动触发信号，消防联动控制器在接收到排烟口、排烟窗或排烟阀开启信号后，联动启动排烟风机。在排烟风机入口总管处的排烟防火阀在 280℃时应能自行关闭，其关闭信号能联锁关闭排烟风机和补风机。消防控制设备应能显示排烟系统的排烟风机、补风机、排烟防火阀等设施的启闭状态。

2．常闭排烟阀或排烟口联动控制

机械排烟系统中的常闭排烟阀或排烟口除具有火灾自动报警系统开启功能外，还应具有消防控制室手动开启和现场手动开启功能，其开启信号均能联动启动风机。当火灾确认后，火灾自动报警系统应在 15s 内联动开启相应防烟分区的全部排烟阀、排烟口、抽烟风机和补风设施，并应能在 30s 内自动关闭与排烟无关的通风、空调系统。当火灾确认后，担负两个及以上防烟分区的排烟系统，应仅打开着火防烟分区的排烟阀或排烟口，其他防烟分区的排烟阀或排烟口应呈关闭状态。排烟口、排烟窗或排烟阀开启和关闭的动作信号，风机启动和停止及电动防火阀关闭的动作信号，均应反馈至消防联动控制器。

3．电动挡烟垂壁联动控制

电动挡烟垂壁应具有自动报警系统自动启动和现场手动启动功能。发生火灾时，以起火部位所在防烟分区内且位于电动挡烟垂壁附近的两只独立的感烟火灾探测器的报警信号（“与”逻辑）作为电动挡烟垂壁降落的联动触发信号，消防联动控制器在接收到满足逻辑关系的联动触发信号后，联动控制电动挡烟垂壁的降落。火灾确认后，火灾自动报警系统应在 15s 内联动相应防烟分区全部电动挡烟垂壁，在 60s 以内将挡烟垂壁开启到位。

4．自动排烟窗的联动控制

自动排烟窗可采用与火灾自动报警系统联动或与温度释放装置联动的控制方式。当采用火灾自动报警系统自动启动时，自动排烟窗应在 60s 内或小于烟气充满储烟仓所需的时间内开启完毕。带有温控功能的自动排烟窗，其温控释放温度应大于环境温度 30℃且小于 100℃。

三、防烟系统、排烟系统的手动控制设计

防排烟系统应能在消防控制室内的消防联动控制器上手动控制送风口、活动挡烟垂壁、排烟口、排烟窗、排烟阀的开启或关闭及防烟风机、排烟风机等设备的启动或停止。防烟、排烟风机的启动、停止按钮应采用专用线路直接连接至设置在消防控制室内的消防联动控制器的手动控制盘上，并应直接手动控制防烟、排烟风机的启动与停止。常闭送风口、排烟阀或排烟口的手动驱动装置应固定安装在明显可见、距楼地面 1.3～1.5m 便于操作的位置，预埋套管不得有死弯及瘪陷，手动驱动装置操作应灵活。

【思考与练习题】

某地下车库，钢混结构，建筑面积 8000m^2，层高 4m，主梁净高 0.8m，可停放汽车 500 辆，设有自动报警系统、自动喷水灭火系统、消火栓系统、应急照明和疏散指示标志等消防设施，该车库采用机械排烟系统，采用排烟与排风兼容模式，按防火分区设置，每一个防火分区配置一台排烟风机。建设单位委托消防技术服务机构对机械排烟系统进行调式验收，具体情况如下：

1．系统检查情况：该车库分为大小相等的两个防火分区，每个防火分区利用主梁分为两个相等的防烟分区，排烟主管上壁贴主梁底敷设，每个防烟分区接出一个排烟支管，支管从主管接出处设有 280℃排烟防火阀。在每条支管的适当位置上设有两个排烟口，均设在风管下壁，每个百叶排烟口均带排烟阀，每个排烟口距防烟分区最远距离 32m。每条支管的适当位置上接出两条排风竖管，在接出处设 70℃自动关闭防火阀，在竖管上还设有上下两个常开百叶风口排除汽车尾气。主排烟风管在接入排烟风机前设置 280℃自动关闭的排烟防火阀，该系统所服务的区域设有机械补风系统，补风量按风机排烟量的 50%确定。

2．系统调试情况：技术人员对 1 号防火分区的排烟系统进行调试，手动打开其中一个排烟口上的排烟阀，风机没有启动，随即再手动打开同一防烟分区内另一个排烟口上的排烟阀，相应风机启动；在系统运行的情况下，手动关闭排烟支管上 280℃的排烟防火阀或排风管上 70℃防火阀，风机均停止；手动关闭排烟风机前设置 280℃的排烟防火阀时，联动停止风机。

3．模拟火灾试验情况：技术人员对 2 号防火分区的排烟系统进行模拟火灾试验，技术人员触发 2 号防火分区内位于不同防烟分区的两个独立探测器，排烟口及风机均未启动；之后，技术人员触发位于 2 号防火分区同一防烟分区 1 个独立探测器和 1 个手动报警按钮，2 号防火分区内 4 个排烟口打开，相应风机启动。技术人员在断开该防烟分区 2 个排烟口的联动信号连接基础上，触发防烟分区内 2 个探测器，风机启动。

根据以上材料，回答下列问题：

（1）分析系统检查情况中存在的问题，说明理由。

（2）分析系统调试情况中存在的问题，说明理由。

（3）分析模拟火灾试验情况中存在的问题，说明理由。

第九章　建筑防爆设计

随着我国工业生产水平的不断提高，人们对工业建筑的设计需求也随之提高，特别是为了满足国民生产生活需要，各地大量兴建了一些生产和储存具有爆炸危险物质的厂房和仓库。同时，建筑中的一些设施设备也存在着火灾和爆炸危险。如果在建筑设计中不采取严格的防爆措施，一旦发生爆炸事故将会造成大量的人员伤亡和巨额的经济损失。因此，对于有爆炸危险的厂房或仓库，以及在爆炸环境中使用的电气设施和建筑设备，必须采取必要的防爆措施，以防止和减少爆炸事故的发生。当发生爆炸事故时，这些防爆措施要能最大限度地减轻其危害和造成的损失。

第一节　建筑防爆概述

【学习目标】

1. 了解爆炸的破坏作用。
2. 掌握建筑防爆的对策。

爆炸是物质从一种状态转变成另一种状态，并在瞬间放出大量能量，同时发出响声的现象。爆炸由于破坏力强，危害性大，往往还伴随着火灾及其他灾害的发生，因而需要引起消防工作者的特别重视。

一、爆炸及其特征

（一）爆炸的定义

由于物质急剧的氧化反应或分解反应而产生温度、压力增加或两者同时增加的现象，称为爆炸。爆炸是由物理变化和化学变化引起的。在发生爆炸时，势能（化学能或机械能）突然转变为动能，有高压气体生成或释放出高压气体，这些高压气体随之做机械功，如移动、改变或抛射周围的物体。爆炸一旦发生，将会对邻近的物体产生极大的破坏作用，这是由于构成爆炸体系的高压气体作用到周围物体上，使物体受力不平衡，从而遭到破坏。

（二）爆炸的特征

一般来讲，爆炸现象具有以下特征：

（1）爆炸过程高速进行。

（2）爆炸点附近的介质压力急剧升高，多数伴随温度升高。

（3）周围介质发生振动或邻近物质遭到破坏。

（4）发出响声。

二、爆炸的类型

根据爆炸的原因与性质，爆炸可分为物理爆炸、化学爆炸和核爆炸。

（一）物理爆炸

物理爆炸是一种纯物理过程，爆炸前后只发生物态变化，不发生化学反应。这类爆炸是因容器内的气相压力升高，超过容器所能承受的压力，造成容器破裂所致。蒸汽锅炉的爆炸就是典型的物理爆炸，其原因是过热的水迅速蒸产生大量蒸汽，使锅炉内蒸汽压力不断提高，当压力超过锅炉的极限强度时就会发生爆炸。此外，高压气瓶的爆炸、轮胎爆炸等也是物理爆炸。

（二）化学爆炸

化学爆炸是由于物质在一定的条件下发生化学反应，在反应的过程中由于急剧释放能量而引起爆炸。爆炸前后物质的组分、性质发生根本变化。例如炸药的爆炸，可燃气体、可燃粉尘与空气形成的爆炸性混合物的爆炸等。本章所述爆炸主要指的是化学爆炸。

（三）核爆炸

核爆炸又称原子爆炸，是由于某些物质的原子核发生裂变或聚变的连锁反应，瞬间放出巨大能量而形成的爆炸现象。例如原子弹、氢弹的爆炸。

三、爆炸的破坏作用

在爆炸过程中，空间内的物质以极快的速度把其内部所含有的能量释放出来，转变成机械功、光和热等能量形态，所以一旦发生爆炸事故，就会产生巨大的破坏作用。爆炸发生破坏作用的根本原因是构成爆炸的体系内存有高压气体或在爆炸瞬间生成的高温高压气体。爆炸体系和它周围的介质之间发生急剧的压力突变是爆炸的最重要特征，这种压差的急剧变化是产生爆炸破坏作用的直接原因。

（一）爆炸的压力作用

爆炸压力是爆炸产生的机械效应，是爆炸引起的最大破坏作用。爆炸压力的大小与爆炸物质的种类、数量、周围环境等因素有关。爆炸压力是爆炸事故造成杀伤、破坏的主要因素。

（二）爆炸的冲击波作用

爆炸时所产生的高温高压气体以极高的速度膨胀，像活塞一样挤压着周围空气，并把爆炸反应释放出的部分能量传递给这些被压缩的空气，空气受冲击而发生扰动，其压力、密度等随之产生突变，这种扰动在空气中的传播就称为冲击波。冲击波的强度是以标准大气压（101.325kPa）来表示的。冲击波在传播过程中主要是靠其波阵面上的超压来产生破坏作用的。

在爆炸中心附近，空气冲击波波阵面上的超压可达几个大气压至十几个大气压，在这样高的超压作用下，建筑物会被摧毁，机械设备、管道等会受到严重破坏，也会发生人员伤亡。当冲击波大面积作用于建筑物时，波阵面超压在 20～30kPa，就足以使大部分砖木结构建筑物门窗受到强烈破坏，墙体出现裂缝。超压在 100kPa 以上时，除坚固的钢筋混凝土建筑外，其他建筑将全部被破坏。冲击波还可以在它的作用区域内产生震荡作用，使物体因震荡而松散，直至破坏。

易爆物质主要有爆炸性气体和可燃性粉尘，一些常见的易爆物质的爆炸冲击波强度见表 9-1 和表 9-2，冲击波对人体的伤害程度见表 9-3，冲击波对砖混结构建筑的破坏程度见表 9-4。

表 9-1 可燃气体和蒸气的爆炸冲击波强度

物质名称	爆炸冲击波强度（kPa）	物质名称	爆炸冲击波强度（kPa）
氢	719.4	乙烯	790.3
氨	491.4	丙酮	901.7
丁烷	628.2	苯	911.9
一氧化碳	709.2	乙醚	932.1
甲烷	729.5	乙炔	107 2
乙醇	759.9		

表 9-2 可燃粉尘的爆炸冲击波强度

物质名称	爆炸下限（g/m^3）	爆炸冲击波强度(kPa)	物质名称	爆炸下限（g/m^3）	爆炸冲击波强度（kPa）
镁粉	20	506.6	小麦粉	9.7～60	415.4～668.7
铝粉	35～40	628.2	玉米粉	22.7～52	303.9～506.6
镁铝合金	50	435.7	黄豆粉	35～50.4	466.1～709.2
煤粉	35～45	328.3	糖粉	15～19	395.1
木粉	12.6～25	780.2	硬脂酸铝	15	435.7
干奶粉	7.6	202.6	纸浆粉	60	425.5

表 9-3 冲击波对人体的伤害程度

超压值 Δp（kPa）	伤害程度	超压值 Δp（kPa）	伤害程度
<10	无伤害	45～75	受重伤
10～25	受轻伤	>75	伤势严重、死亡
25～45	受中等伤		

表 9-4 冲击波对砖混结构建筑的破坏程度

超压值 Δp（kPa）	建筑物破坏程度	超压值 Δp（kPa）	建筑物破坏程度
<2	基本无破坏	30～50	门窗大部分破坏，砖墙出现严重裂缝
2～12	玻璃窗部分或全部破坏	50～76	门窗全部破坏，砖墙部分倒塌
12～30	门窗部分破坏，砖墙出现小裂缝	>75	墙倒屋塌

（三）爆炸的高温作用

爆炸发生后，爆炸气体产物的扩散只发生在极其短促的瞬间，对一般可燃物来说，不足以造成起火燃烧，而且冲击波造成的爆炸风还有灭火作用。但是爆炸时产生的高温高压，建筑物内遗留的大量热或残余火苗，会把受损设备内部不断流出的可燃气体、易燃或可燃液体的蒸气点燃，也可能把其他易燃物点燃，从而引起火灾。

当盛装易燃物的容器、管道发生爆炸时，爆炸抛出的易燃物有可能引起大面积火灾，这种情况在油罐、液化气瓶爆破后最易发生。正在运行的燃烧设备或高温的化工设备被破坏，其灼热的碎片可能飞出，点燃附近储存的燃料或其他可燃物，也能引起火灾。

（四）爆炸碎片的冲击作用

机械设备、装置、容器、建筑构件等在爆炸后会形成碎片飞散出去，在相当广的范围内造成危害，爆炸形成的碎片飞出范围大约在100～500m。

四、建筑防爆对策

（一）防爆原则

根据物质燃烧爆炸原理，防止发生火灾爆炸事故的基本原则是：控制可燃物质和助燃物质浓度、温度、压力及混触条件，避免物料处于燃爆的危险状态；消除一切足以引起起火爆炸的点火源；采取各种阻隔手段，阻止火灾爆炸事故的扩大。

（二）防爆对策

在工业建筑设计时主要从主动与被动两个方面来考虑相关的防爆对策。主动性对策的目标主要是为了实现安全生产、预防第一，采取措施防止或减小产生爆炸的可能性。被动性对策主要是在爆炸发生时尽可能减小爆炸对建筑结构、人员与相关设备造成的损失。

1. 主动性对策

主动性对策即建筑防爆的技术性措施，主要是破坏爆炸必须具备的三个条件（爆炸性物质、氧气、点火源）之一，从而做到防患于未然。

（1）排除可燃气体、可燃蒸气、可燃粉尘等物质形成爆炸性混合物的可能性。

1）通过改进工艺，用爆炸危险性小的物质代替爆炸危险性大的物质，或在生产过程中尽量不用或少用具有爆炸危险的各类可燃物质。

2）生产设备应尽可能保持密闭状态，防止跑、冒、滴、漏。

3）加强通风除尘，在能够散发可燃气体、蒸气和粉尘的场所采取有效的通风措施以防止爆炸性混合物的形成。

4）设置可燃气体浓度报警装置。

5）利用惰性介质进行保护。

（2）排除可能引燃爆炸性混合物的点火源。如明火、化学反应热、热辐射、高温表面、摩擦和撞击、光能等。

1）防止撞击、摩擦产生火花。

2）防止高温表面成为点火源。

3）防止日光照射。

4）防止电气火灾。

5）消除静电火花。

6）防雷电火花。

7）防止明火。

2．被动性对策

被动性对策即建筑减轻性技术措施，主要是加强建筑结构抗爆性能，并在有爆炸危险的建筑中设置泄压构件，尽量减小爆炸对建筑的破坏。

（1）强化建筑结构主体的强度和刚度，使其在爆炸中足以抵抗爆炸压力和冲击波作用而不倒塌。

（2）在建筑围护构件中设置隔爆和泄压设施。当爆炸发生时，泄压构件首先被破坏，使高温高压气体得以泄放，从而降低建筑其他部位的爆炸压力，使主体结构不致发生破坏。而隔爆设施可将爆炸事故的破坏影响限制在局部范围内，从而避免其他设施受损。

（3）在建筑布置时设法减小爆炸产生的危害。在有爆炸危险的甲、乙类厂房或场所中，防火分区之间因生产工艺需要连通时，要尽量在外墙上开门，利用外廊或阳台联系或在防火墙上做门斗，门斗的两个门错开设置。门斗的隔墙应为耐火极限不低于 2h 的防火隔墙，门应采用甲级防火门，并应与楼梯间的门错位设置。考虑到对疏散楼梯的保护，设置在有爆炸危险场所内的疏散楼梯也要考虑设置门斗，以此缓冲爆炸冲击波的作用，降低爆炸对疏散楼梯间的影响。此外，门斗还可以限制爆炸性可燃气体、可燃蒸气混合物的扩散。门斗的设置形式如图 9-1 所示。

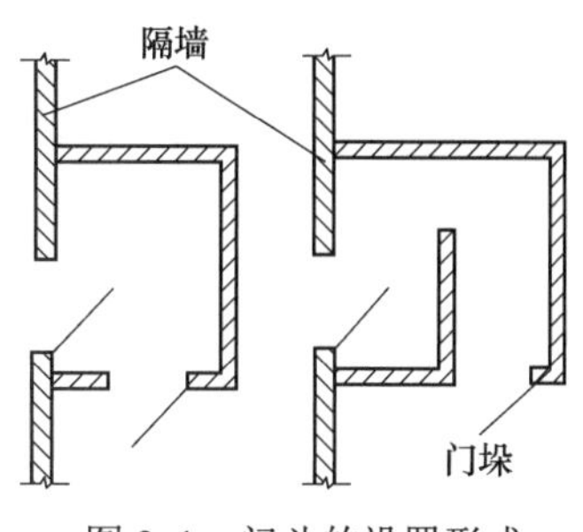

图 9-1 门斗的设置形式

【思考与练习题】

1．爆炸的破坏作用有哪些？
2．建筑防爆原则是什么？
3．建筑防爆对策有哪些？

第二节 爆炸危险性厂房（仓库）的布置

【学习目标】

1．熟悉建筑防爆总平面布置的基本要求。
2．熟悉建筑防爆平面及空间布置的基本原则。

对具有爆炸危险的厂房（仓库）在进行总平面布置和平面及空间布置时，都要为防止爆炸事故的发生和减少这些爆炸事故造成的损失而创造有利的条件。

一、总平面布置

对具有爆炸危险性的厂房、仓库，根据其生产、储存物质的性质划分其危险性。除了生产、储存工艺上的防火防爆要求之外，厂房、仓库的合理布置是杜绝“先天性”安全隐患的重要措施。

（1）有爆炸危险的甲、乙类厂房、库房宜独立设置，并宜采用敞开或半敞开式，其承重结构宜采用钢筋混凝土或钢框架、排架结构。

（2）有爆炸危险的厂房、库房与周围建筑物、构筑物应保持一定的防火间距。如甲类厂房与民用建筑的防火间距不应小于 25m，与高层建筑、重要公共建筑的防火间距不应小于 50m，与明火或散发火花地点的防火间距不应小于 30m。甲类库房与高层建筑、重要公共建筑物的防火间距不应小于 50m，与其他民用建筑(裙房，单、多层)和明火或散发火花地点的防火间距按其储存物品性质不同为25～40m。

（3）有爆炸危险的厂房平面布置最好采用矩形，与主导风向应垂直或夹角不小于 45°，以有效利用穿堂风吹散爆炸性气体，在山区宜布置在迎风山坡一面且通风良好的地方。

（4）防爆厂房宜单独设置，如必须与非防爆厂房贴邻时，只能一面贴邻，并在两者之间用防火墙或防爆墙隔开，相邻两个厂房之间不应直接有门相通。以避免爆炸冲击波的影响。

二、平面及空间布置

依据前述防爆对策，有爆炸危险的厂房（仓库）在平面及空间布置时，应遵循以下原则：

（1）尽量单独建造或采用单层建筑。这是因为：

1）便于利用屋顶通风。单层建筑可在屋顶设置天窗、风帽，形成良好的通风条件，有利于排除可燃气体、可燃蒸气、可燃粉尘等物质，降低形成爆炸性混合物的可能性。

2）便于利用屋盖泄压。当屋盖为轻质易碎材料或开设天窗时，可大幅度增加泄压面积，有效降低爆炸压力。

3）便于设置更多的安全出口以利于安全疏散和火灾扑救。

4）爆炸后影响范围小，便于修复。

5）单层库房可有效利用地面设置相关设施回收危险性液体。

（2）有爆炸危险的甲、乙类厂房（仓库）不应设置在地下或半地下。当设置在地下或半地下时主要有以下不利因素：

1）由于自然通风条件受限，易于形成爆炸性混合物。

2）不能设置较多的安全出口，不便于人员疏散和火灾扑救。

3）不便于利用侧墙、侧窗泄压。

4）不利于防水和防潮。

5）爆炸后影响上部房间结构，不便于修复建筑。

（3）尽量采用敞开式或半敞开式建筑。在生产工艺允许的条件下，具有爆炸危险性的厂房宜采用敞开式或半敞开式建筑，这对通风相当有利，不易形成爆炸性混合物而且泄压效果好，可大大减轻爆炸时的破坏强度，避免因主体结构遭受破坏而造成重大人员伤亡和经济损失。如果生产工艺不允许，则应将具有爆炸危险的生产部位设置在单层厂房靠外墙处或多层厂房最顶层靠外墙处，如图 9-2 所示。

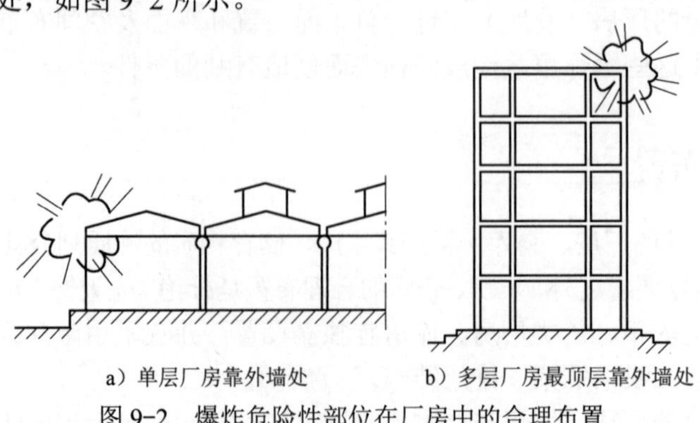

a）单层厂房靠外墙处　　b）多层厂房最顶层靠外墙处

图 9-2　爆炸危险性部位在厂房中的合理布置

（4）建筑体量尽可能小型化。有爆炸危险的厂房（仓库）面积不宜过大，平面形状尽量简单。面积较大或爆炸危险性不同的工段、设备之间，不同的危险品储存间之间，应用防火、防爆墙分隔，以便在发生爆炸时缩小受灾范围。

（5）甲、乙类厂房内不应设置办公室、休息室。当办公室、休息室必须贴邻厂房设置时应采用一、二级耐火等级建筑，并用耐火极限不低于 3h 的不燃烧体防爆墙隔开和设置独立的安全出口。

（6）甲、乙类仓库内严禁设置办公室、休息室等，并不应贴邻建造。在丙、丁类仓库内设置的办公室、休息室时，应采用耐火极限不低于 2.5h 的不燃烧体隔墙和 1h 的楼板与库房隔开，并应设置独立的安全出口。当隔墙上需开设相互连通的门时，应采用乙级防火门。

（7）爆炸危险性厂房应尽量加强通风。爆炸危险性厂房在侧墙上应多开侧窗，在屋顶开设天窗。不满足时应采用机械通风。有天窗时，高大设备布置在厂房中央，矮小设备靠窗布置以避免挡风。易爆设备布置在常年主导风向的下风侧。

（8）有爆炸危险的甲、乙类厂房的总控制室应独立设置；分控制室宜独立设置，当贴邻外墙设置时，应采用耐火极限不低于 3h 的防火隔墙与其他部位分隔。总控制室设备仪表较多、价值高，是某一工厂或生产过程的重要指挥、控制、调度与数据交换、储存场所。为了保障人员、设备仪表的安全和生产的连续性，应将总控制室与有爆炸危险的甲、乙类厂房分开，单独建造。同时，考虑到有些分控制室通常和其厂房紧邻，甚至设在其中，有的要求能直接观察厂房中的设备运行情况，如分开设置则要增加控制系统，增加建筑用地和造价，还给生产管理带来不便。因此，当分控制室在受条件限制需与厂房贴邻建造时，必须靠外墙设置，以尽可能减小其所受危害。防爆厂房的平面布置示例如图 9-3 所示。

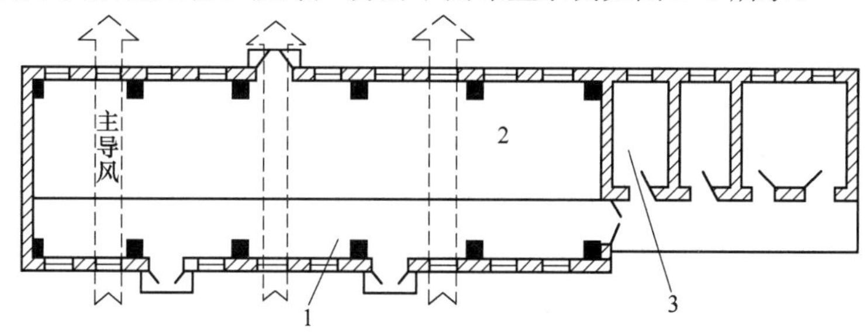

a）厂房狭长时宜将生产设备布置在一侧，并处于常年主导风向的下风处
1—工人操作区　2—生产设备区　3—无爆炸危险的辅助用房

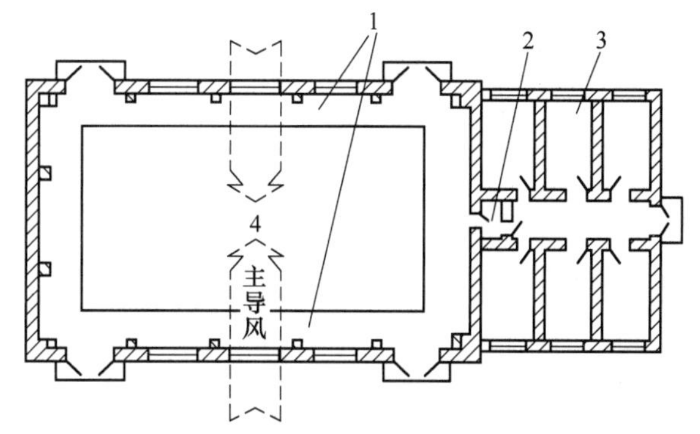

b）厂房跨度较大、屋顶有天窗时，生产设备可布置在中央部位
1—工人操作区　2—门斗　3—无爆炸危险的辅助用房　4—生产设备区

图 9-3　防爆厂房的平面布置示例

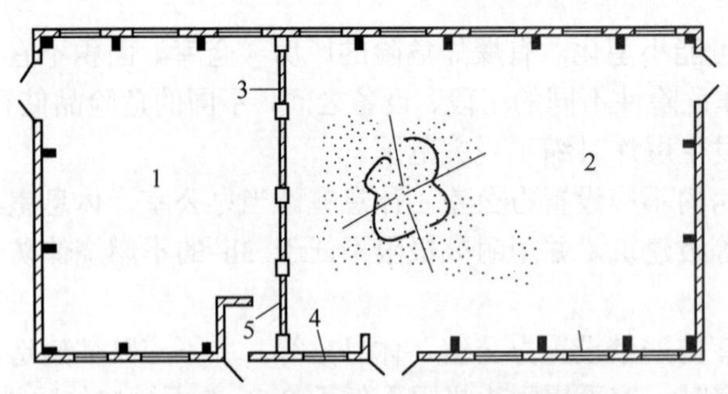

c）在有、无爆炸危险生产工序之间设置防爆膜

1—无爆炸危险生产工序　2—有爆炸危险生产工序　3—防爆墙　4—泄压窗　5—门斗

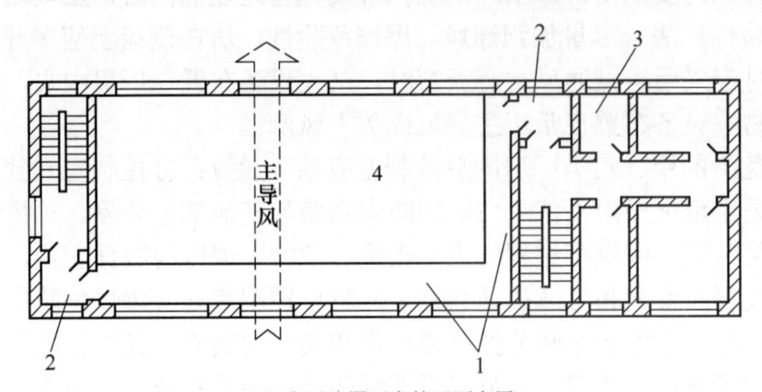

d）多层防爆厂房的平面布置

1—工人操作区　2—门斗　3—无爆炸危险的辅助用房　4—生产设备区

图 9-3　防爆厂房的平面布置示例（续）

【思考与练习题】

1．常见的建筑隔爆及泄压设施都有哪些？

2．建筑防爆总平面布置的基本要求有哪些？

3．建筑防爆平面及空间布置的基本原则是什么？

第三节　爆炸危险性建筑的构造防爆

【学习目标】

1．了解爆炸危险性厂房（仓库）的结构选型、布置。

2．了解爆炸危险性厂房（仓库）的构造。

3．掌握泄压面积的计算。

有爆炸危险性的厂房（仓库）不但应有较高的耐火等级，而且其内部构造也应具有防止爆炸事故发生和减轻爆炸事故危害的作用。

一、结构选型

为抵抗较大的爆炸压力而不倒塌，爆炸危险性厂房（仓库）的结构形式应满足以下要求：

（一）强度高、整体性好

结构的强度越高，爆炸中可抵抗的爆炸压力就越大；整体性越好，在爆炸后的震荡中各构件越不易脱落。所以，爆炸危险性的厂房（仓库）采用强度高、整体性好的结构是非常有利的。

（二）耐火性好

爆炸往往伴随着火灾，提高建筑承重构件的耐火性能是应对火灾高温影响的必要措施。

（三）便于设置较大的泄压面积

为降低爆炸压力，设置较大的泄压面积是较好的措施。所以结构选型时应为能够设置更大的泄压面积而创造条件。

框架或排架结构形式便于墙面开设大面积的门窗洞口或采用轻质墙体作为泄压面，能为厂房设计成敞开或半敞开式的建筑形式提供有利条件。此外，框架和排架结构的整体性强，较之砖墙承重结构的抗爆性能好。爆炸危险性厂房（仓库）尽量采用敞开、半敞开式，并且采用钢筋混凝土柱、钢柱承重的框架和排架结构，能够起到良好的泄压和抗爆效果。

从现有的框架结构形式来看，现浇式钢筋混凝土框架结构是爆炸危险性厂房（仓库）的最佳结构形式。这种结构的厂房整体性好，抗爆能力强，但工程造价高，通常用于抗爆能力要求较高的工业建筑。而装配式钢筋混凝土框架结构由于梁、柱与楼板等接点处的刚性较差，抗爆能力不如现浇式钢筋混凝土框架结构。若采用装配式钢筋混凝土框架结构，则应在梁、柱与楼板等接点处预留钢筋焊接头并用高强度等级混凝土现浇成刚性接头，以提高耐爆强度。钢框架结构虽然耐爆强度较高，但耐高温性能较差，能承受的极限温度仅 400℃。如果在钢构件外面加装耐火保护层或喷涂钢结构防火涂料，可以提高其耐火极限，但这样做并非十分可靠，只要耐火保护层或钢结构防火涂料部分开裂或剥落同样会失效。

二、工业建筑泄压

所谓泄压就是使爆炸瞬间产生的巨大压力通过泄压设施由建筑物内部向外排出，以保证建筑主体结构不遭受破坏。泄压是在发生爆炸时避免建筑主体遭受破坏的最有效措施。在有爆炸危险的甲、乙类厂房内，应设置必要的泄压设施。试验表明，在 $1m^3$ 容积内爆炸，产生燃烧产物所形成的最大压力小于 30kPa 时，设置 $0.05m^2$ 的泄压面积就能够满足泄压要求。随着爆炸性混合物浓度的增加，爆炸压力也相应增加，当超过 30kPa 时，设置 $0.05m^2$ 的泄压面积就不能满足泄压要求了，此时应尽量加大泄压面积以满足泄压的需要。

（一）泄压比

为确保建筑结构的安全，应该首先确定建筑应有的泄压面积，以保证建筑内产生的爆炸压力不超过允许限值，而此限值便可作为设计承重结构的依据。

泄压比是指爆炸危险性厂房全部泄压面积与厂房体积之比。泄压比越大，泄压效果越好。参照国外的有关规定，并结合我国有关科研单位的研究成果，我国规定有爆炸危险的厂房的泄压比一般为 0.05～0.22。爆炸介质威力较强或爆炸压力上升速度较快的厂房，应尽量加大比值。体积超过 10000m^3 的建筑，如采用上述比值有困难时，可适当降低，但不宜小于 0.03。表 9-5、表 9-6 分别给出了美国和日本厂房的爆炸危险等级与泄压比。

表 9-5 美国厂房的爆炸危险等级与泄压比 C

厂房爆炸危险等级	C（m^2/m^3）	厂房爆炸危险等级	C（m^2/m^3）
弱级（颗粒粉尘）	0.0332	强级（干燥室内的油漆、溶剂的蒸气、铝粉、镁粉等）	0.220
中级（煤粉、合成树脂、锌粉）	0.065	特级（丙酮、天然汽油、甲醇、乙炔、氢等）	尽可能大

表 9-6 日本厂房的爆炸危险等级与泄压比 C

厂房爆炸危险等级	C（m^2/m^3）
弱级（谷物、纸、皮革、铝、铬、铜等粉末、醋酸蒸气）	0.0334
中级（木屑、炭屑、煤粉、锑、锡等粉尘、乙烯树脂、尿素、合成树脂粉尘等）	0.0667
强级（油漆干燥或热处理室、醋酸纤维、苯酚树脂粉尘、铝粉、镁粉尘等）	0.2000
特级（丙酮、汽油、甲醇、乙炔、氢等）	>0.2000

（二）泄压面积

《建筑设计防火规范（2018 版）》（GB 50016—2014）规定有爆炸危险的甲、乙类厂房，其泄压面积按式（9-1）计算，但当厂房的长径比大于 3 时，宜将该建筑物划分为长径比小于或等于 3 的多个计算段，各计算段中的公共截面不得作为泄压面积。

$$A=10CV^{2/3} \tag{9-1}$$

式中 A——泄压面积（m^2）

V——厂房的容积（m^3）

C——厂房容积为 1000^3 时的泄压比（m^2/m^3），按表 9-7 选取。

表 9-7 厂房的爆炸危险等级与泄压比 C

厂房爆炸危险等级	C（m^2/m^3）
氮以及粮食、纸、皮革、铅、铬、铜等 $K_{尘}$<10MPa·m/s 的粉尘	≥0.030
木屑、炭屑、煤粉、锑、锡等 $K_{尘}$=10～30MPa·m/s 的粉尘	≥0.055
丙酮、汽油、甲醇、液化石油气、甲烷、喷漆间或干燥室以及苯酚树脂、铝、镁、锆等 $K_{尘}$>30MPa·m/s 的粉尘	≥0.110
乙烯	≥0.160
乙炔	≥0.200
氢	≥0.250

长径比=（建筑物平面几何外形尺寸中的最长尺寸×其横截面周长）：4×该建筑物横截面面积。长径比过大的空间，在泄压过程中会产生较高的压力。以粉尘为例，如空间过长，则在爆炸后期，未燃烧的粉尘-空气混合物受到压缩，初始压力上升，燃气泄放流动会产生湍流，使燃速增大，产生较高的爆炸压力。因此，有可燃气体或可燃粉尘爆炸危险性的建筑物要避免建造得长径比过大，以防止爆炸时产生较大超压，保证所设计的泄压面积能有效作用。

【例 9-1】某液化石油气灌装车间，尺寸为 24m×8m×6m（长×宽×高），采用钢筋混凝土框架结构，柱距 6m。试设计该车间的泄压面积。

【解】车间最大长度为 24m，车间横截面面积为 48m^2，横截面周长为（6+8）m×2=28m，则车间长径比=（24m×28m）÷（4×48m²）=3.5，需分段计算泄压面积。将车间分为 2 个长为 12m 的计算段，其长径比小于 3。

每段车间体积 V=12m×48m²=576m³，查表 9-7 知液化石油气厂房的泄压比为 0.110m²/m³，则每段泄压面积为

$$A=10CV^{2/3}=(10\times0.110\times576^{2/3})\ \mathrm{m}^2=76.2\mathrm{m}^2$$

故该液化石油气灌装车间所需泄压面积为 $A_t=76.2\mathrm{m}^2\times2=152.4\mathrm{m}^2$

在实际设置泄压面积时，既可以选择利用门窗进行泄压，也可选择通过轻质屋盖进行泄压，但应保证这些泄压部位的面积之和能够满足建筑自身所需的泄压面积要求。

（三）泄压设施

有爆炸危险的厂房或厂房内有爆炸危险的部位应设置泄压设施。理论上讲，凡强度大大低于主体结构的围护构件都可作为泄压设施。用于泄压设施的材料主要有两个特点：一是轻质，其自重不宜超过 60kg/m²；二是脆性，在爆炸压力较小时即可破碎，石棉瓦、加气混凝土、石膏板等均可选用。常见的泄压设施主要有易于泄压的门窗、轻质墙体、轻质屋盖。易于泄压的门窗、轻质墙体、轻质屋盖是指门窗的单位质量轻、玻璃受压易破碎、墙体屋盖材料表观密度较小、门窗选用的小五金断面较小、构造节点的处理上要求易断裂和脱落等。用于泄压的门窗可采用楔形木块固定，门窗上用的金属合页、插销等可选用断面小一些的，门窗的开启方向选择向外开。这样一旦发生爆炸，因室内压力大，原本关着的门窗上的小五金受冲击波作用而被破坏，门窗则可自动打开或自行脱落，达到泄压的目的。

在设置泄压设施时应注意以下几点：

（1）对于散发较空气轻的可燃气体、可燃蒸气的甲类厂房，宜全部或局部采用轻质屋盖作为泄压设施，而且顶棚应尽量平整、避免死角，厂房上部空间应通风良好。

（2）有爆炸危险的甲、乙类厂房爆炸后，泄压设施将会被摧毁，高压气流夹杂大量的爆炸物碎片从泄压面冲出，如果邻近人员集中的场所、主要交通道路就可能造成人员大量伤亡和交通道路堵塞，因此泄压面积应避开人员集中的场所和主要的交通道路，并宜靠近有爆炸危险的部位。

（3）对于北方和西北寒冷地区，由于冰冻期长、积雪时间长，易增加屋面上泄压面积的单位面积荷载而使其产生较大静力惯性，导致泄压受到影响。为了防止冰雪积聚影响屋顶泄压设施的泄压效果，屋顶上的泄压设施还应采取防冰雪积聚的措施。

（四）泄压构造

1．轻质外墙构造

轻质外墙分为有保温层、无保温层两种形式。常采用石棉水泥瓦作为无保温层的轻质外墙，而有保温层的轻质外墙则是在石棉水泥瓦外墙的内壁加装难燃木丝板作保温层，用于要求采暖保温或隔热降温的防爆厂房。

（1）无保温轻质外墙构造。无保温层的轻质外墙适用于无采暖、无保温要求的爆炸危险性厂房（仓库），常以石棉水泥波形瓦作为墙体材料。图 9-4 所示为无保温层的轻质外墙构造，它采用预制钢筋混凝土横梁作为骨架，在其上悬挂石棉水泥波形瓦，螺栓柔性连接，在石棉水泥波形瓦的室内表面涂抹石灰水或白色油漆。在有爆炸危险的多层厂房设置此类轻质外墙时，在靠近窗、板处应设置保护栏杆，以防止碰坏石棉水泥波形瓦或发生意外事故。

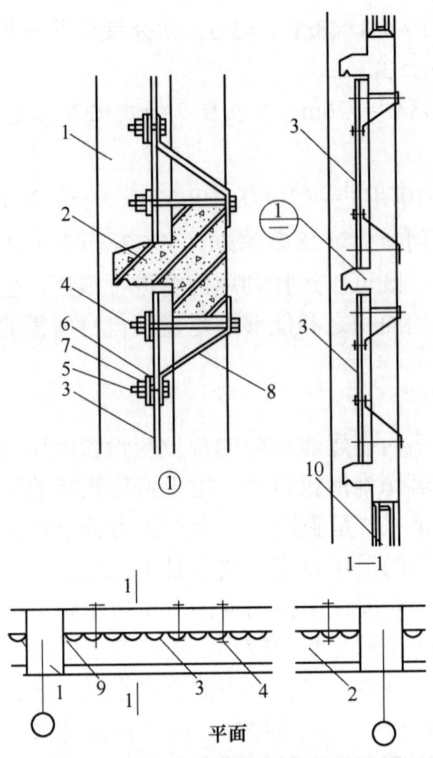

图 9-4 无保温层的轻质外墙构造图

1—钢筋混凝土柱 2—钢筋混凝土横梁 3—石棉水泥波形瓦 4—镀锌长螺栓（$\phi6$） 5—镀锌短螺栓（$\phi6$） 6—橡胶垫圈（$\phi30$，δ=3mm） 7—镀锌薄钢板垫圈（$\phi30$，δ=1.5mm） 8—扁钢（3mm×30mm） 9—麻丝水泥石灰浆缝 10—带形钢窗

（2）有保温轻质外墙构造。有保温层的轻质外墙适用于有采暖保温或隔热降温要求的爆炸危险性厂房（仓库）。其是在石棉水泥波形瓦的内壁增设保温层。保温层采用难燃烧的木丝板和不燃烧的矿棉板等，具体构造如图 9-5 所示。

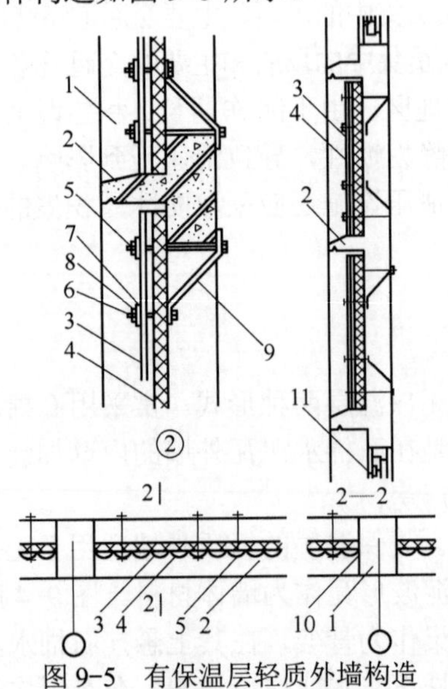

图 9-5 有保温层轻质外墙构造

1—钢筋混凝土柱 2—钢筋混凝土横梁 3—石棉水泥波形瓦 4—保温层 5—镀锌长螺栓（$\phi6$） 6—镀锌短螺栓（$\phi6$） 7—橡胶垫圈（$\phi30$，δ=3mm） 8—镀锌薄钢板垫圈（$\phi30$，δ=1.5mm） 9—镀锌扁钢（3mm×30mm） 10—麻丝水泥石灰浆缝 11—带形钢窗

2．轻质屋盖构造

轻质屋盖根据需要可分别由石棉水泥波形瓦和加气混凝土等材料制成，并有有保温层或无保温层、有防水层或无防水层之分。有泄压构造的建筑宜优先采用轻质屋盖。

（1）无防水层泄压轻质屋盖构造。无防水层泄压轻质屋盖构造与一般石棉水泥波形瓦屋盖构造基本相同，所不同的是在石棉水泥波形瓦的下面增设安全网，在爆炸发生时安全网可以阻挡断板碎片掉落伤人，具体构造如图 9-6 所示。

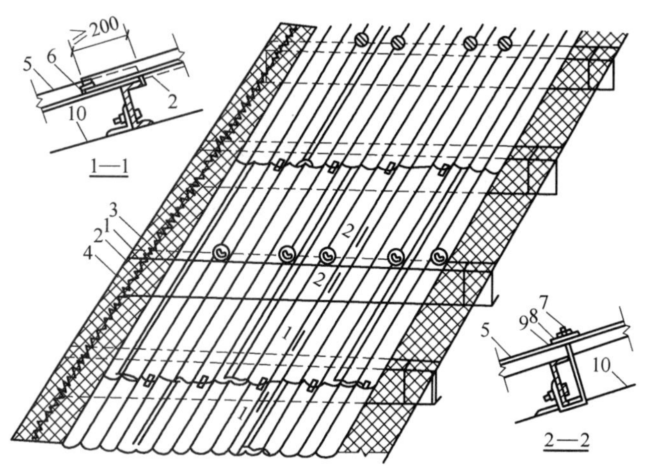

图 9-6　无防水层泄压轻质屋盖构造

1—槽钢（或钢筋混凝土）檩条　2—安全网（镀锌钢丝网或钢筋、钢条组成网）　3—24 号镀锌钢丝网之间绑扎固定　4—镀锌钢丝网之间采用 24 号镀锌钢丝缠绕连接　5—石棉水泥波形瓦　6—镀锌扁钢挂瓦钩（3mm×12mm）　7—镀锌螺栓钩（$\phi6$）　8—镀锌博钢板垫圈（$\phi30$，δ=1.5mm）　9—橡胶垫圈（$\phi30$，δ=3mm）　10—屋架

（2）有防水层无保温层泄压轻质屋盖。该轻质屋盖适用于防水条件要求较高的爆炸危险性厂房（仓库）。其构造是在波形石棉水泥瓦上面铺设轻质水泥砂浆找平层，然后铺设卷材沥青防水层。轻质水泥砂浆宜采用蛭石水泥砂浆、珍珠岩水泥砂浆，以减轻屋盖自重，如图 9-7 所示。

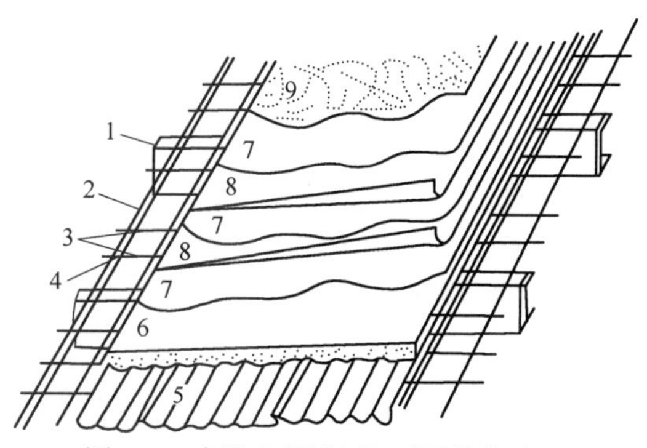

图 9-7　有防水层泄压轻质屋盖构造图

1—槽钢（或钢筋混凝土）檩条　2—扁钢（4mm×30mm，间距 1.5m）　3—钢筋（$\phi6$，间距 250mm）　4—焊接　5—石棉水泥波形瓦　6—蛭石水泥砂浆找平层　7—热沥青结合层　8—卷材防水层　9—绿豆砂保护层

（3）有保温层和防水层泄压轻质屋盖。该轻质屋盖除适用于寒冷地区有采暖保温要求的爆炸危险性厂房（仓库）外，还适用于炎热地区有隔热降温要求的爆炸危险性厂房（仓库）。

此类屋盖的构造是在波形石棉水泥瓦上面铺设轻质水泥砂浆找平层和保温层、防水层。由于自重不宜大于 60kg/m^2，故保温层必须选用表观密度较小的保温材料，如泡沫混凝土、加气混凝土、水泥膨胀蛭石、水泥膨胀珍珠岩等，具体构造如图 9-8 所示。图中保温层采用预制水泥膨胀蛭石保温板，保温层厚度由热工计算确定。

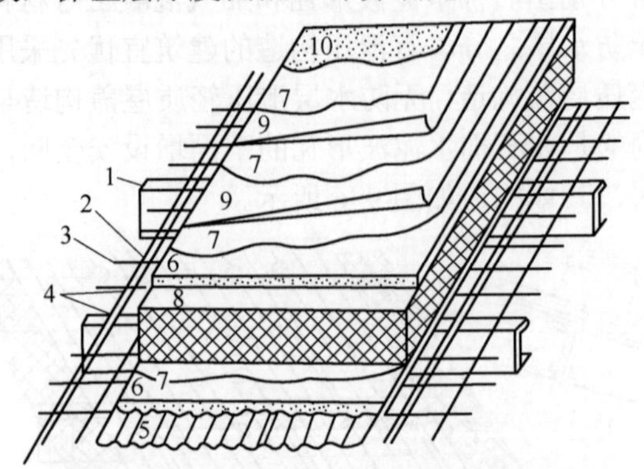

图 9-8　有保温层、防水层泄压轻质屋盖构造

1—槽钢（或钢筋混凝土）檩条　2—扁钢（6mm×60mm，间距 1.5m）　3—钢筋（$\phi6$，间距 250mm）　4—焊接　5—石棉水泥波形瓦　6—水泥蛭石砂浆找平层　7—热沥青结合层　8—水泥蛭石保温板　9—卷材防水层　10—绿豆砂保护层

3．泄压窗构造

泄压窗宜采用木窗，且可自动弹开。高窗可用轴心偏上的中悬式。

泄压窗设置在有爆炸危险性的厂房（仓库）的外墙，应向外开。在发生爆炸瞬时，泄压窗应能在爆炸压力递增稍大于室外风压时自动开启，瞬间释放大量气体和热量，使室内爆炸压力降低，以达到保护承重结构的目的。

三、隔爆设施

为了限制爆炸事故波及的范围，减轻爆炸事故所造成的损失，在容易发生爆炸事故的场所应设置隔爆设施，如防爆墙、防爆门、防爆窗等。

（一）防爆墙

防爆墙是指具有抗爆炸能力、能将爆炸的破坏作用限制在一定范围内的墙。当爆炸发生时，强度较高的防爆墙可抵抗爆炸压力而不倒塌破坏，从而保护墙后的人员和设备。防爆墙除了强度较高外，耐火性也应较好。防爆墙上不得设置通风孔，不宜开门窗洞口，必须开设时，应加装防爆门窗。目前常用的防爆墙有砖砌防爆墙、钢筋混凝土防爆墙、钢板防墙等。

1．砖砌防爆墙

砖砌防爆墙强度有限，只能用于爆炸压力较小的爆炸危险性厂房（仓库）。

2．钢筋混凝土防爆墙

钢筋混凝土防爆墙强度高，整体性好，抗爆能力强，当爆炸压力较高时采用，是理想的防爆墙。

3．钢板防爆墙

钢板防爆墙用型钢做骨架，单侧或双侧焊接钢板，或在双层钢板中填充混凝土或砂子。以某厂房二层平面布置为例，防爆墙的位置如图 9-9 所示。

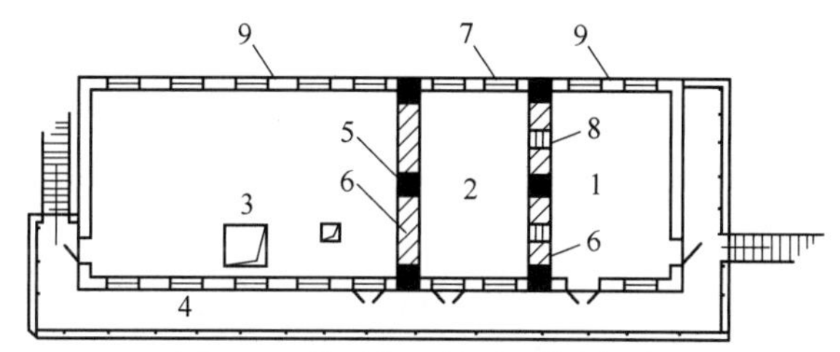

图 9-9 某厂房二层平面布置示例

1—仪表控制室 2—有爆炸危险生产工序 3—无爆炸危险生产工序 4—外走廊 5—钢筋混凝土框架结构 6—防爆墙 7—泄压窗 8—防爆观察窗 9—承重结构

（二）防爆门

防爆门也称抗爆门、装甲门，主要是为了保护建筑内部人员和设备免受建筑物外面爆炸的危害。防爆门的骨架一般采用角钢和槽钢拼装焊接，门板选用抗爆强度高的锅炉钢或装甲钢板。防爆门的铰链衬有青铜套轴和垫圈，门扇四周边衬贴橡胶带软垫，以防止防火门启闭时因摩擦撞击而产生火花。

（三）防爆窗

防爆窗窗框多用角钢板制作，窗玻璃通常选用抗爆强度高、爆炸时不易破碎的安全玻璃。按照选用的玻璃不同，防爆窗可分为安全玻璃防爆窗和防弹玻璃防爆窗。前者用于防爆厂房的防爆墙上，后者多用于高压容器试压、高压化学反应、爆炸试验等特殊用途的耐爆小室。

四、其他部位构造

在散发比空气重的可燃气体、可燃蒸气的甲类厂房，或在有粉尘纤维爆炸危险的乙类厂房，通常铺设不发火地面。不发火地面由石英砂或金刚砂、高聚物、特殊添加剂、特种水泥组成，具有较高的耐磨损性、抗冲击、耐潮湿、装饰性强、不起粉、易施工，且遇到冲击或摩擦不产生火花。

不发火地面按构造材料性质可分为两大类，即不发火金属地面和不发火非金属地面。不发火金属地面的材料一般常用铜板、铝板等非铁金属制作。不发火非金属材料地面又可分为不发火有机材料制造的地面，如沥青、木材、塑料、橡胶等敷设的，但由于这些材料的导电性差，具有绝缘性，因此对导除静电不利，当使用这种材料时必须同时考虑导除静电的接地装置；另一种为不发火无机材料地面，它采用不发火水泥石砂、细石混凝土、水磨石等无机材料制造，骨料多选用石灰石、大理石、白云石等不发火材料。不发火地面的技术要求见表 9-8。

表 9-8 不发火地面的技术要求

面层类别	技术要求
细石混凝土、水泥砂浆、水磨石等	骨料必须为石灰石、白云石、大理石等不发火材料 细石混凝土、水泥砂浆、水磨材料及制品应按《建筑地面工程施工质量验收规范》（GB 50209—2010）有关规定进行不发火试验合格 施工中严禁混入金属
绝缘材料整体面层	应有防静电措施
木板面层	钢钉不得外露
沥青砂浆、沥青混凝土面层	骨料应按《建筑地面工程施工质量验收规范》（GB 50209—2010）有关规定进行不发火试验合格 应有防静电措施

【思考与练习题】

1．钢筋混凝土框架结构为什么适用于防爆厂房？

2．请举例说明有哪些主要的建筑防爆策略。

3．什么是泄压比？

4．已知某乙炔生产厂房，平面尺寸为36m×9m，高6m，采用钢筋混凝土框架结构，柱距6m。已知C=0.2m^2/m^3，试设计该车间的泄压面积。

第四节　建筑设施防火防爆

【学习目标】

1．掌握电气防爆的基本措施。

2．掌握采暖设备的防火防爆措施。

3．掌握通风空调系统防火防爆措施。

4．掌握电力变压器本体的防火防爆措施。

为了营造建筑内部舒适的工作、生活环境，建筑内部有大量的用电设备，且安装、使用了采暖、通风与空调系统，提供冷、热源的直燃机及穿越建筑内部的各类供热、通风及空调管道。这些设备自身具有一定火灾危险性，如果设计、使用不当，还可能造成火势的蔓延扩大。为建筑提供消防电源的柴油发电机、变压器等设施设备以及厨房设备等燃油燃气设施，同样具有较大的火灾危险性。因此，必须采取相应的防火防爆措施来预防和减少火灾和爆炸的危害。

一、电气防爆原理与措施

（一）电气防爆基本原理

电气设备引燃爆炸混合物有两方面原因：一是电气设备产生的火花、电弧；二是电气设备表面（即与爆炸混合物相接触的表面）发热。电气防爆就是将设备在正常运行时产生电弧、火花的部件放在隔爆外壳内，或采取浇封型、充砂型、油浸塑或正压型等其他防爆形式以达到防爆目的。对在正常运行时不会产生电弧、火花和危险高温的设备，如果在其结构上再采取一些保护措施（增安型电气设备），使设备在正常运行或认可的过载条件下不产生电弧、火花成过热现象，这种设备在正常运行时就没有引燃源，设备的安全性和可靠性就可进一步提高，同样可用于爆炸危险环境。

（二）电气防爆基本措施

（1）宜将正常运行时产生火花、电弧和危险温度的电气设备和线路，布置在爆炸危险性较小或没有爆炸危险的环境内。电气线路的设计、施工应根据爆炸危险环境物质特性，选择相应的敷设方式、导线材质、配线技术、连接方式和密封隔断措施等。

（2）采用防爆的电气设备。在满足工艺生产及安全的前提下，应减少防爆电气设备的数量。如无特殊需要，不宜采用携带式电气设备。

（3）按有关电力设备接地设计技术规程规定的一般情况不需要接地的部分，在爆炸危险区域内仍应接地。电气设备的金属外壳应可靠接地。

（4）设置漏电火灾报警和紧急断电装置。在电气设备可能出现故障之前，采取相应补救措施或自动切断爆炸危险区域电源。

（5）安全使用防爆电气设备。正确地划分爆炸危险环境类别，正确地选型、安装防爆电气设备，正确地维护、检修防爆电气设备。

（6）散发较空气重的可燃气体、可燃蒸气的甲类厂房以及有粉尘、纤维爆炸危险的乙类厂房，应采用不发火花的地面。采用绝缘材料做整体面层时，应采取防静电措施。散发可燃粉尘、纤维的厂房内表面应平整、光滑，并易于清扫。

二、采暖系统防火防爆原则与措施

（一）采暖系统防火防爆原则

（1）甲、乙类厂房和甲、乙类库房内严禁采用明火和电热散热器采暖。因为用明火或电热散热器的采暖系统，其热风管道可能被烧坏，或者带入火星与易燃易爆气体或蒸气接触，易引起爆炸火灾事故。

（2）散发可燃粉尘、可燃纤维的生产厂房对采暖的要求如下：

1）为防止纤维或粉尘积集在管道和散热器上受热自燃，散热器表面平均温度不应超过82.5℃（相当于供水温度95℃、回水温度70℃）。但输煤廊的采暖散热器表面平均温度不应超过130℃。

2）散发物（包括可燃气体、蒸气、粉尘）与采暖管道和散热器表面接触能引起燃烧爆炸时，应采用不循环使用的热风采暖，且不应在这些房间穿过采暖管道，当必须穿过时，应用不燃烧材料隔热。

3）不应使用肋形散热器，以防积聚粉尘。

（3）在生产过程中散发的可燃气体、可燃蒸气、可燃粉尘、可燃纤维（如CS_2气体、黄磷蒸气及其粉尘等）与采暖管道、散热器表面接触能引起燃烧的厂房，以及在生产过程中散发受到水、水蒸气的作用能引起自燃、爆炸的粉尘（如生产和加工钾、钠、钙等物质）或产生爆炸性气体（如电石、碳化铝、氢化钾、氢化钠、硼氢化钠等遇水反应释放出的可燃气体）的厂房，应采用不循环使用的热风采暖，以防止此类场所发生火灾爆炸事故。

（二）采暖设备的防火防爆措施

1. 采暖管道与建筑物的可燃构件保持一定的距离

采暖管道穿过可燃构件时，要用不燃烧材料隔开绝热，或根据管道外壁的温度，使管道与可燃构件之间保持适当的距离。当管道温度大于100℃时，距离不小于100mm或采用不燃材料隔热；当温度小于或等于100℃时，距离不小于50mm或采用不燃材料隔热。

2. 加热送风采暖设备的防火设计

（1）电加热设备与送风设备的电气开关应有联锁装置，以防风机停转时，电加热设备仍单独继续加热，温度过高而引起火灾。

（2）在重要部位，应设置感温自动报警器，必要时加设自动防火阀，以控制取暖温度，防止过热起火。

（3）装有电加热设备的送风管道应用不燃材料制成。

3．采用不燃材料

甲、乙类厂房、仓库的火灾发展迅速、热量大，采暖管道和设备的绝热材料应采用不燃材料，以防火灾沿着管道的绝热材料迅速蔓延到相邻房间或整个房间。对于其他建筑，可采用燃烧毒性小的难燃绝热材料，但应优先考虑采用不燃材料。存在与采暖管道接触能引起燃烧爆炸的气体、蒸气或粉尘的房间内不应穿过采暖管道，当必须穿过时，应采用不燃材料隔热。

4．车库采暖设备的防火设计

根据现行国家标准《汽车库、修车库、停车场设计防火规范》（GB 50067—2014）的有关规定，车库采暖设备的防火设计应符合下列要求：

（1）车库内需要采暖时，应设置热水、蒸汽或热风等采暖设备，不应采用火炉或其他明火采暖方式，以防火灾事故的发生。

（2）下列汽车库或修车库需要采暖时应设集中采暖：

1）甲、乙类物品运输车的汽车库。

2）Ⅰ、Ⅱ、Ⅲ类汽车库。

3）Ⅰ、Ⅱ类修车库。

（3）Ⅳ类汽车库和Ⅲ、Ⅳ类修车库，当采用集中采暖有困难时，可采用火墙采暖，但容易暴露明火的部位，如炉门、节风门、除灰门，严禁设在汽车库、修车库内，必须设置在车库外，并要求用具有一定耐火极限的不燃性墙体与汽车库、修车库隔开。汽车库采暖部位不应贴邻甲、乙类生产厂房、库房布置，以防燃烧、爆炸事故的发生。

三、通风、空调系统的防火防爆原则和措施

（一）通风、空调系统的防火防爆原则

（1）甲、乙类生产厂房中排出的空气不应循环使用，以防止排出的含有可燃物质的空气重新进入厂房，增加火灾危险性。丙类生产厂房中排出的空气，如含有燃烧或爆炸危险的粉尘、纤维（如棉、毛、麻等），易造成火灾的迅速蔓延，应在通风机前设滤尘器对空气进行净化处理，并应使空气中的含尘浓度低于其爆炸下限的25%之后，再循环使用。

（2）甲、乙类生产厂房用的送风和排风设备不应布置在同一通风机房内，且其排风设备也不应和其他房间的送、排风设备布置在一起。因为甲、乙类生产厂房排出的空气中常常含有可燃气体、蒸气和粉尘，如果将排风设备或通风设备与其他房间的送、排风设备布置在一起，一旦发生设备事故或起火爆炸事故，这些可燃物质将会沿着管道迅速传播，扩大灾害损失。

（3）通风和空气调节系统的管道布置，横向宜按防火分区设置，竖向不宜超过5层，以构建一个完整的建筑防火体系，防止和控制火灾的横向、竖向蔓延。当管道在防火分隔处设置防止回流设施或防火网，且高层建筑的各层设有自动喷水灭火系统时，能有效地控制火灾蔓延，其管道布置可不受此限制。穿过楼层的垂直风管要求设在管井内，常见防止回流的措施如下：

1）增加各层垂直排风支管的高度，使各层排风支管穿越两层楼板。

2）排风总竖管直通屋面，小的排风支管分层与总竖管连通。

3）将排风支管顺气流方向插入竖风道，且支管到支管出口的高度不小于600mm。

4）在支管上安装止回阀。

（4）厂房内有爆炸危险的场所的排风管道，严禁穿过防火墙和有爆炸危险的房间隔墙等防火分隔物，以防止火灾通过排风管道蔓延扩大到建筑的其他部分。

（5）民用建筑内存放容易起火或爆炸物质的房间（如容易放出可燃气体氢气的蓄电池室、甲类液体的小型零配件、电影放映室、化学实验室、化验室、易燃化学药品库等），设置排风设备时应采用独立的排风系统，且其空气不应循环使用，以防止易燃易爆物质或发生的火灾通过风道扩散到其他房间。此外，其排风系统所排出的气体应通到安全地点进行泄放。

（6）排除含有比空气轻的可燃气体与空气的混合物时，其排风管道应顺气流方向向上坡度敷设，以防在管道内局部积聚而形成有爆炸危险的高浓度气体。

（7）排风口设置的位置应根据可燃气体、蒸气的密度不同而有所区别。比空气轻者，应设在房间的顶部，比空气重者，则应设在房间的下部，以利于及时排出易燃易爆气体。进风口的位置应布置在上风方向，并尽可能远离排气口，保证吸入的新鲜空气中不再含有从房间排出的易燃、易爆气体或物质。

（8）可燃气体管道和甲、乙、丙类液体管道不应穿过通风管道和通风机房，也不应沿通风管道的外壁敷设，以防甲、乙、丙类液体管道一旦发生火灾事故火情沿着通风管道蔓延扩散。

（9）含有有燃烧和爆炸危险粉尘的空气，在进入排风机前应先采用不产生火花的除尘器进行净化处理，以防浓度较高的爆炸危险粉尘直接进入排风机，遇到火花发生事故或者在排风管道内逐渐沉积下来自燃起火和助长火势蔓延。

（10）处理有爆炸危险粉尘的排风机、除尘器应与其他一般风机、除尘器分开设置，且应按单一粉尘分组布置。这是因为不同性质的粉尘在一个系统中，容易发生火灾爆炸事故。例如，硫黄与过氧化铅、氯酸盐混合物能发生爆炸。

（11）净化有爆炸危险粉尘的干式除尘器和过滤器，宜布置在厂房之外的独立建筑内，且与所属厂房的防火间距不应小于 10m，以免粉尘一旦爆炸波及厂房扩大灾害损失。符合下列条件之一的干式除尘器和过滤器，可布置在厂房的单独房间内，但应采用耐火极限分别不低于 3h 的隔墙和 1.5h 的楼板与其他部位分隔。

1）有连续清尘设备。

2）风量不超过 15000m^3/h，且集尘斗的储尘量小于 60kg 的定期清灰的除尘器和过滤器。

（12）含有有爆炸危险的粉尘和碎屑的除尘器、过滤器和管道，均应设有泄压装置，以防一旦发生爆炸造成更大的损害。净化有爆炸危险的粉尘的干式除尘器和过滤器，应布置在系统的负压段上，以避免其在正压段上漏风而引起事故。

（13）甲、乙类生产厂房的送、排风管道宜分层设置，以防止火灾从起火层通过管道向相邻层蔓延扩散。但当进入厂房的水平或垂直送风管设有防火阀时，各层的水平或垂直送风管可合用一个送风系统。

（14）排除有燃烧、爆炸危险的气体、蒸气和粉尘的排风管道应采用易于导除静电的金属管道，应明装不应暗设，不得穿越其他房间，且应直接通到室外的安全处，尽量远离明火和人员通过或停留的地方，以防止管道渗漏发生事故时造成更大影响。

（15）通风管道不宜穿过防火墙和不燃性楼板等防火分隔物。当必须穿过时，应在穿过处设防火阀，在防火墙两侧各 2m 范围内的风管保温材料应采用不燃材料，并在穿过处的空隙用不燃材料填塞，以防火灾蔓延。有爆炸危险的厂房，其排风管道不应穿过防火墙和车间隔墙。

（二）通风、空调设备防火防爆措施

根据 GB 50016—2014（2018 版）《建筑设计防火规范》、《人民防空工程设计防火规范》（GB 50098—2009）和《汽车库、修车库、停车场设计防火规范》（GB 50067—2014）的有关规定。建筑的通风、空调系统的设计应符合下列要求。

（1）空气中含有容易起火或爆炸物质的房间，其送、排风系统应采用防爆型的通风设备和不会产生火花的材料（如可采用有色金属制造的风机叶片和防爆电动机）。当送风机布置在单独分隔的通风机房内，且送风干管上设置防止回流设施时，可采用普通型通风设备。

（2）含有易燃、易爆粉尘（碎屑）的空气，在进入抽风机前应采用不产生火花的除尘器进行处理，以防止除尘器工作过程中产生火花引起粉尘、碎屑的燃烧或爆炸。对于遇湿可能爆炸的粉尘（如电石、锌粉、铝镁合金粉等），严禁采用湿式除尘器。

（3）排除、输送有燃烧、爆炸危险的气体、蒸气和粉尘的排风系统，应采用不燃材料并设有导除静电的接地装置。其排风设备不应布置在地下、半地下建筑（室）内，以防止有爆炸危险的蒸气和粉尘等物质的积聚。

（4）排除、输送温度超过 80℃的空气或其他气体以及容易起火的碎屑的管道，与可燃或难燃物体之间应保持不小于 150mm 的间隙，或采用厚度不小于 50mm 的不燃材料隔热，以防止填塞物和构件因受这些高温管道的影响而导致火灾。当管道互为上下布置时，表面温度较高者应布置在上面。

（5）下列任何一种情况下的通风、空气调节系统的送、回风管道上应设置防火阀：

1）送风、回风总管穿越防火分区的隔墙处，主要防止防火分区或不同防火单元之间的火灾蔓延扩散。

2）穿越通风、空气调节机房及更重要的房间（如重要的会议室、贵宾休息室、多功能厅、贵重物品间等）或火灾危险性大的房间（如易燃物品实验室、易燃物品仓库等）的隔墙及楼板处的送、回风管道，以防机房的火灾通过风管蔓延到建筑物的其他房间，或者防止火灾危险性大的房间发生火灾时火情通过风管蔓延到机房或其他部位。

3）多层建筑和高层建筑垂直风管与每层水平风管交接处的水平管段上，以防火灾穿过楼板蔓延扩大。但当建筑内每个防火分区的通风、空气调节系统均独立设置时，该防火分区内的水平风管与垂直总管的交接处可不设置防火阀。

4）在穿越变形缝的两侧风管上各设一个防火阀，以使防火阀在一定时间内达到耐火完整性和耐火稳定性要求，起到有效隔烟阻火的作用。

（6）防火阀的设置应符合下列规定：

1）有熔断器的防火阀，其动作温度宜为 70℃。

2）防火阀宜靠近防火分隔处设置。

3）防火阀安装时，可明装也可暗装。当防火阀暗装时，应在安装部位设置方便检修的检修口。

4）为保证防火阀能在火灾条件下发挥作用，穿过防火墙两侧各 2m 范围内的风管绝热材料应采用不燃材料且应具备足够的刚性和抗变形能力，穿越处的空隙应用不燃材料或防火封堵材料严密填实。

5）防火阀、排烟防火阀（口）的基本分类见表 9-9。

表 9-9 防火阀、排烟防火阀（口）的基本分类

类别	名称	性能	用途
防火类	防火阀	采用 70℃温度熔断器自动关闭（防火），可输出联动信号	用于通风空调系统风管内，防止火势沿风管蔓延
	防烟防火阀	防烟靠烟感探测器控制动作，用电信号通过电磁铁关闭（阻烟）；还可采用 70℃温度熔断器自动关闭（防火）	用于通风空调系统网管内，防止烟火蔓延
	防火调节阀	防火 70℃时自动关闭，手动复位，0～90℃无级调节，可以输出关闭电信号	用于通风空调系统风管内，防止烟火蔓延
防烟类	加压送风口	靠烟感探测器控制，电信号开启，也可手动（或远距离缆绳）开启，可设 70℃温度熔断器重新关闭，输出电信号联动送风机开启	用于加压送风系统的风口，起赶烟、排烟作用
排烟类	排烟阀	电信号开启或手动开启，输出电信号联动排烟机开启	用于排烟系统风管上
	排烟防火阀	电信号开启，手动开启，采用 280℃温度熔断器重新关闭，输出动作电信号	用于排烟风机吸入口管道或排烟支管上
	排烟口	电信号开启，手动（或远距离缆绳）开启，输出电信号联动排烟机	用于排烟房间的顶棚或墙壁上，可设 280℃重新关闭装置
	排烟窗	靠烟感探测器控制动作，电信号开启，还可缆绳手动开启	用于自然排烟处的外墙上

（7）防火阀的易熔片或其他感温、感烟等控制设备一经动作，应能顺气流方向自行严密关闭，并应设有单独支吊架等防止风管变形而影响关闭的措施。

其他感温元件应安装在容易感温的部位，其作用温度应比通风系统正常工作时的最高温度高约 25℃，一般可采用 70℃。

（8）通风、空气调节系统的风管、风机等设备应采用不燃烧材料制作。但接触腐蚀性介质的风管和柔性接头，可采用难燃材料。体育馆、展览馆、候机（车、船）楼（厅）等大空间建筑以及单、多层办公楼和丙、丁、戊类厂房内的道风、空气调节系统，当风管按防火分区设置且设置了防烟防火阀时，可采用燃烧产物毒性较小的难燃材料。

（9）公共建筑的厨房、浴室、卫生间的竖向排风管，应采取防止回流措施或在支管上设置防火阀。公共建筑的厨房的排油烟管道宜按防火分区设置，且与垂直排风管连接的支管处应设置动作温度为 150℃的防火阀，以免影响平时厨房操作中的排风。

（10）风管和设备的保温材料、用于加湿器的加湿材料、消声材料（超细玻璃棉、玻璃纤维、岩棉、矿渣棉等）及其黏结剂，宜采用不燃烧材料，当确有困难时，可采用燃烧产物毒性较小的难燃烧材料（如自爆性聚氨酯泡沫塑料、自熄性聚苯乙烯泡沫塑料等），以减少火灾蔓延。

有电加热器时，电加热器的开关和电源开关应与风机的起停联动控制，以防通风机已停止工作，而电加热器仍继续加热导致过热起火。电加热器前后各 0.8m 范围内的风管和穿过有高温、火源等容易起火房间的风管，均必须采用不燃烧保温材料，以防电加热器过热引起火灾。

（11）燃油、燃气锅炉房在使用过程中存在逸漏或挥发的可燃性气体，要在燃油、燃气锅炉房内保持良好的通风条件，使逸漏或挥发的可燃性气体与空气混合气体的浓度能很快稀释到爆炸下限值的 25%以下。

燃气锅炉房应选用防爆型的事故排风机。燃油或燃气锅炉房可采用自然通风或机械通风。当设置机械通风设施时，该机械通风设备应设置导除静电的接地装置，通风量应符合下列规定：

1）燃油锅炉房的正常通风量按换气次数不少于 3 次/h 确定，事故排风量应按换气次数不少于 6 次/h 确定。

2）燃气锅炉房的正常通风量按换气次数不少于 6 次/h 确定，事故排风量应按换气次数不少于 12 次/h 确定。

（12）电影院的放映机室宜设置独立的排风系统。当需要合并设置时，通向放映机室的风管应设置防火阀。

（13）设置气体灭火系统的房间，因灭火后产生大量气体，人员进入之前需将这些气体排出，故应设置能排除废气的排风装置。为了不使灭火后产生的气体扩散到其他房间，与该房间连通的风管应设置自动阀门，火灾发生时，阀门应自动关闭。

（14）车库的通风、空调系统的设计应符合下列要求：

1）设置通风系统的汽车库，其通风系统宜独立设置。组合建筑内的汽车库和地下汽车库的通风系统应独立设置，不应和其他建筑的通风系统混设，以防止积聚油蒸气而引起爆炸事故。

2）喷漆间、蓄电池间均应设置独立的排气系统，乙炔站的通风系统设计应按现行国家标准《乙炔站设计规范》（GB 50031—2014）的规定执行。

3）风管应采用不燃材料制作，且不应穿过防火墙、防火隔墙，当必须穿过时，除应采用不燃材料将孔洞周围的空隙更紧密填塞外，还应在穿过处设置防火阀。防火阀的动作温度宜为 70℃。

4）风管的保温材料应采用不燃或难燃材料；穿过防火墙的风管，其位于防火墙两侧各 2m 范围内的保温材料应为不燃材料。

四、电力变压器防火防爆

电力变压器是根据电磁感应原理，以互感现象为基础，将一定电压的交流电能转变为不同电压交流电能的设备，按其冷却介质不同又可分为干式变压器和油浸式变压器。

（一）电力变压器的火灾危险性

电力变压器是由铁芯柱或铁轭构成的一个完整闭合磁路，由绝缘铜线或铝线制成线圈，形成变压器的一次、二次绕组。除小容量的干式变压器外，大多数变压器都是油浸自然冷却式，绝缘油在线圈间起绝缘和冷却作用。变压器中的绝缘油闪点约为 135℃，易蒸发燃烧，同空气混合能形成爆炸混合物。变压器内部的绝缘衬垫和支架大都由纸板、棉纱、布、木材等有机可燃物质组成，如 1000kV·A 的变压器大约用木材 0.012m^3，用纸 40kg，装绝缘油 1t。所以，一旦变压器内部发生过载或短路，可燃的材料和油就会因高温或电火花、电弧作用而分解、膨胀以致气化，使变压器内部压力剧增。这时，可引起变压器外壳爆炸，大量绝缘油喷出燃烧，燃烧着的油流又会进一步扩大火灾危险。

（二）电力变压器的安全设置

根据现行国家标准《建筑设计防火规范（2018 版）》（GB 50016—2014）的要求，电力变压器的安全设置应符合以下要求。

（1）油浸变压器室、高压配电装置室的耐火等级不应低于二级，其他防火设计应按《火力发电厂与变电站设计防火规范》（GB 50229—2006）等规范的有关规定执行。

（2）油浸电力变压器、充有可燃油的高压电容器和多油开关等用房宜独立建造。当确有困难时可贴邻民用建筑布置，但应采用防火墙隔开，且不应贴邻人员密集场所。

（3）变、配电所不应设置在甲、乙类厂房内或贴邻建造，且不应设置在爆炸性气体、粉尘环境的危险区城内。供甲、乙类厂房专用的 10kV 及以下的变、配电站，当采用无门窗洞口的防火墙隔开时，可一面贴邻建造，并应符合现行国家标准《爆炸危险环境电力装置设计规范》（GB 50058—2014）等规范的有关规定。乙类厂房的配电所必须在防火墙上开窗时，应设置密封固定的甲级防火窗。

（4）多层民用建筑与单独建造的变电站的防火间距，应符合《建筑设计防火规范（2018 版）》（GB 50016—2014）的规定。10kV 及以下的预装式变电站与民用建筑的防火间距不应小于 3m。

（5）油浸电力变压器、充有可燃油的高压电容器和多油断路器等用房受条件限制必须布置在民用建筑内时，不应布置在人员密集场所的上一层、下一层或贴邻，并应符合下列规定：

1）变压器室应设置在首层或地下一层靠外墙部位。

2）变压器室的门均应直通室外或直通安全出口；外墙开口部位的上方应设置宽度不小于 1m 的不燃性防火挑檐或高度不小于 1.2m 的窗槛墙。

3）变压器室与其他部位之间应采用耐火极限不低于 2h 的不燃性隔墙和 1.5h 的不燃性楼板隔开。在隔墙和楼板上不应开设洞口，当必须在隔墙上开设门窗时，应设置甲级防火门窗。

4）变压器室之间、变压器室与配电室之间，应采用耐火极限不低于 2h 的不燃烧体墙隔开。

5）油浸电力变压器、多油断路器室、高压电容器室，应设置防止油品流散的设施。油浸电力变压器下面应设置保存变压器全部油量的事故储油设施。

6）应设置火灾报警装置。

7）应设置与油浸变压器、电容器和多油断路器等容量和建筑规模相适应的灭火设施。根据《建筑设计防火规范（2018 版）》（GB 50016—2014）的规定，单台容量在 40MV · A 及以上的厂矿企业油浸变压器，单台容量在 90MV · A 及以上的电厂油浸变压器，单台容量在 125MV · A 及以上的独立变电站油浸变压器，设置在高层民用建筑内、充可燃油的高压电容器和多油断路器室均宜采用水喷雾灭火系统。设置在室内的油浸变压器、充可燃油的高压电容器和多油断路器室，可采用细水雾灭火系统。

8）油浸变压器的单台容量不应大于 630kV · A，总容量不应大于 1260kV · A。

（三）电力变压器本体的防火防爆措施

（1）防止变压器过载运行。如果长期过载运行，会引起线圈发热，使绝缘逐渐老化，造成匝间短路、相间短路或对地短路及油的分解。

（2）保证绝缘油质量。变压器绝缘油在储存、运输或运行维护中，若油质量差或杂质、水分过多，会降低绝缘强度。当绝缘强度降低到一定值时，变压器就会短路而引起电火花、电弧或出现危险温度。因此，运行中变压器应定期化验油质，不合格的油应及时更换。

（3）防止变压器铁芯绝缘老化损坏。铁芯绝缘老化或夹紧螺栓套管损坏，会使铁芯产生很大的涡流，引起铁芯长期发热造成绝缘老化。

（4）防止检修不慎破坏绝缘。变压器检修吊芯时，应注意保护线圈或绝缘套管，如果发现有擦破损伤，应及时处理。

（5）保证导线接触良好。线圈内部接头接触不良，线圈之间的连接点、引至高低压侧套管的接点以及分接开关上各支点接触不良，会产生局部过热，破坏绝缘，发生短路或断路。此时所产生的高温电弧会使绝缘油分解，产生大量气体，变压器内压力增大。当压力超过气体继电器保护整定值而不跳闸时，会发生爆炸。

（6）防止雷击。电力变压器的电源一般通过架空线而来，而架空线很容易遭受雷击，变压器会因击穿绝缘而燃毁。避雷器的接地线应与变压器的低压侧中性点（或中性点不接地的电力网中，中性点的击穿保险器的接地端）及油箱金属外壳连在一起接地。

（7）短路保护要可靠。变压器线圈或负载发生短路，变压器将承受相当大的短路电流，如果保护系统失灵或保护整定值过大，就有可能燃毁变压器。为此，必须安装可靠的短路保护装置。

（8）限制变压器接地电阻。对于采用保护接零的低压系统，变压器低压侧中性点要直接接地。当三相负载不平衡时，零线上会出现电流。当这一电流过大而接触电阻又较大时，接地点就会出现高温，引燃周围的可燃物质。容量在100kV·A以下的变压器接地电阻应不大于10Ω。

（9）防止超温。变压器运行时应监视温度的变化。如果变压器线圈导线是A级绝缘，其绝缘体以纸和棉纱为主，那么温度的高低对绝缘和使用寿命的影响很大，温度每升高 8℃，绝缘寿命要减少 50%左右。变压器在正常温度（90℃）下运行，寿命约为 20 年；若温度升至 105℃，则寿命为 7 年；温度升至 120℃，寿命仅为 2 年。所以变压器运行时，一定要保持良好的通风和冷却，必要时可采取强制通风，以达到降低变压器温升的目的。

（10）变压器室应配备相应的消防设施。如线型感温火灾探测器等探测报警设备、二氧化碳或 IG541 等与油浸式变压器容量相适应的自动灭火系统和应急照明系统。消防设施设备的线路，可以考虑采用矿物绝缘类不燃性电缆、耐高温防火电缆或其他耐火电缆，以满足防火的要求。

（11）应经常对运行中的变压器进行检查、维护。检查变压器的声音、油面、接地、温度表保护装置、套管以及变压器整体整洁等是否完好、正常，便于及早发现隐患即时处理。

【思考与练习题】

1．电气防爆的基本措施有哪些？

2．采暖设备的防火防爆措施有哪些？

3．通风空调系统防火防爆措施有哪些？

4．电力变压器本体的防火防爆措施有哪些？

第十章　建筑装修及保温系统防火

随着我国国民经济的快速发展和人民生活水平的不断提高，人们对建筑空间的美观和舒适要求越来越高，建筑既要满足最基本的使用功能，又要满足人们在更高层次上对所处环境的精神及美观功能的需求。因此，建筑工程在结构完工后，宜根据建筑功能需要进行建筑装修。建筑装修选用的材料，大部分都是对火较为敏感的可燃材料，如木材、织物、塑料制品等，这给建筑带来了安全隐患。近年来，因建筑内部使用易燃、可燃装修材料引发的火灾越来越多。因此，合理选用防火性能好的材料有助于降低火灾危害，减少火灾的发生或延缓火势的蔓延。

近年来，随着国家节能减排政策的推动和施行，大量建筑采用保温材料进行保温施工，降低建筑使用能耗和运行成本，取得了一定的经济效益。但是，由于我国使用的保温材料很多都是有机合成材料，防火性能较差，导致在保温施工过程中和建筑投入使用后，都极易发生火灾事故，因此，提高建筑保温材料的燃烧性能，采用安全合理的施工技术，对提高建筑保温系统的耐火性能具有重要意义。

第一节　建筑内部装修防火概述

【学习目标】

1. 了解建筑内部装修材料选用原则。
2. 熟悉建筑内部装修材料的分类和燃烧性能分级。
3. 掌握建筑内部装修火灾危险性。

建筑内部装修能给人们提供优美的个性化的建筑内部环境。随着科技的发展，建筑内部装修已不再是在房屋工程内粉刷和安装门窗、水电等的简单工程，而是包括了对地面、墙面、顶棚、隔断等部位的再装修，对家具、窗帘、帷幕等物品的再装饰，室内装修的这种改变促使人们更灵活地应用多种多样的建筑内部装修材料，并对设计与施工提出了更高的要求。

一、建筑内部装修材料分类和燃烧性能分级

建筑物的用途及部位不同，对装修材料燃烧性能的要求也不同。为了安全合理地根据建筑的规模、用途、场所、部位等选用内部装修材料，《建筑内部装修设计防火规范》（GB 50222—2017）对建筑内部装修材料进行了分类分级。

（一）建筑内部装修材料的分类

建筑内部装修材料按使用部位和功能分为七类：

（1）顶棚装修材料。顶棚装修材料包括不燃材料、难燃材料和可燃材料，如玻璃、石膏板、硅酸钙板、PVC 吊顶板、木质吊顶板等。

（2）墙面装修材料。墙面装修材料主要是指通过各种方式覆盖在墙体表面、起装饰作用的材料。柱面装修的规定应与墙面装修的规定相同。

（3）地面装修材料。地面装修材料主要是指用于室内空间地板结构表面并对地板进行装修的材料。

（4）隔断装修材料。隔断是指不到顶的隔断，到顶的固定隔断应与墙面规定相同。

（5）固定家具。兼有分隔功能的到顶橱柜应认定为固定家具。

（6）装饰织物。装饰织物是指窗帘、帷幕、床罩、家具包布等。

（7）其他装饰材料。其他装饰材料是指楼梯扶手、挂镜线、踢脚板，窗帘盒（架）、暖气罩等。

（二）建筑内部装修材料按燃烧性能的分级

国家标准《建筑内部装修设计防火规范》（GB 50222—2017）将内部装修材料按燃烧性能划分为四级，见表 10-1。

表 10-1　装修材料燃烧性能等级

等　　级	装修材料燃烧性能
A	不燃性
B_1	难燃性
B_2	可燃性
B_3	易燃性

装修材料的燃烧性能等级应按现行国家标准《建筑材料及制品燃烧性能分级》（GB 8624—2012）的有关规定，经检测确定。

安装在金属龙骨上燃烧性能达到 B_1 级的纸面石膏板、矿棉吸声板，可作为 A 级装修材料使用。

单位面积质量小于 300g/m^2 的纸质、布质壁纸，当直接粘贴在 A 级基材上时，可作为 B_1 级装修材料使用。

施涂于 A 级基材上的无机装修涂料，可作为 A 级装修材料使用；施涂于 A 级基材上，湿涂覆比小于 1.5kg/m^2，且涂层干膜厚度不大于 1mm 的有机装修涂料，可作为 B_1 级装修材料使用。

当使用多层装修材料时，各层装修材料的燃烧性能等级均应符合《建筑内部装修设计防火规范》（GB 50222—2017）的规定。复合型装修材料的燃烧性能等级应经整体检测确定。

二、建筑内部装修材料选用原则

建筑内部装修设计应妥善处理装修效果和使用安全的矛盾，积极采用不燃性和难燃性材料，尽量避免采用在燃烧时产生大量浓烟或有毒气体的材料，做到安全适用，技术先进，经济合理。

（一）积极采用不燃性和难燃性的材料

（1）严格控制人员密集场所、高层、地下建筑内可燃材料的使用。

（2）受条件限制或装修特殊要求，必须使用可燃材料的，应对可燃材料进行阻燃和降烟处理。

（3）与电气线路或发热物体接触的材料必须采用不燃材料或经过阻燃处理的难燃材料。

（4）楼梯间、管道井等竖向通道和供人员疏散的走道内应采用不燃材料或经过处理的难燃材料。

（二）减少火灾时烟气毒性大的材料的选用

有研究表明，在火灾事故中死亡的人员中，约有 80%的人是因吸入火灾烟气中毒性气体而丧生的。在装修材料中，很多材料是有机高分子材料，而所有有机高分子材料在燃烧时都会产生一氧化碳、二氧化碳气体，有些还会产生如氮氧化物、氰化氢等有害物质，而一氧化碳是燃烧产物中主要的杀手之一，人一旦过度吸入一氧化碳气体，轻者出现头痛、头晕、呕吐等症状，重者会心跳加速、呼吸急促，甚至出现昏迷、死亡。因此，建筑内部装修材料选择时应尽可能从安全的角度出发，选用一些在燃烧时不会产生大量烟气或有毒气体的装修材料。

三、建筑内部装修火灾危险性

国内外火灾统计分析表明，许多火灾的蔓延扩大都是由于采用了大量可燃、易燃装修材料。

2008 年 9 月 20 日，深圳市龙岗区龙岗街道龙东社区舞王俱乐部因燃放烟花引燃天花板易燃装修材料发生火灾，导致 43 人死亡，88 人受伤。

2017 年 2 月 5 日下午 4 时左右，浙江省天台县一足浴城因为汗蒸房的地暖系统爆炸发生火灾，由于足浴城大量采用易燃可燃装修材料，因此火势发展蔓延很快，现场火焰冲天，浓烟滚滚，火灾造成 18 人死亡、18 人受伤。

建筑内部采用可燃、易燃材料的火灾危险性表现在以下几方面。

（一）增大了建筑内的火灾荷载

建筑物内火灾荷载大，则火灾持续时间长，燃烧更加猛烈，且会出现持续性高温，因此造成的危害更大。

（二）使建筑失火的概率增大

建筑内部装修采用可燃、易燃材料多、范围大，则火源接触到的机会就多，因此引发火灾的可能性增大，大量的火灾实例都充分说明了这一点。

（三）使火势迅速蔓延扩大

建筑一旦发生火灾，可燃、易燃性装修材料在被引燃、发生燃烧的同时，热辐射和火焰容易造成火势迅速蔓延扩大。

（四）严重影响人员安全疏散和扑救

可燃性装饰材料燃烧时能产生大量烟雾和有毒气体，不仅降低了火场的能见度，而且还会使人中毒，严重影响人员疏散和火灾扑救。据统计，火灾中伤亡的人员，多数是因烟雾中毒和缺氧窒息而死的。

（五）造成室内轰燃提前发生

建筑物发生轰燃的时间长短除与建筑物内可燃物品的性质、数量有关外，还与建筑物内是否进行装修及装修的材料关系极大。装修后建筑物内更加封闭，热量不易散发，加之可燃性装修材料导热性能差，热容小，易积蓄热量，因而会促使建筑内温度上升，造成室内轰燃提前发生。

【思考与练习题】

1. 建筑内部采用可燃、易燃材料会加大哪些火灾危险性？
2. 建筑内部装修积极采用不燃性和难燃性的材料有哪些要求？

第二节　建筑内部装修防火设计一般要求

【学习目标】

1. 了解建筑内部装修防火设计基本原则。
2. 熟悉《建筑内部装修设计防火规范》（GB 50222—2017）对电气设备、室内装饰物、特殊功能部位与用房有哪些装修要求。
3. 掌握《建筑内部装修设计防火规范》（GB 50222—2017）对消防设施及部位、安全疏散设施部位、使用明火的空间部位有哪些装修要求。

建筑内部装修材料的燃烧性能是决定火灾危险性大小的根本因素。如果建筑内部装修忽略防火安全，那么其火灾危险性就大，失火后火势蔓延快，不利于火灾扑救和人员安全疏散。

一、建筑内部装修防火设计基本原则

一个安全的建筑内部装修防火设计能有效地防止火灾时火势迅速蔓延扩大，最大限度减少火灾损失。建筑内部装修防火设计应遵循以下三个原则：

（一）坚持安全与美观并重的原则

装修的第一目的就是为人们提供一个美观舒适的工作、生活环境，但装修中采用木质的、棉质的甚至有机高分子材料会使火灾荷载增加，建筑失火的几率增大，火势蔓延扩大，同时产生烟雾和有毒气体，使人们的疏散行动、火灾扑救工作难以进行。为确保人民生命财产安全，装修时应在满足规范要求的基础上兼顾美观的需求。

（二）坚持从严要求的原则

从严要求体现在：重要建筑物比一般建筑物严；地下建筑比地上建筑严；超高层建筑比一般高层建筑严；楼梯间、走道等公共部位比一般部位严；顶棚比墙面严；墙面比地面严；悬挂物比贴在基材上的物件严。

（三）遵守国家规范标准间互相协调的原则

建筑内部装修防火是建筑防火设计工程的一部分。一般来讲建筑室内装修工作都是主体结构工程完成后开展的后续工程。装修不当会妨碍各种设施的正常使用。因此室内装修应与现行的国家消防技术规范相衔接，严禁因装修封堵，影响安全疏散通道、出口、消防设施的正常使用。

二、建筑内部特殊部位及设施装修防火的规定

为了规范装修材料的选用，《建筑内部装修设计防火规范》（GB 50222—2017）对某些特殊部位及设施的装修材料的防火性能提出了具体的规定，建筑内部装修不应擅自减少、改动、拆除、遮挡消防设施、疏散指示标志、安全出口、疏散出口、疏散走道和防火分区、防烟分区等。

（一）消防设施及部位

消防控制室等场所是火灾时消防官兵、消防工程技术人员需要坚守的地方，为保证人员安全，其装修材料的燃烧性能要求较高。

1．消火栓门

建筑内设消火栓是防火安全系统的一部分，在扑救火灾中起着非常重要的作用。为了便于使用，建筑内部设置的消火栓一般都在比较醒目的位置上，并且颜色也比较鲜艳。

建筑内部消火栓箱门不应被装饰物遮掩，消火栓箱门四周的装修材料颜色应与消火栓箱门的颜色有明显区别或在消火栓箱门表面设置发光标志。

2．消防控制室

消防控制室是火灾自动报警系统的控制和处理信息中心，也是火灾时灭火作战的指挥中心，其本身的安全十分重要。为保证其自身安全，系统设备正常、可靠工作，规定：消防控制室的顶棚和墙面应采用 A 级装修材料，地面及其他装修应使用不低于 B_1 级装修材料。

3．消防水泵房等场所

消防水泵房、机械加压送风排烟机房、固定灭火系统钢瓶间、配电室、变压器室、发电机房、储油间、通风和空调机房等，其内部所有装修均应采用 A 级装修材料。

（二）安全疏散设施部位

安全疏散设施部位的装修材料影响内部疏散人员和救援消防官兵的安全，其装修材料的燃烧性能应符合以下要求。

1．疏散走道和安全出口

疏散走道和安全出口的顶棚、墙面不应采用影响人员安全疏散的镜面反光材料。

地上建筑的水平疏散走道和安全出口的门厅，其顶棚应采用 A 级装修材料，其他部位应采用不低于 B_1 级的装修材料；地下民用建筑的疏散走道和安全出口的门厅，其顶棚、墙面和地面均应采用 A 级装修材料。

2．楼梯间及前室

疏散楼梯间和前室的顶棚、墙面和地面均应采用 A 级装修材料。

火灾发生时，建筑中各楼层的人员只能经过垂直疏散通道向外撤离。尤其在高层建筑中，

一旦垂直通道被烟火封锁，受灾人员的逃生以及消防人员的救援都极为困难。所以这些部位的装修材料必须使用不燃烧材料，要保证疏散楼梯在火灾条件下发挥其应有的功能。

（三）电气设备

1. 配电箱

建筑内部的配电箱、控制面板、接线盒、开关、插座等不应直接安装在低于 B_1 级的装修材料上；用于顶棚和墙面装修的木质类板材，当内部含有电器、电线等物体时，应采用不低于 B_1 级的材料。

2. 灯具和灯饰

照明灯具及电气设备、线路的高温部位，当靠近非 A 级装修材料或构件时，应采取隔热、散热等防火保护措施，与窗帘、帷幕、幕布、软包等装修材料的距离不应小于 500mm；灯饰应采用不低于 B_1 级的材料。

（四）使用明火的空间部位

1. 建筑内的厨房

厨房内明火火源较多，餐馆、饭店的厨房工作时间又较长，因此有必要对其装修材料进行严格的限制；且厨房的装修多以易于清洗为主要目的，多采用瓷砖、石材、涂料等不燃烧材料进行装修，因此建筑物内厨房的顶棚、墙面、地面这几个部位应采用 A 级装修材料。

2. 经常使用明火的餐厅和科研实验室

使用明火的餐厅是指那些设有明火灶具的餐厅、宴会厅、包间等，如火锅城、烧烤店等，这些地方的明火灶具，往往数量大，且由流动人员操作，因此不易控制和管理。有些科学实验室，需用明火装置进行试验，如酒精灯、喷枪等，且实验室内往往存有一些易燃易爆的试剂、材料等。因此经常使用明火的餐厅、科研实验室，装修材料的燃烧性能等级，除 A 级外，应比同类建筑物的要求相应提高。

（五）室内装饰物

建筑内部不宜设置采用 B_3 级装饰材料制成的壁挂、布艺等，当需要设置时，不应靠近电气线路、火源或热源，或采取隔离措施。

（六）特殊功能部位和用房的装修要求

对一些人员密集场所、火灾危险性大的用房应按从严要求的原则进行设计。

1. 展览性场所

展台材料应采用不低于 B_1 级的装修材料。

在展厅设置电加热设备的餐饮操作区内，与电加热设备贴邻的墙面、操作台均应采用 A 级装修材料。

展台与卤钨灯等高温照明灯具贴邻部位的材料应采用 A 级装修材料。

2. 住宅建筑装修设计尚应符合下列规定

（1）不应改动住宅内部烟道、风道。

（2）厨房内的固定橱柜宜采用不低于 B_1 级的装修材料。

（3）卫生间顶棚宜采用 A 级装修材料。

（4）阳台装修宜采用不低于 B_1 级的装修材料。

3．共享空间

建筑物设有上下层相连通的中庭、走马廊（回廊）、敞开楼梯、自动扶梯时，其连通部位的顶棚、墙面应采用 A 级装修材料，其他部位应采用不低于 B_1 级的装修材料。

4．无窗房间

除地下建筑外，无窗房间内部装修材料的燃烧性能等级，除 A 级外，应在原规定基础上提高一级。

无窗房间一旦发生火灾，首先是不易早期发现，而一旦发现则往往火势已经较大；其次，由于无窗房间较为密闭，室内的烟气和毒气不易排出；另外，这样的房间也不利于消防人员对火情进行侦察与施救。因此，有必要将无窗房间的室内装修的要求提高一个等级。

5．变形缝

建筑内部的变形缝包括沉降缝、温度伸缩缝、防震缝。变形缝是贯通建筑物上下的通缝，一旦着火该部位会形成垂直的火灾蔓延通道，使垂直防火分区失去作用。因此，变形缝两侧基层的表面装修应采用不低于 B_1 级的装修材料。

民用建筑内的库房或储藏间，其内部所有装修除应符合相应场所规定外，还应采用不低于 B_1 级的装修材料。

【思考与练习题】

1．《建筑内部装修设计防火规范》（GB 50222—2017）对消防设施及部位有哪些装修要求？

2．《建筑内部装修设计防火规范》（GB 50222—2017）对安全疏散设施及部位有哪些装修要求？

3．《建筑内部装修设计防火规范》（GB 50222—2017）对使用明火的空间部位有哪些装修要求？

第三节　各类建筑内部装修防火设计

【学习目标】

1．熟悉《建筑内部装修设计防火规范》（GB 50222—2017）中各类场所的允许放宽条件及特殊要求。

2．掌握《建筑内部装修设计防火规范》（GB 50222—2017）中各类场所的基准要求。

为了保障建筑的消防安全，防止建筑火灾的发生，减少火灾损失，建筑内部装修应按照防火设计规范要求，合理选材、科学设计，做到既安全适用又美观舒适。

一、单、多层民用建筑内部装修防火设计

我国《民用建筑设计通则》（GB 50352—2005）将住宅建筑按层数划分为：一层至三层

为低层住宅，四层至六层为多层住宅；除住宅建筑之外的民用建筑高度不大于 24m 者为单层和多层建筑（包括建筑高度大于 24m 的单层公共建筑）。

（一）基准要求

单层、多层民用建筑内部各部位装修材料的性能等级不应低于表 10-2 中的规定。从该表可以看出，对建筑面积较大、人员密集的候机楼、客运站、影剧院、商场营业厅等的要求相对较高。因为这些场所，流动人员多、不易管理，一旦发生火灾人员疏散困难，因此，提高这类建筑的内部装修要求，有助于减少火灾隐患。

表 10-2 单层、多层民用建筑内部各部位装修材料的燃烧性能等级

序号	建筑物及场所	建筑规模、性质	装修材料燃烧性能等级							
			顶棚	墙面	地面	隔断	固定家具	装饰织物		其他装修装饰材料
								窗帘	帷幕	
1	候机楼的候机大厅、贵宾候机室、售票厅、商店、餐饮场所等	—	A	A	B_1	B_1	B_1	B_1	—	B_1
2	汽车站、火车站、轮船客运站的候车（船）室、商店、餐饮场所等	建筑面积＞10000m²	A	A	B_1	B_1	B_1	B_1	—	B_2
		建筑面积≤10000m²	A	B_1	B_1	B_1	B_1	B_1	—	B_2
3	观众厅、会议厅、多功能厅、等候厅等	每个厅建筑面积＞400m²	A	A	B_1	B_1	B_1	B_1	B_1	B_1
		每个厅建筑面积≤400m²	A	B_1	B_1	B_1	B_2	B_1	B_1	B_2
4	体育馆	＞3000 座位	A	A	B_1	B_1	B_1	B_1	B_1	B_2
		≤3000 座位	A	B_1	B_1	B_1	B_2	B_2	B_1	B_2
5	商店的营业厅	每层建筑面积＞1500m² 或总面积＞3000m²	A	B_1	B_1	B_1	B_1	B_1	—	B_2
		每层建筑面积≤1500m² 或总建筑面积≤3000m²	A	B_1	B_1	B_1	B_2	B_1	—	—
6	宾馆、饭店的客房及公共活动用房等	设置送回风道（管）的集中空气调节系统	A	B_1	B_1	B_1	B_2	B_2	—	B_2
		其他	B_1	B_1	B_2	B_2	B_2	B_2	—	—
7	养老院、托儿所、幼儿园的居住及活动场所	—	A	A	B_1	B_1	B_2	B_1	—	B_2
8	医院的病房区、诊疗区、手术区	—	A	A	B_1	B_1	B_2	B_1	—	B_2
9	教学场所、教学实验场所	—	A	B_1	B_2	B_2	B_2	B_2	B_2	B_2
10	纪念馆、展览馆、博物馆、图书馆、档案馆、资料馆等的公众活动场所	—	A	B_1	B_1	B_1	B_2	B_1	—	B_2
11	存放文物、纪念展览物品、重要图书、档案、资料的场所	—	A	A	B_1	B_1	B_2	B_1	—	B_2
12	歌舞娱乐游艺场所	—	A	B_1	B_1	B_1	B_1	B_1	B_1	B_1
13	A、B 级电子信息系统机房及装有重要机器、仪器的房间	—	A	A	B_1	B_1	B_1	B_1	B_1	B_1
14	餐饮场所	营业面积＞100m²	A	B_1	B_1	B_1	B_2	B_1	—	B_2
		营业面积≤100m²	B_1	B_1	B_1	B_2	B_2	B_2	—	B_2
15	办公场所	设置送回风道（管）的集中空气调节系统	A	B_1	B_1	B_1	B_2	B_2	—	B_2
		其他	B_1	B_1	B_2	B_2	B_2	—	—	—
16	其他公共场所	—	B_1	B_1	B_2	B_2	B_2	—	—	—
17	住宅	—	B_1	B_1	B_1	B_1	B_2	B_2	—	B_2

（二）允许放宽条件

1．局部放宽

单层、多层民用建筑内面积小于 100m² 的房间，当采用耐火极限不低于 2h 的防火隔墙和甲级防火门、窗与其他部位分隔时，其装修材料的燃烧性能等级可在表 10-2 的基础上降低一级。

2．设有自动消防设施的放宽

当单层、多层民用建筑需做内部装修的空间内装有自动灭火系统时，除顶棚外，其内部装修材料的燃烧性能等级可在表 10-2 规定的基础上降低一级；当同时装有火灾自动报警装置和自动灭火系统时，其装修材料的燃烧性能等级可在表 10-2 规定的基础上降低一级。

二、高层民用建筑内部装修防火设计

我国《建筑设计防火规范（2018 版）》（GB 50016—2014）规定：建筑高度大于 27m 的住宅建筑和 2 层及以上、建筑高度大于 24m 的公共建筑为高层民用建筑。

（一）基准要求

高层民用建筑内部各部位装修材料的燃烧性能等级不应低于表 10-3 中的规定。

现在许多大、中城市中的高层综合建筑内，不再是单一的居住、办公等，而是集中了多重使用功能，如有些高层建筑内含有小型电影放映厅、报告厅、会议厅、餐厅等。在这些地方，人员密度大且流动性大，因此对这些部位的装修进行了特别的规定。

表 10-3　高层民用建筑内部各部位装修材料的燃烧性能等级

序号	建筑物及场所	建筑规模、性质	装修材料燃烧性能等级									
			顶棚	墙面	地面	隔断	固定家具	装饰织物				其他装修装饰材料
								窗帘	帷幕	床罩	家具包布	
1	候机楼的候机大厅、贵宾候机室、售票厅、商店、餐饮场所等	—	A	A	B_1	B_1	B_1	B_1	—	—	—	B_1
2	汽车站、火车站、轮船客运站的候车（船）室、商店、餐饮场所等	建筑面积＞10000m²	A	A	B_1	B_1	B_1	B_1	—	—	—	B_2
		建筑面积≤10000m²	A	B_1	B_1	B_1	B_1	B_1	—	—	—	B_2
3	观众厅、会议厅、多功能厅、等候厅等	每个厅建筑面积＞400m²	A	A	B_1	B_1	B_1	B_1	B_1	—	B_1	B_1
		每个厅建筑面积≤400m²	A	B_1	B_1	B_1	B_2	B_1	B_1	—	B_1	B_1
4	商店的营业厅	每层建筑面积＞1500m²或总面积＞3000m²	A	B_1	B_1	B_1	B_1	B_1	B_1	—	B_2	B_1
		每层建筑面积≤1500m²或总建筑面积≤3000m²	A	B_1	B_1	B_1	B_1	B_1	B_2	—	B_2	B_2
5	宾馆、饭店的客房及公共活动用房等	一类建筑	A	B_1	B_1	B_1	B_2	B_1	—	B_1	B_2	B_1
		二类建筑	A	B_1	B_1	B_1	B_2	B_2	—	B_2	B_2	B_2

（续）

序号	建筑物及场所	建筑规模、性质	装修材料燃烧性能等级									
			顶棚	墙面	地面	隔断	固定家具	装饰织物				其他装修装饰材料
								窗帘	帷幕	床罩	家具包布	
6	养老院、托儿所、幼儿园的居住及活动场所	—	A	A	B_1	B_1	B_2	B_1	—	B_2	B_2	B_1
7	医院的病房区、诊疗区、手术区	—	A	A	B_1	B_1	B_2	B_1	B_1	—	B_2	B_1
8	教学场所、教学实验场所	—	A	B_1	B_2	B_2	B_2	B_1	B_1	—	B_1	B_2
9	纪念馆、展览馆、博物馆、图书馆、档案馆、资料馆等的公众活动场所	一类建筑	A	B_1	B_1	B_1	B_2	B_1	B_1	—	B_1	B_1
		二类建筑	A	B_1	B_1	B_1	B_2	B_1	B_2	—	B_2	B_2
10	存放文物、纪念展览物品、重要图书、档案、资料的场所	—	A	A	B_1	B_1	B_2	B_1	—	—	B_1	B_2
11	歌舞娱乐游艺场所	—	A	B_1	B_1	B_1	B_1	B_1	B_1	B_1	B_1	B_1
12	A、B 级电子信息系统机房及装有重要机器、仪器的房间	—	A	A	B_1	B_1	B_1	B_1	B_1	—	B_1	B_1
13	餐饮场所	—	A	B_1	B_1	B_1	B_2	B_1	—	—	B_1	B_2
14	办公场所	一类建筑	A	B_1	B_1	B_1	B_2	B_1	B_1	—	B_1	B_1
		二类建筑	A	B_1	B_1	B_1	B_2	B_1	B_2	—	B_2	B_2
15	电信楼、财贸金融楼、邮政楼、广播电视楼、电力调度楼、防灾指挥调度楼	一类建筑	A	A	B_1	B_1	B_1	B_1	B_1	—	B_2	B_1
		二类建筑	A	B_1	B_2	B_2	B_2	B_1	B_2	—	B_2	B_2
16	其他公共场所	—	A	B_1	B_1	B_1	B_2	B_2	B_2	B_2	B_2	B_2
17	住宅	—	A	B_1	B_1	B_1	B_2	B_1	—	B_1	B_2	B_1

（二）允许放宽条件

1. 局部放宽

除特殊场所和表 10-3 中序号为 10～12 规定的部位外，高层民用建筑的裙房内面积小于 500m²的房间，当设有自动灭火系统，并且采用耐火极限不低于 2h 的防火隔墙和甲级防火门、窗与其他部位分隔时，顶棚、墙面、地面装修材料的燃烧性能等级可在表 10-3 规定的基础上降低一级。

2. 设有自动消防设施的放宽

除特殊场所和表 10-3 中序号为 10～12 规定的部位外，以及大于 400m² 的观众厅、会议厅和 100m 以上的高层民用建筑外，当设有火灾自动报警装置和自动灭火系统时，除顶棚外，其内部装修材料的燃烧性能等级可在表 10-3 规定的基础上降低一级。

（三）特殊要求

近年来，电视塔等特殊高耸建筑物的建筑高度越来越高，内部还建有允许公众进入的观光厅、餐厅等。由于这类建筑物形式的限制，人员在危险的情况下的疏散十分困难，因此有必要限制这类建筑物内可燃装修材料的使用，降低火灾发生以及蔓延的可能性，所以特对此类建筑做出较为严格的要求。《建筑内部装修设计防火规范》（GB 50222—2017）中规定，电视塔等特殊高层建筑的内部装修，装饰织物应采用不低于 B_1 级的材料，其他均应采用 A 级装修材料。

三、地下民用建筑内部装修防火设计

随着地下空间的开发和利用，城市中规划建筑了各种类型的地下民用建筑。地下民用建筑系指单层、多层、高层民用建筑的地下部分，单独建造在地下的民用建筑以及平战结合的地下人防工程。地下民用建筑较地面建筑更加密闭，热量、烟气不易散发，人员疏散和火灾扑救均更加艰难。

（一）装修防火标准

地下民用建筑各部位装修设计必须符合表 10-4 中的规定。

表 10-4 地下民用建筑内部各部位装修材料的燃烧性能等级

序号	建筑物及场所	装修材料燃烧性能等级						
		顶棚	墙面	地面	隔断	固定家具	装饰织物	其他装修材料
1	观众厅、会议厅、多功能厅、等候厅等，商店的营业厅	A	A	A	B_1	B_1	B_1	B_2
2	宾馆、饭店的客房及公共活动用房等	A	B_1	B_1	B_1	B_1	B_1	B_2
3	医院的诊疗区、手术区	A	A	B_1	B_1	B_1	B_1	B_2
4	教学场所、教学实验场所	A	A	B_1	B_2	B_2	B_1	B_2
5	纪念馆、展览馆、博物馆、图书馆、档案馆、资料馆等的公众活动场所	A	A	B_1	B_1	B_1	B_1	B_1
6	存放文物、纪念展览物品、重要图书、档案、资料的场所	A	A	A	A	A	B_1	B_1
7	歌舞娱乐游艺场所	A	A	B_1	B_1	B_1	B_1	B_1
8	A、B 级电子信息系统机房及装有重要机器、仪器的房间	A	A	B_1	B_1	B_1	B_1	B_1
9	餐饮场所	A	A	A	B_1	B_1	B_1	B_2
10	办公场所	A	B_1	B_1	B_1	B_1	B_2	B_2
11	其他公共场所	A	B_1	B_1	B_2	B_2	B_2	B_2
12	汽车库、修车库	A	A	B_1	A	A	—	—

地下建筑装修防火要求主要取决于人员的密度。对于人员密集的商场营业厅、电影院观众厅等在选用装修材料时，防火标准要求高；而对旅馆客房、医院病房，以及各类建筑的办公用房，因其容纳人员较少且经常有专人管理，所以选用装修材料燃烧性能等级时适当放宽。对于图书、资料类库房，因可燃烧物数量大，所以要求全部采用不燃材料装修。

表 10-4 中娱乐场是指建在地下的体育及娱乐建筑，如球类、棋类以及文体娱乐项目的比赛与练习场所。

（二）允许放宽条件

除特殊场所和表 10-4 中序号为 6～8 规定的部位外，单独建造的地下民用建筑的地上部分，其门厅、休息室、办公室等内部装修材料的燃烧性能等级可在表 10-4 的基础上降低一级。

四、厂房建筑内部装修防火设计

厂房内部各部位装修材料的燃烧性能等级，不应低于表 10-5 的规定。

表 10-5 厂房内部各部位装修材料的燃烧性能等级

序号	厂房及车间的火灾危险性和性质	建筑规模	装修材料燃烧性能等级						
			顶棚	墙面	地面	隔断	固定家具	装饰织物	其他装修材料
1	甲、乙类厂房 丙类厂房中的甲、乙类生产车间 有明火的丁类厂房、高温车间	—	A	A	A	A	A	B_1	B_1
2	劳动密集型丙类生产车间或厂房 火灾荷载较高的丙类生产车间或厂房 洁净车间	单/多层	A	A	B_1	B_1	B_1	B_2	B_2
		高层	A	A	A	B_1	B_1	B_1	B_1
3	其他丙类生产车间或厂房	单/多层	A	B_1	B_2	B_2	B_2	B_2	B_2
		高层	A	B_1	B_1	B_1	B_1	B_1	B_1
4	丙类厂房	地下	A	A	A	B_1	B_1	B_1	B_1
5	无明火的丁类厂房戊类厂房	单/多层	B_1	B_2	B_2	B_2	B_2	B_2	B_2
		高层	B_1	B_1	B_2	B_2	B_1	B_1	B_1
		地下	A	A	B_1	B_1	B_1	B_1	B_1

除特殊场所和部位外，当单层、多层丙、丁、戊类厂房内同时设有火灾自动报警和自动灭火系统时，除顶棚外，其装修材料的燃烧性能等级可在表 10-5 规定的基础上降低一级。

当厂房的地面为架空地板时，其地面应采用不低于 B_1 级的装修材料。

附设在工业建筑内的办公、研发、餐厅等辅助用房，当采用现行国家标准《建筑设计防火规范（2018 版）》（GB 50016—2014）规定的防火分隔和疏散设施时，其内部装修材料的燃烧性能等级可按民用建筑的规定执行。

五、仓库建筑内部装修防火设计

仓库内部各部位装修材料的燃烧性能等级，不应低于表 10-6 的规定。

表 10-6 仓库内部各部位装修材料的燃烧性能等级

序　号	仓 库 类 别	建 筑 规 模	装修材料燃烧性能等级			
			顶棚	墙面	地面	隔断
1	甲、乙类仓库	—	A	A	A	A
2	丙类仓库	单层及多层仓库	A	B_1	B_1	B_1
		高层及地下仓库	A	A	A	A
		高架仓库	A	A	A	A
3	丁、戊类仓库	单层及多层仓库	A	B_1	B_1	B_1
		高层及地下仓库	A	A	A	B_1

【思考与练习题】

1. 单、多层民用建筑内部装修防火设计基本要求有哪些？
2. 高层民用建筑内部装修防火设计基本要求有哪些？

第四节　建筑外墙保温概述

【学习目标】

1. 了解建筑外墙保温材料的类型。
2. 掌握有机高分子保温材料的火灾危险性。

外墙保温系统是集节能、保温、隔音、装饰效果为一体的非承重性建筑墙体系统。随着“普及低碳理念，实践低碳生活”要求的提高，建筑节能与低碳环保成了当前建筑发展的基本要求。2007 年 10 月，国家下达文件，要求全国各地新建建筑必须做建筑外墙保温，既有建筑限期改造，以实现住建部提出的“十一五”期间建筑节能贡献率要达到 20%的节能发展目标。由于此前的防火规范对外墙保温材料的选用没有提出明确的防火要求，外墙保温施工中大量使用易燃可燃材料，致使外墙保温材料引发的建筑火灾频繁发生，建筑外墙保温的消防安全成为建筑防火设计的重要课题。

一、建筑外墙保温系统的类型

外墙保温指采用一定的固定方式，把导热系数较低、保温隔热效果较好的绝热材料与建筑外墙固定一体，增加墙体的平均热阻值，从而达到保温或隔热效果的一种工程做法。目前，外墙保温技术主要包括外墙内保温系统、外墙自保温系统、外墙外保温系统。我国寒冷地区的建筑早在解放初就已经开始进行保温工作，采用的主要就是外墙内保温系统，但由于内保温系统保温效果差且影响建筑内部装修和使用因此没有广泛推广。外墙外保温系统不但在保温功能方面存在较大优势，而且由于保温层置于建筑围护结构外侧，能使建筑避免雨、雪、冻融、干湿循环造成的结构破坏，减少空气中有害气体和紫外线对围护结构的侵蚀。外墙外保温系统是现在国内外建筑节能保温施工中常用的方法。

二、建筑外墙保温材料的类型

保温材料是指导热系数小于或等于 0.2 的材料。目前广泛采用的外墙外保温材料主要有三大类：一类是以矿物棉、玻璃棉和无机保温砂浆为主的无机保温材料，通常被认定为不燃性材料；一类是以胶粉聚苯颗粒保温浆料为主的有机-无机复合型保温材料，通常被认定为难燃性材料；另一类是以聚苯乙烯泡沫塑料（包括 EPS 和 XPS）和硬质聚氨酯泡沫塑料（PU）为主的有机保温材料，通常被认定为可燃性材料。各种保温材料的燃烧性能具体见表 10-7。由于各种原因，我国建筑保温行业一直保持低门槛。有机保温材料由于具有导热系数低、节能效果好、材质轻、价格低、施工工艺成熟等优点，占据建筑保温材料市场大部分的份额，但它们最大的缺陷是火灾危险性大。

表 10-7　各种保温材料的燃烧性能

材料名称	岩棉	矿棉	泡沫玻璃	膨胀蛭石	膨胀玻化微珠	加气混凝土	胶粉聚苯颗粒	EPS	XPS	硬质聚氨酯泡沫塑料
燃烧性能	A	A	A	A	A	A	B_1	B_2	B_2	B_2

三、有机高分子保温材料的火灾危险性

有机高分子保温材料主要包括聚苯乙烯泡沫塑料（EPS）、挤塑板（XPS）和硬质聚氨酯泡沫塑料（PU）。它们最大的优点是质量轻、保温隔热性能好，价钱较低。最大的缺陷是火灾危险性大，主要表现在以下方面。

（一）着火燃烧容易

目前建筑外墙采用的保温材料绝大多数是聚苯乙烯和聚氨酯，其燃烧性能属 B_2 级的可燃材料，一个小火源即能引起保温材料着火燃烧。如 2009 年 4 月 19 日南京市山西路中环国际大厦着火，起火原因是工人电焊火花点燃了暴露在外的墙体保温层，大火从 8 楼空调外机井处的保温层一直烧到大厦最顶楼。2010 年 9 月 22 日乌鲁木齐长春路一栋 26 层在建高层建筑外墙的火灾原因为电源插头破损打火引发保温层着火。

（二）火势燃烧蔓延快

没有经过阻燃处理的有机高分子保温材料燃烧速度很快，蔓延极为迅速，从初期燃烧到猛烈燃烧，在时间上基本没有明显的划分。同时，燃烧热值高，热辐射强。2009 年 2 月 9 日央视新大楼北配楼火灾从起火到整个大楼都燃烧起来只有十几分钟，消防部门投入 100 多台消防车和 1000 多消防官兵施救了 8 个多小时，直到整个大楼的外壳被燃完。上海“11 • 15”大火从点燃到整个大楼被大火吞噬仅用了 6 分钟，最后也是整个大楼外层被烧完。

（三）产生毒害性气体

有机高分子保温材料燃烧时会产生浓重的烟雾，烟雾中含有大量的毒害性气体。聚苯乙烯、挤塑板和硬质聚氨酯等保温材料燃烧时，能产生一氧化碳、二氧化碳、氧化氮等有毒气体和氰化氢、氯化氢等剧毒气体，根据对火灾事故中人员伤亡分析，90%以上人员的伤亡主要是由于吸入这种混合烟雾毒气造成的。2010 年 11 月 15 日，上海市静安区胶州路一栋 28 层住宅楼因电焊施工引燃聚氨酯泡沫等易燃保温材料，有毒浓烟迅速进入建筑内部，导致 58 人死亡 70 人受伤。2011 年 4 月 19 日，上海电信大楼因装修工人切割施工作业时引燃可燃的风管保温材料，导致 4 人死亡。

（四）燃烧产生熔滴

多数有机高分子保温材料燃烧时能产生熔滴。特别是 EPS 泡沫、XPS 泡沫，耐火性极差，在 80℃就产生熔融变形滴落。熔滴温度较高，由起火部位向下滴落时不但能伤人，还会使火灾迅速地向下蔓延，形成整个建筑外立面的立体火灾。2009 年 2 月央视新大楼北配楼由于燃放烟花爆竹引燃屋顶和墙体挤塑板保温材料，挤塑板遇火熔化后产生的滴落物迅速引发了更严重的燃烧，火势迅速蔓延至整个大楼的立面。

【思考与练习题】

1．建筑外墙保温施工的意义有哪些？

2．有机高分子保温材料的火灾危险性有哪些？

第五节 建筑外墙保温防火设计要求

【学习目标】

1. 了解建筑外墙采用内保温系统的防火设计要求。
2. 掌握建筑外墙采用外保温系统的防火设计要求。

建筑是百年大业，建筑节能是建筑发展的基本要求，随着全国各地外墙保温施工改造的推行，由于一些工程的建设单位、设计单位以及施工单位采用易燃可燃的外墙保温材料，加之施工现场安全主体责任不落实，监管不到位，由此引发的火灾事故此起彼伏。建筑节能是我国向世界承诺完成低碳减排任务的重大措施，不能因为外墙保温系统着火而否定建筑节能的目标和做法，而应该严格把握建筑外墙保温系统防火设计关，制定科学合理的火灾防范对策。把好源头安全防范关，避免由可燃外墙保温材料和不安全的施工所带来的火灾隐患永远埋在建筑里威胁建筑使用人员的安全。

一、建筑外墙保温防火的一般要求

我国建筑能耗占社会总能耗比例约为30%，既有建筑中的80%以上属高能耗建筑。国内外大量的工程实践证明，目前广泛采用的外墙保温系统是较好的建筑保温节能技术。为了防止建筑外墙因保温系统引发火灾，建筑外墙保温系统应满足以下要求。

（1）建筑的内、外保温系统，宜采用燃烧性能为A级的保温材料，不宜采用B_2级保温材料，严禁采用B_3级保温材料；设置保温系统的基层墙体或屋面板的耐火极限应符合《建筑设计防火规范（2018版）》（GB 50016—2014）的规定。

（2）建筑外墙采用保温材料与两侧墙体构成无空腔复合保温结构体时，该结构体的耐火极限应符合《建筑设计防火规范（2018版）》（GB 50016—2014）的有关规定；当保温材料的燃烧性能为B_1、B_2级时，保温材料两侧的墙体应采用不燃烧材料且厚度均不应小于50mm。

（3）电气线路不应穿越或敷设在B_1或B_2级保温材料中；确需穿越或敷设时，应采取穿金属管并在金属管周围采用不燃隔热材料进行防火隔离等防火保护措施。设置开关、插座等电器配件的部位周围应采取不燃隔热材料进行防火隔离等防火保护措施。

二、建筑外墙采用内保温系统的防火设计要求

在我国建筑节能技术发展的起步阶段，外墙内保温应用比较广泛，这是因为当时外墙外保温技术尚不成熟，而且内保温也有一定的好处，例如造价低、安装方便等。但是随着我国节能标准的提高，内保温由于存在无法避免的“热桥”作用，会给建筑物带来某些不利的影响。“热桥”指的是在内外墙交界处、构造柱、框架梁、门窗洞等部位，形成的散热的主要渠道。建筑外墙采用内保温系统时，保温系统应符合下列规定：

（1）对于人员密集场所，用火、燃油、燃气等具有火灾危险性的场所以及各类建筑内的疏散楼梯间、避难走道、避难间、避难层等场所或部位，应采用燃烧性能为 A 级的保温材料。

（2）对于其他场所，应采用低烟、低毒且燃烧性能不低于 B_1 级的保温材料。

（3）保温系统应采用不燃材料做防护层。采用燃烧性能为 B_1 级的保温材料时，防护层的厚度不应小于 10mm。

三、建筑外墙采用外保温系统的防火设计要求

建筑外墙外保温是目前大力推广的一种建筑保温节能技术。外保温与内保温相比，技术合理，有其明显的优越性：一是保护主体结构，延长建筑物寿命；二是基本消除“热桥”的影响；三是使墙体潮湿情况得到改善；四是有利于室温保持稳定；五是便于旧建筑物进行节能改造；六是可以避免装修对保温层的破坏；七是增加房屋使用面积。建筑外墙采用外保温系统时，应符合下列规定：

（1）设置人员密集场所的建筑，其外墙外保温材料的燃烧性能应为 A 级。

（2）与基层墙体、装饰层之间无空腔的建筑外墙外保温系统，与基层墙体、装饰层之间有空腔的建筑外墙外保温系统，其保温材料应符合表 10-8 的规定。

表 10-8　民用建筑外墙外保温系统防火要求

<table>
<tr><th colspan="2">建筑分类</th><th>高度 H（m）</th><th>保温材料燃烧性能</th><th>耐火窗</th><th>防火隔离带</th></tr>
<tr><td rowspan="6">无空腔的建筑外墙</td><td rowspan="3">住宅建筑</td><td>$H \geq 100$</td><td>A 级</td><td></td><td></td></tr>
<tr><td>$100 > H \geq 27$</td><td>不应低于 B_1 级</td><td rowspan="2">建筑外墙上门窗的耐火完整性不低于 0.5h</td><td rowspan="2">每层设置 A 级的水平防火隔离带，高度不应小于 300mm</td></tr>
<tr><td>$H < 27$</td><td>不应低于 B_2 级</td></tr>
<tr><td rowspan="3">住宅建筑及设置人员密集场所的建筑</td><td>$H \geq 50$</td><td>A 级</td><td></td><td></td></tr>
<tr><td>$24 \leq H < 50$</td><td>不应低于 B_1 级</td><td rowspan="2">建筑外墙上门窗的耐火完整性不低于 0.5h</td><td rowspan="2">每层设置 A 级的水平防火隔离带，高度不应小于 300mm</td></tr>
<tr><td>$H < 24$</td><td>不应低于 B_2 级</td></tr>
<tr><td colspan="2" rowspan="2">有空腔的建筑外墙</td><td>$H \geq 24$</td><td>A 级</td><td></td><td></td></tr>
<tr><td>$H < 24$</td><td>不应低于 B_1 级</td><td></td><td>每层设置 A 级的水平防火隔离带，高度不应小于 300mm</td></tr>
</table>

注：1．建筑的外墙保温系统应采用不燃材料在其表面设置防护层，防护层应将保温材料完全包覆。除《建筑设计防火规范（2018 版）》（GB 50016—2014）第 6.7.3 条规定的情况外，当按本表规定采用 B_1、B_2 级保温材料时，防护层厚度首层不应小于 15mm，其他层不应小于 5mm。

2．建筑外墙保温系统与基层墙体、装饰层之间的空腔，应在每层楼板处采用防火封堵材料封堵。

（3）建筑的屋面外保温系统，当屋面板的耐火极限不低于 1h 时，其保温材料的燃烧性能不应低于 B_2 级；当屋面板的耐火极限低于 1h 时，不应低于 B_1 级。采用 B_1、B_2 级保温材料的屋面保温系统，应采用不燃材料做防护层且防护层的厚度不应小于 10mm。

当屋面和外墙均采用 B_1、B_2 级保温材料时，应采用宽度不小于 500mm 的不燃材料设置防火隔离带将屋面和外墙分隔。

【思考与练习题】

1．建筑外墙保温系统的耐火窗和防护层如何设计？

2．水平隔离带主要应用于建筑外墙保温系统的哪些地方？

第十一章　建筑消防设施

建筑消防设施是指在建筑物、构筑物中设置的用于火灾报警、灭火、人员疏散、防火分隔、灭火救援行动等设施的总称。归纳起来，常见的建筑消防设施有火灾自动报警设施（系统）、防火分隔设施、安全疏散设施、防排烟设施和灭火设施五大类。熟悉各类建筑消防设施的系统组成及工作原理，并能熟练操作，是成功处置现代建筑火灾的关键。

由于防火分隔设施、安全疏散设施和防排烟设施已在本书前面相关章节做了系统介绍，这里不再赘述。本章结合灭火救援工作实际需要，重点介绍火灾自动报警设施（系统）和几种主要的灭火设施。

第一节　火灾自动报警系统

【学习目标】

1. 了解火灾自动报警系统的系统组成及基本形式。
2. 熟悉火灾自动报警系统的工作原理。
3. 掌握火灾自动报警系统的火灾报警处理方法。

火灾自动报警系统是火灾探测报警与消防联动控制系统的简称，是人们为了早期发现、通报火灾，并及时引导人员疏散和联动各种消防设施并接受设备的反馈信号，而设置在建筑中或其他场所的一种自动消防设施，是建筑各类消防设施的核心组成部分。发生火灾时，火灾自动报警系统能及时探测火灾，发出火灾报警，同时启动火灾警报装置；启动自动防排烟设施；启动应急照明系统、火灾应急广播等疏散设施，引导火灾现场人员及时疏散；启动相应防、灭火设施，防止火灾蔓延扩大，同时实施灭火，以减少火灾损失。

一、火灾自动报警系统的主要系统组成及其功能原理

火灾自动报警系统最基本的系统组成主要有触发器件（火灾探测器、手动火灾报警按钮）、火灾报警控制器、火灾报警器（声光报警器）、联动控制装置等，如图 11-1 所示。

在火灾自动报警系统中，安装在现场的火灾探测器监测保护区域内火灾特征参数（烟雾、高温、火焰等）的变化情况，一旦探测到火灾事故发生，火灾探测器将火灾特征参数的变化情况转变为电信号并传输给火灾报警控制器；火灾报警控制器接收到现场火灾报警信号后，发出火灾报警信号，启动相应的火灾报警装置并将火灾报警信息传输给消防联动控制设备；消防联动控制设备再发出各类联动控制信号，启动相应的疏散设施、防排烟设施、防火分隔设施和灭火设施等。

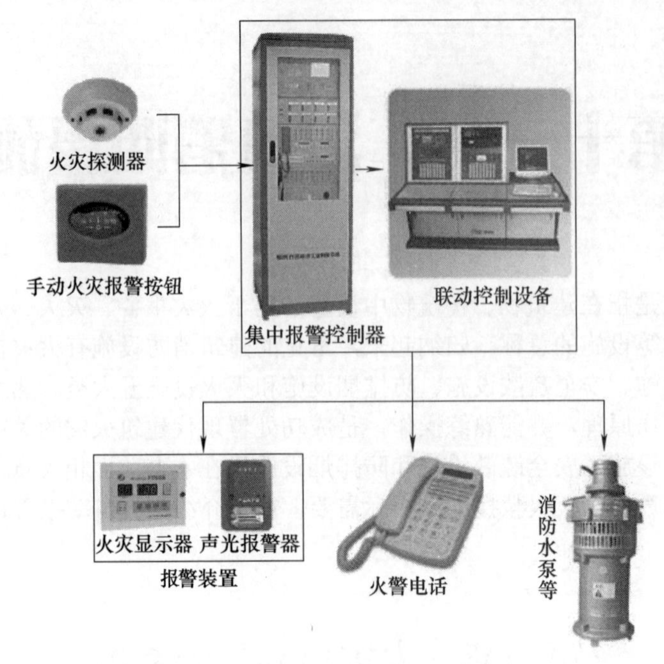

图 11-1　火灾自动报警设施的系统组成

（一）火灾探测器

火灾探测器的作用首先是将火灾现场的相关火灾特征参数，如烟雾、高温、火焰等转变为电信号，然后通过弱电线路将此电信号传输给火灾报警控制器，如图 11-2 所示。

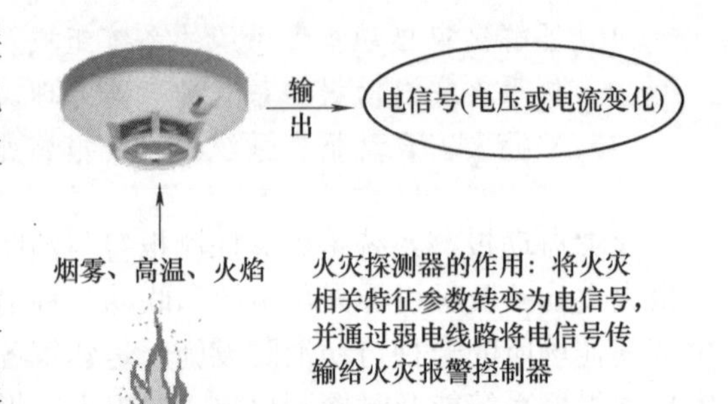

图 11-2　火灾探测器的功能

1．火灾探测器的常见分类

根据探测器的结构造型，火灾探测器可分为点型火灾探测器和线型火灾探测器两种；根据探测器感应的火灾参数，火灾探测器分为感烟式火灾探测器、感温式火灾探测器、火焰火灾探测器和复合式火灾探测器四种。另外，结构造型和感应参数相同的火灾探测器，根据探测原理的不同，还可做进一步分类。火灾探测器的常见分类情况详见表 11-1。

表 11-1　火灾探测器的分类

结构造型	感应参数	探测原理
点型火灾探测器	感烟式火灾探测器	离子感烟式火灾探测器
		光电感烟式火灾探测器
	感温式火灾探测器	定温式火灾探测器
		差温式火灾探测器
		差定温式火灾探测器
	火焰火灾探测器	红外线式火灾探测器
		紫外线式火灾探测器

（续）

结构造型	感应参数	探测原理
点型火灾探测器	复合式火灾探测器	感温感烟火灾探测器
		感温感光火灾探测器
		感烟感光火灾探测器
		感温感烟感光火灾探测器
线型火灾探测器	感烟式火灾探测器	激光感烟探测器
		红外光束感烟火灾探测器
	感温式火灾探测器	电缆式定温火灾探测器
		空气管差温式火灾探测器

2. 火灾探测器的选择

由于探测原理、结构特点不同，不同种类的火灾探测器适用场所不尽相同。火灾探测器的选择，要根据探测区域内可能发生的初起火灾特征、房间高度、环境条件等因素综合确定。

（1）根据初起火灾特征选择火灾探测器。

1）火灾初期有阴燃阶段，产生大量的烟和少量热，很少或没有火焰辐射，应选用感烟式火灾探测器。

2）火灾发展迅速，产生大量的热、烟和火焰辐射，可选用感烟式火灾探测器、感温式火灾探测器或火焰火灾探测器，或是其组合的复合式火灾探测器。

3）火灾发展迅速，有强烈的火焰辐射和少量烟与热，应选用火焰火灾探测器。

4）初起火灾形成特征不可预测的，可进行火灾模拟试验，根据试验结果选择火灾探测器。

（2）根据设置场所环境条件选择火灾探测器。

1）下列场所不宜选用离子感烟式探测器：相对湿度长期大于 95%，气流速度大于 5m/s 的场所；有大量粉尘、水雾滞留，可能产生腐蚀性气体的场所；在正常情况下有烟滞留的场所；产生醇、醚类、酮类等有机物质的场所。

2）可能产生阴燃或者发生火灾不及早报警将造成重大损失的场所，不宜选用感温式探测器；温度在 0℃以下的场所，不宜选用定温式探测器；正常情况下温度变化大的场所，不宜选用差温式探测器。

3）有下列情形的场所，不宜选用火焰火灾探测器：

① 可能发生无焰燃烧的火灾。

② 在火焰出现前有浓烟扩散。

③ 探测器的镜头易被污染。

④ 探测器的“视线”易被遮挡。

⑤ 探测器易被阳光或其他光源直接或间接照射。

⑥ 在正常情况下，有明火作业及 X 射线、弧光等影响。

（3）根据房间高度选择火灾探测器。房间高度直接影响火灾探测器的选择，房间高度与火灾探测器的选用关系见表 11-2。

表 11-2　不同高度房间的火灾探测器选择

房间高度 h（m）	感烟式探测器	感温式探测器			火焰火灾探测器
		一级	二级	三级	
$12<h\leqslant 20$	不适合	不适合	不适合	不适合	适合
$8<h\leqslant 12$	适合	不适合	不适合	不适合	适合
$6<h\leqslant 8$	适合	适合	不适合	不适合	适合
$4<h\leqslant 6$	适合	适合	适合	不适合	适合
$h\leqslant 4$	适合	适合	适合	适合	适合

注：感温式探测器灵敏度是指探测器在火灾条件下响应温度参数的敏感程度。感温式探测器灵敏度分为一级、二级、三级 3 个级别，其响应温度分别为 62℃、70℃与 78℃，一级灵敏度最高，三级灵敏度最低。

3．火灾探测器数量的确定

《火灾自动报警系统设计规范》（GB 50116—2013）规定：探测区域内每个房间至少应设置一只火灾探测器。一个探测区域内所需设置的探测器数量，按下计算

$$N\geqslant\frac{S}{KA} \tag{11-1}$$

式中　N——一个探测区域内所需设置的探测器数量（只），取整数；

S——一个探测区域的面积（m^2）；

A——单个探测器的保护面积（m^2），常用的感烟式、感温式火灾探测器的保护面积及保护半径见表 11-3；

K——修正系数，重点保护建筑取 0.7～0.9，非重点保护建筑取 1。

表 11-3　感烟式、感温式火灾探测器的保护面积及保护半径

火灾探测器种类	探测器区域地面面积 S（m^2）	房间高度 h（m）	探测器的保护面积及保护半径					
			探测器安装面（屋顶、楼板或吊顶）坡度 α					
			$\alpha\leqslant 15°$		$15°<\alpha\leqslant 30°$		$\alpha>30°$	
			A/m^2	R/m	A/m^2	R/m	A/m^2	R/m
感烟式探测器	$S\leqslant 80$	$h\leqslant 12$	80	6.7	80	7.2	80	8
	$S>80$	$6<h\leqslant 12$	80	6.7	100	8	120	9.9
		$h\leqslant 6$	60	5.8	80	7	100	9
感温式探测器	$S\leqslant 30$	$h\leqslant 8$	30	4.4	30	4.9	30	5.5
	$S>30$	$h\leqslant 8$	20	3.6	30	4.9	40	6.3

探测区域是指按探测火灾的部位划分的单元，是有热气流或烟雾充满的区域。就屋内顶棚表面和顶棚内部而言，探测区域是指被墙、楼板和突出吊顶或楼板下表面 0.6m 及以上的梁等构件分隔的部位。如图 11-3 所示，图示空间被划分为 A、B、C 三个探测区域。

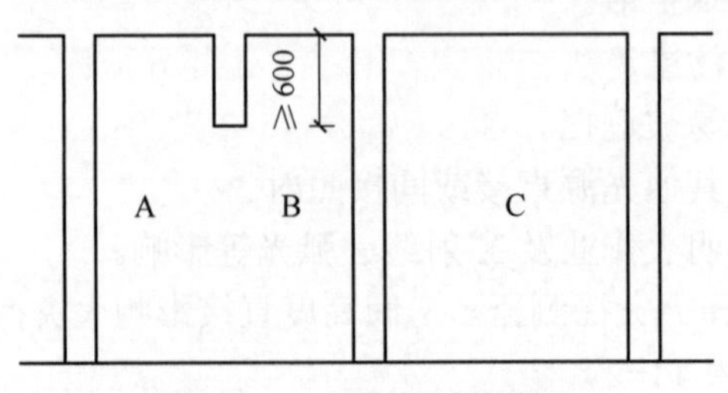

图 11-3　探测区域的划分

（二）手动火灾报警按钮

手动火灾报警按钮是用手动方式产生火灾电信号的一种触发器件。在火灾自动报警系统中，为防止火灾探测器出现故障致使系统不能正常探测火灾，必须在建筑公共部位安装手动火灾报警按钮。当现场人员确认火灾发生时，按下手动火灾报警按钮，即可产生火灾电信号并通过弱电线路传递给火灾报警控制器，如图 11-4 所示。

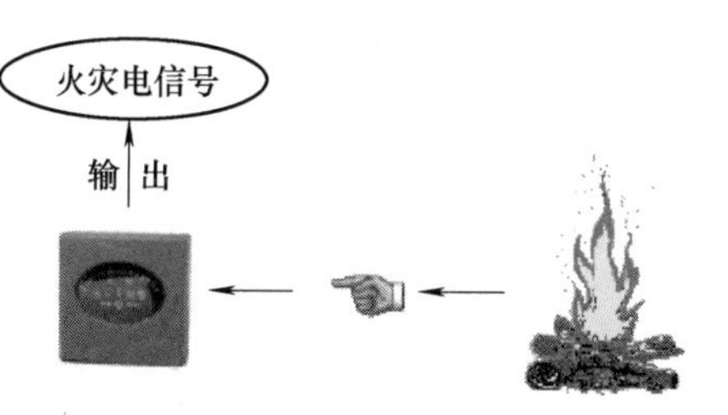

图 11-4 手动火灾报警按钮的功能

（三）火灾报警控制器

火灾报警控制器是火灾自动报警系统的心脏，是消防系统的指挥中心。火灾报警控制器主要有四项功能：第一是接收并处理来自火灾探测器或手动火灾报警按钮传输来的火灾电信号，进行声、光报警；第二是显示与记录火灾发生的具体时间和部位；第三是向火灾探测器提供电源，监视其所连接火灾探测器及传输线路有无故障；第四是向联动控制装置发出联动信号，如图 11-5 所示。

火灾报警控制器按结构要求有壁挂式、立柜式和台式三种，如图 11-6 所示。

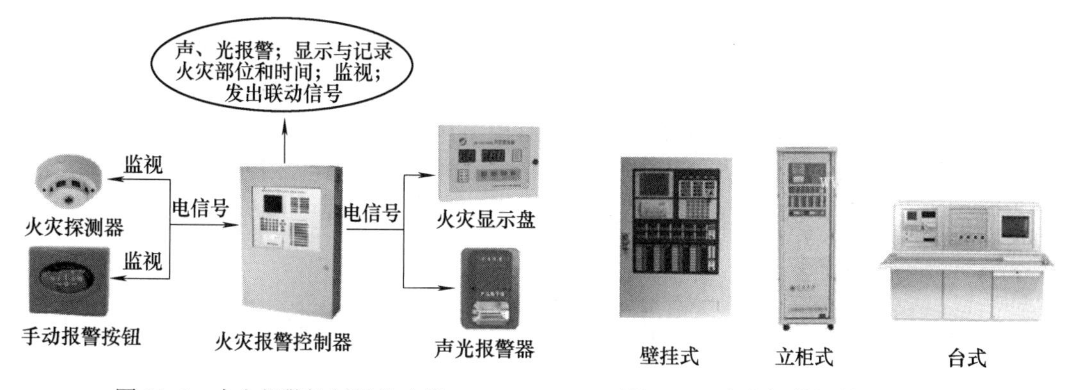

图 11-5 火灾报警控制器的功能

图 11-6 火灾报警控制器按结构要求分类

火灾报警控制器的工作状态显示于面板上，其按键操作也是通过面板完成的。下面以 JB-QB-2700/088 型区域报警控制器为例介绍火灾报警控制器的面板功能及其按键操作，如图 11-7 所示。

（1）显示控制器电源参数。位于控制器面板下半部分，主要显示过压与欠压保护、主电与备电状态、系统工作电压与时间显示等。

（2）运行状态指示灯。反映系统是否处于工作状态。

（3）火灾报警指示灯。在有火灾发生的情况下，以发光形式报警。

（4）故障指示灯。主要有短路与开路（断线）指示灯两种，当系统出现上述故障时，以发光形式报警。

（5）声响报警。在发生火灾或系统出现故障时发出声响报警，前者为火灾报警，后者为故障报警。

（6）部位显示。正常状态下，没有显示。当发生火灾时，显示安装于火灾发生部位的火灾探测器的部位或编号；当火灾探测器出现故障时，显示发生故障的火灾探测器的部位或编号。如图 11-7 所示的火灾报警控制器面板上，编号 001～015 即为火灾探测器的安装部位编号。

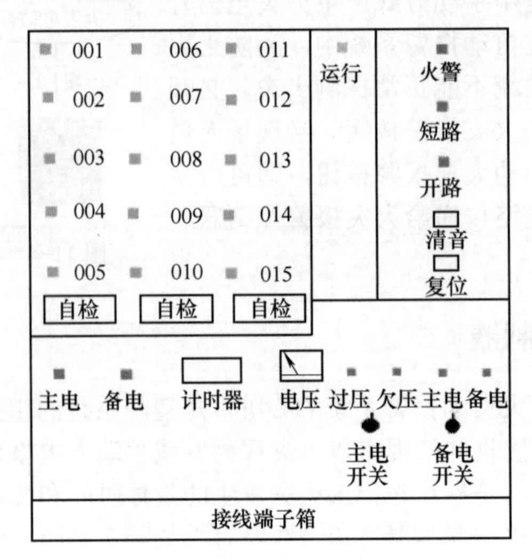

图 11-7　JB-QB-2700/088 型区域报警控制器面板

（7）计时器显示时间。正常情况下显示当前时间，当发生火灾或系统出现故障时，计时器显示与记录火灾报警或故障报警的日期和时间。

（8）清音（消声）键。按下清除火灾报警控制器的火灾报警声或故障报警声。

（9）复位键。按下复位键，将火灾报警控制器报警状态下的各种报警信息（火灾报警或故障报警）清除，使火灾报警控制器回到初始监视工作状态。

（10）自检键。按下此键自动检测系统是否处于正常工作状态，若有故障，系统会进行故障报警。

（四）火灾报警装置

火灾报警装置的作用是：当现场发生火灾被确认后，安装在现场的火灾报警设施由火灾报警控制器启动，发出强烈的声光信号，以达到提醒人员注意的目的。主要有声光报警器、火灾显示盘、报警门灯等。

（五）火灾联动控制装置

火灾联动控制装置是指在火灾自动报警系统中，当接收到来自触发器件或火灾报警控制器的火灾电信号后，能自动或手动启动相关消防设施并显示其工作状态的装置。

二、火灾自动报警系统的基本形式

根据火灾监控对象的特点和消防设施联动控制的要求不同，火灾自动报警系统的基本形式主要有三种：区域报警系统，集中报警系统和控制中心报警系统。

（一）区域报警系统

区域报警系统由火灾探测器、手动火灾报警按钮、区域报警控制器和火灾报警装置构成如图 11-8 所示。区域报警系统主要用于完成火灾探测和报警任务，适用于小型建筑对象或防火对象的单独监控。

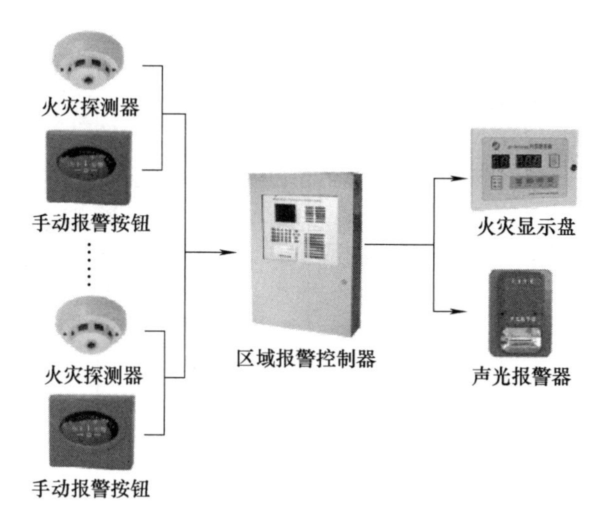

图 11-8 区域报警系统

（二）集中报警系统

集中报警系统由火灾探测器、手动火灾报警按钮、区域报警控制器和集中报警控制器等组成，如图 11-9 所示。集中报警控制器主要适用于高层宾馆、写字楼等对象。

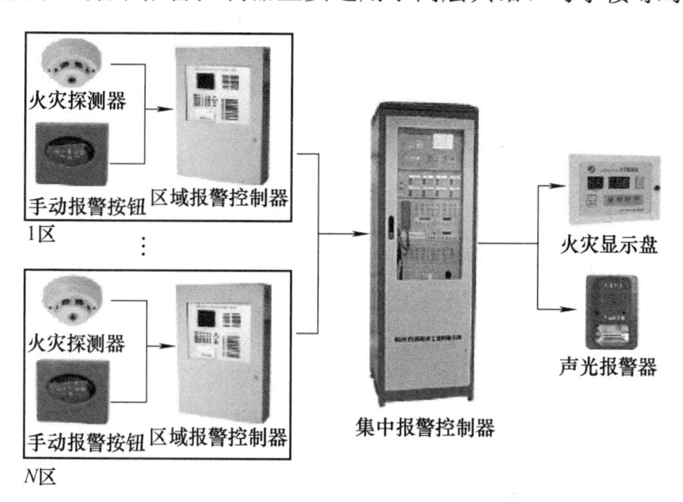

图 11-9 集中报警系统

（三）控制中心报警系统

控制中心报警系统是由设置在消防控制室的消防联动控制设备、集中火灾报警控制器、区域火灾报警控制器和火灾探测器等组成的功能复杂的火灾自动报警系统，如图 11-10 所示。控制中心报警系统不仅能监控和通报火灾，还能联动启动相关消防设备，如火警电话、火灾事故照明、防排烟设备、消防水泵等建筑消防设施，它是高层建筑及智能建筑中自动消防系统的主要类型，是楼宇自动化系统的重要组成部分。

图 11-10　控制中心报警系统

三、火灾自动报警的火灾报警处理

由于火灾自动报警系统自身或其监控范围内环境影响的原因，火灾自动报警系统的火灾报警可能会存在真实的火灾报警和误报警两种情况。真实的火灾报警是指系统监控范围内真有火灾发生，系统检测到火灾发生点而启动的真正意义上的火灾报警。误报警是指系统监控范围内没有发生火灾而系统显示火灾报警。误报警可能是监控范围内环境发生较大变化所致，如监控范围内有大量灰尘或水雾滞留、气流速度过大、正常情况下有烟滞留或高频电磁干扰等。

火灾自动报警系统火灾报警时的特征现象有：探测器火警确认灯亮；火灾报警控制器发出火警声响；火灾报警控制器面板上火警指示灯亮，且“部位”显示窗口显示探测器的部位号或编号，打印机记录报警时间和部位。

由于系统的火灾报警存在着火灾报警和误报警两种情况，故系统火灾报警时要头脑冷静，保持镇定，同时要保持警惕，不因火灾报警而乱了阵势，也不轻信误报警。当系统显示火灾报警时，应按以下步骤和方法处理：

（1）通过火灾报警控制器的部位指示，查明发出火灾报警信号的探测器部位号或编号，查明火灾报警部位。

（2）可以使用消防电话让现场人员或派人迅速到现场尽快查明报警现场情况，判断火灾探测器报警原因，是火灾报警，还是误报警。

（3）当确认是火灾发生时，应根据不同情况及时采取以下两种方式：一是如火情比较小，现场人员可以就近采用灭火器具将火扑灭；二是如火情较大，应及时组织本单位人员利用现有消防设施处置火灾，同时迅速拨打 119 电话，通知消防队并全力配合消防队施救。火警处理完毕，对火灾报警控制器进行消音、复位，使控制器回到初始工作状态。

（4）当确认为误报警时，应及时观察火灾报警现场是否有大量粉尘、非火灾烟雾或水雾滞留现象，气流速度是否过大，是否有高频电磁干扰等环境干扰因素，在及时排除现场干扰因素后，对火灾报警控制器进行消音、复位处理。对不能查明的原因，要及时请专业技术人员加以查明与排除。

火灾报警的处理流程如图 11-11 所示。

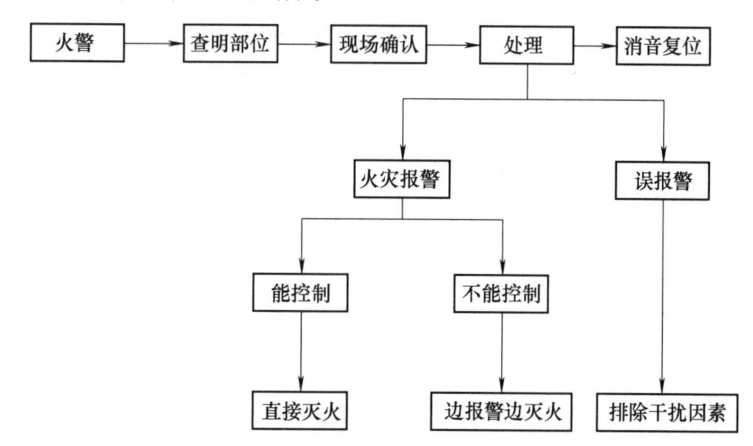

图 11-11 火灾报警的处理流程

【思考与练习题】

1. 火灾自动报警系统的系统组成及工作原理是什么？
2. 如何处理火灾自动报警系统的火灾报警？

第二节 消火栓系统

【学习目标】

1. 了解室外消火栓系统及室外消火栓的种类，掌握室外消火栓的操作、使用及维护。
2. 熟悉室内消火栓系统的系统组成。
3. 掌握室内消火栓系统的工作原理及应用。

消火栓系统是指为建筑消防服务的、以消火栓为给水节点、以水为主要灭火剂的消防给水系统。它由消火栓、给水管道、供水设施等组成。按消火栓系统设置的区域分，有城市消火栓系统和建筑消火栓系统；按消火栓系统设置的位置来分，有室外消火栓系统和室内消火栓系统。

一、室外消火栓系统

室外消火栓系统通常是指设置在建筑外墙以外的消防给水系统，主要承担城市、集镇、居住区或工矿企业等室外部分的消防给水任务。

（一）室外消火栓系统的分类

1．按水压分

（1）高压室外消火栓系统。高压室外消火栓系统是指系统给水管网平时能满足灭火所需的水压和流量，它不需要使用消防车或其他移动水泵加压，而直接由室外消火栓接出水带、水枪灭火。在有可能利用地势设置高位水池或设置集中高压消防水泵房时，可采用高压室外消火栓系统。

（2）临时高压室外消火栓系统。临时高压室外消火栓系统是指系统管网平时水压不高，火灾发生时，临时启动泵站内的高压消防水泵，使管网内的供水压力达到高压室外消火栓系统的供水压力要求。一般在石油化工或甲、乙、丙类液体、可燃气体储罐区内多采用这种系统。

（3）低压室外消火栓系统。低压室外消火栓系统是指系统管网内平时水压较低，一般只担负提供消防用水量，火场上水枪灭火所需的压力由消防车或其他移动消防水泵加压供给。一般城镇和居住区多为这种给水系统。采用低压室外消火栓系统时，其管网内的供水水压应保证最不利点室外消火栓处的水压不小于 0.10MPa，以满足消防车从室外消火栓取水的需要。

2．按用途分

（1）合用室外消火栓系统。合用室外消火栓系统是指生活、生产、消防共用一套管网系统，具体可分为生活与消防合用，生产与消防合用，生活、生产、消防三者合用三种形式，一般城市消火栓系统属于这种类型。采用合用室外消火栓系统可以大量节省管网投资，比较经济。当生活、生产用水量相对较大时，宜采用这种系统。但在工厂内采用生产、消防合用室外消火栓系统时应符合两个前提条件：一是当消防用水时不会导致生产事故；二是在生产设备检修时不会引起消防用水中断。

（2）独立室外消火栓系统。独立室外消火栓系统是指系统给水管网与生活、生产给水管网互不关联，各成独立系统的室外消火栓系统。当生活、生产用水量较小而消防用水量较大合并在一起不经济；或是三者用水合并在一起技术上不可能；或是生产用水可能被易燃、可燃液体污染时，常采用独立室外消火栓系统，以保证消防用水安全可靠。

3．按管网形式分

（1）环状室外消火栓系统。系统管网在平面布置上，供水干管形成若干闭合管网。由于闭合管网的干管彼此相通，水流四通八达，所以此种系统供水安全可靠。

（2）枝状室外消火栓系统。系统管网在平面布置上，给水干管为树枝状，分支后的干管彼此无联系，水流从水源地向用水节点呈单一方向流动，当某段管网检修或损坏时，后方供水中断。因此，室外消火栓系统应限制采用枝状给水系统的使用范围。

（二）室外消火栓

室外消火栓又叫消防水龙，是指设置在建筑室外消防给水管网上的一种供水设施，其作用是供消防车（或其他移动灭火设备）从市政给水管网或室外消防给水管网取水或直接接出水带、水枪实施灭火。

1．室外消火栓的类型

室外消火栓按其结构不同分为地上式和地下式两种，如图11-12所示。地上式室外消火栓多适用于南方地区，地下式室外消火栓多适用于寒冷的北方地区。

地上式　　地下式

图11-12　室外消火栓

2．室外消火栓的使用

使用地上式室外消火栓时，用专用扳手打开出水口闷盖，接上水带或吸水管，再用专用扳手打开阀塞即可供水，使用后，应关闭阀塞，上好出水口闷盖。地下式室外消火栓使用时，先打开室外消火栓井盖，拧下闷盖，接上消火栓与吸水管的连接器（也可直接将吸水管接到出水口上），或接上水带，然后用专用扳手打开阀塞即可供水，使用完毕应恢复原状。

3．室外消火栓的维护

室外消火栓处于建筑的外部，会受到风吹雨淋和人为损害，所以要经常维护，使之始终处于完好状态。维护时要注意以下几点：

（1）清除阀塞启闭杆端部周围杂物，将专用扳手套于杆头，检查是否合适，转动启闭杆，加注润滑油。

（2）用油纱头擦洗出水口螺纹上的锈渍，检查闷盖内橡胶垫圈是否完好。

（3）打开消火栓，检查供水情况，在放净锈水后再关闭，并观看有无漏水现象。

（4）消火栓外表油漆剥落后应及时修补。

（5）清除消火栓附近的障碍物。对于地下式消火栓，注意及时清除井内积聚的垃圾、砂土等杂物。

4．室外消火栓的布置要求

（1）室外消火栓的布置间距不应超过120m，并应沿道路布置，当道路宽度超过60m时，宜在道路两侧布置，并宜靠近十字路口。

（2）为防止建筑上部物体坠落影响使用，室外消火栓距建筑外墙不宜小于5m；为保证水带可扑救的有效范围，室外消火栓距建筑外墙不宜大于40m。

（3）因消防车水泵吸水管长度为3～4m，为方便消防车直接从室外消火栓取水，室外消火栓距路边的距离不应大于2m。

二、室内消火栓系统

在建筑外墙中心线以内的消火栓称为室内消火栓。室内消火栓的水枪使用方便，射流时射程远、流量大，灭火能力强，能将燃烧积聚的热量冲散，对扑救建筑火灾效果较好。同时，部分室内消火栓箱内还设有可供火灾现场人员用于扑救建筑初起火灾的消防水喉，所以室内消火栓是建筑物中应用较广泛的一种灭火设施。

（一）室内消火栓系统的系统组成

室内消火栓系统主要由消防水池、水泵（生活水泵与消防水泵）、消防水箱、水泵接合器、室内给水管网、室内消火栓箱（室内消火栓箱内设有消火栓、水带和水枪等）、报警控制设施及各种控制阀门等组成，如图 11-13 所示。

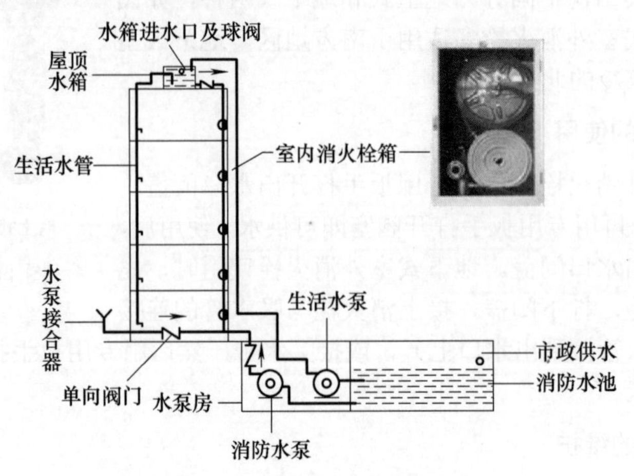

图 11-13　室内消火栓系统的系统组成

1．消防水箱

由于我国目前采用的水灭火系统多数为湿式系统，即无论有无火灾，消防给水管网内始终充满水，灭火系统时刻处于备战状态，系统开启即能及时出水灭火。因此往往需在建筑水灭火系统的最高位置设置消防水箱，当建筑发生火灾而消防水泵尚未启动前，由消防水箱保证消防用水（一般保证 10min 消防用水）。消防水箱是扑灭初起火灾较理想的自动供水设备，供水可靠性高、经济性好。图 11-14 所示是消防水箱的一种外观形式。在多层建筑和无设备层的高层建筑中，消防水箱一般设于屋顶，也称为屋顶消防水箱；在设有设备层的高层建筑中，消防水箱设于设备层和屋顶。

图 11-14　消防水箱

为防止消防水箱内的水由于储存时间过长而变质发臭，消防水箱宜与生活或生产水箱合并设置。平时合用水箱靠生活或生产水泵供水，并利用设于进水口的球阀控制合用水箱水位，当合用水箱即将抽满，达到最高水位时，为避免水溢出水箱，水箱进水口关闭，生活或生产水泵停泵。合用水箱的水位因生活或生产用水会逐渐下降，当水位达到最低水位（消防警戒水位线），水箱进水口开启，生活或生产水泵自行启动供水。另外，合用消防水箱还应设有防止消防用水被生活或生产用水占用的技术措施，工程实践中主要有电气控制措施和机械控制措施两种。图 11-15 所示是一种简单的机械控制措施，即在生活或生产出水管上做一个“T”形接头，当合用消防水箱内的水位面降至消防警戒水位线时，“T”形接头的上端便暴露于空气中，空气进入生活或生产出水管，合用消防水箱自动停止向生活、生产用水设备供水，从而保证合用消防水箱内的消防用水存量。

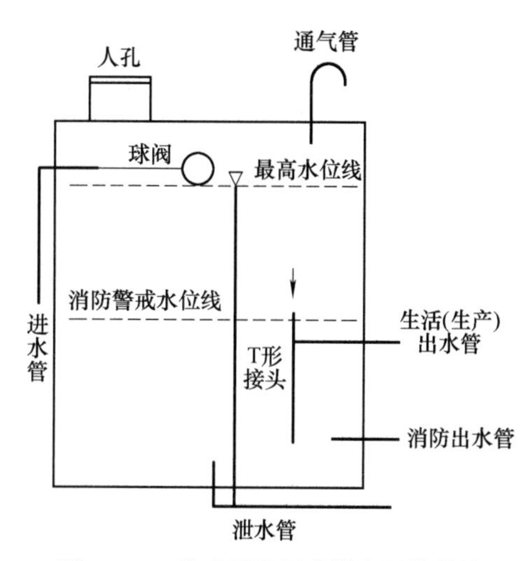

图 11-15　防止消防用水被占用的措施

2．消防水池

消防水池是人工建造的储存消防用水的构筑物。建造消防水池是天然水源或市政给水管网的重要补充，当市政给水管网和天然水源不能满足建筑灭火用水量要求时应单独建造消防水池。

与消防水箱的设置原理一样，为保证消防水池的水质，消防水池宜与生活或生产用水合并设置水池，并设有确保消防用水不被生活或生产用水占用的技术措施，即在生活或生产水泵吸水管上做一个“T”接头，其原理同消防水箱。

3．消防水泵

在灭火过程中，从消防水源取水到将水输送到灭火设施处，都要依靠消防水泵加压完成。所以说消防水泵是消防给水系统的心脏，其工作的好坏严重影响着灭火的成败。

4．水泵接合器

水泵接合器是供消防车往建筑室内消防给水管网输送消防用水的预留接口。建筑发生火灾时，当室内消防给水系统消防水泵因停电、水泵检修或出现其他故障停止运转期间，或当建筑发生较大火灾，室内消防用水量显现不足时，可利用消防车从室外消防水源抽水，通过水泵接合器向室内消防给水管网提供或补充消防用水。

水泵接合器有地上式、地下式和墙壁式三种类型，如图 11-16 所示。地上式适用于温暖地区；地下式（应有明显标志）适用于寒冷地区；墙壁式安装在建筑的外墙上，不占位置，使用方便，但难以保证与建筑外墙的距离，存在高空坠物的危险。通常的做法是墙壁式水泵接合器的设置应远离玻璃幕墙，并应与建筑外墙上的门、窗、孔洞等易出现高空坠物的部位保持不小于 1m 的水平距离。

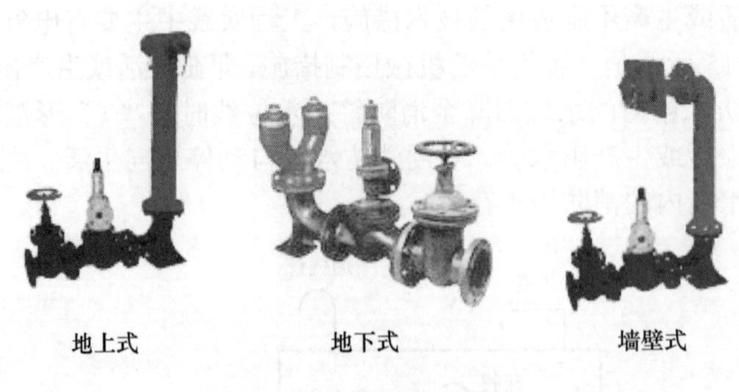

图 11-16　水泵接合器

5. 室内消火栓箱

室内消火栓箱内设有室内消火栓、水带、水枪以及火灾报警按钮等，部分室内消火栓箱内还设有消防水喉，供建筑内服务人员、工作人员和旅客扑救室内初起火灾使用。

6. 控制阀门

系统的控制阀门主要有三种。一种是双向控制阀，一般安装于给水节点和单根给水管道两端，便于系统及管网检修。另一种是单向阀门，主要安装在消防水箱、消防水泵与水泵接合器出水口附近。安装于消防水泵出水口附近的单向阀门是为防止消防水箱的水倒流回消防水池；安装于消防水箱出水口附近的单向阀门是为防止火灾发生时消防水泵的供水进入消防水箱，降低系统供水压力；安装于水泵接合器出水口附近的单向阀门是为防止水泵接合器长期处于高压状态，造成水泵接合器出现渗漏现象。第三种控制阀门是安装于消防水箱与消防水池进水管道上的水位控制球阀，它的作用是控制消防水箱与消防水池的最低水位和最高水位。

（二）室内消火栓系统的工作原理

平时室内消火栓系统给水管网的水由消防水箱供给，消防水箱靠生活或生产水泵抽水供给。利用室内消火栓实施灭火时，刚开始的灭火用水是由消防水箱提供，当消防水泵运行正常后，系统灭火用水由水泵从消防水池抽水加压保证。若火灾持续时间较长或火灾燃烧面积较大，导致消防水池供水不足或存水耗尽，或是消防水泵不能正常启动等，可利用消防车通过水泵接合器向室内消火栓管网补充消防用水。

（三）室内消火栓系统的分类

室内消火栓系统通常可按建筑高度、用途、系统给水范围、管网布置形式、消防水压等分为不同的类型，这里重点介绍按管网布置形式和消防水压两种分类方式。

1. 按管网布置形式分

（1）环状管网室内消火栓系统。环状管网室内消火栓系统是指在系统的给水竖管顶部和底部用水平干管相互连接，形成环状给水管网，使每一根给水竖管具备两个以上供水方向，每个消火栓栓口具备两个供水方向，如图 11-17 所示。这种室内消火栓系统供水安全可靠，适用于高层建筑和室内消防用水量较大（大于 15L/s）的多层建筑。

（2）枝状管网室内消火栓系统。室内消火栓给水管网呈树枝状布置，其特点是从供水源至消火栓，水流方向单一流动，当某段管网检修或损坏时，后方就供水中断。这种室内消火栓系统供水可靠性差，一般仅适用于九层以下的单元式住宅。

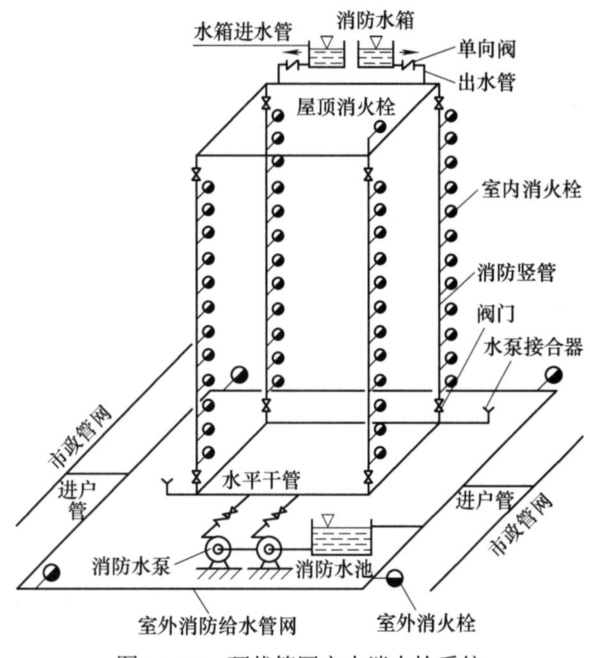

图 11-17　环状管网室内消火栓系统

2．按消防水压分

（1）室内高压消火栓系统。又称为室内常高压消火栓系统，该系统始终能够保证室内任意点消火栓所需的消防水量和水压，火灾发生时不需要用水泵进行加压，直接接水带和水枪即可实施灭火。这种系统在实际工作中一般不常见，当建筑所处地势较低，市政供水或天然水源始终能够满足消防供水要求时才采用，如图 11-18 所示。

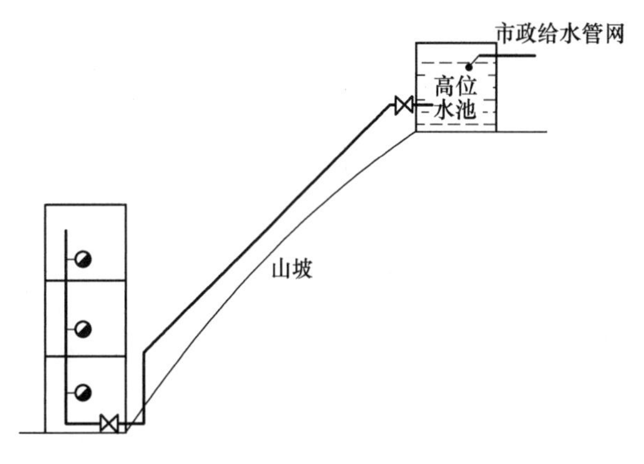

图 11-18　室内高压消火栓系统

（2）室内临时高压消火栓系统。这种系统一般设有消防水池、消防水泵和高位消防水箱，平时系统靠高位消防水箱维持消防水压，但不能保证消防用水量（仅能保证 10min 的灭火用水）。发生火灾时，通过启动消防水泵，临时加压使管网的压力达到消火栓系统的压力要求，如图 11-13 与图 11-17 所示。实际工程中大多数室内消火栓系统采用此系统。

（四）室内消火栓系统的应用

1．能同时开启的室内消火栓数量

不同类别的设有室内消火栓系统的建筑，火灾时能同时开启的室内消火栓数量是不同的，开启过多，水枪出水的流量和水压会降低，影响灭火效果和出现灭火死角。因此，火场上正确确定能同时开启的室内消火栓数量，是成功处置建筑火灾的前提。对设计符合国家相关规范要求的建筑，其室内消火栓系统火灾时能同时开启的室内消火栓数量可按以下三种方法进行估算。

（1）若能清楚了解建筑室内消火栓系统的设计用水量，同时能开启使用的室内消火栓数量就可用设计用水量除以 19mm 口径水枪流量 5L/s 得出。如建筑高度超过 50m 的办公楼，其室内消火栓系统的设计用水量为 40L/s，那么此建筑火灾时能同时开启的室内消火栓数量为 8 个（能同时出 8 支水枪实施灭火）。

（2）根据水泵接合器的数量确定。由于水泵接合器的设计流量为 10～15L/s，19mm 口径水枪流量为 5L/s，因此，可按启动一个水泵接合器可同时启用两个室内消火栓考虑。如果能确定接室内消火栓系统的水泵接合器数量，那么火灾时能同时开启的室内消火栓数量就是水泵接合器数量的 2 倍。如某一建筑室内消火栓系统设有 2 个水泵接合器接，那么此建筑火灾时能同时开启的室内消火栓的数量是 4 个（能同时出 4 支水枪实施灭火）。

（3）根据消防主水泵的流量确定。查明消防主水泵的流量，用消防主水泵的流量除以 19mm 口径水枪流量（5L/s），即为能同时开启的室内消火栓数量。如某一建筑消防主水泵的流量 30L/S，那么此建筑火灾时能同时开启的室内消火栓数量为 6 个（能同时出 6 支水枪实施灭火）。

2．室内消火栓系统的操作使用

（1）室内高压消火栓系统的操作使用。室内高压消火栓系统是指灭火时不需要消防水泵加压供水的室内消火栓系统。此系统的室内消火栓给水管网直接与建筑室外给水管网连接，未设置消防水池、消防水泵和消防水箱等给水基础设施，系统时刻处于灭火所需的高压状态。利用室内高压消火栓系统实施灭火操作简单，只需打开消火栓箱门，接好水带，开启阀门即可实施灭火。

（2）室内临时高压消火栓系统的操作使用。当设有室内临时高压消火栓系统的建筑发生火灾时，灭火初期是用消防水箱的水灭火，后期靠消防水泵临时加压供水灭火。因此，利用室内临时高压消火栓系统实施灭火，最为关键的一个步骤是在开始灭火的同时要启动消防水泵，保证灭火用水能持续供给。利用室内临时高压消火栓系统实施灭火的方法是：打开消火栓箱门，按动火灾报警按钮，由其向消防控制中心发出报警信号或远距离启动消防水泵，然后拉出水带、拿出水枪或消防水喉，将水带一头与消火栓出口接好，另一头与水枪或水喉接好，展（甩）开水带，一人握紧水枪或水喉，另一人开启消火栓手轮，通过水枪或水喉产生的射流，将水射向着火点实施灭火。

（3）特殊条件下室内消火栓系统的操作使用。这里所说的特殊条件是指室内消火栓系统因水泵检修、停电或出现其他故障停止运转，或建筑火势较大，燃烧时间较长，室内消火栓灭火用水量明显不足的情况。此时应立即利用消防车或其他移动消防水泵从室外消防水源取水，通过水泵接合器向室内消火栓给水管网加压供水。

（五）室内消火栓系统的维护管理

室内消火栓系统是扑救建筑火灾的重要设施，其维护管理应给予足够的重视。负责维护管理的专职人员，必须熟悉设施的系统工作原理、性能和操作维护规程。要求使用单位建立定期检查制度，每周进行一次巡检，每半年进行一次全面检查维修，使主要设施符合下列要求，保证系统经常处于准工作状态：

（1）消防水源的储水量应足够，发现不足及时补充。其中消防水池与消防水箱一般都标有消防水位警戒线，当水池或水箱的水位低于警戒线时表明消防储水量已不足。

（2）消防水泵应每周或每月启动运转一次，并应模拟自动控制启动，功能正常。

（3）水泵接合器的接口及配套附件应完好，无渗漏，闷盖盖好。

（4）各种阀门处于正确开、闭状态。

（5）室内消火栓箱门完好，供水闸阀无渗漏现象，消防水枪、水带、消防卷盘及全部附件齐全，转动部位润滑良好；报警按钮、指示灯及控制线路功能正常，无故障。

【思考与练习题】

1．室内消火栓系统的系统组成及工作原理是什么？

2．在建筑火灾扑救过程中如何应用室内消火栓系统？

第三节　自动喷水灭火系统

【学习目标】

1．了解自动喷水灭火系统的种类。

2．熟悉湿式自动喷水灭火系统的主要组件及工作原理。

3．掌握湿式自动喷水灭火系统的系统组成及工作原理。

自动喷水灭火系统具有自动探火报警和自动喷水控、灭火的优良性能，是当今国际上应用范围最广、用量最多且造价低廉的自动灭火系统。自动喷水灭火系统的类型较多，从广义上分，可分为闭式系统和开式系统；从使用功能上分，其基本类型又包括湿式系统、干式系统、预作用系统及雨淋系统和水幕系统等。其中用量最多的是湿式系统，在已安装的自动喷水灭火系统中，70%以上为湿式系统。

一、湿式自动喷水灭火系统的系统组成

湿式自动喷水灭火系统是世界上使用时间最长、应用范围最广泛、控火效率最高的一种闭式自动喷水灭火系统，目前世界上已安装的自动喷水灭火系统中有 70%以上采用湿式自动喷水灭火系统。该系统结构简单，投资与使用管理费相对较省，可靠性好，适用于室内温度不低于 4℃且不高于 70℃的建、构筑物内（不能用水扑救的建、构筑物火灾除外）。

湿式自动喷水灭火系统主要由闭式洒水喷头、水流指示器、湿式报警阀、压力开关、末端试水装置、监测装置、给水管道、供水设施等组成，如图 11-19 所示。

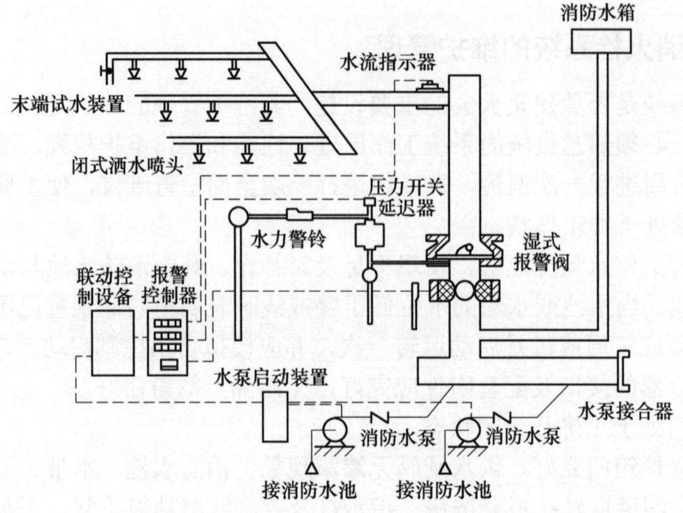

图 11-19　湿式自动喷水灭火系统的系统组成

二、湿式自动喷水灭火系统的工作原理

湿式自动喷水灭火系统的工作原理如图 11-20 所示。当火灾发生时，火源周围温度上升，导致火源上方的闭式喷头开启、喷水灭火。此时，由于闭式喷头喷水灭火，灭火管网内的水由静止变为流动，使水流指示器动作向报警控制器送出火灾电信号，报警控制器显示闭式喷头喷水灭火区域。由于闭式喷头开启泄压，打破了湿式报警阀前后的水压平衡，湿式报警阀自动开启，高位消防水箱压力水流流向灭火管网。与此同时，部分水流通过湿式报警阀阀座上的凹形槽流入信号管，冲击压力开关和水力警铃，使压力开关动作以向报警控制器送出火灾电信号，水力警铃发出声响报警信号。消防控制中心根据水流指示器和压力开关传来的火灾报警电信号，通过联动控制设备自动启动消防水泵向系统加压供水，达到持续自动灭火的目的。

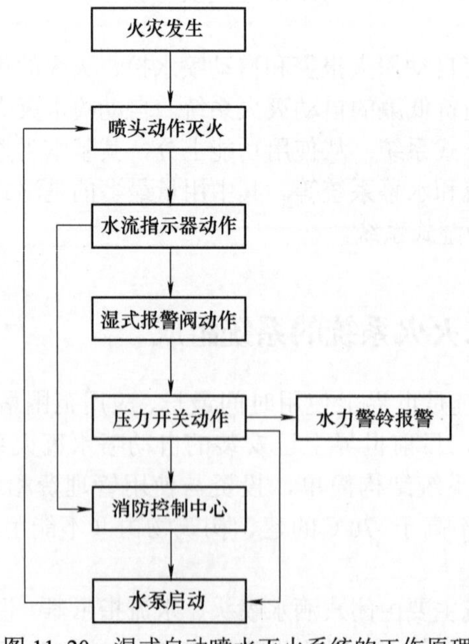

图 11-20　湿式自动喷水灭火系统的工作原理

三、湿式自动喷水灭火系统的主要组件及工作原理

（一）闭式喷头

闭式喷头是闭式自动喷水灭火系统的关键部件，在系统中起着探测火灾、启动系统和喷水灭火三大作用。

1. 闭式喷头的类型

根据闭式喷头的感温元件不同，常见闭式喷头有玻璃球喷头和易熔合金喷头。

（1）玻璃球喷头。玻璃球喷头是一种充有热膨胀系数较高的有机溶液，用玻璃球作为释放元件的喷头，当环境温度升高时，玻璃球内的有机溶液发生热膨胀后产生很大的内压力，使玻璃球外壳发生破碎，从而开启喷头喷水，如图 11-21 所示。由于玻璃球喷头工作稳定性、抗腐蚀性较强，体积小、外观美观、制造方便，目前是我国采用最多的一种喷头类型。

（2）易熔合金喷头。易熔合金喷头是以一种低熔点复合有色金属感温元件组成的喷头。不同的有色金属有不同的熔点，当环境温度上升到有色金属熔点时，就会使感温元件发生解体脱落，改变喷头的密封性使喷头喷水灭火，如图 11-22 所示。

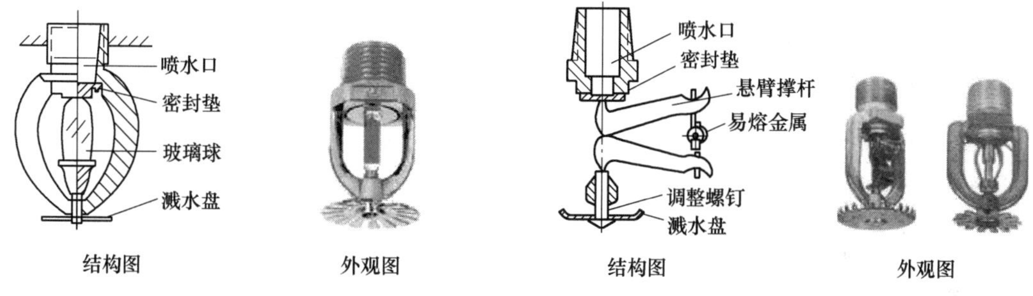

图 11-21　玻璃球喷头

图 11-22　易熔合金喷头

2. 闭式喷头的公称动作温度和颜色标志

闭式喷头的公称动作温度和颜色标志的规定见表 11-4。玻璃球喷头公称动作温度分九档，易熔合金喷头公称动作温度分七档。在选定闭式喷头的公称动作温度时，闭式喷头的公称动作温度宜比环境最高温度高 30℃。

表 11-4　闭式喷头的公称动作温度和颜色标志

玻璃球喷头		易熔合金喷头	
公称动作温度（℃）	工作液颜色标志	公称动作温度（℃）	工作液颜色标志
57	橙	57～77	本色
68	红	80～107	白
79	黄	121～149	蓝
93	绿	163～191	红
141	蓝	204～246	绿
182	紫红	260～302	橙
227	黑	320～343	黑
260	黑		
343	黑		

（二）湿式报警阀

湿式报警阀是湿式自动喷水灭火系统中的主要部件，它安装在总供水干管上，连接给水设备和灭火给水管网。湿式报警阀主要由阀体、延迟器、压力开关、水力警铃、试警铃阀、阀前压力表、阀后压力表、补偿器组成，如图 11-23 所示。

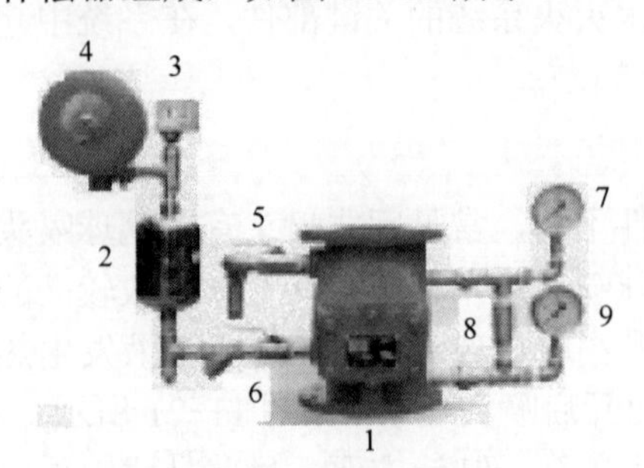

图 11-23　湿式报警阀

1—阀体　2—延迟器　3—压力开关　4—水力警铃　5—试警铃阀　6—信号管
7—阀前压力表　8—补偿器　9—阀后压力表

1．阀体

湿式报警阀前后平时水压平衡，当灭火给水管网中某一个闭式喷头动作喷水灭火时，湿式报警阀前后的水压平衡被打破，湿式报警阀自动开启，接通水源和灭火给水管网，在湿式报警阀开启的同时，部分水流通过阀座上的凹槽，经信号管送至压力开关和水力警铃，完成火灾报警，如图 11-24 所示。

2．延迟器

延迟器是一个罐式容器，安装在湿式报警阀与压力开关和水力警铃之间，用以防止由于水源压力突然发生变化而引起湿式报警阀短暂开启，或对因湿式报警阀局部渗漏而进入信号管的水流起一个暂时容纳作用，从而避免虚假报警。只有在真正发生火灾时，喷头和湿式报警阀相继打开，水流源源不断地大量流入延迟器，经过 30s 左右充满整个容器，才会冲击压力开关和水力警铃。

3．压力开关

压力开关垂直安装在水力警铃入水口前的管道上，在水力警铃报警的同时，由于管道内水压不断升高，冲击压力开关接通弱电回路而向报警控制器传递火灾电信号，如图 11-25 所示。

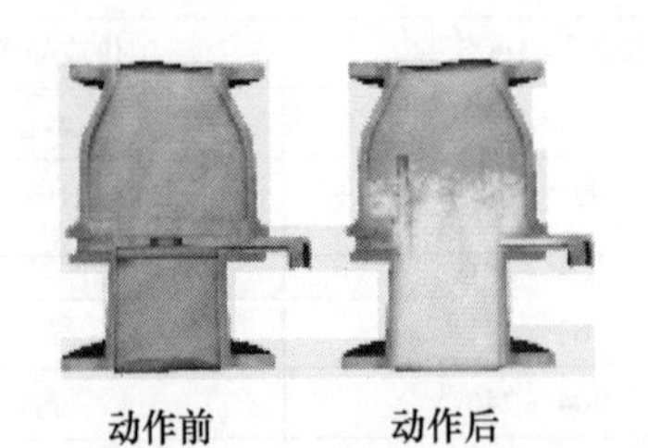

动作前　　动作后

图 11-24　湿式报警阀工作原理

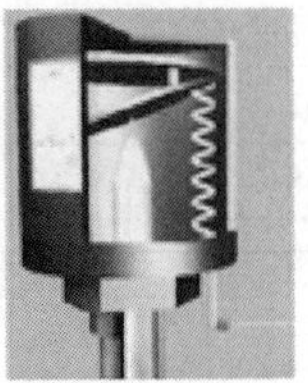

动作前　　动作后

图 11-25　压力开关的工作原理

4．试警铃阀

进行人工试验检查，打开试警铃阀泄水，湿式报警阀能自动打开，水流迅速充满延迟器，并使压力开关和水力警铃立即动作报警。

5．补偿器

当湿式报警阀后方的灭火给水管网微量泄漏时，湿式报警阀前后水压会产生较小差异，这时湿式报警阀前方的压力水会通过补偿器流入后方，及时调整湿式报警阀前后水压以达到平衡，避免因湿式报警阀自动开启而产生系统误报警。

（三）水流指示器

水流指示器安装在湿式报警阀后方的灭火给水干管与支管交汇处，用以监控灭火给水支管上的闭式喷头工作状态。当灭火给水支管上某一闭式喷头因火灾发生喷水灭火时，此支管的水由静止变为流动状态，流水冲击水流指示器的浆片接通弱电回路产生火灾电信号，火灾电信号传输到报警控制器转变为声光报警信号，并根据支管服务区域显示火灾发生部位。水流指示器工作原理如图 11-26 所示。

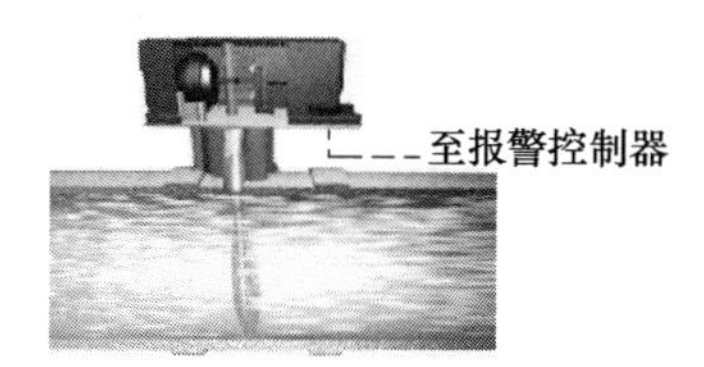

图 11-26　水流指示器工作原理

【思考与练习题】

1．湿式自动喷水灭火系统的系统组成及工作原理是什么？
2．湿式自动喷水灭火系统有哪些主要组件，它们的功能是什么？

第四节　气体灭火系统

【学习目标】

1. 了解气体灭火系统的常见种类。
2. 熟悉气体灭火系统的系统组成及工作原理。

对于建筑内一些特殊的场所，如重要的计算机房、电力调度室、贵重物资储存室等，一般应设置气体灭火系统，通过气体灭火剂在防护区或保护对象周围建立起灭火浓度实现灭火。目前我国常采用的气体灭火系统主要有二氧化碳灭火系统、七氟丙烷灭火系统、三氟甲烷气体灭火系统、混合气体自动灭火系统等几种。

一、系统组成

气体灭火系统由气体灭火剂储存装置、气体灭火剂启动分配装置、输送释放装置、监控装置等组成，如图 11-27 所示。

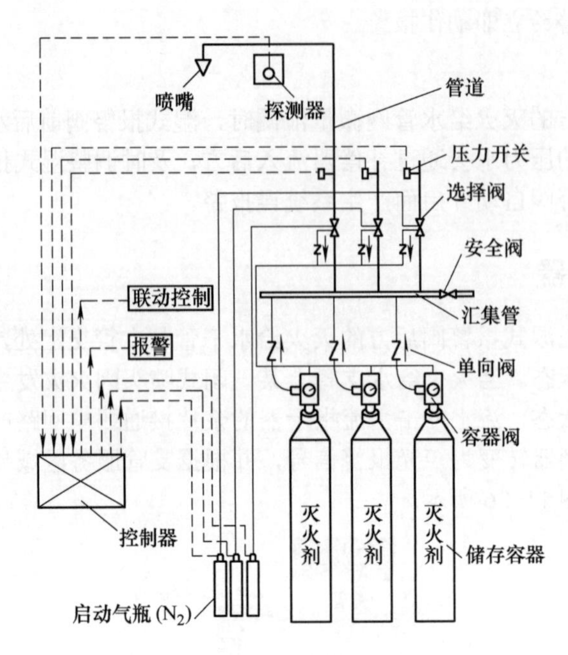

图 11-27　气体灭火系统的系统组成

1．气体灭火剂储存装置

气体灭火系统的气体灭火剂储存装置包括灭火剂储存容器、容器阀、单向阀、汇集管、连接软管及支架等，通常是将其组合在一起，放置在靠近防护区的专用储瓶间内。储存装置既要储存足够量灭火剂，又要保证在着火时能及时开启，释放出灭火剂。

2．气体灭火剂启动分配装置

启动分配装置由启动气瓶、选择阀、启动气体管路组成。启动气瓶充有高压氮气，用来打开灭火剂储存容器上的容器阀及相应的选择阀。启动气瓶通过其上的瓶头阀实现自动开启，瓶头阀为电动型或电引爆型，由火灾自动报警系统控制。选择阀的设置与每个防护区相对应，以便在系统启动时，能够将灭火剂输送到需要灭火的防护区。平时所有选择阀都处于关闭状态，系统启动时，与着火防护区相对应的选择阀会被打开。

3．灭火剂输送释放装置

灭火剂输送释放装置包括管道和喷嘴。管道在气体灭火系统中担负着输送灭火剂的任务。喷嘴的作用是保证灭火剂以特定的射流形式喷出，促使灭火剂迅速气化并在保护空间内达到灭火浓度。

4．监控装置

防护区应有火灾自动报警系统，通过其探测火灾并监控气体灭火系统，实现气体灭火系统的自动启动。火灾自动报警系统可以单独设置，也可以利用建筑的火灾自动报警系统联动控制。气体灭火系统还应有监测系统工作状态的流量或压力监测装置，常用的监测装置是压力开关。

二、系统工作原理

气体灭火系统的工作原理如图 11-28 所示。防护区一旦发生火灾，火灾探测器首先报警，消防控制中心接到火灾信号后，启动联动装置（关闭开口、停止空调等），延时约 30s 后，打开启动气瓶的瓶头阀，利用气瓶中的高压氮气将灭火剂储存容器上的容器阀打开，灭火剂经管道输送到喷头喷出实施灭火。这中间的延时是考虑到防护区内人员的疏散问题。另外，通过压力开关监测系统是否正常工作，若启动指令发出，而压力开关的信号迟迟不返回，说明系统故障，值班人员听到事故报警，应尽快到储瓶间手动开启储存容器上的容器阀，实施人工启动灭火。

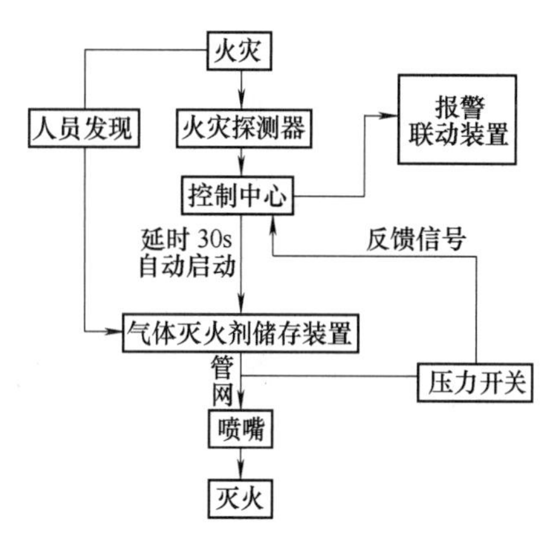

图 11-28 气体灭火系统工作原理

三、系统常见类型

（一）按使用的灭火剂分类

气体灭火系统根据其使用的灭火剂不同，可分为以下三类：

1. 二氧化碳灭火系统

二氧化碳灭火系统是以二氧化碳作为灭火介质，应用时间较长。二氧化碳灭火剂用量大，相应的系统规模、投资、灭火时对人的危害也较大。另外，二氧化碳会产生温室效应，对环境有影响，该系统也不宜广泛使用。

2. 七氟丙烷灭火系统

七氟丙烷灭火系统是以七氟丙烷作为灭火介质的气体灭火系统。七氟丙烷灭火剂属于卤代烷灭火剂系列，具有灭火能力强、灭火剂性能稳定的特点，其臭氧层损耗能力（OPD）为 0，全球温室效应潜能值（GWP）很小，不会破坏大气环境。但七氟丙烷灭火剂及其分解产物对人有毒性危害，使用时应引起重视。

3. 惰性气体灭火系统

惰性气体灭火系统包括 IG-01（氩气）灭火系统、IG-100（氮气）灭火系统、IG-55（氩气、氮气）灭火系统、IG-541（氩气、氮气、二氧化碳）灭火系统。由于惰性气体是一种无毒、无色、无味、惰性及不导电的纯“绿色”气体，故又称之为洁净气体灭火系统。

（二）按灭火方式分类

1. 全淹没气体灭火系统

全淹没气体灭火系统指喷头均匀布置在保护房间的顶部，喷射的灭火剂能在封闭空间内迅速形成浓度比较均匀的灭火剂气体和空气的混合气体，并在灭火时间内维持灭火浓度，即通过灭火剂气体将封闭空间淹没实施灭火的系统形式，如图 11-29 所示。该系统对防护房间提供整体保护，不局限于房间内的某个设备。

2．局部应用气体灭火系统

局部应用气体灭火系统是指将喷头均匀布置在保护对象周围，将灭火剂直接而集中地喷射到保护对象上，在保护对象周围形成浓度较高的灭火剂气体浓度，如图 11-30 所示。局部应用气体灭火系统保护房间内或室外的某一设备。

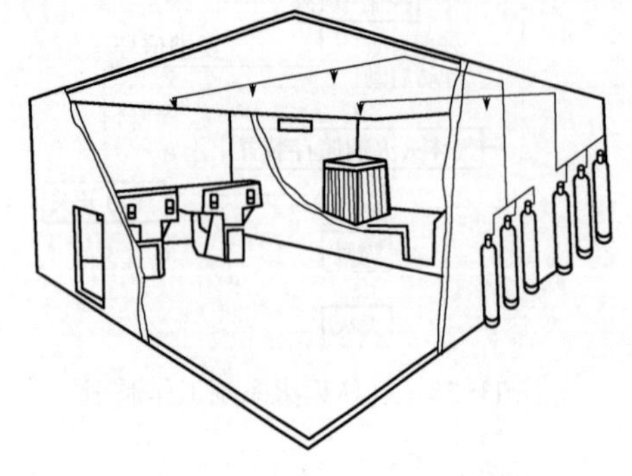

图 11-29　全淹没气体灭火系统

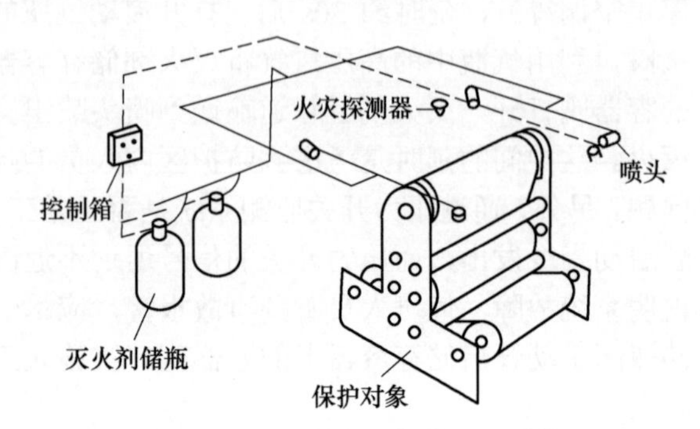

图 11-30　局部应用气体灭火系统

（三）按管网的布置分类

从管网布置情况看，气体灭火系统有以下三种形式：

1．组合分配灭火系统

组合分配灭火系统是指用一套灭火系统储存装置同时保护不会同时着火的几个相邻防护区或保护对象的灭火系统。组合分配灭火系统是通过选择阀的控制，将灭火剂释放到着火的保护区来实现灭火的，如图 11-31 所示。其灭火剂设计用量按最大的一个防护区或保护对象来确定。其最大的优点是投资少、操作方便。要注意的是组合分配灭火系统能同时保护但不能同时灭火。

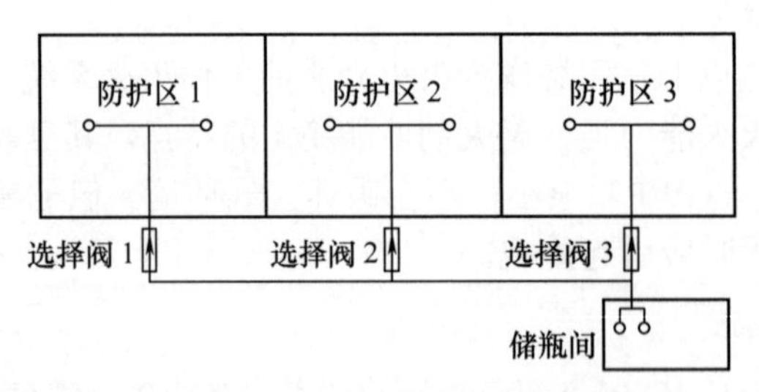

图 11-31　组合分配灭火系统

2．单元独立灭火系统

单元独立灭火系统是指在每个防护区各自设置气体灭火系统保护，如图 11-32 所示。它面对几个防护区都非常重要或同时有着火的可能性。其特点是安全可靠性高，管路布置简单，维护管理较方便，但投资较大。

3．无管网灭火系统

无管网灭火系统是指将灭火剂储存容器、控制和释放部件等组合装配在一起的小型、轻便灭火系统。这种系统没有管网或仅有一段短管，因此称为无管网灭火系统，如图 11-33

所示。这种系统多放置在防护区内，亦可放置在防护区的墙外，通过短管将喷头伸进防护区。

无管网气体灭火系统是预制系统，一般由工厂成规模生产，使用时可根据防护区的大小直接选用，这样省去了繁琐的设计计算，且便于施工，适用于较小的、无特殊要求的防护区。

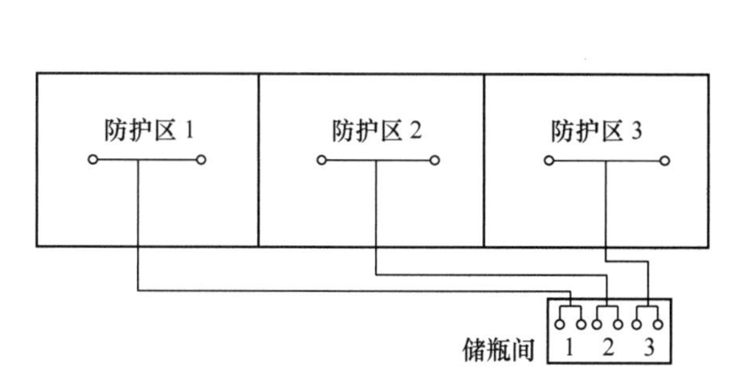

图 11-32 单元独立灭火系统

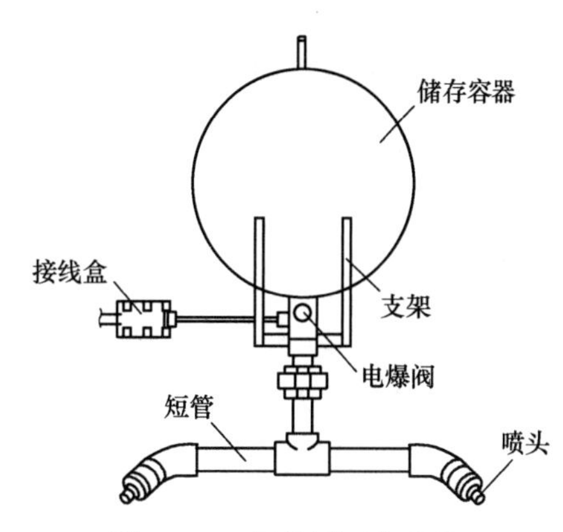

图 11-33 无管网灭火系统

【思考与练习题】

1. 气体灭火系统的系统组成及工作原理是什么?
2. 常见的气体灭火系统类型有哪些?

第五节 灭 火 器

【学习目标】

1. 了解灭火器的类型。
2. 掌握灭火器的应用。
3. 掌握灭火器的配置设计。

灭火器是由人操作的，能在其自身内部压力的作用下，将装于内部的灭火剂喷出实施灭火的器具。灭火器具有结构简单、轻便灵活、易操作使用等特点，它是扑救建筑初起火灾最基本、最有效的灭火器材。

一、灭火器的类型

灭火器类型繁多，分类方式主要有三种：即按使用方法分、按充装灭火剂分和按驱动压力形式分。这里主要介绍前两种分类方式。

（一）按使用方法分

1. 手提式灭火器

灭火剂充装量小于 20kg 的灭火器为手提式灭火器。它具有重量小、能够手提移动、灭火轻便等特点，是应用比较广泛的一种灭火器。

2．推车式灭火器

推车式灭火器的灭火剂充装量在 20kg 以上，其车架上设有固定的车轮，可推行移动实施灭火，操作一般需要两人协同配合进行。推车式灭火器主要适用于石油、化工等企业。

3．背负式灭火器

能够用肩背着实施灭火的灭火器是背负式灭火器，其充装量一般也较大，适合于消防专业人员专用。

4．手抛式灭火器

手抛式灭火器内充干粉灭火剂，充装量较小，多数做成工艺品形状。灭火时将其抛掷到着火区域，干粉散开实施灭火，一般适用于家庭灭火。

5．悬挂式灭火器

悬挂式灭火器是一种悬挂在保护场所内，依靠着火时的热量将其引爆自动实施灭火的灭火器。

（二）按充装的灭火剂分

1．水型灭火器

水型灭火器充装的灭火剂主要是清洁水。有的加入适量的防冻剂，以降低水的冰点。也有的加入适量润湿剂、阻燃剂、增稠剂等，以增强灭火性能。

2．泡沫型灭火器

泡沫型灭火器充装的泡沫灭火剂，可分为空气泡沫型灭火器和化学泡沫型灭火器两种，实际工作中较常用的是空气泡沫型灭火器。

3．干粉型灭火器

干粉型灭火器内充装的灭火剂是干粉。干粉灭火剂的品种较多，因此根据灭火器内部充装的干粉灭火剂的不同，可分为碳酸氢钠干粉灭火器、磷酸铵盐干粉灭火器、氨基干粉灭火器。由于碳酸氢钠干粉只适用于灭 B、C 类火灾，因此又称 BC 干粉灭火器。磷酸铵盐干粉能适用于 A、B、C 类火灾，因此又称 ABC 干粉灭火器。干粉型灭火器是我国目前使用比较广泛的一种灭火器。

4．二氧化碳型灭火器

二氧化碳型灭火器是一种利用其内部充装的液态二氧化碳的蒸气压将二氧化碳喷出实施灭火的灭火器。由于二氧化碳灭火剂具有灭火不留痕迹，并具有电绝缘性能等特点，因此比较适用于扑救 600V 以下的带电电器、贵重设备、图书资料、仪器仪表等场所的初起火灾。但其灭火效能较差，使用时要注意避免冻伤的危害。

（三）按驱动压力形式分

1．储气瓶式灭火器

这类灭火器的动力气体储存在专用的小钢瓶内，是和灭火剂分开储存的，小钢瓶有外置和内置两种形式。使用时将高压动力气体释放，充装到灭火剂储瓶内作为驱动灭火剂的动力。

这种类型的灭火器平时筒体不受压，筒体若存在质量问题不易被发现，使用时筒体突然受到高压，有可能会出现事故。

2．储压式灭火器

储压式灭火器是将高压动力气体和灭火剂储存在同一个容器内，使用时依靠动力气体的压力驱动灭火剂喷出，是一种较常见的驱动压力形式。

3．化学反应式灭火器

在灭火器筒体内将酸性水溶液和碱性水溶液混合，以两者发生化学反应产生的二氧化碳气体作为驱动压力将灭火剂喷出的灭火器为化学反应式灭火器。碱性灭火器和化学泡沫灭火器就属于这类灭火器，但由于安全原因，这类灭火器已被淘汰。

二、灭火器的主要技术性能

（一）灭火器的喷射性能

（1）有效喷射时间。这是指灭火器在最大开启状态下，自灭火剂从喷嘴喷出，到灭火剂喷射结束的时间。不同的灭火器，对有效喷射时间的要求也不同，但必须满足在最高使用温度条件下不得低于 6s。

（2）喷射滞后时间。这是指自灭火器开启后到喷嘴开始喷射灭火剂的时间。喷射滞后时间反映了灭火器动作速度的快慢，技术上一般要求在灭火器的使用温度范围内，其喷射滞后时间不大于 5s，间歇喷射的滞后时间不大于 3s。

（3）有效喷射距离。这是指灭火器有效喷射灭火的距离，它指的是从灭火器喷嘴顶端起，到喷出的灭火剂最集中处中心的水平距离。不同的灭火器都有不同的有效喷射距离要求。

（4）喷射剩余率。这是指额定充装状态下的灭火器，在喷射到内部压力与外部环境压力相等时（也就是不再有灭火剂从灭火器喷嘴喷出时），内部剩余灭火剂量相对于额定充装量的百分比。一般的要求是：在（20±5）℃时，不大于 10%；在灭火器的使用温度范围内，不大于 15%。

（二）灭火器的灭火性能

灭火器的灭火性能是通过实验来测定的。对于同一种灭火剂类型的灭火器而言，灭火能力强弱由其充装量决定，衡量标准是灭火级别。充装量大的灭火能力强，灭火级别大。

（1）灭 A 类火的能力。按照标准的试验方法，由灭火器能够扑灭的最大木条垛火灾来确定其灭火级别。主要有 3A、5A、8A、13A、21A、34A 等几个级别。

（2）灭 B 类火的能力。按照标准的试验方法，由灭火器能够扑灭的最大油盘火来确定其灭火级别。油盘的面积与灭火级别有一个一一对应关系，例如 0.2m^2 大的油盘对应的灭火级别是 1B，24m^2 大的油盘对应的灭火级别是 120B 等。

从以上规定可以看出，在灭火器的灭火级别中，前面的系数代表的是灭火器灭火能力的强弱，系数大的灭火能力强；后面的字母代表的是所能扑救的火灾类别。灭火器的类型、规格和灭火级别详见表 11-5 和表 11-6。

表 11-5　手提式灭火器类型、规格和灭火级别

灭火器类型	灭火剂充装量（规格）		灭火器类型规格代码（型号）	灭火级别	
	L	kg		A 类	B 类
水型	3	—	MS/Q3	1A	—
			MS/T3		55B
	6	—	MS/Q6	1A	—
			MS/T6		55B
	9	—	MS/Q9	2A	—
			MS/T9		89B
泡沫	3	—	MP3、MP/AR3	1A	55B
	4	—	MP4、MP/AR4	1A	55B
	6	—	MP6、MP/AR6	1A	55B
	9	—	MP9、MP/AR9	2A	89B
干粉（碳酸氢钠）	—	1	MF1	—	21B
	—	2	MF2	—	21B
	—	3	MF3	—	34B
	—	4	MF4	—	55B
	—	5	MF5	—	89B
	—	6	MF6	—	89B
	—	8	MF8	—	144B
	—	10	MF10	—	144B
干粉（磷酸铵盐）	—	1	MF/ABC1	1A	21B
	—	2	MF/ABC2	1A	21B
	—	3	MF/ABC3	2A	34B
	—	4	MF/ABC4	2A	55B
	—	5	MF/ABC5	3A	89B
	—	6	MF/ABC6	3A	89B
	—	8	MF/ABC8	4A	144B
	—	10	MF/ABC10	6A	144B
卤代烷（1211）	—	1	MY1	—	21B
	—	2	MY2	（0.5A）	21B
	—	3	MY3	（0.5A）	34B
	—	4	MY4	1A	34B
	—	6	MY6	1A	55B
二氧化碳	—	2	MT2	—	21B
	—	3	MT3	—	21B
	—	5	MT5	—	34B
	—	7	MT7	—	55B

表 11-6　推车式灭火器类型、规格和灭火级别

灭火器类型	灭火剂充装量（规格）		灭火器类型规格代码（型号）	灭火级别	
	L	kg		A 类	B 类
水型	20		MST20	4A	—
	45		MST40	4A	—
	60		MST60	4A	—
	125		MST125	6A	—

（续）

灭火器类型	灭火剂充装量（规格）		灭火器类型规格代码（型号）	灭火级别	
	L	kg		A类	B类
泡沫	20		MPT20、MPT/AR20	4A	113B
	45		MPT40、MPT/AR40	4A	144B
	60		MPT60、MPT/AR60	4A	233B
	125		MPT125 MPT/AR125	6A	297B
干粉（碳酸氢钠）	—	20	MFT20	—	183B
	—	50	MFT50	—	297B
	—	100	MFT100	—	297B
	—	125	MFT125	—	297B
干粉（磷酸铵盐）	—	20	MFT/ABC20	6A	183B
	—	50	MFT/ABC50	8A	297B
	—	100	MFT/ABC100	10A	297B
	—	125	MFT/ABC125	10A	297B
卤代烷（1211）	—	10	MYT10	—	70B
	—	20	MYT20	—	144B
	—	30	MYT30	—	183B
	—	50	MYT50	—	297B
二氧化碳	—	10	MTT10	—	55B
	—	20	MTT20	—	70B
	—	30	MTT30	—	113B
	—	50	MTT50	—	183B

三、灭火器的应用

正确、合理地应用灭火器是成功扑救初起火灾的重要保证，要予以充分的重视。

（一）灭火器的选择

1. 灭火器的类型选择

每一类灭火器都有其特定的扑救火灾类别，配置灭火器时，应根据不同的火灾种类，选择相适应的灭火器。火灾种类按照燃烧物质的类别可划分为A、B、C、D、E五类，其中A类火灾为固体物质火灾；B类火灾为液体火灾或可熔化固体物质火灾；C类火灾为气体火灾；D类火灾为金属火灾；E类火灾为带电物体燃烧的火灾。

（1）扑救A类火灾场所应选择水型灭火器、磷酸铵盐干粉灭火器、泡沫灭火器或卤代烷灭火器。

（2）扑救B类火灾场所应选择泡沫灭火器、碳酸氢钠干粉灭火器、磷酸铵盐干粉灭火器、二氧化碳灭火器、灭B类火灾的水型灭火器或卤代烷灭火器。极性溶剂的B类火灾场所应选择灭B类火灾的抗溶性灭火器。

（3）扑救C类火灾场所应选择磷酸铵盐干粉灭火器、碳酸氢钠干粉灭火器、二氧化碳灭火器或卤代烷灭火器。

（4）扑救D类火灾场所应选择扑灭金属火灾的专用灭火器。

（5）扑救E类火灾场所应选择磷酸铵盐干粉灭火器、碳酸氢钠干粉灭火器、卤代烷灭火器或二氧化碳灭火器，但不得选用装有金属喇叭喷筒的二氧化碳灭火器。

（6）非必要场所不应配置卤代烷灭火器。

在选用灭火器时，应考虑不同灭火剂间可能产生的相互反应、污染及其对灭火的影响。

2．同一配置场所内灭火器的选择

（1）在同一配置场所，应当尽量选用同一类型的灭火器，并选用操作方法相同的灭火器。这样可以为培训灭火器使用人员提供方便，为灭火器使用人员熟悉操作和积累灭火经验提供方便，同时也便于灭火器的维护保养。

（2）在同一配置场所，当选用2种或2种以上类型灭火器时，应选用灭火剂相容的灭火器，以便充分发挥各自灭火器的灭火效能。灭火剂不相容性见表11-7。

表11-7　灭火剂不相容性

类　型	相互间不相容灭火剂	
干粉与干粉	磷酸铵盐	碳酸氢钠、碳酸氢钾
干粉与泡沫	碳酸氢钾	蛋白泡沫、化学泡沫
	碳酸氢钠	蛋白泡沫、化学泡沫
泡沫与泡沫	蛋白泡沫、氟蛋白泡沫	水成膜泡沫

磷酸铵盐灭火剂与碳酸氢钠灭火剂或与碳酸氢钾灭火剂之所以不相容，是因为在火灾中的水蒸气的水解作用下，前者呈酸性（生成磷酸），后者呈碱性（生成氢氧化钠），两者会发生酸碱中和反应，降低了灭火效力。碳酸氢钠或碳酸氢钾灭火剂与蛋白泡沫或化学泡沫灭火剂之所以不相容，除了会发生上述的酸碱中和反应外，还因为碳酸氢钠或碳酸氢钾灭火剂会从泡沫液中吸收一定量的水分而产生泡沫消失现象。水成膜泡沫与蛋白泡沫或氟蛋白泡沫联用会因水溶性而降低后者的灭火效能。

3．选择灭火器的注意事项

（1）对保护对象的污损程度。不同类型的灭火器在灭火时不可避免地要对被保护物品产生程度不同的污渍。泡沫、水、干粉灭火器的污损较为严重，而气体灭火器（如二氧化碳灭火器）则非常轻微。为了保证贵重物质与设备免受不必要的污渍损失，选择灭火器时应充分考虑其对保护物品的污损程度。

（2）配置场所的人员情况。灭火器是靠人来操作的，因此，选择灭火器时还应考虑到配置场所内工作人员的年龄、性别、职业等情况，以适应他们的身体素质。如一般情况下多选择手提式灭火器，对女性、年龄小或老的人员较多的场所，应设置充装量小、重量轻的灭火器。

（3）配置场所的环境温度。配置场所的环境温度对灭火器的技术性能和安全性能有较大的影响，如环境温度过低，灭火器的喷射性能就会变差；环境温度过高，灭火器内部压力倍增，就有爆炸伤人的危险。因此，在选择灭火器时应注意灭火器的使用温度范围是否与环境温度相符，各类灭火器的使用温度范围见表11-8。

表 11-8 灭火器的使用温度范围

灭火器类型		使用温度范围（℃）
水型灭火器	不加防冻剂	+5～+55
	添加防冻剂	−10～+55
机械泡沫灭火器	不加防冻剂	+5～+55
	添加防冻剂	−10～+55
干粉灭火器	二氧化碳驱动	−10～+55
	氮气驱动	−20～+55
洁净气体（卤代烷）灭火器		−20～+55
二氧化碳灭火器		−10～+55

（4）灭火器的有效灭火程度。在选择灭火器时，有时会出现某一类火灾可采用多种类型的灭火器来扑救的情况，此时应参照表 11-5 和表 11-6 考虑灭火器的灭火有效程度。如在扑救 B 类火灾时，一具 7kg 的二氧化碳灭火器的灭火能力（55B）就不如一具 5kg 的干粉灭火器的灭火能力（89B）强。一般而言，可供选择的灭火器类型有两种以上时，在灭火器灭火级别大致相等的情况下，可选择充装量较小（重量小）的灭火器，以减轻灭火时的负重。

（二）灭火器操作使用注意事项

（1）要熟悉灭火器使用说明书。了解灭火器适宜扑救的火灾种类、使用温度范围、操作使用要求及日常维护等。

（2）扑救室外火灾时要站在着火部位的上风或侧风方向，以防火灾对身体造成危害。

（3）扑救电气火灾时，要注意防触电。例如应加强绝缘防护，穿绝缘鞋和戴绝缘手套，并站在干燥地带等。

（4）使用大多数手提式灭火器灭火时，要保持罐体直立，切不可将灭火器平放或颠倒使用，以防驱动气体泄漏，中断喷射。

（5）使用泡沫灭火器扑救可燃液体火灾时，如果液体呈流淌状，喷射的泡沫应从着火区边缘由远而近地覆盖在液体表面上。如果是容器中的液体着火，应将泡沫喷射在容器的内壁上，使泡沫沿容器内壁流入液体表面加以覆盖，要避免将泡沫直接喷射在液体表面，以防射流的冲击力将液体冲出容器而扩大燃烧范围，增加扑救难度。

（6）在狭小的空间使用二氧化碳型灭火器灭火时，灭火后操作者要迅速撤离。火灾被扑救熄灭后，应先打开房间门窗通风，然后人员方可进入，以防窒息或中毒的。另外，使用二氧化碳灭火器时，应佩戴防护手套，未佩戴时，不要直接用手握灭火器喷筒或金属管，以防冻伤。

（三）灭火器的设置

1. 设置位置

灭火器应设置在配置场所内明显易取的部位，否则应有明显的指示标志。当在室内设置时，应设置在走道、楼梯间、大厅等公共部位，且不得影响安全疏散。当设置于室外时，应有相应的保护措施。

2. 设置高度

手提式灭火器的设置应保证其顶部距离地面的高度不大于 1.5m，底部距离地面的高度不小于 0.08m。

3．设置环境

灭火器应设置在干燥、无强腐蚀性的地方或部位，否则应有相应的保护措施。

4．设置数量

为确保安全，一个配置场所至少应设置2具灭火器，保证在一具灭火器不能使用时，可以使用另一具灭火器实施灭火。一个配置点配置的灭火器不应超过5具，这主要是考虑当一个配置点配置的灭火器数量太多时，每具灭火器的型号就会太小，灭火剂充装量少，喷射时间短，不利于灭火。

四、灭火器配置设计计算步骤

（一）确定灭火器配置场所的危险等级

1．工业建筑灭火器配置场所的危险等级

根据工业建筑（厂房、仓库）生产、使用、储存物品的火灾危险性、可燃物数量、火灾蔓延速度、扑救难易程度等因素，将工业建筑灭火器配置场所的危险等级划分为严重危险级、中危险级和轻危险级三个级别。

（1）严重危险级：火灾危险性大，可燃物多，起火后蔓延迅速，扑救困难，容易造成重大财产损失的场所。

（2）中危险级：火灾危险性较大，可燃物较多，起火后蔓延较迅速，扑救较难的场所。

（3）轻危险级：火灾危险性较小，可燃物较少，起火后蔓延较缓慢，扑救较易的场所。

工业建筑灭火器配置场所的危险等级举例见表11-9。

表11-9　工业建筑灭火器配置场所危险等级举例

危险等级	举例	
	厂房和露天、半露天生产装置区	库房和露天、半露天堆场
严重危险级	1. 闪点<60℃的油品和有机溶剂的提炼、回收、洗涤部位及其泵房、灌桶间 2. 橡胶制品的涂胶和胶浆部位 3. 二硫化碳的粗馏、精馏工段及其应用部位 4. 甲醇、乙醇、丙酮、丁酮、异丙醇、醋酸乙酯、苯等的合成、精制厂房 5. 植物油加工厂的浸出厂房 6. 洗涤剂厂房石蜡裂解部位、冰醋酸裂解厂房 7. 环氧氢丙烷、苯乙烯厂房或装置区 8. 液化石油气灌瓶间 9. 天然气、石油伴生气、水煤气或焦炉煤气的净化（如脱硫）厂房压缩机室及鼓风机室 10. 乙炔站、氢气站、煤气站、氧气站 11. 硝化棉、赛璐珞厂房及其应用部位 12. 黄磷、赤磷制备厂房及其应用部位 13. 樟脑或松香提炼厂房，焦化厂精萘厂房 14. 煤粉厂房和面粉厂房的碾磨部位 15. 谷物筒仓工作塔、亚麻厂的除尘器和过滤器室 16. 氯酸钾厂房及其应用部位 17. 发烟硫酸或发烟硝酸浓缩部位 18. 高锰酸钾、重铬酸钠厂房 19. 过氧化钠、过氧化钾、次氯酸钙厂房 20. 各工厂的总控制室、分控制室 21. 国家和省级重点工程的施工现场 22. 发电厂（站）和电网经营企业的控制室、设备间	1. 化学危险物品库房 2. 装卸原油或化学危险物品的车站、码头 3. 甲、乙类液体储罐区、桶装库房、堆场 4. 液化石油气储罐区、桶装库房、堆场 5. 棉花库房及散装堆场 6. 稻草、芦苇、麦秸等堆场 7. 赛璐珞及其制品、漆布、油布、油纸及其制品，油绸及其制品库房 8. 酒精度为60度以上的白酒库房

（续）

危险等级	举例	
	厂房和露天、半露天生产装置区	库房和露天、半露天堆场
中危险级	1. 闪点≥60℃的油品和有机溶剂的提炼、回收工段及其抽送泵房 2. 柴油、机器油或变压器油灌桶间 3. 润滑油再生部位或沥青加工厂房 4. 植物油加工精炼部位 5. 油浸变压器室和高、低压配电室 6. 工业用燃油、燃气锅炉房 7. 各种电缆廊道 8. 油淬火处理车间 9. 橡胶制品压延、成型和硫化厂房 10. 木工厂房和竹、藤加工厂房 11. 针织品厂房和纺织、印染、化纤生产的干燥部位 12. 服装加工厂房、印染厂成品厂房 13. 麻纺厂粗加工厂房、毛涤厂选毛厂房 14. 谷物加工厂房 15. 卷烟厂的切丝、卷制、包装厂房 16. 印刷厂的印刷厂房 17. 电视机、收录机装配厂房 18. 显像管厂装配工段烧枪间 19. 磁带装配厂房 20. 泡沫塑料厂的发泡、成型、印片、压花部位 21. 饲料加工厂房 22. 地市级及以下的重点工程的施工现场	1. 丙类液体储罐区、桶装库房、堆场 2. 化学、人造纤维及其织物和棉、毛、丝、麻及其织物的库房、堆场 3. 纸、竹、木及其制品的库房、堆场 4. 火柴、香烟、糖、茶叶库房 5. 中药材库房 6. 橡胶、塑料及其制品的库房 7. 粮食、食品库房、堆场 8. 计算机、电视机、收录机等电子产品及家用电器库房 9. 汽车、大型拖拉机停车库 10. 酒精度小于 60 度的白酒库 11. 低温冷库
轻危险级	1. 金属冶炼、铸造、铆焊、热轧、锻造、热处理厂房 2. 玻璃原料熔化厂房 3. 陶瓷制品的烘干、烧成厂房 4. 酚醛泡沫塑料的加工厂房 5. 印染厂的漂炼部位 6. 化纤厂后加工润湿部位 7. 造纸厂或化纤厂的浆粕蒸煮工段 8. 仪表、器械或车辆装配车间 9. 不燃液体的泵房和阀门室 10. 金属（镁合金除外）冷加工车间 11. 氟利昂厂房	1. 钢材库房、堆场 2. 水泥库房、堆场 3. 搪瓷、陶瓷制品库房、堆场 4. 难燃烧或非燃烧的建筑装饰材料库房、堆场 5. 原木库房、堆场 6. 丁、戊类液体储罐区、桶装库房、堆场

2. 民用建筑灭火器配置场所的危险等级

根据民用建筑灭火器配置场所的使用性质、人员密集程度、用电用火情况、可燃物数量、火灾蔓延速度、扑救难易程度等因素，将民用建筑危险等级划分为严重危险级、中危险级和轻危险级三个级别。

（1）严重危险级：使用性质重要，人员密集，用电用火多，可燃物多，起火后蔓延迅速，扑救困难，容易造成重大财产损失或人员群死群伤的场所。

（2）中危险级：使用性质较重要，人员较密集，用电用火较多，可燃物较多，起火后蔓延较迅速，扑救较难的场所。

（3）轻危险级：使用性质一般，人员不密集，用电用火较少，可燃物较少，起火后蔓延较缓慢，扑救较易的场所。

民用建筑灭火器配置场所的危险等级举例见表 11-10。

表 11-10 民用建筑灭火器配置场所危险等级举例

危险等级	举例
严重危险级	1．县级及以上的文物保护单位、档案馆、博物馆的库房、展览室、阅览室 2．设备贵重或可燃物多的实验室 3．广播电台、电视台的演播室、道具间和发射塔楼 4．专用电子计算机房 5．城镇及以上的邮政信函和包裹分检房、邮袋库、通信枢纽及其电信机房 6．客房数在 50 间以上的旅馆、饭店的公共活动用房、多功能厅、厨房 7．体育场（馆）、电影院、剧院、会堂、礼堂的舞台及后台部位 8．住院床位在 50 张及以上的医院的手术室、理疗室、透视室、心电图室、药房、住院部、门诊部、病历室 9．建筑面积在 2000m^2 及以上的图书馆、展览馆的珍藏室、阅览室、书库、展览厅 10．民用机场的候机厅、安检厅及空管中心、雷达机房 11．超高层建筑和一类高层建筑的写字楼、公寓楼 12．电影、电视摄影棚 13．建筑面积在 1000m^2 及以上的经营易燃易爆化学物品的商场、商店的库房及铺面 14．建筑面积在 200m^2 及以上的公共娱乐场所 15．老人住宿床位在 50 张及以上的养老院 16．幼儿住宿床位在 50 张及以上的托儿所、幼儿园 17．学生住宿床位在 100 张及以上的学校集体宿舍 18．县级及以上的党政机关办公大楼的会议室 19．建筑面积在 500m^2 及以上的车站和码头的候车（船）室、行李房 20．城市地下铁道、地下观光隧道 21．汽车加油站、加气站 22．机动车交易市场（包括旧机动车交易市场）及其展销厅 23．民用液化气、天然气灌装站、换瓶站、调压站
中危险级	1．县级以下的文物保护单位、档案馆、博物馆的库房、展览室、阅览室 2．一般的实验室 3．广播电台电视台的会议室、资料室 4．设有集中空调、电子计算机、复印机等设备的办公室 5．城镇以下的邮政信函和包裹分检房、邮袋库、通信枢纽及其电信机房 6．客房数在 50 间以下的旅馆、饭店的公共活动用房、多功能厅和厨房 7．体育场（馆）、电影院、剧院、会堂、礼堂的观众厅 8．住院床位在 50 张以下的医院的手术室、理疗室、透视室、心电图室、药房、住院部、门诊部、病历室 9．建筑面积在 2000m^2 以下的图书馆、展览馆的珍藏室、阅览室、书库、展览厅 10．民用机场的检票厅、行李厅 11．二类高层建筑的写字楼、公寓楼 12．高级住宅、别墅 13．建筑面积在 1000m^2 以下的经营易燃易爆化学物品的商场、商店的库房及铺面 14．建筑面积在 200m^2 以下的公共娱乐场所 15．老人住宿床位在 50 张以下的养老院 16．幼儿住宿床位在 50 张以下的托儿所、幼儿园 17．学生住宿床位在 100 张以下的学校集体宿舍 18．县级以下的党政机关办公大楼的会议室 19．学校教室、教研室 20．建筑面积在 500m^2 以下的车站和码头的候车（船）室、行李房 21．百货楼、超市、综合商场的库房、铺面 22．民用燃油、燃气锅炉房 23．民用的油浸变压器室和高、低压配电室
轻危险级	1．日常用品小卖店及经营难燃烧或非燃烧的建筑装饰材料商店 2．未设集中空调、电子计算机、复印机等设备的普通办公室 3．旅馆、饭店的客房 4．普通住宅 5．各类建筑物中以难燃烧或非燃烧的建筑构件分隔的并主要存贮难燃烧或非燃烧材料的辅助房间

（二）确定灭火器配置场所的火灾种类

火灾种类有A、B、C、D、E五类，扑救不同种类的火灾应选择相适应的灭火器。为正确配置灭火器，在灭火器配置设计时应准确确定配置场所的火灾种类。

（三）划分灭火器配置场所的计算单元

划分灭火器配置场所的计算单元应遵循下列三条规定：

（1）灭火器配置场所的危险等级和火灾种类均相同的相邻场所，可将一个楼层或一个防火分区作为一个计算单元。如办公楼每层的成排办公室，宾馆每层的成排客房等，就可以按照楼层或防火分区将若干个配置场所合并作为一个计算单元配置灭火器。

（2）灭火器配置场所的危险等级或火灾种类不相同的场所，应分别作为一个计算单元。如建筑物内相邻的化学实验室和电子计算机房，就可分别单独作为一个计算单元配置灭火器。

（3）同一个计算单元不得跨越防火分区和楼层。

（四）计算灭火器配置场所各计算单元的面积

（1）建筑物灭火器配置场所计算单元的面积按照建筑面积计算。

（2）可燃物露天堆场，甲、乙、丙类液体储罐区，可燃气体储罐区应按堆垛、储罐的占地面积计算。

（五）计算灭火器配置场所各计算单元所需灭火级别

一般情况下，每个计算单元所需灭火级别应按下式计算

$$Q \geqslant \frac{KS}{U} \tag{11-2}$$

歌舞娱乐放映游艺场所、网吧、商场、寺庙以及地下场所等的每个计算单元所需灭火级别应按下式计算

$$Q \geqslant 1.3\frac{KS}{U} \tag{11-3}$$

式中 Q——计算单元所需灭火级别（A或B）；

S——计算单元的保护面积（m^2）；

K——计算修正系数；

U——灭火器配置基准（m^2/A或m^2/B）。

1. 计算修正系数的确定

计算修正系数K按照表11-11确定。

表11-11 灭火器配置设计计算修正系数K

计 算 单 元	K
未设室内消火栓系统和灭火系统	1
设有室内消火栓系统	0.9
设有灭火系统	0.7
设有室内消火栓系统和灭火系统	0.5
可燃物露天堆场；甲、乙、丙类液体储罐区；可燃气体储罐区	0.3

2．灭火器配置基准

灭火器配置基准是指单位灭火级别（1A 或 1B）的最大保护面积。灭火器的最低配置基准见表 11-12 和表 11-13。

表 11-12　A 类火灾场所灭火器的最低配置基准

危 险 等 级	严重危险级	中 危 险 级	轻 危 险 级
单具灭火器最小配置灭火级别	3A	2A	1A
单位灭火级别最大保护面积（m^2/A）	50	75	100

表 11-13　B、C 类火灾场所灭火器的最低配置基准

危 险 等 级	严重危险级	中 危 险 级	轻 危 险 级
单具灭火器最小配置灭火级别	89B	55B	21B
单位灭火级别最大保护面积（m^2/B）	0.5	1	1.5

D 类火灾场所的灭火器最低配置基准应根据金属的种类、物态及其特性等研究确定。

E 类火灾场所的灭火器最低配置基准不应低于该场所内 A 类（或 B 类）火灾的规定。

（六）确定灭火器配置场所各计算单元的灭火器设置点位置和数量

灭火器设置点的位置和数量应根据灭火器的最大保护距离确定，并应保证最不利点至少在一个灭火器设置点的保护范围内。

1．灭火器的最大保护距离

灭火器的最大保护距离是指计算单元内任意一点至最近灭火器设置点的距离，A、B、C 类火灾场所灭火器的最大保护距离见表 11-14。

表 11-14　灭火器的最大保护距离　（单位：m）

火灾类别	A 类火灾			B、C 类火灾		
危险等级	严重危险级	中危险级	轻危险级	严重危险级	中危险级	轻危险级
手提式灭火器	15	20	25	9	12	15
推车式灭火器	30	40	50	18	24	30

D 类火灾场所的灭火器，其最大保护距离应根据具体情况研究确定。

E 类火灾场所的灭火器，其最大保护距离不应低于该场所内 A 类或 B 类火灾的规定。

2．灭火器设置点的合理性判断

判定灭火器设置点是否合理，关键是看计算单元内任意一点是否在至少在一个灭火器设置点的保护范围内。判定的方法通常有两种：一种方法是以每一个灭火器设置点为圆心，以灭火器的最大保护距离为半径作圆，看计算单元内任意一点是否至少被一个圆覆盖；另一种方法是量取最不利点至最近灭火器设置点的距离，看其是否小于或等于灭火器的最大保护距离。当满足上述要求时，证明灭火器设置点设置合理。

（七）计算每个灭火器设置点的灭火级别

计算单元内每个灭火器设置点的灭火级别应按下式计算：

$$Q_e \geqslant \frac{Q}{N} \tag{11-4}$$

式中　Q_e——计算单元中每个灭火器设置点的灭火级别（A 或 B）；

Q——计算单元所需灭火级别（A 或 B），由式（11-2）或式（11-3）计算得到；
N——计算单元内灭火器设置点的数量（个）。

（八）确定每个灭火器设置点的灭火器类型、规格和数量

根据每个灭火器设置点的灭火级别，参照表 11-5 或表 11-6 确定每个灭火器设置点的灭火器类型、规格和数量。

（九）确定每具灭火器的设置方式和要求

在设计图上标明每具灭火器的类型、规格、数量和设置位置。各类灭火器图例符号见表 11-15。灭火剂种类图例见表 11-16。灭火器图例举例见表 11-17。

表 11-15　手提式、推车式灭火器图例

序　号	图　例	名　称
1	△	手提式灭火器
2	(triangle on base bar)	推车式灭火器

表 11-16　灭火剂种类图例

序　号	图　例	名　称
3	⊗	水
4	(hatched circle)	泡沫
5	(cross-hatched circle)	含有添加剂的水
6	⊠	BC 类干粉
7	(hatched square)	ABC 类干粉
8	(triangle with vertical line)	卤代烷
9	(hatched triangle)	二氧化碳
10	△	非卤代烷和二氧化碳类气体灭火剂

表 11-17　灭火器图例举例

序　号	图　例	名　称
11	(triangle containing ⊗)	手提式清水灭火器
12	(triangle containing hatched square)	手提式 ABC 类干粉灭火器
13	(triangle containing hatched triangle)	手提式二氧化碳灭火器
14	(triangle on base bar containing ⊠)	推车式 BC 类干粉灭火器

【思考与练习题】

1. 如何选择灭火器？
2. 操作使用灭火器时应注意哪些事项？
3. 在灭火器设置场所如何配置灭火器？

第六节　建筑消防设施供电系统

【学习目标】

1. 了解消防供电系统的一般要求。
2. 掌握消防供电系统的负荷级别。

建筑自动报警及消防设备联动控制系统的工作特点是连续、不间断，这就要求消防供电系统必须高度可靠。了解建筑消防设施供电系统的基本知识，是深入掌握建筑消防设施工作原理及操作要领的关键。

一、消防供电系统的负荷级别

消防设备供电系统应能充分保障设备的工作性能，当火灾发生时能充分发挥消防设备的功能，将火灾损失降到最小。供电网上消防设备消耗的功率称为消防负荷，按照国家标准GB 50052—2009《供配电系统设计规范》的有关规定，消防供电系统的负荷级别分为一级消防负荷、二级消防负荷和三级消防负荷三个级别。

（一）一级消防负荷供电系统

一级消防负荷的供电系统如图 11-34 所示。图 11-34a 中，表示采用不同电网构成双电源，两台变压器互为备用，单母线分段提供消防设备用电源；图 11-34b 中，表示采用同一电网双回路供电，两台变压器备用，单母线分段，设置柴油发电机组作为应急电源向消防设备供电，与主供电源互为备用，满足一级负荷供电要求。

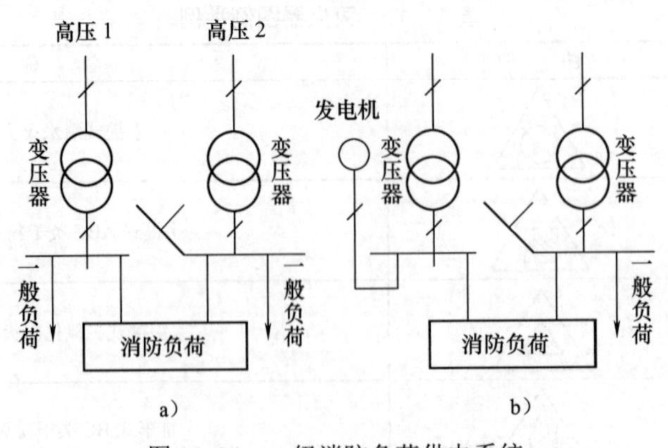

图 11-34　一级消防负荷供电系统

（二）二级消防负荷供电系统

二级消防负荷供电系统如图 11-35 所示，表示同一电网双回路供电，可满足二级负荷供电要求。

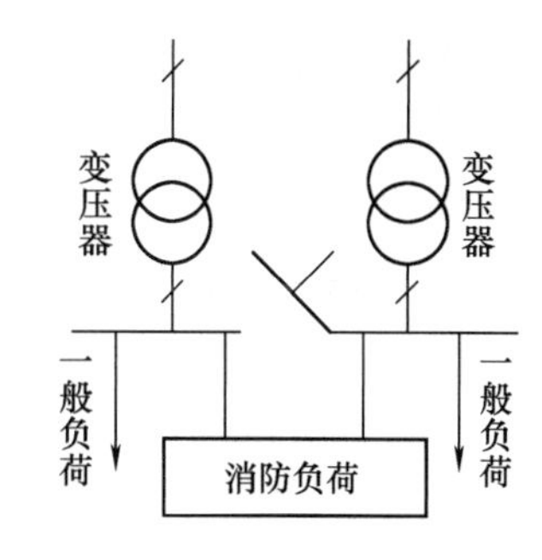

图 11-35 二级消防负荷供电系统

（三）三级消防负荷供电系统

不属于一、二级消防负荷供电系统的为三级消防负荷供电系统。三级消防负荷供电系统对供电没有特别要求，采用同一电网单回路供电即可。

二、消防供电系统的一般要求及规定

建筑中的火灾报警系统及消防设备联动控制系统的工作特点是连续、不间断，为了保证消防系统的供电可靠性及配线的灵活性，根据《建筑设计防火规范（2018 版）》（GB 50016—2014）的规定，消防供电系统应满足以下要求：

（1）火灾自动报警系统应设有主电源和直流备用电源。

（2）火灾自动报警系统的主电源应采用消防电源，直流备用电源宜采用火灾报警控制器专用蓄电池。当直流备用电源采用消防系统集中设置的蓄电池时，火灾报警控制器应采用单独的供电回路，并能保证消防系统处于最大负荷状态不影响火灾报警控制器的正常工作。

（3）火灾报警系统中的 CRT 显示器、消防通信设备、计算机管理系统、火灾广播等的交流电源应由 UPS 装置供电。其容量应按火灾报警控制器在监视状态下工作 24h 后，再加上同时有两个分路报火警 30min 用电量之和来计算。

（4）消防控制室、消防水泵、消防电梯、防排烟设施、自动灭火装置、火灾自动报警系统、火灾应急照明和电动防火卷帘、门窗、阀门等消防用电设备，一类建筑应按现行国家电力设计规范规定的一级消防负荷要求供电；二类建筑的上述消防用电设备，应按二级消防负荷要求供电。

（5）消防用电设备的两个电源或两回路线路，应最末一级配电箱处自动切换。

（6）对容量较大或较集中的消防用电设施（如消防电梯、消防水泵）应设配电室采用放射式供电。

（7）对于火灾应急照明、消防联动控制设备、火灾报警控制器等设施，当采用分散式供电时，在各层（或最多不超过 3～4 层）应设置专用消防配电箱。

（8）消防联动控制装置的直流操作电压，应采用 24V。

（9）消防用电设备的电源不应装设漏电保护开关。

（10）消防用电的自备应急发电设备，应设有自动启动装置，并能在 30s 内供电。当由市政供电转换到柴油发电机电源时，自动装置应执行先停后送程序，并应保证一定时间间隔。

（11）在设有消防控制室的民用建筑中，消防用电设备的两个独立电源（或两回路线路）宜在下列场所的配电箱处自动切换：

1）消防控制室。

2）消防电梯机房。

3）防排烟设备机房。

4）火灾应急照明配电箱。

5）各楼层配电箱。

6）消防水泵房。

【思考与练习题】

1. 如何理解消防供电系统的负荷级别？

2. 一、二级消防负荷供电应满足什么要求？

第七节　建筑消防设施在灭火救援中的应用

【学习目标】

1. 熟悉利用建筑消防设施处置建筑火灾的指导思想。
2. 掌握建筑消防设施在灭火救援中的应用。

建筑消防设施已被广泛地设置于建、构筑物内，大量火灾案例表明，建筑消防设施对增强建、构筑物自身防护能力，处置建、构筑物火灾发挥着巨大作用。消防队到达火灾现场，如何充分利用建筑消防设施开展灭火救援，发挥建筑消防设施的最大功效，是成功处置建、构筑物火灾的关键。

一、利用建筑消防设施处置建筑火灾的指导思想

（1）牢固树立“固移结合”的灭火战术指导思想。

“固移结合”中的“固”是指固定安装于建、构筑物内的消防设施，称为固定消防设施，也即建筑消防设施；“移”是指移动消防设施，这里特指消防队伍的灭火救援装备。在处置建、构筑物火灾，特别是高层建筑火灾时，要牢固树立“以固为主、移动为辅、固移结合”的战术指导思想。

（2）切实加强固定消防设施应用专项训练和“六熟悉”“灭火演练”工作。

要充分利用好固定消防设施处置建、构筑物火灾，应切实加强固定消防设施应用的专项训练和“六熟悉”“灭火演练”工作，熟悉固定消防设施的系统组成、工作原理及操作方法。只有这样，才能更好地发挥固定消防设施的作用，成功有效地处置建、构筑物火灾。

二、建筑消防设施在灭火救援中的应用

（一）火情侦察

（1）利用火灾自动报警系统侦察火灾范围及火势发展蔓延的方向。

灭火救援指挥员到达火灾现场后，要立即进入消防控制室，通过向消防控制中心值班人员了解和检查系统显示设备来确定火灾发生部位及可能蔓延发展的方向。

（2）通过向消防控制室工作人员了解自动喷水灭火系统的水流指示器报警情况（自动喷水灭火系统动作情况），确定火灾发生的楼层或部位。

（二）人员疏散

（1）利用应急广播系统稳定人员情绪分区分段下达疏散命令。

现场指挥人员进入消防控制室后，如果应急广播还没启动，应立即手动启动应急广播系统，通过应急广播系统疏散着火层、着火层上层和着火层下层人员的同时，向其他楼层的人员通报情况，稳定人们的情绪，防止整个大楼的人员同时疏散，造成安全疏散混乱和堵塞。

（2）启动正压送风系统和排烟系统确保疏散通道安全。

建筑发生火灾时，人员疏散以通过楼梯间的竖向疏散为主，设计人员根据建筑的层数和使用性质，设置了封闭楼梯间或防烟楼梯间，使人员进入楼梯间后到达相对安全的区域。因此，对设有正压送风系统和排烟系统的楼梯间应在消防控制室启动正压送风机和排烟风机，以保证楼梯间内不存在烟气。以上行动必须是在防火门关闭的条件下进行，否则，火灾时必须先关闭防火门，然后启动正压送风系统和排烟系统，这样才能发挥其应有的作用，使人员安全疏散。

（3）利用开启外墙窗户自然排烟的方法确保疏散通道安全。

有些建筑，按照国家规范规定没有安装正压送风系统和排烟系统，此类建筑发生火灾，当烟雾还没蔓延到楼梯间及其前室时，火场灭火救援指挥员应及时派出战斗员佩戴空气呼吸器通过消防电梯或楼梯在火灾层的下一层逐层向上，打开走道或相关房间靠外墙的窗；当有部分烟雾蔓延到楼梯间及其前室时，打开楼梯间及其前室靠外墙的窗，必要时用手斧将窗子上的玻璃砸碎，以及时排除烟雾，使人员得以安全疏散。

（三）建筑内部进攻路线的选择

高层建筑发生火灾时，安全有效的进攻路线有疏散楼梯和消防电梯。消防电梯是为消防队员及时到达火灾现场扑救火灾和为消防队员运送消防设备而设计的，因此，在选择内攻路线时应首选消防电梯。选择消防电梯作为进攻路线具有的优点是：一是可以节省消防队员的体力，为火灾扑救发挥更大作用；二是可以避免通过楼梯间进攻与疏散人群形成“撞车”现象，贻误灭火救援最佳战机。只有当消防电梯因故障或其他原因不能使用时，才考虑通过楼梯间进攻。

（四）堵截火势

1. 水平堵截火势

这里说的水平堵截火势是相对在同层设有几个防火分区的建筑而言，水平堵截火势必须抓住一个重点三个环节，以防火分区为重点进行设防，按照“先控制，后灭火”的战术原则，将火势控制在一个防火分区内，然后消灭。第一个环节，调查清楚划分防火分区防火墙的走向，然后在部署灭火力量的同时，检查防火墙是否完好。有些单位在日常工作中往往因功能上的需要，私自在防火墙上挖洞或增设普通的门窗，如果不仔细检查往往火势会突破防火分区而扩大蔓延。第二个环节，对于采用防火卷帘或电控防火门分隔防火分区的，要在消防控制室控制或现场人工将其关闭。第三个环节，在消防控制室将通过防火墙的风管内的防火阀关闭，以防止火势通过风管突破防火分区而蔓延扩大。

2. 竖向堵截火势

竖向堵截火势重点是在贯穿着火层与上层及下层的电缆井、管道井、垃圾井等处设防，防止火势从上述三个部位蔓延，同时还要对着火层上一层的窗口进行设防，以防止火势通过窗口向上蔓延。

（五）火场供水灭火

1. 启动室内消火栓系统供水灭火

消防队员到达灭火阵地后，应迅速将室内消火栓处的水枪、水带与消火栓连接，开启消火栓灭火。同时，应按下手动火灾报警按钮，向消防控制中心发出火灾报警信号或远距离启动消防泵，确保火场用水量和压力要求。一般情况下，室内消火栓的设计数量能够满足火灾扑救的需要，但当火灾规模较大，可能需要在着火层上下几个楼层同时布置水枪，这时就必须考虑能同时开启的室内消火栓数量问题（详见本章第二节相关内容）。

2. 使用自动喷水灭火系统供水灭火。

设有自动喷水灭火系统的建筑发生火灾时，灭火救援指挥员到达火场后，应了解自动喷水灭火系统的工作情况，如果到场后自动喷水灭火系统已经动作，则该火灾层的水流指示器已经报警，依据此点可以确定着火层，可派战斗员佩戴空气呼吸器，乘消防电梯迅速登高侦察火灾情况，决定是否采用消火栓系统灭火。如果建筑中已安装自动喷水灭火系统，但没有动作，灭火救援指挥员应安排战斗员利用室内消火栓系统灭火，同时安排建筑单位的技术人员迅速查清自动喷水灭火系统没有动作的原因，并及时排除。

3. 使用水泵接合器供水灭火

当室内消防泵（自动喷水灭火系统水泵和室内消火栓系统水泵）不能正常工作时，采用垂直铺设水带或沿楼梯铺设水带，不但供水速度慢， 而且供水效果差，此时应采用水泵接合器供水，以适应扑救建筑火灾的需要。

使用水泵接合器供水应注意以下事项：

（1）明确水泵接合器供水区域和范围。如应分清主楼，还是裙房；是供室内消火栓系统，还是供自动喷水灭火系统。

（2）对于采取分区供水的高层建筑，要分清高低区水泵接合器，以免误用，影响火场供水。

（3）在没有设置水泵接合器或水泵接合器出现故障时，可使用该楼首层室内消火栓直接向管网供水。但是应注意，为防止水带爆裂，此时一般不可停泵，因为一旦停泵，水带将由承受动水压力迅速转变为承受较大的静水压力。若需停泵供水，应先开启水泵出口，再停泵，以防因水带爆裂致使供水中断。

（4）消防车泵和固定消防泵一旦形成并联，要注意符合并联条件，即压力要匹配。

（六）火场通信

在扑救建筑火灾中，消防人员除使用常规通信工具外，还可以采取以下两种方法保持火场通信畅通。一是利用消防控制室内的消防广播系统指挥火灾扑救。指挥员可在消防控制室内利用消防广播系统指挥战斗员的灭火行动，及时发布火场指挥部的命令，并提醒战斗员在灭火战斗中应注意的问题。二是利用对讲电话。部分建筑在设计施工时，均按要求在各楼层与水泵房、消防控制室等处安装了对讲电话插孔，战斗员可携带电话机，根据情况，将电话机插入电话插孔与有关部位的人员进行通话。

（七）科学断电

扑救建筑火灾时首先切断建筑的非消防电源是处置建筑火灾的一般常识，但在火灾初起阶段不加区别地将整幢建筑的非消防电源都切断的做法其实是不科学的。这是因为同时切断整幢建筑的非消防电源，极易引起建筑内人员惊慌和混乱，造成大量人员同时通过疏散楼梯进行疏散，易引发人员踩踏事件；另外，当火灾事故照明灯和疏散指示灯的出现故障时，切断整幢建筑的非消防电源还会造成疏散通道不畅。因此，火场断电应视具体情况区别对待。对不能采取统一断电的情形，应考虑采取分层或多楼层断电的方式，首先切断着火楼层及距离着火楼层较近的楼层的电，然后结合人员疏散、火势蔓延情况，依次切断距着火楼层较远的楼层的电，确保人员有序、安全疏散。

【思考与练习题】

1．利用建筑消防设施处置建筑火灾的指导思想是什么？

2．如何科学合理地应用建筑消防设施处置建筑火灾？

参 考 文 献

[1] 中华人民共和国公安部．建筑设计防火规范（2018 版）：GB 50016—2014[S]．北京：中国计划出版社，2014．

[2] 李新乐．工程灾害与防灾减灾[M]．北京：中国建筑工业出版社，2012．

[3] 中国机械工业勘察设计协会．锅炉房设计规范：GB 50041—2008[S]．北京：中国计划出版社，2008．